高等学校通信工程专业"十二五"规划教材

# 嵌入式通信系统

张晓勇 彭 军 主 编

刘伟荣 副主编

中国铁道出版社
CHINA RAILWAY PUBLISHING HOUSE

# 内 容 简 介

本书主要介绍了嵌入式通信系统的基本原理、主流硬件架构与操作系统，以及嵌入式通信系统的开发方法和开发实例等方面的内容。全书共分 3 篇（19 章），第 1～6 章为原理篇，主要讲述嵌入式通信系统相关的基础原理以及设计开发方面的基础知识；第 7～13 章为系统篇，主要讲述嵌入式通信系统的各种硬件架构和操作系统；第 14～19 章为开发篇，结合具体嵌入式通信系统给出了若干开发方法和开发实例。

本书结合作者多年嵌入式通信系统方面的项目科研经验编写而成，既有完整的原理介绍，也有具有代表性的应用案例，适合作为高等院校电气信息类专业的教材，也可供相关科技人员参考、学习使用。

**图书在版编目（CIP）数据**

嵌入式通信系统 / 张晓勇，彭军主编. —北京：
中国铁道出版社，2017.3
高等学校通信工程专业"十二五"规划教材
ISBN 978-7-113-22814-9

Ⅰ. ①嵌… Ⅱ. ①张… ②彭… Ⅲ. ①微处理器—系统
设计—高等学校—教材 Ⅳ. ①TP332

中国版本图书馆 CIP 数据核字（2017）第 012379 号

书　　名：嵌入式通信系统
作　　者：张晓勇　彭　军　主编

| | | | |
|---|---|---|---|
| 策　　划：曹莉群　周海燕 | | 读者热线：（010）63550836 | |
| 责任编辑：周海燕　彭立辉 | | | |
| 封面设计：一克米工作室 | | | |
| 封面制作：白　雪 | | | |
| 责任校对：张玉华 | | | |
| 责任印制：郭向伟 | | | |

出版发行：中国铁道出版社（100054，北京市西城区右安门西街 8 号）
网　　址：http://www.51eds.com
印　　刷：北京海淀五色花印刷厂
版　　次：2017 年 3 月第 1 版　　　2017 年 3 月第 1 次印刷
开　　本：787 mm×1 092 mm　1/16　印张：21.75　字数：506 千
书　　号：ISBN 978-7-113-22814-9
定　　价：49.80 元

# 丛书序

在社会信息化的进程中，信息已成为社会发展的重要资源，现代通信技术作为信息社会的支柱之一，在社会发展、经济建设方面，起着核心作用。信息的传输与交换技术即通信技术得到了快速发展。通信技术是信息科学技术发展迅速并极具活力的一个领域，尤其是数字移动通信、光纤通信、射频通信、网络通信使人们在传递信息和获得信息方面达到了前所未有的便捷程度。通信技术在国民经济各部门、国防工业及日常生活中得到了广泛的应用，通信产业正在蓬勃发展。随着通信产业的快速发展和通信技术的广泛应用，社会对通信人才的需求在不断增加。通信工程（也作电信工程，旧称远距离通信工程、弱电工程）是电子工程的一个重要分支，电子信息类子专业，同时也是其中一个基础学科。该学科关注的是通信过程中的信息传输和信号处理的原理和应用。本专业学习通信技术、通信系统和通信网等方面的知识，能在通信领域从事研究、设计、制造、运营及在国民经济各部门和国防工业从事开发、应用通信技术与设备。

社会经济发展不仅对通信工程专业人才有十分强大的需求，同样通信工程专业的建设与发展也对社会经济发展产生重要影响。通信技术发展的国际化，将推动通信技术人才培养的国际化。目前，世界上有 3 项关于工程教育学历互认的国际性协议，签署时间最早、缔约方最多的是《华盛顿协议》，也是世界范围知名度最高的工程教育国际认证协议。2013 年 6 月 19 日，在韩国首尔召开的国际工程联盟大会上，《华盛顿协议》全会一致通过接纳中国为该协议签约成员，中国成为该协议组织第 21 个成员，标志着中国的工程教育与国际接轨。通信工程专业积极采用国际化的标准，吸收先进的理念和质量保障文化，对通信工程教育改革发展、专业建设，进一步提高通信工程教育的国际化水平，持续提升通信工程教育人才培养质量具有重要意义。

为此，中南大学信息科学与工程学院启动了通信工程专业的教学改革和课程建设，以及 2016 版通信工程专业培养方案，与中国铁道出版社在近期联合组织了一系列通信工程专业的教材研讨活动。他们以严谨负责的态度，认真组织教学一线的教师、专家、学者和编辑，共同研讨通信工程专业的教育方法和课程体系，并在总结长期的通信工程专业教学工作的基础上，启动了"高等院校通信工程专业系列教材"的编写工作，成立了高等院校通信工程专业系列教材编委会，由中南大学信息科学与工程学院主管教学的副院长施荣华教授、中南大学信息科学与工程学院电子与通信工程系李宏教授担任主任，邀请国家教学名师、国防科技大学邹逢兴教授担任主审。力图编写一套通信工程专业的知识结构简明完整的、符合工程认证教育的教材，相信可以对全国的高等院校通信工程专业的建设起到很好的促进作用。

本系列教材拟分为三期，覆盖通信工程专业的专业基础课程和专业核心课程。教材内容覆盖和知识点的取舍本着全面系统、科学合理、注重基础、注重实用、知识宽泛、关注发展的原则，比较完整地构建通信工程专业的课程教材体系。第一期包括以下教材：

《信号与系统》《信息论与编码》《网络测量》《现代通信网络》《通信工程导论》《计算机通信网络安全技术及应用》《北斗卫星通信》《射频通信系统》《数字图像处理》《嵌入式通信系统》《通信原理》《通信工程应用数学》《电磁场与微波技术》《电磁场与电磁波》《现代通信网络管理》《微机原理与接口技术》《微机原理与接口技术实验指导》《信号与系统分析》。

本套教材如有不足之处，请各位专家、老师和广大读者不吝指正。希望通过本套教材的不断完善和出版，为我国计算机教育事业的发展和人才培养做出更大贡献。

高等学校通信工程专业"十二五"规划教材编委会

2015 年 7 月

# 前　言

近几十年来，与数字技术相结合的各种通信系统在工业领域和民用领域获得了广泛应用和飞速发展。当今，人类对信息的获取已经成为人们工作和日常生活不可缺少的组成部分，人与人之间可通过网络和手机进行便捷的语音通话和数据交换，工业领域和家用电子设备也离不开信息的交互以实现相应的控制。各个行业对通信业务要求越来越多样化，产生了各种类型的嵌入式通信系统，包括工业控制中的网络化集成系统和人们日常生活中的各种电子设备，如空调、电表、汽车、热水器、微波炉、洗衣机和手机等，它们在内部都有单片机或者采用微处理器进行控制，同时通过各种总线或无线网络与其他设备互联。嵌入式系统和通信技术相结合能大幅提高设备的通信性能，可以通过远程通信从异地获得这些设备的相关信息并进行相应的控制，从而给工业生产和人们的生活带来极大的方便。总之，随着嵌入式系统和无线通信技术的发展，嵌入式通信系统的应用会越来越广泛。

通信领域对嵌入式通信系统方面的人才要求越来越高，国内外一些高校和培训机构也相继开设了嵌入式通信系统方面的课程。本书结合通信技术的最新发展，参照国内外最新的教材和文献资料，以作者多年从事嵌入式操作系统的实际工程项目开发经历和教学经验为基础编写而成。

目前，市面上有很多嵌入式系统方面的教材，大都是纯粹讲解操作系统的原理，对于通信专业学生而言较为枯燥。这类教材对没有操作系统基础知识的通信专业的学生来说难度偏大，且针对性不强，聚焦不明确。本书针对通信工程和电子信息专业的特点和专业培养要求，将重点放在嵌入式通信系统的应用开发上，以此为中心介绍相关的知识和技术。

本书结合作者多年从事嵌入式通信系统开发的教学以及工程项目开发实践，立足当前嵌入式技术的发展趋势、核心技术及其主要作用域，将技术原理和实践应用紧密结合，从嵌入式通信系统的原理、嵌入式通信系统的硬件架构、软件系统、设计开发和嵌入式通信系统的各种开发实例等方面向读者介绍嵌入式通信系统，由浅入深，循序渐进地讲解嵌入式通信系统的基本原理和开发技术，帮助读者掌握嵌入式通信系统的基本概念，深入理解嵌入式操作系统内核，达到掌握嵌入式通信操作系统开发技术的目的。

全书共分 3 篇（19 章），第 1 章~第 6 章为原理篇，主要介绍嵌入式通信系统的概念、组成结构和操作系统的基础知识与基本开发调试技术。其中，第 1 章讲述嵌入式通信系统的定义、发展、种类、特点及其组成结构、开发相关技术与应用。第 2 章讲述嵌入式通信系统设计技术、开发工具以及基于 Angel 和 JTAG 的调试方法；第 3 章介绍嵌入式通信系统的硬件平台，包括处理器、存储器，以太网、CAN、LON 等通信模块以及 I/O 设备；第 4 章介绍嵌入式通信系统的实时操作系统，首先讲述操作系统的功能、特点、发展和构成等内容，然后介绍嵌入式实时操作系统中 RTOS 的概念、功能、内核等内容，并且讲述了 Linux、Nucleus Plus 等常用的嵌入式实时操作系统；第 5 章介绍了嵌入式系统的联网、Internet 技术等方面的内容；第 6 章讲述了嵌入式通信系统中电磁兼容的标准、电磁兼容测试、电磁干扰控制方法、嵌入式通信系统中 PCB 的电磁兼容设计及其静电防护。

第 7 章～第 13 章为系统篇，主要介绍可用于嵌入式通信系统的多种硬件架构和嵌入式操作系统。其中，第 7 章讲述嵌入式通信系统中硬件系统的单片机，包括单片机的概念、发展、分类等内容以及单片机的体系结构、中断与定时、单片机通信接口；第 8 章讲述嵌入式通信硬件系统中基于 PC/104 架构的处理器，介绍了 PC/104 标准、通信接口以及 PC/104 的开发环境与编程技术；第 9 章讲述基于 ARM 的嵌入式通信系统，介绍了 ARM 微处理器系列、ARM 的体系结构、ARM 的指令系统、ARM 的通信接口、ARM 的开发环境和编程以及基于 ARM 架构的嵌入式网关的开发；第 10 章讲述嵌入式通信系统中操作系统μC/OS-II，包括μC/OS-II 概述、任务管理、内存管理、中断和时间管理以及μC/OS-II 任务之间的通信与同步、μC/OS-II 系统移植和μC/OS-II 的通信开发；第 11 章介绍了嵌入式操作系统 Windows CE 的系统结构、Windows CE 的进程和线程、Windows CE 存储系统、网络通信开发；第 12 章介绍嵌入式操作系统 Linux 体系结构、系统功能、驱动开发以及 Linux 的网络通信开发；第 13 章讲述嵌入式移动手机操作系统 Android 的开发工具、应用程序、Android 程序的用户界面开发、Android 的网络通信开发。

第 14 章～第 19 章为开发篇，其中，第 14 章介绍了工业以太网的关键技术以及嵌入式工业以太网应用实例；第 15 章介绍了 CAN 总线网络通信、CAN 总线通信技术、基于 STM32 的 CAN 通信的软/硬件设计和基于 CAN 总线网络监控系统的软/硬件设计；第 16 章讲述了嵌入式 Bluetooth 无线网络通信；第 17 章讲述了 Linux 的 ZigBee 网关设计；第 18 章讲述了 Windows CE 网络服务器开发，包括系统硬件结构及平台的搭建、Windows CE 操作系统的移植于软件平台的开发；第 19 章讲述了实例 Android 系统 LBS 定位应用开发。

本书内容丰富，可供对嵌入式通信系统有不同层次要求的专业使用，各章节内容可依据不同课时要求选讲。前言后附图为各个部分的建议授课时间，任课教师可根据实际授课情况做出相应调整。

全书由张晓勇、彭军任主编，刘伟荣任副主编并负责统筹、安排、协调、统稿、审核等，张倩倩、赵叶茹、张瑞、陈远君、秦高荣和贺健等完成文字编写、绘图、校对等工作。本书在编写过程中还得到了中南大学轨道交通网络通信与控制研究所的大力支持，在此表示感谢。同时还要感谢对本书编写给予支持的老师和同学们。

由于时间仓促，编者水平有限，书中难免存在疏漏和不当之处，恳请读者批评指正。

编　者

2016 年 12 月

前言

建议授课学时

嵌入式通信系统
（可供32/48/56/64不同学时课程选用）

原理篇　　　系统篇　　　开发篇

**原理篇**

第1章　嵌入式通信
系统概述
（2学时）

第2章　嵌入式通信系统的
设计与开发
（4学时）

第3章　嵌入式通信系统的
硬件平台
（2学时、64学时
选讲4学时）

第4章　嵌入式通信系统的
实时操作系统
（4学时）

第5章　嵌入式通信系统的
网络及协议栈
（2学时，64学时
选讲4学时）

第6章　嵌入式通信系统的
电磁兼容
（2学时、64学时
选讲4学时）

**系统篇**

第7章　基于单片机的
嵌入式通信系统
（2学时）

第8章　基于PC/104架构的
嵌入式通信系统
（2学时，64学时
选讲4学时）

第9章　基于ARM架构的
嵌入式通信系统
（4学时）

第10章　嵌入式操作系统
μC/OS-II
（48/56/64学时
选讲2学时）

第11章　嵌入式操作系统
Windows CE
（2学时，56/64学时
选讲4学时）

第12章　嵌入式操作系统
Linux
（2学时、48/56/64学时
选讲4学时）

第13章　嵌入式移动手机
操作系统Android
（32学时、48/56/64学时
选讲4学时）

**开发篇**

第14章　嵌入式工业以太网
（2学时、48/56/64学时
选讲4学时）

第15章　嵌入式CAN总线
网络通信
（48/56/64学时
选讲4学时）

第16章　嵌入式Bluetooth
无线网络通信
（56/64学时
选讲2学时）

第17章　Linux的ZigBee
网关设计
（48/56/64学时
选讲2学时）

第18章　Windows CE网络
服务器开发
（2学时、48/56/64学时
选讲4学时）

第19章　Android系统
LBS定位应用开发
（56/64学时选讲2学时）

# 目 录

# 系　统　篇

# 开　发　篇

# 原　理　篇

## 第 **1** 章　嵌入式通信系统概述

## 1.1　嵌入式通信系统的定义

嵌入式通信系统是嵌入式系统的一种，是带有通信功能的嵌入式系统。嵌入式系统（Embedded System）是一种"完全嵌入受控器件内部，为特定应用而设计的专用计算机系统"，根据英国电气工程师协会（U.K. Institution of Electrical Engineer）的定义：嵌入式系统为控制、监视或辅助设备、机器或用于工厂运作的设备。与个人计算机这样的通用计算机系统不同，嵌入式系统通常执行的是带有特定要求的预先定义的任务。由于嵌入式系统只针对一项特殊的任务，因此，设计人员能够对它进行优化，减小尺寸，降低成本。嵌入式系统通常实行大量生产，所以单个的成本节约，能够随着产量进行成百上千的放大。

微机学会的定义："嵌入式系统是以嵌入式应用为目的的计算机系统"，并分为系统级、板级、片级。系统级包括各类工控器、PC104 模块等；板级包括各类带 CPU 的主板和 OEM 产品；片级包括各种以单片机、DSP、微处理器为核心的产品。

目前被大多数人接受的一般性定义："嵌入式系统是以应用为中心，以计算机技术为基础，软硬件可裁剪，适应应用系统对功能、可靠性、成本、体积和功耗等严格要求的专用计算机系统。"通常，嵌入式系统是一个控制程序存储在 ROM 中的嵌入式处理器控制板。事实上，所有带有数字接口的设备，如手表、微波炉、录像机、汽车等，都使用嵌入式系统，有些嵌入式系统还包含操作系统，但大多数嵌入式系统都是由单个程序实现整个控制逻辑。

由于嵌入式系统的概念从外延上很难统一，其应用形式多种多样，因此定义嵌入式系统非常困难。不过，通过对上述定义分析后不难发现，从嵌入式系统概念的内涵上讲，它的共性是一种软硬件紧密结合的专用计算机系统。通常所说的嵌入式系统，硬件以嵌入式微处理器为核心，集成存储系统和各种专用输入/输出设备；软件包含系统启动程序、驱动程序、嵌入式操作系统、应用程序等，这些软件有机结合，构成系统特定的一体化软件。这种专用计算机系统必然在可靠性、实时性、功耗、可裁减等方面具有一系列特点。如果关注一下嵌入式系统的特性，也许能够对嵌入式系统的概念获得更深入的理解。

嵌入式系统是一种具有特定功能的专用计算机系统。它与通信和网络技术相结合可以极大地增强网络的智能性与灵活性，拓展通信功能，实现各种通信系统之间的互联互通。随着信息技术的不断发展和用户需求的不断增长，嵌入式技术在通信领域中的应用日益广泛。

随着网络技术的发展，在许多领域都引发了飞跃性的变化。嵌入式系统应用领域中一个新的趋势就是开始在嵌入式设备上集成网络通信功能，比如网络监控、网络数据采集系统等，以便于通过网络与远程设备进行信息的交互和增强系统的互连性。通常情况下，仅仅需要一根网线就可以轻松完成系统的互连。

# 1.2　嵌入式通信系统的发展

从 20 世纪 70 年代单片机的出现到今天各式各样的嵌入式微处理器、微控制器的大规模应用，嵌入式系统已经有了近 40 年的发展历史。嵌入式系统是一种具有特定功能的专用计算机系统，它与通信和网络技术相结合可以极大地增强网络的智能性与灵活性，拓展通信功能，实现各种通信系统之间的互联互通。随着信息技术的不断发展和用户需求的不断增长，嵌入式技术在通信领域中的应用日益广泛，嵌入式通信系统的发展也日益成熟。

## 1.2.1　嵌入式系统的产生和历史

嵌入式系统是先进的计算机技术、半导体技术、电子技术以及各种具体应用相结合的产物，是技术密集、资金密集、高度分散、不断创新的新型集成知识系统。它起源于微型机时代，近几年网络、通信、多媒体技术的发展为嵌入式系统应用开辟了广阔的天地，使嵌入式系统成为继 PC 和 Internet 之后，IT 界新的技术热点。

20 世纪 70 年代发展起来的微型计算机，由于体积小、功耗低、结构简单、可靠性高、使用方便、性能价格比高等一系列优点，得到了广泛的应用和迅速普及。微型机表现出的智能化水平引起了控制专业人士的兴趣，要求将微型机嵌入到一个对象体系中，实现对象体系的智能化控制。例如，将微型计算机经电气加固和机械加固，并配置各种外围接口电路，安装到大型舰船中构成自动驾驶仪或轮机状态监测系统。这样一来，计算机便失去了原来的形态与通用的计算机功能。为了区别原有的通用计算机系统，把嵌入到对象体系中、实现对象体系智能化控制的计算机，称为嵌入式计算机系统。由此可见，嵌入式系统的嵌入性本质是将一个计算机嵌入到一个对象体系中。

1976 年，Intel 公司推出了 MCS–48 单片机，这个只有 1 KB ROM 和 64 B RAM 的简单芯片成为世界上第一台单片机，同时也开创了将微处理器系统的各种 CPU 外的资源（如 ROM、RAM、定时器、并行口、串行口及其他各种功能模块）集成到 CPU 硅片上的时代。1980 年，Intel 公司对 MCS–48 单片机进行了全面完善，推出了 8 位 MCS–51 单片机，并获得巨大成功，开启了嵌入式系统的单片机应用模式。至今，MCS–51 单片机仍在大量使用。1984 年，Intel 公司又推出了 16 位 8096 系列并将其称为嵌入式微控制器，这可能是"嵌入式"一词第一次在微处理器领域出现。此外，为了高速、实时地处理数字信号，1982 年诞生了首枚数字信号处理芯片（DSP），DSP 是模拟信号转换成数字信号以后进行高速实时处理的专业处理器，其处理速度比当时最快的 CPU 还快 10～50 倍。随着集成电路技术的发展，DSP 芯片的性能不断提高，目前已广泛用于通信、控制、计算机等领域。

20 世纪 90 年代后，伴随着网络时代的来临，网络、通信、多媒体技术得以发展，8/16 位单片机在速度和内存容量上已经很难满足这些领域的应用需求。而由于集成电路技术的发展，32 位微处理器价格不断下降，综合竞争能力已可以和 8/16 位单片机媲美。32 位微处理器面向嵌入式系统的高端应用，由于其速度快，资源丰富，加上应用本身的复杂性、可靠性要求等，软件的开发一般需要操作系统平台支持。

嵌入式系统的全面发展是从 20 世纪 90 年代开始的，主要受到了分布式控制、数字化通信、信息家电、网络应用等强烈的应用需求所牵引。现在，人们可以随处发现嵌入式系统的应用，如手机、MP3 播放器、数码照相机、机顶盒、路由器、交换机等。嵌入式系统在软、硬件技术方面迅速发展，首先是面向不同应用领域、功能更加强大、集成度更高、种类繁多、价格低廉、低功耗的 32 位微处理器逐渐占领统治地位，DSP 器件向高速、高精度、低功耗发展，而且可以和其他的嵌入式微处理器相集成；其次，随着微处理器性能的提高，嵌入式软件的规模也成指数型增长，所体现出的嵌入式应用具备了更加复杂和高度智能的功能，软件在系统中体现出来的重要程度越来越大；嵌入式操作系统在嵌入式软件中的使用越来越多，所占的比例逐渐提高，同时，嵌入式操作系统的功能不断丰富，在内核基础上发展成为包括图形接口、文件、网络、嵌入式 Java、嵌入式 CORBA、分布式处理等完备功能的集合；最后，嵌入式开发工具更加丰富，已经覆盖了嵌入式系统开发过程的各个阶段。现在主要向着集成开发环境和友好人机界面等方向发展。

## 1.2.2 嵌入式通信系统的发展现状

随着信息化、网络化、智能化的发展，嵌入式系统技术也获得了广泛的发展空间。从 20 世纪 90 年代起，嵌入式技术全面展开，已经成为通信和消费类产品的共同发展方向。在通信领域，数字技术正在全面取代模拟技术，DAB（数字音频广播）也发展成熟。而软件、集成电路和新型元器件在产业发展中的作用日益重要。在个人领域，嵌入式产品主要是个人使用，作为个人移动设备的数据处理和通信软件，如 4G 手机，不仅可以实现可视接听电话，还可以看电视、上网等。由于嵌入式设备具有自然的人机交互界面，其以 GUI 屏幕为中心的多媒体界面给人很大的亲和力。手写文字输入、语音拨号上网、收发电子邮件以及传输彩色图形、图像成为现实。

目前，很多 PDA 在显示屏幕上已经实现汉字写入、短消息语音发布，应用范围日益广阔。对于企业专用解决方案，如物流管理、条码扫描、移动信息采集等，小型手持嵌入式系统将发挥巨大作用。在自动控制领域，用于 ATM 机、自动售货机、工业控制等专用设备和移动通信设备、GPS、娱乐相结合，嵌入式系统同样可以发挥巨大的作用。

所有上述产品，都离不开嵌入式系统技术。随着嵌入式技术的发展，嵌入式平台在通信领域也得到了广泛的应用。硬件方面，不仅有各大公司的微处理器芯片，还有用于学习和研发的各种配套开发包。目前低层系统和硬件平台经过若干年的研究，已经相对比较成熟，实现各种功能的芯片应有尽有。而且巨大的市场需求给我们提供了学习研发的资金和技术力量。从软件方面讲，也有相当部分的成熟软件系统。国外商品化的嵌入式实时操作系统，已进入我国市场的有 WindRiver、Microsoft、QNX 和 Nuclear 等产品。我国自主开发的嵌入式系统软件产品有科银（CoreTek）公司的嵌入式软件开发平台 Delta System、中科院推出的 Hopen 嵌入式操作系统等。同时由于是研究热点，我们可以在网上找到各种各样的免费资源，从各大厂商的开发文档，到各种驱动程序，程序源代码程序、甚至很多厂商还提供微处理器的样片。这对于从事这方面的研发人员无疑是个资源宝库。对于软件设计来说，不管是上手还是进一步开发，相对来说都比较容易。这就使得很多生手能够比较快地进入研究状态，利于发挥大家的积极创造性。

随着因特网的迅速普及和电信业务的持续增长，通信设备的重要性也不断提升。这些设备用于网络的各个部分，如手持的 PDA、复杂的中心局交换机等。绝大多数通信设备都有健全的通信软件功能，用于和其他设备及网络管理器等控制实体进行通信。

如果基于 UNIX 或 Windows 等桌面操作系统来开发这类通信设备，不得不受到优先级、时间片调度等因素的制约，不仅会导致数据包延迟处理，还要与其他应用程序共享资源。这对于需要高稳定性和高数据吞吐量的通信设备而言是致命缺陷。因而当今各厂商基本上都采用专用的嵌入式系统开发通信设备。这类专用系统具有以下特征：运行于实时操作系统，存储器资源有限，磁盘空间有限或无磁盘，通过终端或以太网口控制，有硬件加速能力。

## 1.2.3 嵌入式通信系统的发展趋势

信息时代、数字时代使得嵌入式产品获得了巨大的发展契机，为嵌入式市场展现了美好的前景，同时也对嵌入式生产厂商提出了新的挑战。这主要包括支持日趋增长的计算需求、灵活的通信和网络连接功能、轻便的移动应用和多媒体信息处理。此外，还需要应对更加激烈的市场竞争。

### 1. 强大的开发工具支持和操作系统支持

随着互联网技术的成熟、带宽的提高，互联网内容服务商（ICP）在网上提供的信息内容日趋丰富、应用项目多种多样，像手机、电话座机等嵌入式电子通信设备的功能不再单一，电器结构也更加复杂。为了满足应用功能的升级，设计师们一方面采用更强大的嵌入式处理器如 32 位、64 位 RISC 芯片或信号处理器（DSP）增强处理能力；同时还采用实时多任务编程技术和交叉开发工具技术来支持控制功能的复杂性，简化应用程序设计、保证软件质量和缩短开发周期。

嵌入式开发是一项系统工程，因此要求嵌入式系统厂商不仅要提供嵌入式硬件系统本身，同时还需要提供强大的硬件开发工具和软件包的支持。

目前很多厂商已经考虑到这一点，在主推系统的同时，将开发工具也作为重点推广。比如，三星在推广 ARM7、ARM9 芯片的同时还提供开发板和板级支持包（BSP），而 Windows CE 在主推系统时也提供 Embedded VC++作为开发工具，还有 VxWorks 的 Tornado 开发环境，Delta OS 的 Limda 编译环境等都是这一趋势的典型体现。当然，这也是市场竞争的结果。

### 2. 网络互联成为必然趋势

未来的嵌入式设备为了适应网络发展的需求，要求配备一种或多种网络通信接口。传统的单片机对于网络支持不足，而新一代的嵌入式处理器已经开始内嵌网络接口，并能支持除 TCP／IP 以外的多种网络协议，并提供相应的通信组网协议软件和物理层驱动软件。软件方面系统内核支持网络模块和各种嵌入 Web 浏览器，使设备能方便地连入网络。

### 3. 低功耗、低成本要求

未来的嵌入式产品体积将会越来越小，所使用的各种硬件资源会比较有限。精简系统内核、算法，降低功耗和软硬件成本成为设计的重要指标。为了减低功耗和成本，需要设计者尽量裁剪系统内核，只保留和系统功能紧密相关的软硬件，利用最低的资源实现最适当的功能，这就要求设计者选用最佳的编程模型和不断改进算法，优化编译器性能。

#### 4．丰富多样的多媒体人机界面

嵌入式设备能与用户亲密接触，最重要的因素就是它能提供非常友好的、自然亲和的用户界面。这方面的要求使得嵌入式软件设计者要在图形界面、多媒体技术上下苦功。人们与信息终端交互需要以 GUI 屏幕为中心的多媒体界面。手写文字输入、语音拨号上网、收发电子邮件，以及彩色图形、图像都会使用户获得自由的感受。

#### 5．无线网络操作系统初见端倪

未来移动通信网络不仅能够提供丰富的多媒体数据业务，而且能够支持更多功能和更强的移动端设备。为了有效地发挥第三代移动通信系统的优势，许多设备厂商针对未来移动设备的特点努力开发无线网络操作系统。

EPOC 是 Psion Software 推出的操作系统，专门用于移动计算设备，包括掌上计算机。EPOC 是一个开放的操作系统，它支持信息传送、网页浏览、办公室作业、公用事业以及个人信息管理（PIM）的应用，也有软件可以和个人计算机与服务器作同步的沟通。EPOC（Ethernet Passive network Over Coax，基于同轴电缆的无源以太网络）是基于同轴的下一代高速以太网技术，从光纤分配网到同轴分配网，充分利用和拓展了点到多点的 EPON 技术。

## 1.3　嵌入式系统的种类

嵌入式系统种类有很多，分布在人们生活中的各个方面，如人们常用的手机、DVD 播放器、无线路由器和电视机顶盒等。嵌入式系统可以按照嵌入式微处理器的位数、实时性、软件结构、应用领域等进行分类。下面对嵌入式系统分类进行简单说明。

### 1.3.1　按所嵌入的处理器分类

#### 1．单个微处理器

CPU、存储器、I/O 设备、接口集成在一个芯片中，存储容量小，字长 8 位。这类系统一般由单片嵌入式处理器组成，嵌入式处理器上集成了存储器、I/O 设备接口（如 A/D 转换器）等，嵌入式处理器加上简单的元件如电源、时钟元件等就可以工作。

单个微处理器这类系统可以在小型设备中（如温度传感器、烟雾和气体探测器及断路器）找到。这类设备是供应商根据设备的用途来设计的。常用的嵌入式处理器如 Philips 的 89LPCxxx 系列、Motorola 的 MC68HC05、MC68HC08 系列等。

#### 2．嵌入式处理器可扩展的系统

存储器、I/O 设备接口可扩充，扩展存储容量较小，字长 8 位或 16 位。

这类嵌入式系统使用的处理器根据需要，可以扩展存储器，也可以使用片上的存储器，处理器一般容量在 64 KB 左右，字长为 8 位或 16 位。在处理器上扩充少量的存储器和外部接口，以构成嵌入式系统。这类系统可在过程控制、信号放大器、位置传感器及阀门传动器等中找到。

#### 3．复杂的嵌入式系统

配置丰富的外设接口，存储器、I\O 设备接口可扩充，扩展存储容量较大，字长 32 位。

组成这样的嵌入式系统的嵌入式处理器一般是 16 位、32 位等，用于大规模的应用，由于软件量大，需要扩展存储器。扩展存储器一般在 1 MB 以上，外围设备接口一般仍然集成在处理器上，常用的嵌入式处理器有 ARM 系列、Motorola 公司的 PowerPC 系列、Coldfire 系列等。

这类系统可见于开关装置、控制器、电话交换机、电梯、数据采集系统、医药监视系统、诊断及实时控制系统等。它们是一个大系统的局部组件，由它们的传感器收集数据并传递给该系统。这种组件可同计算机一起操作，并可包括某种数据库（如事件数据库）。

#### 4．在制造或过程控制中使用的计算机系统

对于这类系统，计算机与仪器、机械及设备相连来控制这些装置的工作。这类系统包括自动仓储系统和自动发货系统。在这些系统中，计算机用于总体控制和监视，而不是对单个设备直接进行控制。过程控制系统可与业务系统连接（如根据销售额和库存量来决定订单或产品量），在许多情况下，两个功能独立的子系统可在一个主系统操作下一同运行。例如，控制系统和安全系统：控制子系统控制处理过程，以使系统中的不同设备能正确地操作和相互作用于生产产品；而安全子系统则用来降低那些会影响人身安全或危害环境的误操作风险。

### 1.3.2　按实时性分类

一个实时系统（Real-Time System，RTS）是指计算的正确性不仅取决于程序的逻辑正确性，也取决于结果产生的时间，如果系统的时间约束条件得不到满足，将会发生系统出错。也就是说，实时系统是对响应时间有严格要求的。根据嵌入式系统是否具有实时性，可将其分为嵌入式实时系统和嵌入式非实时系统。

#### 1．嵌入式非实时系统

早期的嵌入式系统中没有操作系统的概念，程序员编写嵌入式程序通常直接面对裸机及裸设备。在这种情况下，通常把嵌入式程序分成两部分，即前台程序和后台程序。前台程序通过中断来处理事件，其结构一般为无限循环；后台程序则掌管整个嵌入式系统软硬件资源的分配、管理以及任务的调度，是一个系统管理调度程序。这就是通常所说的前后台系统。一般情况下，后台程序也叫任务级程序，前台程序也叫事件处理级程序。在程序运行时，后台程序检查每个任务是否具备运行条件，通过一定的调度算法来完成相应的操作。对于实时性要求特别严格的操作通常由中断来完成，仅在中断服务程序中标记事件的发生，不再做任何工作就退出中断，经过后台程序的调度，转由前台程序完成事件的处理，这样就不会造成在中断服务程序中处理费时的事件而影响后续和其他中断。

实际上，前后台系统的实时性比预计的要差。这是因为前后台系统认为所有的任务具有相同的优先级别，即是平等的，而且任务的执行又是通过 FIFO 队列排队，因而对那些实时性要求高的任务不可能立刻得到处理。另外，由于前台程序是一个无限循环的结构，一旦在这个循环体中正在处理的任务崩溃，使得整个任务队列中的其他任务得不到机会被处理，从而造成整个系统的崩溃。由于这类系统结构简单，几乎不需要 RAM/ROM 的额外开销，因而在简单的嵌入式应用系统被广泛使用。

#### 2．嵌入式实时系统

实时系统对逻辑和时序的要求非常严格，如果逻辑和时序出现偏差将会引起严重后果。大多数嵌入式系统都属于嵌入式实时系统。根据实时性强弱，实时系统又可进一步分为软实时系统和硬实时系统。

（1）软实时系统（Soft Real-Time）

软实时系统是指系统对响应时间有一定的要求，但是如果响应时间不能满足，也不会导致系统崩溃或出现致命错误，例如，实时多媒体系统就是一种软实时系统。基于 Linux 操作系统的嵌入式系统是一个典型的软实时系统，尽管在 RTlinux 里面对系统的调度机制做了很大的提高，使得实时性能也提高了很多，但是 RTLinux 还是一个软实时系统。基于 Windows CE 的嵌入式系统也是软实时系统。

（2）硬实时系统（Hard Real-Time）

硬实时系统是指系统对响应时间有严格要求，如果响应时间不能满足，就会引起系统崩溃或致命错误，如飞机的飞控系统。硬实时系统要求系统运行有一个刚性的、严格可控的时间限制，它不允许任何超出时限的错误发生。超时错误会带来损害甚至导致系统失败，或者系统不能实现它的预期目标。基于 VxWorks、μC/OS-II、eCOS、Nucleus 等的操作系统是硬实时系统。

## 1.3.3 按应用领域分类

嵌入式系统有着非常广阔的应用前景，按照应用领域分类，嵌入式系统可分为信息家电类、消费电子类、智能仪器仪表类、通信设备类、国防武器类、医疗仪器类、生物电子类、航空电子类等。下面对其中的几类进行简单介绍。

**1．消费电子类嵌入式产品**

嵌入式系统在消费电子类产品应用领域的发展最为迅速，而且在这个领域中对嵌入式微处理器的需求量也最大。由嵌入式系统构成的消费类产品已经成为现实生活中必不可少的一部分。消费类电子产品主要包括便携音频视频播放器、数码照相机、掌上游戏机等都属于消费电子类嵌入式产品。这些消费类电子产品中的嵌入式系统一样含有一个嵌入式应用处理器、一些外围接口以及一套基于应用的软件系统等。例如，数码照相机的镜头后面就是一个 CCD 图像传感器，然后会有一个 A/D 器件把模拟图像数据变成数字信号，送到嵌入式应用处理器中进行适当的处理，再通过应用处理器的管理实现图像在 LCD 上的显示、在 SD 卡或 MMC 卡上的存储等功能。

**2．智能仪器仪表类嵌入式产品**

这类产品可能离日常生活有点距离，但是对于开发人员来说确是实验室里的必备工具，比如网络分析仪、数字示波器、热成像仪等。通常这类嵌入式设备中都有一个应用处理器和一个运算处理器，可以完成一定的数据采集、分析、存储、打印、显示等功能。这类设备对于开发人员的帮助很大，大大提高了开发人员的开发效率，可以说是开发人员的"助手"。

**3．通信设备类嵌入式产品**

这些产品多数应用于通信机柜设备中，如路由器、交换机、家庭媒体网关等。在民用市场使用较多的莫过于路由器和交换机。通常在一个典型的 VOIP（Voice Over Internet Protocol，IP 承载语音）系统中，嵌入式系统会扮演不同的角色，有网关（Gateway）、关守（Gatekeeper）、计费系统、路由器、VOIP 终端等。基于网络应用的嵌入式系统也非常多，目前市场发展最快的就是远程监控系统等监控领域中的系统。

#### 4．国防武器类嵌入式产品

国防武器设备是应用嵌入式系统设备较多的领域之一，如雷达识别、军用数传电台、电台对抗设备等。各种嵌入式设备可安装在火炮、侦察机、坦克、移动步兵等作战单位上构成一个自愈合自维护的作战梯队。这些嵌入式设备可组建各种自组网络，并已经广泛应用于民用领域，比如消防救火、应用指挥等应用中。

#### 5．医疗仪器类嵌入式产品

在医疗仪器领域，嵌入式系统可应用在各种医疗器具中，如 X 光机、超声诊断仪、计算机断层成像系统、心脏起搏器、监护仪、辅助诊断系统和专家系统等。

### 1.3.4　按嵌入式系统软件复杂程度分类

#### 1．循环轮询系统

循环轮询系统编程简单，没有中断，不会出现随机问题。便于编程和理解，程序运行良好；但是它不适合有大量输入/输出的服务，程序规模增大后不便于调试。所以应用领域有限，适合于慢速和非常快速的简单系统。

#### 2．前后台系统

前后台系统是中断驱动系统的一种，后台程序是一个无线循环，通过调用函数实现相应操作，又称任务级。前台程序是中断处理程序，用来处理异步时间，又称中断级。当有一前台事件（外部事件）发生时，引起中断，进行前台处理，处理完成后又回到后台（通常又称主程序）。但是，需要考虑的是中断的现场保护和恢复、中断嵌套、中断处理过程与主程序的协调（共享资源）问题。一些不复杂的小系统比较适合采用前后台系统的结构来设计程序。甚至在某些系统中，为了省电，平时让处理器处于停机状态，所有工作都依靠中断服务来完成。它的实时性主要通过中断来保证，一旦主程序介入处理事件，其实时性难以保证。而且中断服务程序与主程序之间的共享、互斥的问题需要自解决。

#### 3．单处理器多任务系统

单处理器多任务系统是由多个任务、多个中断处理过程、实时操作系统组成的有机的整体。每个任务是顺序执行的，并行性通过操作系统来完成，任务间的相互通信和同步也需要操作系统的支持。在单处理器系统中，任务在宏观上看是并发执行的，但在微观上看实际是顺序执行的。

多任务系统是指多个顺序执行的程序并行运行的系统。宏观上看，所有的程序同时运行，每个程序运行在自己独立的 CPU 上。实际上，不同的程序是共享同一个 CPU 和其他硬件。因此，需要实时操作系统（Real-Time Operation System，RTOS）来对这些共享的设备和数据进行管理。每个程序都被编制成无限循环的程序，等待特定的输入，执行相应的任务等。这种程序模型将系统分成相对简单的、相互合作的模块。

# 1.4　嵌入式通信系统的特点

## 1.4.1　嵌入式系统的特点

嵌入式系统是多个学科的交叉融合，它的应用也越来越广泛。嵌入式系统是面向专业领域、工作在特定环境下的应用系统，不同于通用计算机系统的多样性和普遍适应性。嵌入式系统是专用的计算机系统，功能是特定的，它还具有规模可变、扩展灵活、有一定的实时性和可靠性、操作系统内核比较小、具有专门的开发工具和环境等特点。

### 1．专用的计算机系统

嵌入式系统通常面向特定任务，是专用的计算机系统。整个系统设计必须满足具体的应用需求，一旦任务变更，整个系统将可能需要重新设计。这种专用计算平台有很多不同的特征：

① 形式多样。在共同的基本计算机系统架构上，针对不同的应用领域系统构造不尽相同，处理器、硬件平台、操作系统、应用软件等种类繁多。不同的嵌入式微处理器体系结构和类型，其适应面不同。

② 对运行环境的依赖性。在众多应用背景下，温度、湿度、震动、干扰、辐射等因素构成了嵌入式系统赖以生存的环境，因此在系统设计时就需要充分考虑其运行环境的各种因素。

③ 综合考虑成本、资源、功耗、体积因素。这些原本在基于通用计算机平台进行设计时无须考虑或无须过多考虑的因素，在基于专用平台的系统设计中都需要充分考虑。对于大量的消费类数字化产品，成本是影响产品竞争力的关键因素之一。为了节省成本就必须精简使用和合理利用资源。在很多情况下，由于环境、功耗、体积等因素的存在，系统能够使用的资源就可能受到限制。设计时必须权衡轻重，这也增加了系统设计的难度。

④ 软硬件紧密结合，高效设计。

嵌入式微处理器通常具有功耗低、体积小、集成度高等特点，把通用微处理器中许多由板卡完成的功能集成在芯片内部，从而有利于嵌入式通信系统设计趋于小型化，移动能力大大增强，与网络的耦合越来越紧密。嵌入式软件是应用程序和操作系统两种软件的一体化程序。对于嵌入式软件而言，系统软件和应用软件的界限并不明显，原因在于嵌入式环境下应用系统的配置差别较大，所需操作系统裁剪配置不同，I/O 操作没有标准化，驱动程序通常需要自行设计。

### 2．规模可变、扩展灵活

这里的规模可变主要是指嵌入式系统是以微处理器与周边器件构成核心的，其规模可以变化。嵌入式微处理器可以从 8 位到 64 位。这里的规模可变也和具体应用有很大的关系。由于嵌入式微处理器内部集成的外围接口丰富，所以也使得一般的嵌入式系统都具有很强的规模可伸缩性，嵌入式系统的这个特点给开发人员在系统设计过程中带来了很大的灵活性，但如果不把系统软件和上层应用软件区分开，每一次修改需要把系统和应用一起编译，会浪费开发时间。

### 3．实时性和可靠性

高实时性的操作系统软件是嵌入式软件的基本要求，软件一般都要求固化和存储。通常嵌入式系统中的软件都是存储在 Flash 中的。上电之后，才把这些软件中的部分调入 RAM 区运行。

嵌入式系统一般要求具有出错处理和自动复位功能，特别是对于运行在极端环境下或者重要场合的嵌入式通信系统而言，其可靠性设计尤为重要。在嵌入式通信系统设计中使用一些硬件和软件机制来保证系统的可靠性，如硬件的把关定时器（俗称看门狗定时器）、软件的内存保护和重启机制等。

### 4．操作系统内核比较小

嵌入式系统一般应用于小型电子装置，正是因为嵌入式操作系统应用的特殊性，所以系统资源相对有限，使得嵌入式系统在实时性、功耗、体积、存储空间上都有所限制，要求嵌入式操作系统内核也比传统的操作系统小很多，小的有几千字节，大的也不过几十兆字节。嵌入式操作系统内核比较小的主要有μC/OS-II 等，相对较大的 Windows CE、Linux 等操作系统，其内核也可以裁剪到只有几十兆字节，比 PC 上运行的操作系统规模小很多。

### 5．具有专门的开发工具和开发环境

由于系统资源有限，嵌入式系统一般不具备自主开发能力，其开发环境一般是基于通用计算机上的软硬件设备，开发环境可分为主机（Host）和目标机（Target）两个概念，主机一般采用通用计算机系统，利用通用计算机的丰富资源，承担开发工具的大部分工作，构成主要的开发环境；目标机就是需要开发的嵌入式系统，构成最终的执行环境，配合主机完成开发工作。

### 6．知识集成系统

嵌入式系统是先进的计算机技术、半导体技术、电子技术、通信网络技术以及各个行业的具体应用相结合后的产物，这一点就决定了它必然是一个技术密集、资金密集、高度分散、不断创新的知识集成系统。嵌入式系统的广泛应用和巨大的发展潜力已成为 21 世纪 IT 技术发展的热点之一。

## 1.4.2 嵌入式通信系统的技术特点

随着因特网的迅速普及和电信业务的持续增长，通信设备应用于网络的各个部分，从手持的 PDA、寻呼机，到复杂的中心局交换机。绝大多数的通信设备都有健全的通信软件功能，用于和其他设备及网络管理器等控制实体通信。当今各厂商基本上都采用专用的嵌入式系统开发通信设备。这类专用系统具有以下特征：操作系统具有实时响应能力，计算资源有限，磁盘空间有限或无磁盘，通过终端或以太网口控制，有硬件加速能力。

### 1．实时操作系统

随着通信系统日趋复杂，各通信层间需要以队列、邮箱或共享内存等方式实现任务间通信。如果两个任务都需要访问同一段数据，则还需引入信号量来保护数据。这些功能需要在实时操作系统中实现。成熟的实时操作系统还支持一套完整的开发环境，包括专用处理机、编译器、汇编器、调试器等一系列开发工具。同时，这类操作系统还对某些功能进行了优化。

### 2．控制设备

嵌入式通信设备没有显示器和键盘，外界只能通过串口或以太网与其通信。采用串口通信时，需要与终端设备或带有终端仿真程序（例如 Windows 的超级终端）的 PC 相连，通过命令行界面接收用户命令、配置设备、显示状态和统计信息等。以太网口一般用于管理嵌入式通信设备，例如启动系统或下载新版本软件。以太网口上运行的 TCP/IP 协议栈可供网管远程登录，接入命令行界面来管理通信设备。

### 3．软硬件划分

在外界条件制约下，为了优化嵌入式通信系统的功能，设计时往往需要划分软硬件功能。一个设计准则是优先考虑软件执行，但将软件功能植入硬件芯片的成本也在降低。因此应明确定义软硬件接口，供后续开发使用。在嵌入式通信领域，缓存技术和内存分配算法用于解决容量与性能之间的相互制衡。高速内存用于执行数据交换的共享内存，双端口内存用于控制器收发缓冲描述符。

### 4．快速路径与慢速路径

通信系统结构设计应考虑对快速路径的优化。快速路径是系统中大部分正常数据包通过的路径。从软件角度来看，快速路径是为最常用功能优化的代码分支。由于系统主要功能是数据帧交换，因此代码路径的优化应着眼于使系统以尽可能高的速率交换。而对于发往交换机自身的数据帧（例如实现交换理的 SNMP 数据包）则不会送至快速路径，这类数据的处理相对较慢，因而其通过的路径又称为慢速路径。快速路径会优先处理不带选项的数据包。如果快速路径发现数据包有选项，则将包转至慢速路径并返回去处理下一个数据包。慢速路径通常作为一个独立任务运行，当其被快速路径调度时，才去处理数据包。

快速路径和慢速路径的区分是下述硬件加速的基础。

### 5．硬件加速

前述特性均假设软件运行于单块通用处理器，例如 MIPS 和 PowerPC 产品线的处理器等，这类处理器偏向于 RISC（精简指令集计算机）。这类处理器功能虽然强大，但仅靠软件方法很难提升性能。对于少量低速接口（如 10/100 Mbit/s 以太网）的而言，这些处理器已经够用了。但如果数据率继续升高、端口继续增加（如电信设备），仅靠软件就很难解决性能问题。通信系统的软件部分（包括慢速路径）运行于通用处理器，并设置交换芯片组的各个寄存器和参数。硬件设计师可以据此设计出所需的板卡，可提高系统性能。有些通信设备商会自主开发 ASIC（特定用途集成电路）用于实现需求各异的硬件加速。

### 6．功能平面

一种经典的网络结构功能平面划分模型将通信系统的功能划分为 3 个平面：控制平面、数据平面和管理平面。数据平面用于基本操作，控制平面和管理平面保证数据平面操作的正确性。控制平面负责与对端通信，数据平面负责系统核心功能。管理平面负责整个系统的控制和配置。除了执行系统的内部管理外，管理平面还包括更改配置，获取状态和统计信息等功能。例如 SNMP，命令行界面（CLI）以及基于 HTTP 的管理操作都属于控制平面的范畴。

# 1.5  嵌入式通信系统的组成结构

嵌入式通信系统的特点就是在嵌入式设备上集成了通信功能，嵌入式通信系统在不同的领域呈现出的外观和形式各不相同。但其内部结构有一定的共性，一个完整的嵌入式通信系统应由嵌入式计算机系统和执行装置组成，如图 1-1 所示。

目前所涉及的嵌入式通信系统主要包括：硬件层、中间层、系统软件层和应用层四部分。硬件层由嵌入式微处理器、存储系统、通信模块、人机接口、其他 I/O 接口（A/D、D/A、通用 I/O 等）以及电源等组成。嵌入式系统中间层一般包括硬件抽象层（Hardware Abstract Layer，

HAL）和板级支持包（Board Support Package，BSP）。嵌入式系统软件层由实时操作系统（RTOS）、文件系统、图形用户接口（Graphic User Interface，GUI）、网络系统及通用组件模块组成。RTOS 是嵌入式应用软件的基础和开发平台，而应用层主要是用户应用程序。下面对其组成进行详细介绍。

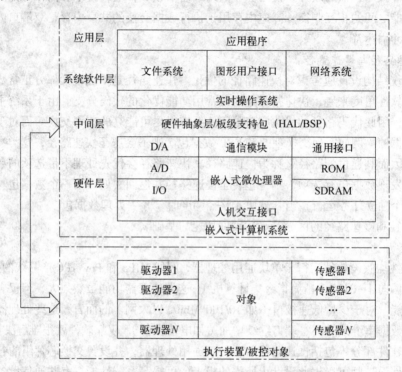

图 1-1　嵌入式通信系统的组成结构

## 1.5.1　硬件层

　　嵌入式通信系统的硬件层是以嵌入式微处理器为核心的，由嵌入式微处理器、存储器、I/O 设备、通信模块以及电源等必要的辅助接口组成。嵌入式系统的硬件层以嵌入式微处理器为核心，在嵌入式微处理器基础上增加电源电路、时钟电路和存储器电路（RAM 和 ROM 等），这就构成了一个嵌入式核心控制模块，操作系统和应用程序都可以固化在 ROM 中。嵌入式系统外设是指为了实现系统功能而设计或提供的接口或设备。这些设备通过串行或并行总线与处理器进行数据交换。通常包括：扩展存储器、输入/输出端口、人机交互设备、通信总线及接口、数/模转换设备、控制驱动设备等。

　　随着计算机技术、微电子技术、应用技术的不断发展和纳米芯片加工工艺技术的发展，以微处理器为核心的集成多种功能的 SoC 系统已成为嵌入式系统的核心。在嵌入式系统设计中，要尽可能地选择能满足系统功能接口的 SoC 芯片，以 SoC 为核心，可以用最少的外围部件和连接部件构成一个应用系统，满足系统的功能需求，也是嵌入式系统发展的一个方向。因此，现代嵌入式设计是以处理器/SoC 为核心，完成系统设计的，其外围接口包括存储设备、通信接口设备、扩展设备接口和辅助的机电设备（电源、连接器、传感器等）构成硬件系统。对于嵌入式硬件的各个模块将在第 3 章作全面介绍。

## 1.5.2　中间层

硬件层与软件层之间为中间层，也称为硬件抽象层（Hardware Abstract Layer，HAL）或者板级支持包（Board Support Package，BSP），它将系统上层软件与底层硬件分离开，使系统的底层驱动程序与硬件无关，上层软件开发人员无须关心底层硬件的具体情况，根据 BSP 层提供的接口即可进行开发。该层一般包含相关底层硬件的初始化、数据的输入/输出操作和硬件设备的配置功能。

板级支持包（BSP）是介于主板硬件和操作系统中驱动层程序之间的一层，一般认为它属于操作系统一部分，主要是实现对操作系统的支持，为上层的驱动程序提供访问硬件设备寄存器的函数包，使之能够更好地运行于硬件主板。在嵌入式系统软件的组成中，就有 BSP。BSP 是相对于操作系统而言的，不同的操作系统对应于不同定义形式的 BSP，例如 VxWorks 的 BSP 和 Linux 的 BSP 相对于某一 CPU 来说尽管实现的功能一样，但是写法和接口定义是完全不同的，所以写 BSP 一定要按照该系统 BSP 的定义形式来写（BSP 的编程过程大多数是在某一个成型的 BSP 模板上进行修改）。这样才能与上层 OS 保持正确的接口，良好地支持上层 OS。

## 1.5.3　系统软件层

系统软件主要包括实时操作系统、文件系统、图形用户接口等部分，主要用于提供标准编程接口，屏蔽底层硬件特性，降低应用程序开发难度，缩短应用程序开发周期。系统软件层由实时多任务操作系统（RTOS）文件系统（File System, FS）、图形用户界面（GUI）、网络组件组成。

RTOS 是嵌入式应用软件的基础和开发平台。RTOS 是系统软件的一部分，系统启动及初始化完成后首先执行操作系统，其他应用程序都建立在 RTOS 之上。大多数 RTOS 都是针对不同微处理器优化设计的高效实时多任务内核，可以在不同微处理器上运行而为用户提供相同的 API 接口。因此，基于 RTOS 开发的应用程序具有非常好的可移植性。

文件系统是操作系统用于明确存储设备（常见的是磁盘，也有基于 NAND Flash 的固态硬盘）或分区上的文件的方法和数据结构，即在存储设备上组织文件的方法。操作系统中负责管理和存储文件信息的软件机构称为文件管理系统，简称文件系统。文件系统由三部分组成：文件系统的接口、对象操纵和管理的软件集合、对象及属性。

文件系统主要完成三项功能：跟踪记录存储器上被耗用的空间和自由空间，维护目录名和文件名，跟踪记录每一个文件的物理存储位置。文件系统屏蔽了底层硬件的处理细节，使得用户可以用"名字"访问数据，并保证多用户并发访问、高效率、高安全性、故障可恢复。文件系统是系统软件的一个重要组成部分，它是可选的。

图形用户界面是一种人与计算机通信的界面显示格式，允许用户使用鼠标等输入设备操纵屏幕上的图标或菜单选项，以选择命令、调用文件、启动程序或执行其他一些日常任务。与通过键盘输入文本或字符命令来完成例行任务的字符界面相比，图形用户界面有许多优点。图形用户界面由窗口、下拉菜单、对话框及其相应的控制机制构成，在各种新式应用程序中都是标准化的，即相同的操作总是以同样的方式来完成，在图形用户界面，用户看到和操作的都是图形对象，应用的是计算机图形学的技术。

### 1.5.4　应用层

嵌入式应用层是由应用软件构成的，主要针对特定应用领域，基于某一固定的硬件平台，用来达到用户预期目标的计算机软件。由于用户任务功能的复杂性和可靠性要求，有些嵌入式应用软件需要特定嵌入式操作系统的支持。嵌入式应用软件和普通应用软件有一定的区别，它不仅要求其准确性、安全性和稳定性等方面能够满足实际应用的需要，而且还要尽可能地进行优化，以减少对系统资源的消耗，降低硬件成本。

目前我国市场上已经出现了各种各样的嵌入式系统应用软件，包括浏览器、E-mail 软件、文字处理软件、通信软件、多媒体软件、个人信息处理软件、智能人机交互软件、各种行业应用软件等。嵌入式系统中的应用软件是最活跃的力量，每种应用软件均有特定的应用背景，尽管规模较少，但专业性较强，所以嵌入式应用软件不像操作系统和支撑软件那样受制于国外产品垄断，是我国嵌入式软件的优势领域。

应用层是基于系统软件开发的应用软件程序组成的，它是整个嵌入式通信系统的核心，用来完成对被控对象的控制功能。应用层是面向被控对象和用户的，为方便用户操作，往往需要一个友好的人机界面。

对于一个复杂的系统，在系统设计的初期阶段就要对系统进行需求分析，确定系统的功能，然后将系统的功能映射到整个系统的硬件、软件和执行装置的设计过程中，称为系统的功能实现。在嵌入式系统中，必须对嵌入式系统的软硬件都有相应的了解，才能熟练进行嵌入式系统设计，设计出一个好的嵌入式系统。

# 1.6　嵌入式通信系统的开发与应用

## 1.6.1　嵌入式通信系统开发相关技术

相对于在 Windows 环境下的开发应用程序，嵌入式通信系统开发有着很多的不同。不同的硬件平台和操作系统带来了许多附加的开发复杂性。

### 1．开发过程

在嵌入式开发过程需要用到宿主机和目标机，宿主机是编译、连接、定址过程的计算机；目标机是运行软件的嵌入式设备。首先须把应用程序转换成可以在目标机上运行的二进制代码。这一过程包含 3 个步骤：编译、连接、定址。编译过程由交叉编译器实现。所谓交叉编译器就是运行在一个计算机平台上并为另一个平台产生代码的编译器。常用的交叉编译器有 GNU C/C++（gcc）。编译过程产生的所有目标文件被连接成一个目标文件，称为连接过程。定址过程会把物理存储器地址指定给目标文件的每个相对偏移处。该过程生成的文件就是可以在嵌入式平台上执行的二进制文件。

### 2．向嵌入式平台移植软件

在 PC 上编写软件时，要注意软件的可移植性，选用具有较高移植性的编程语言（如 C 语言），尽量少调用操作系统函数，注意屏蔽不同硬件平台带来的字节顺序、字节对齐等问题。

（1）字节顺序

字节顺序是指占内存多于一个字节的数据在内存中的存放顺序，通常有小端、大端两种字节顺序。小端字节顺序指低字节数据存放在内存低地址处，高字节数据存放在内存高地址处；大端字节顺序是高字节数据存放在低地址处，低字节数据存放在高地址处。基于 x86 平台的 PC 是小端字节序的，而有的嵌入式平台则是大端字节顺序的。通常认为，在通信信道中传输的字节的顺序即网络字节顺序为标准顺序，考虑到与协议的一致以及与同类其他平台产品的互通，在程序中发数据包时，将主机字节序转换为网络字节序，收数据包处将网络字节顺序转换为主机字节顺序。

（2）字节对齐

有的嵌入式处理器的寻址方式决定了在内存中占 2 字节的 int16、uint16 等类型的数据只能存放在偶数内存地址处，占 4 字节的 int32、uint32 等类型数据只能存放在 4 的整数倍的内存地址处；占 8 字节的双精度浮光型类型数据只能存放在 8 的整数倍的内存地址处；而在内存中只占 1 字节的字符类型数据可以存放在任意地址处。由于这些限制，在这些平台上编程时有很大的不同。若对内存中数据以强制类型转换的方式读取，字节对齐的不同会引起数据读取的错误。

（3）位段

由于位段的空间分配方向因硬件平台的不同而不同，对 x86 平台，位段是从右向左分配的；而一些嵌入式平台，位段是从左向右分配的。分配顺序的不同导致了数据存取的错误。解决这一问题的一种方法是采用条件编译的方式，针对不同的平台定义顺序不同的位段；也可以在前面所述的两个函数中加上对位段的处理。

（4）代码优化

嵌入式通信系统对应用软件的质量要求更高，因而在嵌入式开发中尤其需要注意对代码进行优化，尽可能地提高代码的效率，减少代码的大小。虽然现代 C 和 C++编译器都提供了一定程度的代码优化，但大部分由编译器执行的优化技术仅涉及执行速度和代码大小的平衡，不可能使程序既快又小，因而必须在编写嵌入式软件时采取必要的措施。包括：提高代码的效率；减小代码的大小；避免内存泄漏等措施。

## 1.6.2　嵌入式通信系统的广泛应用

嵌入式通信系统的应用前景从家里的洗衣机、电冰箱，到作为交通工具的自行车、小汽车，到办公室里的远程会议系统等，可能会同时使用数十片嵌入式无线电芯片，可以实现远程办公、远程遥控，真正实现网络无处不在。下面介绍几种具体的应用。

### 1．嵌入式移动数据库

所谓的移动数据库是支持移动计算的数据库，有两层含义：① 用户在移动的过程中可以联机访问数据库资源。② 用户可以带着数据库移动。典型的应用场合有在开着的救护车上查询最近的医院。该系统由前台移动终端、后台同步服务器组成，移动终端上有嵌入式实时操作系统和嵌入式数据库。

### 2．嵌入式系统在智能家居网络中的应用

智能家居网络（E-Home）指在一个家居中建立一个通信网络，为家庭信息提供必要的通路；在家庭网络操作系统的控制下，通过相应的硬件和执行机构，实现对所有家庭网络上家电和设备的控制和监测。其网络结构的组成必然有家庭网关。家庭网关主要实现控制网络和信息网络的信号综合并与外界接口，以便作远程控制和信息交换。不论是网关还是各家电上

的控制模块，都需要有嵌入式操作系统。这些操作系统必须具有内嵌式、实时性好、多用户的特点。

**3．嵌入式语音芯片**

嵌入式语音芯片基于嵌入式操作系统，采用语音识别和语音合成、语音学层次结构体系和文本处理模型等技术；可以应用在手持设备、智能家电等多个领域，赋予这些设备人性化的交互方式和便利的使用方法；也可应用于玩具中，实现声控玩具、仿真宠物、与人对话的玩具；也能应用于车载通信设备实现人机交流。

**4．基于短距无线通信协议的嵌入式产品**

以 ZigBee、蓝牙和 UWB（超宽带）为代表的短距无线接入协议与嵌入式系统的结合，促进了嵌入式系统更普遍应用。近来，基于这些协议的嵌入式产品层出不穷，包括各种电话系统、无线公文包、各类数字电子设备以及在电子商务中的应用。这些产品以其微型化和低成本的特点为它们在家庭和办公室自动化、电子商务、工业控制、智能化建筑物和各种特殊场合的应用开辟了广阔的前景。

# 小　　结

本章主要介绍了嵌入式通信系统的基础知识。通过本章的学习，读者可以了解嵌入式系统和嵌入式通信系统的定义、特点、发展现状和发展趋势、不同的分类方式、组成结构及开发相关技术和应用。

# 习　　题

1．什么是嵌入式通信系统？
2．简述嵌入式通信系统的发展过程。
3．嵌入式通信系统的在生活或工业中有哪些应用？
4．嵌入式通信系统有哪些特点？
5．嵌入式通信系统的种类有哪些？
6．嵌入式通信系统由哪几个组成部分？每个部分的功能是什么？
7．通过查阅资料，你认为嵌入式通信系统的发展趋势如何？

# 第 2 章 嵌入式通信系统的设计与开发

## 2.1 概　述

由于嵌入式通信系统是一个受资源限制的系统，在嵌入式通信系统的开发过程中，一般采用的方法是首先在通用 PC 的集成开发环境中编程；然后通过交叉编译和连接，将程序转换成目标平台（嵌入式系统）可以运行的二进制代码；接着通过嵌入式调试系统调试正确；最后将程序下载到目标平台上运行。因此，选择合适的开发工具和调试工具，对整个嵌入式通信系统的开发都非常重要。大多数嵌入式通信系统的复杂程度使其无法由个人设计和完成，而必须在一个开发团队中相互协作来完成。这样就使得开发人员必须遵循一定的设计过程，明确分工，相互交流并能达成一致。设计过程还会受到内在和外在因素的影响而变化。外在影响包括如消费者的变化、需求的变化、产品的变化以及元器件的变化等。内在影响包括如工作的改进、人员的变动等。

## 2.2　系统设计技术

一般嵌入式通信系统的设计会从产品的需求分析开始，本节主要讨论系统流程和方法论，在进行项目开发时必须要考虑到许多细节，并且在进入到真正的开发流程时就必须事先设想周到，否则在产品开发阶段会不断地更改规格，拖延开发的进程。更可能造成产品调试上的困难和将来维护的困扰。虽然不可避免地在设计过程中会依据市场现况或者经费、人力进行规格修改，如何取得一个平衡点则是系统设计必须要慎重考虑的重点，如何获取每一次设计的经验，让下一次的设计可以更加顺畅，是本节要讨论的内容。

### 2.2.1　嵌入式通信系统的开发过程

嵌入式通信系统是专用的计算机系统，运行在特定的目录环境中，需要同时满足功能和性能等方面的要求。在嵌入式通信系统的开发过程中，要考虑实时性、可靠性、稳定性、可维护性、可升级、可配置、易于操作、接口规范、抗干扰、物理尺寸、重量、功耗、成本、开发周期等多种因素。在建立一个完整的嵌入式系统或者产品时必须要考虑一些设计的重点。

良好的设计方法在嵌入式通信系统的开发过程中是必不可少的。首先，好的方法有助于规划一个清晰的工作进度，避免遗漏重要的工作，例如性能的优化和可靠性测试对于一个合格的嵌入式产品而言是不可或缺的。其次，采用有效的方法可以将整个复杂的开发过程分解成若干可以控制的步骤，通过现代一些先进计算机辅助设计工具的辅助，可以按部就班、有条不紊地完成整个项目。最后，通过定义全面的设计过程以使整个开发团队的各个成员更好地理解自身的工作，方便成员之间相互交流和协作。在嵌入式通信系统的开发过程中，团队的概念至关重要。图 2-1 所示嵌入式通信系统开发的一般过程。嵌入式通信系统设计过程一般由 5 个阶段构成：需求分析、体系总体设计、硬件/软件设计、系统集成和系统测试。

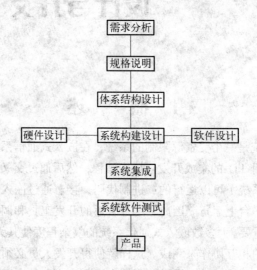

图 2-1　嵌入式通信系统开发的一般过程

1．需求分析与规格说明阶段

需求分析阶段需要确定设计任务和设计目标，并提炼出设计规格说明书，作为正确设计指导和验收的标准。区分需求和规格说明是必要的，因为在客户关于所需系统的描述和体系结构系统设计师所需的信息之间存在极大的距离。

嵌入式通信系统的客户通常不是嵌入式通信系统的设计人员，甚至也不是最终产品的设计人员，他们对嵌入式通信系统的理解是建立在他们想象的与系统之间的交互的基础上的，对系统可能有一些不切实际的期望，或者是使用他们自己的话而不是专业术语来表达其需求。将客户的描述转化为系统设计者的描述的结构化方法就是从客户的需求中获取一组一致性的需求，然后从中整理成正式的规格说明。

设计系统之前，必须先了解需要设计哪些部分，所以设计过程的首要步骤就是捕捉有关系统与组件建立的消息。通常处理的过程分为两个阶段：第一阶段是收集客户所描述的消息，整理成需求列表；第二阶段就是把这些需求进一步萃取之后，定成规格，这些规格就是系统架构设计的数据。需求分析是指从用户那里搜集系统的非形式式描述。以此为基础经过进一步提炼得到系统的规格说明，并以此来设计系统的体系结构和系统构件。

通常，和关心用户仅了解实际使用问题和需要具备的功能，但是往往不能完整、准确地表达这种需求，更不清楚怎样利用计算机去实现所需的功能。为了对系统进行准确无误地定义，要求开发人员和用户之间充分进行交流，开发人员需要详细考察，最终得出经用户确认的、明确的系统实现逻辑模型。

需求可分为功能部分和非功能部分。功能性需求是指系统必须要有哪些功能；非功能性需求则是指其他因素，比如大小、价格、设计时间等。常见的非功能性需求包括：

① 性能：系统的速度是系统可用性与最后价格的主要考虑对象，所表现出来的性能也往往包含软件程序使用状况，与某些操作必须在期限时间内完成的综合表现。

② 成本：系统最后的价格是很重要的因素，成本主要来自两方面：制造成本，包括零件价格与组装成本；客户委托制造成本，包括人力与设计系统的其他成本。

③ 实体大小与重量：外观的大小和应用有很大的关系，以工业控制系统中组装在线的机器来说，大小必须和机架相同，否则会装不进去。至于手持式的设备，也必须考虑重量，否则会有超重的情况。

④ 电力消耗：对于使用电池的系统来说，必须注意电力消耗的问题，否则产品使用的时间会很短，在使用上就不够方便。

确认需求最好的方法是建立模型。模型可以使用原始数据来模拟功能，并可以在计算机上运行。模型还应让用户了解系统是如何工作的，以及用户如何与系统交互。通常系统的非功能模型可以让用户了解系统的特性。

对一个大型的系统进行需求分析是一件烦琐的工作，可以从先获取相对少量的、简单的信息入手。表 2-1 所示为一个简易需求表格样本，可以利用它思考系统的基本特性，并且整理成列表。

表 2-1　需求表格样本

| 名称 | |
|---|---|
| 目的 | |
| 输入 | |
| 输出 | |
| 功能 | |
| 性能 | |
| 生产成本 | |
| 功耗 | |
| 物理尺寸和重量 | |

① 名称：给项目取一个好的名称，可以使设计目的更加明确，也便于交流、讨论时使用。

② 目的：用最精练的语言来描述清楚系统需要满足的需求。

③ 输入和输出：系统的输入和输出包含了大量的细节，如数据类型，包括模拟信号、数字信号、机械输入等；数据特性，包括周期性或非周期性数据、用户的输入、数据位数等；I/O 设备类型，包括按键、ADC、显示器等。

④ 功能：功能的描述可以从对输入到输出的分析中得出，如当系统接收到输入时，执行哪些动作，用户通过界面输入的数据如何对该功能产生影响，不同功能之间如何相互作用。

⑤ 性能：系统控制物理设备或者处理外界输入的数据都需要花费一定的时间。在大部分情况下，嵌入式通信系统在计算时间上都有要求，因此从需求分析开始，这种性能的要求就必须明确，并在执行过程中加以认真考虑，以便随时检查系统能否满足其性能要求。系统的处理速度通常又是系统实用性和成本的主要决定因素。在大多数情况下，软件的性能在很大程度上决定了系统的性能。

⑥ 生产成本：产品的成本会影响其价格。成本包含两个主要部分：生产成本，包括购买构件以及组装费用等；不可再生的工程成本，包括人力成本以及设计费用等。生产成本主要包括的是硬件成本。通过对硬件成本的估计，可以大略估计产品形成后的价格；或者基于产品最终的粗略价格来计算构建系统可以使用的硬件构件，因为价格最终会影响系统的体系结构。

⑦ 功耗：由电池供电的系统必须对功耗问题认真考虑。而系统的功耗需要在设计开始时就要至少有一个粗略的了解。通常，基于这种了解可以使开发者决定系统是采用电池供电还是采用市电。

⑧ 物理尺寸和重量：产品的物理尺寸和重量因使用领域的不同而不同。例如，对飞机上的电子设备，其重量应严格限制。又如，手持设备对系统的物理尺寸和重量都有严格限制。对系统的物理尺寸和重量有一定的了解有助于系统体系结构的设计。

最后需要注意的是，这些需求的内容是不是有相互冲突的状况，例如模块之间的接口不兼容或者系统操作的不合理状况。综合来说，一个好的需求文件应该具有以下几项特性：

（1）正确性：一个需求描述不可以误解顾客所需，也不应该过分描述顾客不需要的需求。

（2）精确性：需求文件应该做清楚的描述，而不是笼统的说明。

（3）完整性：所有需求都应该记录。

（4）一致性：一个需求不能和另一个需求相矛盾。

（5）可证明性：所有的需求都应该有方式可以证明这行需求是合理的，像是文件里就不应该出现"亲和的界面"这类文字，因为无法定义什么叫作亲和的界面。

（6）可修改性：需求文档应结构化，以便在不影响一致性、可检验性等情况下可以被修改以适应变化的需求。

（7）可追踪性：每份文件都应该可以追踪，包括为什么会有这样的需求，彼此需求间的相关性，这些需求是否可能实现，以及最后是否满足这些要求。

如何界定需求呢？在大公司里，销售部门会帮忙反映市场的需要，或者去咨询顾客，然后将这些意见汇整进行分析。如果是顾客直接找上门，就需要和顾客进行访谈，以了解他们的期望。如果顾客能够给设计者一个简单的样品，将可以使设计者更清楚应该要设计出什么样的产品。或者设计者先做出一个雏形，请销售部门进行展示或者进行意见调查，然后再将结果进行分析来决定需求的内容。

规格说明是需求分析的进一步细化，实际上可以看作是甲乙双方的合同。系统开发过程中可能碰到各种不同类型的由于不明确的规格说明而导致的问题。如果行为在规格说明中不明确，就可能导致功能的错误。如果规格说明不完整，那么所开发建造的整个系统体系结构可能就不能完全达到客户的要求。

**2. 体系结构设计阶段**

体系结构设计阶段描述系统如何实现所述的功能性和非功能性需求，体系结构描述必须同时满足功能上和非功能上的需求。必须符合成本、速度、功率和其他非功能上的约束，包括对硬件、软件、执行装置功能的划分以及系统的硬件、软件选型等。逐步把系统体系结构细化为硬件和软件体系结构。首先集中考虑系统框图中的功能元素，然后在建造硬件和软件体系结构时考虑非功能约束。

如何知道硬件和软件体系结构实际上符合速度、成本等方面的限制呢？

① 必须有某种方式估算框图中的构件，如移动地图系统中的搜索和绘制功能的特性。

② 精确估算源于经验，既有一般的设计经验也有类似系统的特定经验。

### 3．构件设计阶段

可以直接使用一些标准构件，构件通常包括硬件和软件两部分。如果采用标准数据库，就可以用标准例程对该数据库进行访问。这些数据库中的数据不仅使用预定义的格式，而且被高度压缩以节省存储空间。在这些访问函数中使用标准软件不仅节约设计时间，而且有可能较快地实现像数据解压缩这样的专用函数。但很多时候必须自己设计构件，如 PCB、做大量定制的函数等。在设计期间，经常会利用一些计算机辅助设计工具和开发平台，并且对每个构件都需要进行功能和性能等方面的测试。嵌入式系统的设计还要求有较高的设计技能，在设计软件时要非常小心地读/写存储器以减小功耗。由于存储器访问是主要的功耗来源，因此存储器事务必须精心安排以避免多次读取同样的数据。

### 4．系统集成阶段

把系统的软件、硬件和执行装置集成在一起，进行调试，发现并改进单元设计过程中的错误。系统集成一般是指硬件与软件的集成，实际上集成的对象应包括：嵌入式操作系统、板级支持包（BSP）、硬件、软件和实时特性。实时特性对嵌入式系统来说是相当重要的，硬件可以像设计所要求的一样操作，软件也可以像编写及调试所要求的一样运行，而产品却可能会由于实时性问题依然无法运行。

使用商业标准硬件平台，如单板机，厂商会提供板级支持包，没有板级支持包，嵌入式操作系统就不能在目标平台上运行。就算拥有设计良好的板级支持包，当嵌入式操作系统运行时仍有许多问题亟待解决。由于嵌入式操作系统是嵌入式产品中最重要的部分，任何关于工具需求的讨论都必须在嵌入式操作系统的背景中进行。

假设在通用计算机上调试 C 语言程序时，使用的是 GNU 编译器和调试器：GCC 和 GDB。当停止应用程序检查变量值时，计算机并没有停下来，只是被调试的应用软件停止了运行，而计算机的其余部分仍像刚才一样正常运行。如果程序破坏了某个 UNIX 平台，计算机就会转储此平台的核心映像，但计算机本身仍在正常运行。

如果没有采用嵌入式操作系统，当程序崩溃后，嵌入式系统也就停止了运行，直到重新开机或按下复位键。如果系统采用了嵌入式操作系统，并且开发工具可以在嵌入式操作系统环境下使用，就极有可能具有中断正在运行的进程，并且按照在调试主机上的调试过程进行调试的能力。尽管是正在调试的某个处于调试器控制之下的进程，嵌入式操作系统也能保持其剩余部分最大限度地正常工作。由于要完成以上工作非常困难，所以嵌入式操作系统开发商要精心制作在嵌入式操作系统环境中支持调试功能的工具，并以独一无二的定位把产品提供给用户。因此，一旦决定采用哪种嵌入式操作系统，就会在整个嵌入式系统的设计开发过程中产生连锁反应。当将嵌入式操作系统、应用软件与硬件集成到一起时，这种影响会最大限度地表现出来。

如果开发工具设计得很好，就能最大限度地降低使用嵌入式操作系统的复杂度；如果没有合适的开发工具，调试采用嵌入式操作系统的嵌入式系统是十分困难的。

#### 5．系统软件测试阶段

软件测试是软件生存期中的一个重要阶段，是保证软件质量的关键步骤，1983 年 IEEE 提出的软件工程术语中给软件测试做出如下定义："使用人工或自动手段运行或测定某个软件系统的过程，其目的在于检验软件系统是否满足规定的需求或弄清预期结果与实际结果之间的差别"。这个定义明确指出软件测试的目的是为了检验软件系统是否满足需求。也就是说，软件测试是在软件投入运行前，对软件需求分析、设计规格说明和编码进行最终复审的活动。

## 2.2.2　系统设计的形式化方法

#### 1．UML 简介

在嵌入式通信系统的开发过程中，在不同的设计阶段将按照不同层次的抽象完成许多不同的设计任务。但在实际工作中，随着设计过程的延伸，很可能会出现这样的情况，即每到一个新的抽象层次可能会对系统重新设计考虑。这种情况的发生主要是人们没有在设计过程的开始就为系统建立一个合适的模型而引起的。人们希望的设计过程是一种逐步求精的过程，即随着设计过程的延伸逐渐在设计过程中加入新的细节而不是推翻原来的设计。因此，系统设计中就需要用到一种统一的建模语言，以帮助人们不会偏离设计的主线。

统一建模语言（Unified Modeling Language，UML）是面向对象软件的标准化建模语言。UML 因其简单、统一的特点，而且能表达软件设计中的动态和静态信息，目前已成为可视化建模语言的工业标准。在嵌入式通信系统的开发过程中，统一建模语言可以在整个设计周期中使用，帮助设计者缩短设计时间，减少改进的成本，使软硬件分割最优。

面向对象的规格说明可以看成互补的两个方面：

① 面向对象的规格说明允许用精确地模拟真实世界的对象和它们之间的交互方式来描述系统。

② 面向对象的规格说明提供一个基本的原语集，可以用特殊属性来描述系统，而不管系统构件和真实世界对象的关系如何。

UML 是一种大型语言，本小节只介绍一小部分的基本概念。

（1）UML 基本元素

UML 最基本的元素是对象和类，对象是类的实例。另外，对象和类之间可能存在着各种不同的关系。类具有属性和行为，活跃类是能实现独立控制线程的类。对象可能有被赋予特定的值的属性；匿名对象属于某一个类但没有标识名。程序包是系统的组织单元，可能包括类定义、对象等。状态在状态图中描述行为；物理处理器是硬件部件；构件是实现一组接口的系统的物理组成部分。我们常常发现，在一个对象或类中会多次用到一些元素的特定组合，可以对这些组合命名，这样的一个定义在 UML 中称为模板。

（2）主要内容

UML 是在 Booch、OMT、OOSE 等面向对象的方法及其他许多方法与资料的基础上发展起来的。UML 表示法集中了不同的图形表示方法，剔除了其中容易引起的混淆、冗余或者很少使用的符号，同时添加了一些新的符号。其中的概念来自于面向对象技术领域中众多专家的思想。

UML 从考虑系统的不同角度出发，定义了用例图、类图、对象图、状态图、活动图、序列图、协作图、构件图、部署图等 9 种图。这些图从不同的侧面对系统进行描述。系统模型将这些不同的侧面综合成一致的整体，便于系统的分析和构造。尽管 UML 和其他开发工具还会设计出许多派生的视图，但上述这些图和其他辅助性的文档是软件开发人员所见的最基本的构造。其中：

① UML 用例图与 OOSE 中的用例图类似。

② UML 的类图综合了 OMT、Booch 等面向对象方法中的类图。

③ UML 状态图是对 David Harel 所提出状态图的改进。

④ UML 活动图的基本语义和状态图大致相同，它类似于许多方法（包括面向对象技术之前的一些方法）中的工作流图。

⑤ UML 的协作图是通过对 Booch 方法的对象图、Fusion 方法的对象交互图以及其他一些方法中的相关图表改造而成的。

⑥ UML 的构建图和部署图是在 Booch 方法中的模块和进程图（处理关系图、处理器图）的基础上发展起来的。

UML 简化了建模方法，它扬弃了 Booch、OMT 或 OOSE 等方法中的糟粕，而代之以其他方法中的精华。UML 一般不引入新的概念和符号，只有在没有现有的解决方法可以借鉴时，UML 的开发者才考虑加入新的概念。UML 的开发者们是在设计一种语言（尽管只是一种图形化语言），因此必须在简明（所有元素一律用方框和文字表示）和烦琐（为每个元素设计单独的符号）之间权衡。尽管如此，UML 中还是增添了衍型和扩展机制等一些新的元素，因为这些元素在其他建模语言的实践中已经被证明是非常有用的。

用例图主要用来描述用户、需求、系统功能单元之间的关系。它展示了一个外部用户能够观察到的系统功能模型图。

类图显示了一组类、接口、协作以及他们之间的关系。在 UML 中问题域最终要被逐步转化，通过类来建模，通过编程语言构建这些类从而实现系统。类加上他们之间的关系就构成了类图，类图中还可以包含接口、包等元素，也可以包括对象、链等实例。

对象图（Object Diagram）显示了一组对象和他们之间的关系。使用对象图来说明数据结构，类图中的类或组件等的实例的静态快照。对象图和类图一样反映系统的静态过程，但它是从实际的或原型化的情景来表达的。

对象图显示某时刻对象和对象之间的关系。一个对象图可看成一个类图的特殊用例，实例和类可在其中显示。对象也和合作图相联系，合作图显示处于语境中的对象原型（类元角色）。

对象图是类图的实例，几乎使用与类图完全相同的标识。他们的不同点在于对象图显示类的多个对象实例，而不是实际的类。一个对象图是类图的一个实例。由于对象存在生命周期，因此对象图只能在系统某一时间段存在。

2．UML 特点

① UML 统一了各种方法对不同类型的系统、不同开发阶段以及不同内部概念的不同观点，从而有效地消除了各种建模语言之间不必要的差异。它实际上是一种通用的建模语言，可以为许多面向对象建模方法的用户广泛使用。

② UML 建模能力比其他面向对象建模方法更强。它不仅适合于一般系统的开发，而且对并行、分布式系统的建模尤为适宜。

③ UML 是一种建模语言，而不是一个开发过程。

**3．UML 的应用领域**

UML 的目标是以面向对象图的方式来描述任何类型的系统，具有很宽的应用领域。其中最常用的是建立软件系统的模型，但它同样可以用于描述非软件领域的系统，如机械系统、企业机构或业务过程，以及处理复杂数据的信息系统、具有实时要求的工业系统或工业过程等。总之，UML 是一个通用的标准建模语言，可以对任何具有静态结构和动态行为的系统进行建模。

此外，UML 适用于系统开发过程中从需求规格描述到系统完成后测试的不同阶段。在需求分析阶段，可以用用例来捕获用户需求。通过用例建模，描述对系统感兴趣的外部角色及其对系统（用例）的功能要求。分析阶段主要关心问题域中的主要概念（如抽象、类和对象等）和机制，需要识别这些类以及它们相互间的关系，并用 UML 类图来描述。为实现用例，类之间需要协作，这可以用 UML 动态模型来描述。在分析阶段，只对问题域的对象（现实世界的概念）建模，而不考虑定义软件系统中技术细节的类（如处理用户接口、数据库、通信和并行性等问题的类）。这些技术细节将在设计阶段引入，因此设计阶段为构造阶段提供更详细的规格说明。

编程（构造）是一个独立的阶段，其任务是用面向对象编程语言将来自设计阶段的类转换成实际的代码。在用 UML 建立分析和设计模型时，应尽量避免考虑把模型转换成某种特定的编程语言。因为在早期阶段，模型仅仅是理解和分析系统结构的工具，过早考虑编码问题十分不利于建立简单正确的模型。

UML 模型还可作为测试阶段的依据。系统通常需要经过单元测试、集成测试、系统测试和验收测试。不同的测试小组使用不同的 UML 图作为测试依据：单元测试使用类图和类规格说明；集成测试使用部件图和合作图；系统测试使用用例图来验证系统的行为；验收测试由用户进行，以验证系统测试的结果是否满足在分析阶段确定的需求。

总之，标准建模语言 UML 适用于以面向对象技术来描述任何类型的系统，而且适用于系统开发的不同阶段，从需求规格描述直至系统完成后的测试和维护。

## 2.2.3 嵌入式通信软件设计

**1．嵌入式通信软件的组成**

（1）嵌入式通信软件构建类型

广义地划分，通信系统有两类软件构件：协议软件（应用软件）和系统软件。协议软件实现协议规范；而系统软件（含基础软件）通常包括一个实时操作系统和管理硬件的基础软件。

协议软件实现协议规范中详细规定的协议。规范由一些国际标准化组织制定，如 ISO、IEEE、ITU–T 等。协议实现通常基于状态事件机，也叫状态机。状态机是协议实现的核心，其形式通常为一状态事件迁移图，记录一系列规则来指出在某一事件下应执行的动作。

基础软件包括缓冲区管理、动态内存管理、定时器管理、资源管理、模块间的通信，其他软件模块的监视、硬件模块的状态管理等。系统软件包括实时操作系统和设备驱动程序等。

（2）嵌入式通信软件设计考虑

① 硬件体系结构。

② RTOS 是否选定。

③ 需要什么样的性能。

④ 需要实现那些协议。

⑤ 实现时要使用哪些全局数据结构和表。

⑥ 需要什么样的缓冲区管理和定时器管理。

⑦ 告警、统计处理机制。

⑧ 系统测试方法。

2．通信软件结构模型

（1）通信系统软件结构模型（见图 2-2）

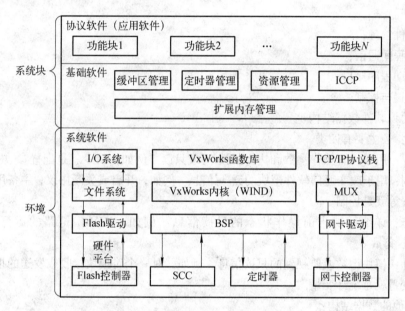

图 2-2　通信系统软件结构模型

（2）系统块与功能块关系模型

系统块由多个功能块组成。在这些功能块里，只有一块功能块与环境交互，它收集环境中发生的事件，把它们转换成可以处理的消息，发给相应的进程。同时，它还接收各功能块中进程发往环境的消息，把它们转换成硬件可以执行的动作或操作系统的系统调用。

3．通信系统协议软件实现

（1）状态机

协议是通信系统功能的核心，而协议实现的核心是状态机。协议有些是有状态的，有些是无状态的。如 IP 转发是无状态的，其转发动作的执行不依赖以前的行为或数据包。而 7 号信令系统中的 TUP 协议是有状态的，其呼叫流程是和以前的行为或数据包密切相关的。

（2）协议数据单元处理

① PDU 预处理：主要包括包文法检查及校验和验证等工作。

② 给状态机的事件：预处理完成确定包的类型，并将适当的事件传给状态机，状态机完

成数据包的解析，将协议数据转换为编程数据，状态机根据消息类型及消息携带的具体参数执行下一步动作。

③ PDU 传输：状态机完成相应动作后将产生的结果以消息的形式，结合具体所需参数，利用 PDU 组包功能，将编程数据转化为协议数据，发送到线路上，传送给对方。因此，概括地讲，协议数据单元处理就是 PDU 的校验、组包及解包过程，该步骤直接影响状态机的执行。

（3）协议接口

协议任务并非孤立存在或执行，需要和系统环境中的其他成分接口和交互包括：

① 实时操作系统；

② 存储管理；

③ 缓冲区管理；

④ 时间管理；

⑤ 事件管理；

⑥ 进程间通信；

⑦ 驱动程序接口；

⑧ 配置与控制。

（4）协议软件数据结构

① 表：表主要有四类。

- 配置：用于设置操作参数和边界的读/写或只读。例如，口令就是配置参数。
- 控制：用于改变通信软件模块的读/写信息。例如，开启或关断协议，主备用切换标志设置等就是控制。
- 状态：详细反映当前操作状态的只读信息。例如，HDLC 链路的运行状态就是状态变量。
- 统计：模块记数或监视到的只读信息。例如，对一个对模块接收或发送的报文数记数的变量就是统计变量。

② 其他的数据结构：

- 进程控制块：记录协议模块中各进程状态，参数等信息的数据结构。
- 接口控制块：记录模块或进程间通信端口状态及信息的数据结构。

③ 实现：在协议软件中使用的数据结构表、进程控制块、接口控制块，通常使用数组、链表、树结构等方式实现。

为了能够快速、有效地访问数据结构，主要根据不同对象设计不同的 HASH 算法直接定位的方式实现。

（5）配置与控制

协议的配置与控制是指协议的管理。

① 开启和关断协议；

② 开启和关断特定端口的协议；

③ 特定接口的编址；

④ 设置最大帧尺寸；

⑤ 协议消息超时管理；

⑥ 对等实体的超时处理；

⑦ 鉴别安全信息；

⑧ 流量参数管理；

⑨ 封装信息。

（6）系统启动

① 对各种表的大小参数进行初始化；

② 为动态数据结构和状态表分配内存；

③ 状态表变量初始化；

④ 缓冲区和定时器接口初始化；

⑤ 从本地源读入配置，并对配置初始化；

⑥ 高层和低层接口初始化，包括向高层和/或低层注册；

⑦ 需要时创建和启动其他的协议任务；

⑧ 在无限循环中等待。

**4．多板通信软件的设计**

通信系统很复杂，通常在一个机壳上有多块板，甚至有多个机壳。本小节讨论通信中常用的多板设计中软件结构的变化。

（1）板件通信协议及实现

板间通信协议（ICCP 或 ICP）解决各主控板之间的通信问题和主控板和硬件插板的通信问题。目前使用的通信方式：TCP、UDP、HDLC 等。

板间通信协议的实现：对底层通信方式进行封装，提供两个统一的接口，分别对应基本传输服务（A 类服务）和带差错控制的服务（B 类服务）。

A 类服务：通信的一方将报文发送给对方，不等对方证实。对方收到报文后直接交给用户，不回证实。这类服务不提供差错控制，主要适合两种场合：协议用户本身自己提供差错控制；ICCP 底层已提供差错控制，如 TCP。

B 类服务：该服务与 MTP 相似，每个报文都带一个前向序号字节和一个后向序号字节。所谓前向序号是指发送方给当前发送报文的编号，所谓后向序号是本方已正确接收的报文序号。通过对这些序号的判断，实现对丢失报文的重发，从而达到差错控制的目的。B 类服务主要用于直接控制 HDLC 芯片进行通信，或在局域网上使用 UDP 协议。

（2）多板系统中的故障与容错

多板系统和单板系统都会受到硬件故障的影响，但多板系统能够通过切换到另一块板对故障进行处理，这就是多板系统的容错。目前，电信级设备普遍要求具有容错功能。单控制板+多线板结构是通信应用中经常使用的多板系统实现。

**5．通信系统管理软件**

① SNMP 管理

② 公共管理信息协议（CMIP）；

③ 公共对象请求代理结构（CORBA）；

④ 事务语言 1（TL1）；

⑤ 命令行接口（CLI、MML）。

# 2.3 嵌入式通信系统的开发工具

通用计算机具有完善的人机接口界面，其系统资源非常丰富，只要增加一些开发的引用程序即可对其自身进行开发。而嵌入式系统本身不具备自足开发的能力，一般情况下其系统资源都不能满足在本系统上进行程序代码调试所需的最低要求。因此，在进行嵌入式系统开发时需要特殊的开发工具，程序员才能调试运行在目录系统中的程序。这些工具最少必须具有以下 3 种关键能力：

① 可方便地控制目标处理器的运行；

② 可方便地更新目标系统中的程序代码；

③ 提供对目标系统无干扰的、实时的运行监控。

当进行嵌入式系统开发时，选择合适的开发工具可以加快开发进度、降低开发成本。因此，一套含有编辑软件、编译软件、汇编软件、连接软件、调试软件、工程管理以及函数库的集成开发环境（Integrated Development Environment，IDE）是必不可少的，至于嵌入式实时操作系统、评估板等其他开发工具，则可以根据应用软件规模和开发计划选用。

嵌入式系统的开发工具种类繁多，可以是纯软件的，如指令集模拟器（Instruction Set Simulator，ISS）、调试器；也可以为软硬件结合的，如集成开发环境与在线仿真器。有时还要辅助使用一些通用的或专用的测试设备，如示波器、存储示波器、逻辑分析仪。除了指令集模拟器，嵌入式系统的开发工具由两个部分组成：调试器前段（Debugger Front End，DFE）和目标代理（Target Agent）。

目标代理的作用是控制目标机的运行和搜索目标机的运行状态和运行数据。目标代理可以是一个驻留在目标机中的应用程序、集成在目标处理器中的调试接口或者是一个独立的硬件设备、如 Linux 下得 GDB Server、JTAG、在线仿真器、逻辑分析仪、性能分析仪等。

调试器前段通过通信信道与目标代理进行通信，可控制目标代理进而控制目标机。调试器前段也称为 GUI，一般是运行在调试主机上的 IDE。一般可分为图形用户界面和命令行界面，现在一般都同时提供这两种界面。

对于开发人员来说，能否熟练和灵活地使用调试器前段是开发成功的前提。而一般不必关心目标代理，除非需要自己来开发或移植。

目前比较常用的嵌入式系统开发工具包括 ARM SDT、ARM ADS、Green Hill Tools 以及集成了 GUN 开发工具的 IDE 开发环境等。

## 2.3.1 开发嵌入式通信系统的高级语言

除非受应用系统限制，一般均采用高级程序语言进行嵌入式系统的软件开发。在嵌入式开发中采用高级语言，使得硬件开发和软件开发可以分工，从事嵌入式软件开发不再必须精通系统硬件和相应的汇编语言指令集。

开发嵌入式系统使用的高级程序语言与开发通用计算机软件使用的高级程序语言相比，主要在于编译器的不同。

嵌入式系统的处理器通常与调试主机（通用计算机）的处理器为非同类处理器，它们的指令系统是不同的，此类编译器成为交叉编译器。交叉编译器在某一类处理器上运行，而输出的代码确是供在另一处理器上运行的。

交叉编译器能在很大程度上影响微处理器性能的发挥，特别是 RISC 处理器对交叉编译器产生的目标代码十分敏感，所有交叉编译器必须能够根据处理器的详细体系结构，产生有效率的目标代码。一般来说，处理器厂商提供的交叉编译器的特性比较好。

如果开发人员刚从通用计算机领域转入嵌入式系统开发，可能从未留意过代码生成问题。而在嵌入式系统开发中，有时需要分析交叉编译器输出的代码、计算任务处理的时间，并且寻找能够缩短任务处理时间、减小代码长度的方法。

实际上，选择交叉编译器并不仅仅是挑选最好的代码生成器，用于嵌入式系统开发的交叉编译器还应当具有很好的硬件支持特性。选择交叉编译器一般主要考虑以下因素：

① 嵌入式汇编：尽管许多交叉编译器支持"类C"函数的汇编语言代码，但最好的实现方法是能在源代码文件中嵌入汇编语言代码，即交叉编译器支持嵌入式汇编。

② 中断函数：在定义函数时，一般采用非标准关键字 interrupt 来指示此函数时中断服务函数（ISR）。交叉编译器则会生成额外的栈信息以及寄存器保存与恢复代码段，而此代码段在以前都要用汇编语言手工编写。

③ 汇编语言列表文件生成：列表文件包括在文件中作为注释使用的 C 语言语句与其相对应的汇编语言指令，此特性对于分析和提高程序效率（执行时间、代码长度等）、作为编写汇编程序的参考等特别有用。

④ 标准库：许多包含在交叉编译器里的标准库函数都不是标准 C 或者 C++语言的一部分，在使用这些库函数时，应当特别注意其是否为可重入的函数。

⑤ 启动代码：任何用 C 语言编写的程序代码在执行时都会执行一段用于初始化处理器的执行代码。有些交叉编译器可以自动生成此启动代码，而有些则要求程序员自己编写。启动代码从处理器复位后开始执行，执行结束再跳至 C 语言的 main()函数，即将控制权转交给main()函数。

⑥ 兼容性：选择的交叉编译器一定要与采用的嵌入式操作系统兼容，也一定要与其他计划使用的软件开发工具及硬件开发工具兼容。

⑦ 优化控制：选择的交叉编译器应该具有代码优化选项，如可根据实际需要选择代码长度优化等。

⑧ 对嵌入式 C++/（EC++）的支持：C 语言作为一种通用的高级语言，大幅度提高了嵌入式系统工程师的工作效率，使之能够充分发挥出嵌入式处理器日益提高的性能，缩短产品进入市场时间。另外，C 语言便于移植和修改，使产品的升级和继承更迅速。更重要的是采用 C 语言编写的程序易于在不同的开发者之间进行交流，从而促进了嵌入式系统开发的产业化。

新型的微控制器指令及 SOC 速度不断提高，存储器空间也相应加大，已经达到甚至超过了目前的通用计算机中的微处理器，C++语言强大的类、继承等功能更便于实现复杂的程序功能。但是 C++语言为了支持复杂的语法，在代码生成效率方面不免有所下降。Embedded C++技术委员会经过几年的研究，针对嵌入式应用制定了减小代码尺寸的 EC++标准。EC++保留了 C++的主要优点，提供对 C++的向上兼容性，并满足嵌入式系统设计的一些特殊要求。

C/C++/EC++引入嵌入式系统，使得嵌入式开发和个人计算机、小型机等之间在开发上的差别正在逐渐消除，软件工程中的很多经验、方法乃至库函数可以移植到嵌入式系统。在嵌入式开发中采用高级语言，还使得硬件开发和软件开发可以分工，从事嵌入式软件开发不再必须精通系统硬件和相应用汇编语言指令集。

### 2.3.2　嵌入式操作系统

1970 年左右出现了嵌入式操作系统（Embedded Operating System，EOS）的概念，此前的嵌入式系统大多不采用操作系统，它们只是为了实现某个控制功能，使用一个简单的循环控制对外界的控制请求进行处理。当应用系统越来越复杂、利用的范围越来越广泛的时候，每添加一项新的功能，都可能需要从头开始设计，没有操作系统已成为一个最大的缺点。于是嵌入式操作系统应运而生。嵌入式操作系统由一个体积很小的内核及一些可以根据需要进行定制的系统模块组成。能够运行在各种不同的硬件平台上，提供最基本的程序运行环境和接口，成为应用软件运行的基础。

嵌入式操作系统是指用于嵌入式系统的操作系统。嵌入式操作系统是一种用途广泛的系统软件，通常包括与硬件相关的底层驱动软件、系统内核、设备驱动接口、通信协议、图形界面、标准化浏览器等。嵌入式操作系统负责嵌入式系统的全部软、硬件资源的分配、任务调度，控制、协调并发活动。它必须体现其所在系统的特征，能够通过装卸某些模块来达到系统所要求的功能。目前在嵌入式领域广泛使用的操作系统有：嵌入式实时操作系统μC/OS-II、嵌入式 Linux、Windows Embedded、VxWorks 等，以及应用在智能手机和平板计算机的 Android、iOS 等。

### 2.3.3　ADS 简介

ADS（ARM Developer Suite）是 ARM 处理器下最主要的开发工具，是 ARM 公司提供的专门用于 ARM 相关的应用开发和调试的综合性软件工具。ADS 是全套的实时开发软件工具，包编译器生成的代码密度和执行速度优异，可快速低价地创建 ARM 结构应用。

### 2.3.4　指令集模拟器

尽管可以在通用计算机上做相当多的测试，但通用计算机硬件与目标系统硬件之间的差别最终会迫使他们把测试工作转移到目标系统上。

如果使用 C 或 C++语言编写应用软件，可在通用计算机调试算法程序。在此期间要始终注意一些较小的区别，它们会导致一些严重的错误。最大的问题可能来源于两种计算机体系结构特征——字长和字节排序。

若代码是使用汇编语言编写的（或者是继承来的汇编语言代码库），可在通用计算机上使用指令集模拟器。指令集模拟器（Instruction Set Simulator）是用来在一种体系结构的计算机上执行另一种体系结构计算机软件的程序。它用软件模拟目标机指令集体系结构的所有指令执行的功能，从而达到和在目标机上执行同样的功能和结果。指令集模拟器是个非常复杂的模拟程序，其核心功能为指令集模拟和体系结构模拟。

# 2.4　嵌入式通信系统的调试方法

随着应用系统复杂性的提高，系统调试在整个嵌入式系统开发过程中占有的比重越来越大。因此，高效、强大的调试系统可以帮助开发人员减少系统的开发时间，加快产品面市，减轻系统开发工作量。

## 2.4.1　嵌入式调试系统简介

调试是嵌入式系统开发过程中必不可少的重要环节，通用计算机应用系统与嵌入式系统的调试环境存在明显差异。通用计算机一般采用桌面操作系统，调试器与被调试的程序常常位于同一台计算机上，操作系统也相同。目前，在嵌入式调试系统中有两种调试方式，即 monitor 方式和片上调试方式。

monitor 方式是在目标操作系统与调试器内分别内置专用功能模块，用于相互通信从而实现调试功能。两者应通过指定的通信端口并依据相同的远程调试协议来实现通信。目标操作系统的所有异常处理最终都必须转向通信模块，通知调试器此时的异常号，调试器再依据该异常号向用户显示被调试程序发生了哪一类型的异常现象。采用 monitor 方式，目标操作系统必须提供支持远程调试协议的通信模块和多任务调试接口，此外还需要改写异常处理的有关部分。目标操作系统需要定义一个设置断点的函数。

片上调试方式是在 CPU 内部嵌入额外的硬件控制模块，主机通信端口与目标板调试通信接口通过一块简单的信号转换电路板连接。内嵌的控制模块以监控器或纯硬件资源的形式存在，包括一些提供给用户的接口。当满足了特定的触发条件时进入某种特殊状态。在该状态下，被调试程序停止运行，主机的调试器可以通过 CPU 外部特设的通信接口来访问系统资源并执行指令。

## 2.4.2　基于 Angel 的调试方法

基本原理：位于目标板上的 CPU 已经固化了一个完整的调试监控程序，这个监控程序可以接收来自调试主机的调试命令，并执行这些命令，如设置断点、单步运行、读/写存储器等；同时，这个监控程序也可以把数据传送到调试主机。

使用 Angel 调试方法的前提如下：

① 目标板已经稳定工作，目标 CPU 的最小系统硬件正常。

② 被调试的目标系统中已经固化了一个完整的调试监控程序。分为两种情况：一是监控程序由 JTAG 仿真器固化完成，这时必须先使用 JTAG 调试方法；二是监控程序由专门的程序写入设备完成，一般以 ARM 为核的单片机这种情况比较少。

③ 调试主机和被调试的单片机之间，可以通过串口、并口或以太网口等实现通信，这个接口是目标单片机的外部输入/输出引脚（非 JTAG 接口），因此占用的是用户资源。

④ 有稳定的、可以固化在目标单片机内的调试监控软件。

基于 Angel 的调试系统由主机上的调试器和目标机上的 Angel 调试程序两部分组成。这两部分之间通过一定的通道信道连接，通常使用的信道是串行口，并通过调试协议 ADP 进行通信。典型的 Angel 系统包含两个主要部分：调试器和 Angel 调试监控程序。它们通过一条物理链路（如串行电缆）进行通信。

① 位于主机上的调试器（Debugger）：用于接收用户命令，将其发送到位于目标机上的 Angel，其执行相应的操作，并将目标机上的 Angel 返回的数据以一定格式显示给用户。ARM 公司提供的各种调试器都支持 Angel。对于其他的调试器，如果它支持 Angel 所使用的调试协议 ADP，则也可以支持 Angel。

② 位于目标机上的 Angel 调试监控程序：用于主机上调试器传来的命令，并返回相应的数据。通常 Angel 有两个版本——完整版本和最小版本。完整版本包括所有的 Angel 功能，可以用于调试应用系统；最小版本只包含一些有限的功能，可以包含在最终的产品中。

在 Angel 调试系统中，主机上的调试器向目标机上的 Angel 发送请求；目标机上的 Angel 截取这些请求，并根据请求的类型执行相应的操作。例如，当主机上的调试器请求设计断电时，Angel 在目标程序的相应位置插入一条未定义的指令，当程序运行到该位置时，产生未定义指令异常中断，然后在未定义指令异常处理程序中完成断点需要的功能。

Angel 系统有如下特点：

**1．支持调试**

① 查看和修改存储器和处理器状态。存储器位置被传递给一个函数，此函数将内存以字节流的方式复制到发送缓冲区，放置在向主机的输出包中。

② 向目标机下载应用程序。通过从来自主机的数据包中卸载字节，并随即将其写入由主机定义地址的存储器来实现下载。下载过程通过调用一个字节流函数来实现。

③ 设置断点。Angel 只能在 RAM 中设置断点。要中止的指令被 Angel 规定的"指定未定义指令"所代替。Angel 保存原指令，以确保如果包含此位置的存储区域被检测时恢复原指令。当移走断点时，恢复原指令。

**2．支持 C 库半主机**

Angel 使用软中断（SWI）机制，使应用程序和 ARM C 和 C++库链接，从而完成半主机请求。半主机请求必须通过与主机的通信来完成，如"打开主机上的一个文件"或"获得调试器命令行"。这些请求之所以被称为半主机请求，是因为它们需要依赖主机上的 C 库来执行请求。Angel 使用单一的 SWI 来请求半主机操作。

**3．支持通信**

Angel 使用 ADP 协议进行通信，通过使用通道来使多个独立的信息共享一条通信连接。Angel 还提供了检错功能。主机和开发板的连接既可以是串行／并行连接，也可以是以太网连接。使用以太网连接。主机和目标系统中具有通道管理功能，保证了逻辑通道可以可靠地进行多路复用和设备驱动检测并抛弃已破坏的数据包。通道管理器监控所有的数据流，并把传输的数据存入缓冲区中以防止重发。完全的 Angel 设备驱动结构使用 Angel 任务管理功能来控制包的处理，并确保中断不会被长时间的禁止。用户可以写设备驱动程序来驱动其他的调试设备，也可以扩展 Angel 来支持其他的外设。

**4．支持任务管理**

所有的 Angel 操作，包括通信和调试，都是由 Angel 任务管理功能控制的。包括确保在任何时候只有一个操作在执行；分配任务的优先级，以及分配任务；控制 Angel 环境中的处理器模式。

## 5．支持异常处理

Angel 异常处理是以上所描述的 Angel 特点的基础，Angel 为除了复位以外的所有异常类型设置了异常处理程序。这些异常类型包括：

① 软件中断（SWI）：Angel 设置 SWI 异常处理程序来支持 C 库半主机请求，并允许应用程序和 Angel 进入管理模式。

② 未定义（Undefined）：Angel 使用 3 条未定义指令在代码中设置断点。

③ 数据中止和预取中止：Angel 设置了基本的数据中止和预取中止处理程序。这些处理程序向调试器报告异常，挂起应用程序，并将控制返回给调试器。

④ FIQ 和 IRQ：Angel 设置了 IRQ 和 FIQ 处理程序，如果需要自定义中断，则最好将 IRQ 用作 Angel 通信，FIQ 用作用户自定义中断。

Angel 调试方法不使用 JTAG 接口，但这种方法占用用户资源，主要有：

① 占用内部程序存储器以保存调试监控程序。

② 占用内部中断资源。

③ 需要占用输入／输出口线和调试主机通信。

④ 有可能占用数据栈。

Angel 调试监控程序是一个软件目标常驻调试代理。以源码形式由 ARM 提供，从而为开发者提供一个将主机调试器与硬件接口的调试环境。用于开发和调试运行在基于 ARM 硬件上的应用程序，可以调试运行在 ARM 或 Thumb 状态下的应用程序。

Angel 是 Demon 升级版本，所有函数中对数据段使用的结构都从汇编例程转换成等价的 C 例程。功能在三方面得到了提高：

① 通信从以前的字节流变为可变大小的基于包的通信链接。这样，在新协议中允许灵活且功能强大的错误检测。

② 增加了通信通道和通道管理功能，从而能对应用通信层更加可靠地通信和更加方便地访问。Angel 使用 10 个已定义的通道，它允许 145 个通道定义。

③ 在中断发送代码中使用 C 语言函数的指针向量，从而增加了外围设备驱动器的支持，这意味着更容易增加用户设备。此外，还包括对各种媒质的支持，例如以太网、并行通信以及 ARM 调试通信通道的使用。

Angel 主要用于：

① 调试在真正硬件上而不是硬件仿真器上的应用软件。

② 在开发板上开发新的软件应用程序。

③ 运行基于 ARM 处理器的新硬件设备。

④ 加载基于 ARM 的操作系统。

Angel 使用 Angel 调试协议 ADP 进行主机和目标机的通信。支持多通道，并提供检错功能。

Angel 的提供方式有以下 3 种：

① 在 ARM 开发板的 Flash 或 ROM 中独立的可执行程序。

② 可以下载到 Flash 或 RAM 中的已编译完成的映像文件。

③ 可以根据自己设计的硬件重新修改编译的源程序。

Angel 系统的资源需求：

① 系统资源：包括用于半主机的一个 ARM SWI 和一个 Thumb SWI，用于断点的两条 ARM 未定义指令条 Thumb 未定义指令。

② ROM 和 RAM 需求：需要用 ROM 或 Flash 存储器来存储调试监控程序的代码，需要用 RAM 来存储数 ROM，Flash 和 RAM 的大小根据用户的需要而定。

③ 异常向量：需要控制一些 ARM 异常向量。异常向量由 Angel 初始化，并且初始化后不再被重写。它支持位于 ROM 地址 0 处的向量不被重写的系统。

④ 中断：至少需要使用一个中断来支持主机和目标系统之间的通信。用户可以配置 Angel 使用 IRQ、FIQ 或两者混用。由于 Angel 没有快速中断请求，所以推荐用户将 FIQ 用于自定义的中断请求。

⑤ 堆栈：需要控制它自己的管理堆栈。如果用户想在应用程序中设计 Angel 调用，则必须设置自己的堆栈。

### 2.4.3　基于 JTAG 的调试方法

#### 1．概述

JTAG（Joint Test Action Group；联合测试工作组）是一种国际标准测试协议（IEEE 1149.1 兼容），主要用于芯片内部测试。现在多数的高级器件都支持 JTAG 协议，如 DSP、FPGA 器件等。标准的 JTAG 接口是 4 线：TMS、TCK、TDI、TDO，分别为模式选择、时钟、数据输入和数据输出线。基于 JTAG 的调试方法是目前 ARM 开发中采用最多的一种方式。基于 JTAG 的调试系统连接比较方便，实现价格比较便宜，实现了完全非插入式调试，且不适用片上资源，不需要目标存储器，不占用目标系统的任何端口，可以做到实时仿真。

调试主机上必须安装的工具包括程序编辑和编译系统、调试器和程序所涉及的库文件。

目标板必须含有 JTAG 接口。调试主机和目标板之间有一个协议转换模块，称为调试代理，其主要作用有两个：在调试主机和目标板之间进行协议转换；进行接口转换。目标板一端是标准的 JTAG 接口，调试主机一端可能是串口、并口或是 USB 接口等。

#### 2．调试过程

在 ARM 开发调试时，首先要通过一定的方式使目标系统进入调试状态，然后在调试状态下完成各种调试功能。例如，查看处理器状态、查看和修改存储内容等。

ARM7TDMI 可以通过 3 种格式进入调试状态：

① 通过设置程序断点（breakpoint）；

② 通过设置数据断点（watchpoint）；

③ 相应的外部请求进入调试状态。

# 小　　结

本章主要介绍了嵌入式通信系统的设计与开发技术。通过对本章的学习，希望读者可以掌握一定的系统设计方面的技术，对嵌入式通信软件的开发有一定的了解，掌握常用的嵌入式开发工具和嵌入式系统调试方法。

# 习 题

1. 简述嵌入式通信系统的开发过程。
2. 什么是 UML？它的特点有哪些？
3. 嵌入式通信系统常用的开发工具有哪些？
4. 为什么要进行嵌入式系统的调试？
5. 嵌入式通信系统的调试方法有哪些？
6. 基于 Angel 的调试方法有哪些特点？
7. 查阅资料，嵌入式通信系统的调试还有哪些方法，并简述对其原理。

# 第 **3** 章  嵌入式通信系统的硬件平台

## 3.1 概　　述

嵌入式通信系统的核心部件是各种类型的嵌入式处理器，嵌入式通信系统硬件平台是随着嵌入式处理器芯片的发展而发展的。嵌入式通信系统的硬件平台以嵌入式处理器为核心，在嵌入式处理器基础上增加电源电路、时钟电路、存储器电路（RAM 和 ROM 等）和通信接口，这就构成了一个嵌入式核心控制模块。操作系统和应用程序都可以固化在 ROM 中。嵌入式处理器是整个嵌入式通信系统的基础，决定着整个平台的性能。

嵌入式处理器是嵌入式通信系统中硬件的核心组成部分，但是若没有存储器和 I/O 设备，它就无法具有各种实用的功能。如果没有通信接口，就难以实现必需的通信功能。嵌入式处理器通常集成了大量的 I/O 模块单元（如中断控制器和通信控制器等）和存储器（Flash 和 RAM 等）。当嵌入式处理器上集成的存储器单元和 I/O 单元不够时，可以通过扩充组成强大的嵌入式硬件系统。

在嵌入式通信系统中使用的存储器可以是内部存储器，也可以是外部存储器。通常处理器的内部存储器是非常有限的。对于小型应用，如果这些存储器够用，就不必使用外部存储器；否则，就必须进行扩展，使用外部存储设备。与通用计算机把应用软件和操作系统放在外存的工作方式不同，嵌入式系统的软件通常直接存放在内存（如 Flash）中，上电之后可以立刻运行；当然，也有的嵌入式系统的软件从外存启动、装载并运行。无论如何，都需要考虑嵌入式系统软件的固化问题，而这一问题在通用计算机（如 PC）上开发软件是不需要考虑的。此外，考虑存储器系统时，还需要考虑嵌入式系统软件的引导问题。

嵌入式处理器工作时必须有附属电路支持，如时钟电路、复位电路、调试电路、监视定时器、中断控制电路等，这些电路并不完成数据的输入/输出功能，而是为嵌入式处理器的工作提供必要的条件。在设计嵌入式通信系统的硬件电路时，常常将它们与嵌入式处理器设计成一个模块，形成处理器最小系统。嵌入式通信系统的 I/O 接口电路主要完成嵌入式处理器与外围设备（简称外设）之间的交互和数据通信。

## 3.2  嵌入式通信系统的硬件结构

嵌入式通信系统的硬件是以嵌入式处理器为中心，由存储器、I/O单元电路、通信接口、外部设备等必要的辅助接口组成的，其组成结构如图3-1所示。在实际应用中，嵌入式系统硬件配置非常精简，除了微处理器和基本的外围电路以外，其余的电路可以根据需要和成本进行裁剪、定制。通常嵌入式通信系统还包括人机交互外设，用于系统与人的交互。人机界面常常使用LCD（液晶显示器）、键盘、鼠标、触摸屏等部件，以方便与人的交互操作。

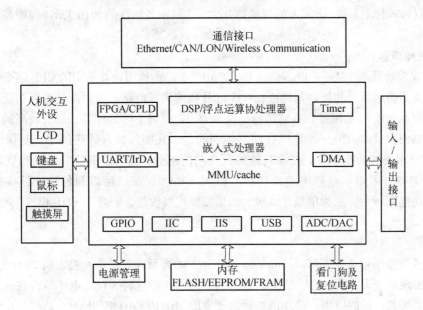

图3-1  嵌入式通信系统的硬件结构

一般嵌入式通信系统的硬件构架主要有三部分：处理器、存储器、输入／输出（I/O）设备。嵌入式系统中的各个部件之间是通过一条公共信息通路连接起来的，这条信息通路称为总线。为了简化硬件电路设计、简化系统结构，常用一组线路配置以适当的接口电路，与各部件和外围设备连接，即总线。采用总线结构便于部件和设备的扩充，尤其制定了统一的总线标准则容易使不同设备间实现互连。嵌入式通信系统中的通信接口也是必不可少的。嵌入式通信系统的通信接口主要有：Ethernet（以太网）、CAN（控制器局域网总线）、LON、无线通信接口等。嵌入式处理器工作时必须有附属电路支持，如时钟电路、复位电路、调试电路、监视定时器、中断控制电路等，这些电路并不完成数据的输入/输出功能，而是为嵌入式处理器的工作提供必要的条件。在设计嵌入式系统的硬件电路时，常常将这些电路与嵌入式处理器设计成一个模块，形成处理器最小系统。

## 3.3  嵌入式处理器

嵌入式处理器是嵌入式通信系统的核心，是控制、辅助系统运行的硬件单元。其范围极其广阔，目前世界上具有嵌入式功能特点的处理器已经超过 1 000 种，流行体系结构包括

MCU、MPU 等 30 多个系列。鉴于嵌入式通信系统广阔的发展前景，很多半导体制造商都大规模生产嵌入式处理器，并且公司自主设计处理器也已经成为未来嵌入式领域的一大趋势，其中从单片机、DSP 到 FPGA 有着各式各样的品种，速度越来越快，性能越来越强，价格也越来越低。嵌入式处理器的寻址空间可以为 64 KB ~ 16 MB，处理速度最快可以达到 2 000 MIPS（Million Instructions Per Second），封装从 8 个引脚到 144 个引脚不等。

### 3.3.1 嵌入式处理器的分类

根据现状，常用嵌入式处理器可以分为：嵌入式微处理器、嵌入式微控制器、嵌入式 DSP 处理器、嵌入式片上系统、FPGA 处理器等几大类，其中各档次的 8/16/32/64 位微控制器应用最为广泛。

**1．微处理器**

嵌入式微处理器（Micro Processor Unit，MPU）是由通用计算机中的 CPU 演变而来的。微处理器就是将运算器和控制器集成在一个芯片内的集成电路，采用微处理器构成计算机必须外加存储器和输入/输出接口。它的特征是具有 32 位以上的处理器，具有较高的性能，当然其价格也相应较高。但与计算机处理器不同的是，在实际嵌入式应用中，只保留和嵌入式应用紧密相关的功能硬件，去除其他的冗余功能部分，就可以最低的功耗和资源实现嵌入式应用的特殊要求。一般将微处理器、ROM、RAM、总线接口和各种外设接口等器件安装在一块电路板上，成为单板计算机。如果需要扩展硬件，一般用 STD-BUS、PC104 等总线标准。

**2．微控制器**

嵌入式微控制器（Micro Controller Unit, MCU）的典型代表是单片机，从 20 世纪 70 年代末单片机出现到今天，虽然已经经过了 20 多年的历史，但这种 8 位的电子器件在嵌入式设备中仍然有着极其广泛的应用。单片机芯片内部集成 ROM/EPROM、RAM、总线、总线逻辑、定时/计数器、看门狗、I/O、串行口、脉宽调制输出、A/D、D/A、Flash RAM、EEPROM 等各种必要的功能和外设。和嵌入式微处理器相比，微控制器的最大特点是单片化，体积大大减小，从而使功耗和成本下降、可靠性提高。微控制器是目前嵌入式系统工业的主流。微控制器的片上外设资源一般较丰富，适合于控制。由于 MCU 低廉的价格、优良的功能，其品种和数量最多，比较有代表性的包括 8051、MCS-251、MCS-96/196/296、P51XA、C166/167、68K 系列以及 MCU 8XC930/931、C540、C541，并且有支持 I2C、CAN-Bus、LCD 及众多专用 MCU 和兼容系列。MCU 占嵌入式系统约 70%的市场份额。Atmel 出产的 Avr 单片机由于其集成了 FPGA 等器件，所以具有很高的性价比。

**3．嵌入式数字信号处理器**

嵌入式 DSP 处理器（Embedded Digital Signal Processor, EDSP），是专门用于信号处理方面的处理器，其在系统结构和指令算法方面进行了特殊设计，具有很高的编译效率和指令的执行速度。在数字滤波、FFT、谱分析等各种仪器上 DSP 获得了大规模的应用。

DSP 的理论算法在 20 世纪 70 年代就已经出现，但是由于专门的 DSP 处理器还未出现，所以这种理论算法只能通过 MPU 等由分立元件实现。MPU 较低的处理速度无法满足 DSP 的算法要求，其应用领域仅仅局限于一些尖端的高科技领域。随着大规模集成电路技术发展，1982 年世界上诞生了首枚 DSP 芯片。其运算速度比 MPU 快了几十倍，在语音合成和编码解

嵌入式通信系统

码器中得到了广泛应用。至 80 年代中期，随着 CMOS 技术的进步与发展，第二代基于 CMOS 工艺的 DSP 芯片应运而生，其存储容量和运算速度都得到成倍提高，成为语音处理、图像硬件处理技术的基础。到 80 年代后期，DSP 的运算速度进一步提高，应用领域也从上述范围扩大到了通信和计算机方面。90 年代后，DSP 发展到了第五代产品，集成度更高，使用范围也更加广阔。最为广泛应用的是 TI 的 TMS320C2000/C5000 系列，另外如 Intel 的 MCS-296 和 Siemens 的 TriCore 也有各自的应用范围。

**4．片上系统**

片上系统（System-on-a-Chip，SoC）指的是在单个芯片上集成一个完整的系统，对所有或部分必要的电子电路进行包分组的技术。所谓完整的系统一般包括中央处理器（CPU）、存储器以及外围电路等。SoC 是与其他技术并行发展的，如绝缘硅（SOI），它可以提供增强的时钟频率，从而降低微芯片的功耗。SoC 追求产品系统最大包容的集成器件，是嵌入式应用领域的热门话题之一。SoC 最大的特点是成功实现了软硬件无缝结合，直接在处理器片内嵌入操作系统的代码模块。而且 SoC 具有极高的综合性，在一个硅片内部运用 VHDL 等硬件描述语言，实现一个复杂的系统。用户不需要再像传统的系统设计一样，绘制庞大复杂的电路板，只需要使用精确的语言、综合时序设计直接在元器件库中调用各种通用处理器的标准，然后通过仿真之后就可以直接交付芯片厂商进行生产。由于绝大部分系统构件都是在系统内部，整个系统就特别简洁，不仅减小了系统的体积和功耗，而且提高了系统的可靠性，提高了设计生产效率。

## 3.3.2 嵌入式处理器的特点

嵌入式微处理器与普通台式计算机的微处理器设计在基本原理上是相似的，但是工作稳定性更高，功耗较小，对环境（如温度、湿度、电磁场、振动等）的适应能力强，体积更小，且集成的功能较多。在桌面计算机领域，对处理器进行比较时的主要指标就是计算速度，从 33 MHz 主频的 386 计算机到 3 GHz 主频的 Pentium 4 处理器以及此后各种升级版的处理器，速度的提升是用户主要关心的问题，但在嵌入式领域，情况则完全不同。嵌入式处理器的选择必须根据设计的需求，在性能、功耗、功能、尺寸和封装形式、SoC 程度、成本、商业考虑等诸多因素之中进行折中，择优选择。作为嵌入式系统的核心，嵌入式处理器担负着控制、系统工作的重要任务，使宿主设备功能智能化、灵活设计和操作简便。相对通用处理器，嵌入式处理器有 5 个特点：

① 体积小、集成度高、价格较低。这一特性与嵌入式系统的有限空间约束和较低的成本价格需求相适应。

② 可扩展的处理器结构。能迅速开发出满足各种应用的最高性能嵌入式系统。

③ 功耗很低。尤其是用于便携式的无线及移动的计算和通信设备中靠电池供电的嵌入式系统时，要求嵌入式处理器的功耗只有 mW 甚至 μW 级。

④ 对实时多任务有很强的支持能力。能完成多任务并且有较短的中断响应时间，从而使内部的代码和实时内核的执行时间减少到最低限度。

⑤ 具有功能很强的存储区保护功能，这是由于嵌入式系统的软件结构已模块化，为避免在软件模块之间出现错误后的交叉影响，需要设计强大的存储区保护功能，同时也有利于软件诊断。

### 3.3.3　嵌入式处理器的选择原则

嵌入式通信系统通常是为专门执行某项任务而设计开发的，其功能范围比较狭窄。设计师需要进行高度优化，必须为这些设计选择合适的处理器。选择恰当的处理器是一项复杂的工作，一般需考虑以下问题：

**1．低成本**

对成本要求严格的项目一般选择畅销的、高集成度的部件。应选择一家能够在足够长的时间段内持续不断地供应处理器产品并能提供军品级处理器的厂商。

**2．低功耗**

对于功耗受限制的嵌入式通信系统，必须限制使用过多的外扩器件（如 ROM、RAM、I/O 接口等）。应考虑选择低功耗、高集成度的处理器，如果处理器的时钟频率可程控，能进一步降低功耗。

**3．恰当的处理能力**

处理器必须能在规定的时间内完成所有任务，不同的嵌入式系统对处理器的性能要求也不尽相同，从处理单一的数字信号、处理数字/模拟信号到 DSP 应用等。

### 3.3.4　嵌入式处理器的发展历程

嵌入式微处理器诞生于 20 世纪 70 年代末，先后经历了 SCM、MCU、网络化、软件硬化四大发展阶段。

① SCM 阶段：即单片微型计算机（Single Chip Microcomputer）阶段，主要是单片微型计算机的体系结构探索阶段。Zilog 公司 Z80 等系列单片机的"单片机模式"获得成功，走出了 SCM 与通用计算机完全不同的发展道路。

② MCU 阶段：即嵌入式微控制器大发展阶段，其主要的技术方向是为满足嵌入式系统应用不断扩展的需要。在芯片上集成了更多种类的外围电路与接口电路，突显其微型化和智能化的实时控制功能。80C51 微控制器是这类产品的典型代表型号。

③ 网络化阶段：随着互联网的高速发展，各个系统中，不论是手持型还是固定式的嵌入式电子产品都希望能连接互联网。因此，网络模块集成于芯片上成为了一个重要模块。

④ 软件硬化阶段：随着市场对 CPU 芯片产品的使用面越来越广，对速度、性能等方面的要求越来越高，同时要求的产品开发的时间越来越短，而软件功能和系统却越来越复杂，要求实时处理的多媒体等大型文件的处理要求越来越多（如 MP3、MP4 播放器、GPS 导航仪等）。同时，由于手持型数字电视飞速发展，有的还需要实时在线快速改变逻辑功能，尤其是对低功耗的需要越来越严，仅仅采用软件的方式已远远不能满足这些市场发展的实际需要。随着半导体设计和加工技术的飞速发展以及设计水平的自动化程度的提高，极大地降低了嵌入式微处理器芯片的设计难度，为软件硬化的普及发展带来了极大的促进作用。

# 3.4 嵌入式通信系统的存储器

存储器用来存放计算机工作所必需的数据和程序，在嵌入式通信系统中普遍使用。嵌入式微处理器在运行时，大部分总线周期都是用于对存储器进行读/写访问。因此，存储器性能的好坏将在很大程度上影响系统的性能。为了追求存储器的高性能，一方面要从存储单元设计、制造上研究改进；另一方面要从存储器系统的结构上探索、优化。本节主要在介绍存储器结构的基础上分析基本存储单元的特性。在嵌入式通信系统中由于其应用特点，采用最多的是半导体存储器，如 SDRAM、EEPROM、Flash 等。常用的半导体存储器主要包括随机存储器和只读储存器两类。本节主要介绍这两类存储器。

## 3.4.1 存储器系统的层次结构

所谓存储器的层次结构，就是把各种不同存储容量、存取速度和价格的存储器按层次组成多层存储器，并通过管理软件和辅助硬件有机组合成统一的整体，使所存放的程序和数据按层次分布在各种存储器中。在嵌入式系统中所用到的存储器主要有：触发器（Flip–Flops and Latches）、寄存器（Register Files）、静态随机存储器（SRAM）、动态随机存储器（DRAM）、闪速存储器（FLASH）、磁盘（Magnetic Disk）等。计算机系统的存储器被组织成一个金字塔的层次结构，如图 3-2 所示。

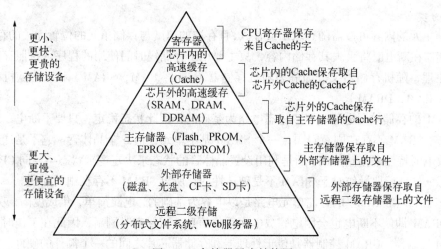

图 3-2　存储器层次结构图

自上而下为：CPU 内部寄存器、芯片内部高速缓存、芯片外部高速存储器（SRAM、SDRAM、DRAM）、主存储器（Flash、EEPROM、硬磁盘）、外部存储器（磁盘、光盘、CF 卡、SD 卡）和远程二级存储器（分布式文件系统、Web 服务器）供 6 个层次。上述设备从上而下，依次速度更慢、容量更大、访问频率更小、造价更便宜。

## 3.4.2 随机存储器

随机存储器（Random Access Memory，RAM）是与 CPU 直接交换数据的内部存储器，也叫主存（内存）。它可以随时进行读/写，而且速度很快，通常作为操作系统或其他正在运行中的程序的临时数据存储媒介。

RAM 的突出优点是读/写方便、使用灵活；缺点是不能长期保存信息，一旦停电，所存信息就会丢失。所以，RAM 用于二进制信息的临时存储或缓冲存储，在嵌入式系统中主要用于：

① 存放当前正在执行的程序和数据，如用户的调试程序、程序的中间运算结构以及断电时无须保存的 I/O 数据和参数等。

② 作为 I/O 数据缓冲存储器，如显示输出缓冲存储器、键盘输入缓冲存储器等。以显示缓冲存储器为例，它实质上就是在主存中开辟的一个存放字符、汉字、图形、图像等显示信息的数据缓冲区。

③ 作为中断服务程序中保护 CPU 现场信息的堆栈。

本节主要从以下几方面对 RAM 进行简单介绍。

### 1．组成

RAM 电路由地址译码器、存储矩阵和读/写控制电路三部分组成。

存储矩阵由触发器排列而成，每个触发器能存储一位数据（0 或 1）。通常将每一组存储单元编为一个地址，存放一个"字"；每个字的位数等于这一组单元的数目。存储器的容量以"字数×位数"表示。地址译码器将每个输入的地址代码译成高（或低）电平信号，从存储矩阵中选中一组单元，使之与读/写控制电路接通。在读/写控制信号的配合下，将数据读出或写入。

### 2．分类

存储单元的内容可按需随意取出或存入，且存取的速度与存储单元的位置无关的存储器。这种存储器在断电时将丢失其存储内容，故主要用于存储短时间使用的程序。按照存储单元的工作原理，随机存储器又分为静态随机存储器（Static RAM，SRAM）和动态随机存储器（Dynamic RAM，DRAM）。

SRAM 的存储单元电路是以双稳态电路为基础的，因此状态稳定，只要不断电，信息就不会丢失。SRAM 不存在刷新问题，一个 SRAM 基本单元包括 6 个晶体管。它不是通过利用电容充放电的特性来存储数据，而是利用设置晶体管的状态来决定逻辑状态——同 CPU 中的逻辑状态一样。读取操作对于 SRAM 不是破坏性的，所以 SRAM 不存在刷新问题。

动态 RAM（DRAM）的存储单元电路是以电容为基础的，电路简单，集成度高，功耗小。但是，DRAM 即使不断电也会因电容放电而丢失信息，需要定时刷新，因此在工作时必须配合 DRAM 控制器。DRAM 控制器是位于处理器和存储器芯片之间的一个额外的硬件。它的主要用途是执行 DRAM 的刷新操作，使得 DRAM 中的数据有效。

### 3．特点

RAM 主要有以下几个特点：

（1）随机存取

所谓"随机存取"，指的是当存储器中的数据被读取或写入时，所需要的时间与这段信息所在的位置或所写入的位置无关。相对的，读取或写入顺序访问（Sequential Access）存储设备中的信息时，其所需要的时间与位置就会有关系。它主要用来存放操作系统、各种应用程序、数据等。

（2）易失性

当电源关闭时 RAM 不能保留数据。如果需要保存数据，就必须把它们写入一个长期的存储设备中（例如硬盘）。RAM 和 ROM 相比，两者的最大区别是 RAM 在断电以后保存在上面的数据会自动消失，而 ROM 不会自动消失，可以长时间断电保存。

（3）对静电敏感

正如其他精细的集成电路，随机存储器对环境的静电荷非常敏感。静电会干扰存储器内电容器的电荷，引致数据流失，甚至烧坏电路。故此触碰随机存储器前，应先用手触摸金属接地。

（4）访问速度快

现代的随机存储器几乎是所有访问设备中写入和读取速度最快的，存取延迟和其他涉及机械运作的存储设备相比，也显得微不足道。

（5）需要刷新（再生）

现代的随机存储器依赖电容器存储数据。电容器充满电后代表 1（二进制），未充电的代表 0。由于电容器或多或少有漏电的情形，若不作特别处理，数据会渐渐随时间流失。刷新是指定期读取电容器的状态，然后按照原来的状态重新为电容器充电，弥补流失了的电荷。需要刷新正好解释了随机存储器的易失性。

4．RAM 的选择

在设计嵌入式系统时，随机存储器的选择一般有两种：SRAM 和 DRAM。选择原则如下：

① 如果系统的随机存储器的容量不是很大，则一般采用 SRAM。

② 对速度有较高要求，使用 SRAM。

③ 对功耗敏感，可使用 SRAM。

④ 如果已经集成了 DRAM 控制器，可选择 DRAM。

⑤ 32 位嵌入式处理器一般使用 DRAM。

⑥ 复杂的嵌入式系统可以采用 SRAM 和 DRAM 混合设计的方案，如关键数据通道上的一小块 SRAM 和其他所有地方的大容量 DRAM。

## 3.4.3　只读存储器

只读存储器（Read-Only Memory，ROM）。ROM 所存数据，一般是装入整机前事先写好的，整机工作过程中只能读出，而不像随机存储器那样能快速、方便地加以改写。ROM 中的内容一经写入，在工作过程中就只能读出不能重写，即使断电，写入的内容也不会丢失。ROM 在嵌入式系统中非常有用，常常用来存放系统软件（如 ROM BIOS）、应用程序等不随时间改变的代码或数据。

除少数品种的只读存储器（如字符发生器）可以通用之外，不同用户所需只读存储器的内容不同。为便于使用和大批量生产，进一步发展了可编程只读存储器（PROM）、可擦可编程序只读存储器（EPROM）和带电可擦可编程只读存储器（EEPROM）。

只读存储器的特点是只能读出不能随意写入信息，在主板上的 ROM 里面固化了一个基本输入/输出系统，称为 BIOS（基本输入/输出系统）。其主要作用是完成对系统的加电自检、系统中各功能模块的初始化、系统的基本输入/输出的驱动程序及引导操作系统。

只读存储器种类很多，有掩模 ROM、PROM（可编程 ROM）、EPROM（光可擦除的可编程 ROM）、EEPROM（电可擦除的可编程 ROM）、Flash 等。由于 EPROM 和 EEPROM 存储容量大，可多次擦除后重新对它进行编程而写入新的内容，使用十分方便。尤其在厂家为用户提供了单独的擦除器、编程器或插在各种微型机上的编程卡，大大方便了用户。因此，这种类型的只读存储器得到了极其广泛的应用。在这里只介绍 EPROM、EEPROM、Flash EPROM。

### 1. EPROM

可编程可擦除存储器（Erasable Programmable Read Only Memory，EPROM）是一种具有可擦除功能，擦除后即可进行再编程的 ROM 内存，写入前必须先把里面的内容用紫外线照射它的 IC 卡上的透明视窗的方式来清除掉。这一类芯片比较容易识别，其封装中包含有"石英玻璃窗"，一个编程后的 EPROM 芯片的"石英玻璃窗"一般使用黑色不干胶纸盖住，以防止遭到阳光直射。

这种存储器利用编程写入后，信息可长久保持。当其内容需要变更时，可利用擦除器将其所存储信息擦除。EPROM 诞生于 20 世纪 70 年代，由于其读写都需要专门的设备，使用十分不便，而且读写速度较慢，被闪存取而代之也就在情理之中了。

### 2. EEPROM

电可擦除的可编程只读存储器（Electrically Erasable Programmable Read-Only Memory，EEPROM）是一种掉电后数据不丢失的存储芯片。EEPROM 可以在电脑上或专用设备上擦除已有信息，重新编程。一般用在即插即用。

EEPROM 具有这样一些特点：电可编程和擦除，使用电压比正常的高，能单个进行擦除和编程；有较好的写入能力，通过内部电路提供较高电压能在系统内编程，由于写入需经过擦除和编程两个步骤，因此写入较慢，可重复擦除和编程数万次；存储永久性和 EPROM 相近（大约 10 年），比 EPROM 方便得多。

### 3. Flash EPROM

快闪存储器（Flash EPROM）是电子可擦除可编程只读存储器（electrically erasable programmable read-only memory, EEPROM）的一种形式。快闪存储器允许在操作中多次擦或写，并具有非易失性，即单指保存数据而言，它并不需要耗电。快闪存储器和传统的 EEPROM 不同在于它是以较大区块进行数据抹擦，而传统的 EEPROM 只能进行擦除和重写单个存储位置。这就使得快闪在写入大量数据时具有显著的优势。

Flash Memory 是存储器技术的最新发展。它综合了目前为止的所有存储器器件的优点，主要特点是在不加电情况下能长期保存信息，同时又能在线进行快速擦除与重写。从软件的观点来看，Flash Memory 和 EEPROM 的技术十分类似。但是，EEPROM 擦写和编程时要加高电压，这意味着重新编程时必须将芯片从系统中拿出来。而 Flash Memory 使用标准电压擦写和编程，允许芯片在标准系统内部编程。这就允许 Flash Memory 在重新编程的同时存储新的内容。此外，EEPROM 必须被整体擦写，Flash Memory 可以一块一块地擦写。大部分 Flash Memory 允许某些块被保护，这一点对存储空间有限的嵌入式系统非常有用，即将引导代码放进保护块内而允许更新设备上其他的存储器块。

# 3.5 嵌入式通信系统的通信模块

## 3.5.1 以太网

以太网（Ethernet）指的是由 Xerox 公司创建并由 Xerox、Intel 和 DEC 公司联合开发的基带局域网规范，是当今现有局域网采用的最通用的通信协议标准。以太网络使用 CSMA/CD（载波监听多路访问及冲突检测）技术，并能以 10~1 000 Mbit/s 的速率运行在多种类型的电缆上。以太网与 IEEE 802.3 系列标准相类似。以太网主要分为以下几类：①标准以太网；②快速以太网；③千兆以太网；④万兆以太网。

### 1．以太网的数据传输

以太网的数据传输有以下特点：

① 所有数据位的传输由低位开始，传输的位流采用曼彻斯特编码。

② 以太网传输的数据段长度最小为 60 B，最大为 1 514 B。

③ 通常以太网卡可以接收来自 3 种地址的数据，即广播地址、多播地址（在嵌入式系统中很少使用）和它自己的地址。但有时用于网络分析和监控，网卡也可以设置为接收任何数据包。

④ 任何两个网卡的物理地址都是不一样的。网卡地址由专门结构分配，不同厂家使用不同的地址段，同一厂家的任意两个网卡的地址也是唯一的。

### 2．嵌入式以太网接口的实现方法

在嵌入式通信系统中实现以太网接口的方法通常有两种。方法一是采用嵌入式处理器与网卡芯片的组合。这种方法对嵌入式处理器没有特殊要求，只需要把以太网芯片连接到嵌入式处理器的总线上即可。该方法通用性强，不受处理器的限制，但是，处理器和网络数据交换通过外部总线（通常是并行总线）实现，速度慢、可靠性不高并且电路板布线复杂。方法二是直接采用带有以太网接口的嵌入式处理器，这种方法要求嵌入式处理器有通用的网络接口，如 MII（Media Independent Interface）。通常这种处理器是为面向网络应用而设计的，处理器和网络数据交换通过内部总线实现，因此速度快，实现简单。

### 3．嵌入式以太网控制器 LAN91C111

LAN91C111 芯片是专门用于嵌入式产品的 10/100 Mbit/s 第三代快速以太网控制器。该器件具有可编程、CRC 校验、同步或异步工作方式，且具有低功耗 CMOS 设计和小尺寸等特点，是设计嵌入式以太网网络接口的良好选择。LAN91C111 的芯片上集成了遵循 SMSC/CD 协议的 MAC（媒体层）和 PHY（物理层），符合 IEEE 802.3/802.U–100Base–Tx/10Base–T 规范。该以太网控制器的主要功能如下：

① 自适应地选传输速率，支持 10/100 Mbit/s。

② 充分支持全双工交换式以太网。

③ 支持突发数据传输。

④ 8KB 的内部存储器用作接收发送的 FIFO 缓存。

⑤ 增强式能量管理功能。

⑥ 支持总线 8 位、16 位、32 位的 CPU 访问。

⑦ 提前发送和接收。

### 3.5.2　CAN

现场总线是一种应用于生产现场，在现场设备之间、现场设备与控制装置之间实行双向、串行、多结点数字通信的技术。它是一项以智能传感、控制、计算机、数据通信为主要内容的综合技术，是当今自动化领域发展的热点之一，被誉为自动化领域的局域网。

控制器局域网络（Controller Area Network, CAN）是由以研发和生产汽车电子产品著称的德国 BOSCH 公司开发的，并最终成为国际标准（ISO 11898），是国际上应用最广泛的现场总线之一。在北美和西欧，CAN 总线协议已经成为汽车计算机控制系统和嵌入式工业控制局域网的标准总线，并且拥有以 CAN 为底层协议专为大型货车和重工机械车辆设计的 J1939 协议。

CAN 通信协议主要描述设备之间的信息传递方式。CAN 各层的定义与开放系统互连参考模型（OSI）一致，每一层与另一设备上相同的那一层通信。实际的通信发生在每一设备上相邻的两层，而设备只通过模型物理层的物理介质互连。

#### 1．CAN 技术规范

CAN 技术规范定义了模型的最下面两层：数据链路层和物理层，是设计 CAN 应用系统的基本依据。1991 年 9 月，Bosch 公司制定并发布了 CAN 技术规范 Version 2.0。该技术规范包括 A 和 B 两部分，2.0A 给出了曾在 CAN 技术规范 Version 1.2 中定义的 CAN 报文格式，而 2.0B 给出了标准的和扩展的两种报文格式。规范主要是针对 CAN 控制器的设计者而言，对于大多数应用开发者来说，只需对 Version 2.0 版技术规范的基本结构、概念、规则作一般了解，知道一些基本参数和可访问的硬件即可。下面只给出与 CAN 通信接口编程相关的部分技术规范，完整的技术规范可参考原英文文献。

（1）CAN 的基本概念

① 报文（Messages）：总线上传输的信息即为报文，它们以若干个不同的固定格式发送，但长度受限。当总线空闲时，总线上任何单元均可发送新报文。

② 信息路由（Information Routing）：在 CAN 系统中，CAN 不对单元分配站地址，报文的寻址内容由报文的标识符指定。标识符不指出报文的目的地，但是这个数据的特定含义使得总线上所有单元可以通过报文滤波来判断该数据是否与它们相符合。

③ 位速率（Bit Rate）：即总线的传输速率。在一个给定的 CAN 系统中，位速率是唯一的，也是固定的。

④ 优先权（Priorities）：在总线访问期间，标识符定义一个静态的报文优先权。

⑤ 远程数据请求（Remote Data Request）：当总线上某单元需要请求另一单元发送数据时，可通过发送远程帧实现远程数据请求。

⑥ 多主机（Multimaster）：总线空闲时，总线上任何单元都可以开始向总线上传送报文，但只有最高优先权报文的单元可获得总线访问权。

⑦ 仲裁（Arbitration）：总线空闲时，若同时有两个或两个以上单元开始发送报文，总线访问冲突运用逐位仲裁规则，借助标识符 ID 解决。

⑧ 错误标定和恢复时间（Error Signaling and Recovery Time）：任何检测到错误的单元会标志出已被损坏的报文。此报文会失效并将自动重传。如果不再出现错误，则从检测到错误到下一报文的传送开始为止，恢复时间最多为 31 位的时间。

⑨ 故障界定（Fault Confinement）：CAN 单元能够把永久故障和短暂的干扰区别开。

⑩ 连接（Connection）：CAN 通信链路是一条可连接多单元的总线。理论上，总线上单元数目是无限制的，实际上，单元数受限于延迟时间和总线的电气负载能力。

⑪ 单通道（Single Channel）：CAN 总线由单一通道组成，借助数据重同步实现信息传输。

⑫ 总线数据表示（Bus Values）：CAN 总线上有两种互补逻辑数值：显性（Dominant）电平和隐性（Recessive）电平。若显性位与隐性位同时发送，总线上数值将是显性。

⑬ 应答（Acknowledgment）：所有接收器对接收到的报文进行一致性检查。对于一致的报文，接收器给予应答；对于不一致的报文，接收器做出标志。

（2）报文传输和帧结构

报文传输由以下 4 个不同的帧类型表示和控制：

① 数据帧：数据帧将数据从发送器传输到接收器。数据帧由 7 个不同的位场组成：帧起始、仲裁场、控制场、数据场、CRC 场、应答场、帧结尾。

② 远程帧：总线单元发出远程帧，请求发送具有同一标识符的数据帧。远程帧也有标准格式和扩展格式，而且都由 6 个不同的位场组成：帧起始、仲裁场、控制场、CRC 场、应答场、帧结尾。

③ 错误帧：任何单元检测到总线错误就发出错误帧。错误帧由两个不同的场组成。第一个场是由不同站提供的错误标志（ERROR FLAG）的叠加；第二个场是错误界定符。

④ 过载帧：过载帧用于在先行和后续数据帧（或远程帧）之间提供一附加的延时。过载帧包括两个位场：过载标志和过载界定符。

数据帧和远程帧可以使用标准帧及扩展帧两种格式。它们用一个帧间空间与前面的帧分隔。

2．特点

CAN 属于现场总线的范畴，它是一种有效支持分布式控制或实时控制的串行通信网络。它是一种多主总线，通信介质可以是双绞线、同轴电缆或光导纤维。通信速率最高可达 1Mbit/s。较之许多 RS-485 基于 R 线构建的分布式控制系统而言，基于 CAN 总线的分布式控制系统在以下方面具有明显的优越性：

（1）网络各结点之间的数据通信实时性强

首先，CAN 控制器工作于多种方式，网络中的各结点都可根据总线访问优先权（取决于报文标识符）采用无损结构的逐位仲裁的方式竞争向总线发送数据，且 CAN 协议废除了站地址编码，而代之以对通信数据进行编码，这可使不同的结点同时接收到相同的数据，这些特点使得 CAN 总线构成的网络各结点之间的数据通信实时性强，并且容易构成冗余结构，提高系统的可靠性和系统的灵活性。而利用 RS-485 只能构成主从式结构系统，通信方式也只能以主站轮询的方式进行，系统的实时性、可靠性较差。

（2）开发周期短

首先，CAN 控制器工作于多种方式，网络中的各结点都可根据总线访问优先权（取决于报文标识符）采用无损结构的逐位仲裁的方式竞争向总线发送数据，且 CAN 协议废除了站地址编码，而代之以对通信数据进行编码，这可使不同的结点同时接收到相同的数据，这些特点使得 CAN 总线构成的网络各结点之间的数据通信实时性强，并且容易构成冗余结构，提高系统的可靠性和系统的灵活性。而利用 RS-485 只能构成主从式结构系统，通信方式也只能以主站轮询的方式进行，系统的实时性、可靠性较差。

（3）网络内结点个数在理论上不受限制

CAN 协议的一个最大特点是废除了传统的站地址编码，而代之以对通信数据块进行编码。采用这种方法的优点可使网络内的结点个数在理论上不受限制，数据块的标识符可由 11 位或 29 位二进制数组成，因此可以定义 2 个或 2 个以上不同的数据块，这种按数据块编码的方式，还可使不同的结点同时接收到相同的数据，这一点在分布式控制系统中非常有用。数据段长度最多为 8 字节，可满足通常工业领域中控制命令、工作状态及测试数据的一般要求。同时，8 字节不会占用总线时间过长，从而保证了通信的实时性。CAN 协议采用 CRC 检验并可提供相应的错误处理功能，保证了数据通信的可靠性。CAN 卓越的特性、极高的可靠性和独特的设计，特别适合工业过程监控设备的互连，因此，越来越受到工业界的重视，并已公认为最有前途的现场总线之一。

### 3.5.3 LON（LonWorks 协议）

LON 总线采用 LonTalk 通信协议。LonTalk 支持 ISO/OSI 的全部 7 层模型，这是 LON 总线最杰出的特点。LonTalk 协议通过神经元芯片（Neuron Chip）上的硬件和固件实现，提供介质存取、事物确认和对等通信服务；还有一些先进服务如接收认证、优先级传输、单一/广播/组播消息发送等。另外，它采用面向对象的设计方法，通过网络变量把网络通信设计简化为参数设置，其通信速率从 300bit/s 至 1.5 Mbit/s 不等，直接通信距离可达 2 700 m（78 kbit/s，双绞线）；持双绞线、同轴电缆、光纤、射频、红外线、电力线等多种通信介质，并开发了相应的本质安全防爆产品。其编址方法提供了巨大的网络寻址能力。

1．LonTalk 协议特点

LonTalk 协议是为 LON 总线设计的专用协议，它具有以下特点：

① 发送的报文都是很短的数据（通常为几字节到几十字节）。

② 通信带宽不高（2kbit/s ~ 2 Mbit/s）。

③ 网络上的结点往往是低成本、低维护的单片机。

④ 多结点，多通信介质。

⑤ 可靠性高。

⑥ 实时性高。

2．LonTalk 物理层协议

① 适应不同的通信介质，如双绞线（Twisted-Pair）、电力线（Powerline）、无线电（Radio-Frequency）、红外线（Infrared）、同轴电缆（Coaxialcable）、光纤（Fiber）甚至是用户自定义的通信介质。

② 支持不同的数据解码和编码，如通常双绞线使用差分曼彻斯特编码、电力线使用扩频、无线通信使用移频键控）（FSK）。

### 3.5.4 无线通信

1．ZigBee

ZigBee 是基于 IEEE 802.15.4 标准的低功耗局域网协议。根据国际标准规定，ZigBee 技术是一种短距离、低功耗的无线通信技术。这一名称（又称紫蜂协议）来源于蜜蜂的八字舞，由于蜜蜂（Bee）是靠飞翔和"嗡嗡"（Zig）地抖动翅膀的"舞蹈"来与同伴传递花粉所在方位信息，也就是说蜜蜂依靠这样的方式构成了群体中的通信网络。ZigBee 是一种无线连接协议，可工作在 2.4 GHz（全球流行）、868 MHz（欧洲流行）和 915 MHz（美国流行）3 个频段上，分别具有最高 250 kbit/s、20 kbit/s 和 40 kbit/s 的传输速率，它的传输距离在 10～75 m 的范围内，但可以继续增加。ZigBee 协议从下到上分别为物理层（PHY）、媒体访问控制层（MAC）、传输层（TL）、网络层（NWK）、应用层（APL）等。其中，物理层和媒体访问控制层遵循 IEEE 802.15.4 标准的规定。

CC2530 是用于 2.4 GHz IEEE 802.15.4、ZigBee 和 RF4CE 应用的一个真正的片上系统（SoC）解决方案。它能够以非常低的总的材料成本建立强大的网络结点。CC2530 结合了领先的 RF 收发器的优良性能，业界标准的增强型 8051 CPU，系统内可编程闪存，8 KB RAM 和许多其他强大的功能。CC2530 有 4 种不同的闪存版本：CC2530F32/64/128/256，分别具有 32/64/128/256 KB 的闪存。CC2530 具有不同的运行模式，使得它尤其适应超低功耗要求的系统。运行模式之间的转换时间短进一步确保了低能源消耗。CC2530 中的模块大致可以分为三类：CPU 和内存相关的模块；外设、时钟和电源管理相关的模块；无线电相关的模块。

2．RFID

射频识别（Radio Frequency Identification，RFID）技术，又称无线射频识别，是一种通信技术，可通过无线电信号识别特定目标并读/写相关数据，而无须识别系统与特定目标之间建立机械或光学接触。

射频识别一般使用微波，1～100 GHz，适用于短距离识别通信。

RFID 系统的工作原理如下：阅读器将要发送的信息，经编码后加载在某一频率的载波信号上经天线向外发送，进入阅读器工作区域的电子标签接收此脉冲信号，卡内芯片中的有关电路对此信号进行调制、解码、解密，然后对命令请求、密码、权限等进行判断。

（1）组成部分

① 应答器：由天线、耦合元件及芯片组成，一般来说都是用标签作为应答器，每个标签具有唯一的电子编码，附着在物体上标识目标对象。

② 阅读器：由天线、耦合元件、芯片组成，读取（有时还可以写入）标签信息的设备，可设计为手持式 RFID 读写器或固定式读写器。

③ 应用软件系统：是应用层软件，主要是把收集的数据进一步处理，并为人们所使用。

（2）MFRC500 射频芯片

Philips 公司的 MF RC500 是应用于 13.56 MHz 非接触式通信中高集成读卡 IC 系列中的一员。该读卡 IC 系列利用先进的调制和解调概念，完全集成了在 13.56 MHz 下所有类型的被动非接触式通信方式和协议。MFRC500 支持 ISO14443A 所有的层，内部的发送器部分不需要增加有源电路就能够直接驱动操作近距离的天线（可达 100 mm）；接收器部分提供一个坚固而有效的解调和解码电路，用于 ISO 14443 兼容的应答器信号；数字部分处理 ISO 14443A 帧和错误检测（奇偶&CRC）。此外，它还支持快速 CRYPTOI 加密算法，用于验证 Mifare 系列产品。方便的并行接口可直接连接到任何 8 位微处理器，给读卡器/终端的设计提供了极大的灵活性。MF RC500 可方便地用于各种基于 ISO/IEC 14443A 标准并且要求低成本、小尺寸、高性能以及单电源的非接触式通信的应用场合。

### 3．蓝牙

蓝牙（Bluetooth）：它是一种无线技术标准，可实现固定设备、移动设备和楼宇个人域网之间的短距离数据交换（使用 2.4～2.485 GHz 的 ISM 波段的 UHF 无线电波）。蓝牙技术最初由于 1994 年创制，可连接多个设备，为一种近距离无线通信技术规范，蓝牙技术因其低成本、低功耗、小体积等优点而广泛应用于小型移动产品和家电信息产品中。此类产品大都属于嵌入式产品。其协议体系分为 4 层，包括核心协议层、替代电缆协议层、电话控制协议层和选用协议，每层包含一些具体的协议。运行在同一协议栈上的应用程序可以实现互操作性。不同的应用程序使用不同的协议栈；无论何种应用程序，都使用物理层协议和数据链路层协议。蓝牙协议的实现方式分为嵌入式和 HCI 协议栈方式。为适应不同的系统运行环境，需要采用多样协议栈解决方案，可以是嵌入式方式或者 HCI 协议栈方式，也可以居于两者之中，即主机控制结构。

### 4．IrDA

IrDA 是红外数据组织（Infrared Data Association）的简称。全球采用 IrDA 技术的设备超过了 5 000 万部。IrDA 已经制定出物理介质和协议层规格，以及 2 个支持 IrDA 标准的设备，可以相互监测对方并交换数据。初始的 IrDA1.0 标准制定了一个串行，半双工的同步系统，传输速率为 2 400～115 200bit/s，传输范围 1 m，传输半角度为 15°～30°。最近 IrDA 扩展了其物理层规格使数据传输率提升到 4 Mbit/s。

# 3.6  嵌入式通信系统的 I/O 设备

一个实用的嵌入式通信系统常常配有一定的外围设备，构成一个以嵌入式微处理器为核心的计算机系统。这些外围设备包括输入设备，如键盘、触摸屏等；输出设备，如显示器等；完成数据控制和转换的设备，如定时器、计数器、模/数转换器、数/模转换器等。这些外围设备中，一部分以微控制器的形式集成为片上设备，其他的通常是单独实现。本节主要介绍广泛应用于嵌入式通信系统的 I/O 设备。

## 3.6.1  输入设备

### 1．键盘

键盘是最常用的人机输入设备。依赖键盘接口实现用户的输入，使得嵌入式设备能够处理用户的输入信息，将嵌入式控制器的功能发挥得更大。与台式计算机的键盘不同，嵌入式系统的键盘，其所需的按键个数及功能通常是根据具体的应用来确定的，不同的应用其键盘中按键个数及功能均可能不一致。

键盘主要由一个开关阵列组成，此外还包括一些逻辑电路来简化它到微处理器的接口。嵌入式系统中所用到的键盘中的按键通常是由机械开关组成的，通过机械开关中的簧片是否接触来断开或者接通电路。当开关打开时，通过处理器 I/O 接口的一个上拉电阻提供逻辑 1；当开关闭合时，处理器 I/O 接口的输入被拉到逻辑 0。

抖动是机械开关本身的一个最普遍问题。它是当键按下时，机械开关在外力的作用下，开关簧片的闭合有一个从断开到不稳定接触，最后到可靠接触的过程。即开关在达到稳定闭合前，会反复闭合、断开几次。同样的现象在按键释放时也存在。开关这种抖动的影响若不设法消除，会使系统误认为键盘按下若干次。键的抖动时间一般为 10~20 ms，去抖动的方法主要是采用软件延时和硬件延时电路。可以使用一个单步定时器形成硬件消抖电路，也可以用软件来消除开关输入抖动。

原始的键盘是开关的简单集合，每个开关有自己的一对引出线，直接连到处理器的输入端口上。这种开关的组合方法使得当开关的数目增加时，将很快用完所有的输入端口，原始键盘会变得不实用。更加实用的键盘通过排列开关形成开关阵列。一个瞬时接触开关放置在每一行与每一列的交叉点处，使用编码来表示被按下的开关，形成编码键盘，通过扫描开关阵列来确定是否有键被按下。与原始键盘不同，扫描键盘阵列每次只读开关的一行。阵列左边的多路分路器选择要读的行。当扫描输入为 1 时，该值被送到该行的每一列，如果某个键被按下，那么该列的 1 被探测到。由于每列只有一个键被激活，因此该值唯一代表了一个键。行地址和列输出被用来编码，或者用电路来给出不同的编码。

键盘编码可能使得多个键的组合无法被识别。例如，在 PC 键盘中，必须选择一种编码使 Ctrl+Q 之类的组合键能被识别并送进 PC。另外，键盘编码还可能导致不允许同时按键。例如，在大部分应用中，如果按 1，在未释放之前再按 2，那么大多数应用是想要键盘先发送 1 再发送 2。这种编码电路的一种简单实现是在一个键被按下而未释放之前，丢弃已按下的其他任何字符。键盘的微控制器可以被编程处理多个键被同时按下（即多键滚转），这使得同时按键被识别、入栈，而在键被释放时，再依次传输。

### 2．触摸屏

触摸屏是覆盖在输出设备上的输入设备，用来记录触摸位置。把触摸屏覆盖在显示器上，使用者可以对显示的信息做出反应。当前的触摸屏输入技术主要有红外式、电阻式、电容式及表面声波式 4 种。这 4 种主要方式各有优缺点，适合于不同的应用要求，所以必须根据实际需要适当地选择。其中电阻式触摸屏在低成本嵌入式通信系统中应用较广。

电阻式触摸屏用二维电压表来探测位置。触摸屏由两层被许多细小的透明隔离球隔开的导电薄层组成。当手指或笔触摸屏幕时，平常互相绝缘的导电层在触摸点位置有了一个接触。在顶层的导电层上加上电压，它的电阻就在穿过该层时产生电势差；然后顶层在接触点对电压采样；最后用模/数转换器来测量电压，以此得出位置。触摸屏通过交替使用水平和垂直电压梯度来获得 x 和 y 坐标位置。

## 3.6.2 输出设备

LCD（液晶）显示器是嵌入式系统中最主要的输出设备。目前，LCD 显示屏按显示颜色可分为单色 LCD、伪彩 LCD、真彩 LCD 等；按显示模式可分为数码式 LCD、字符式 LCD、图形式 LCD 等。

LCD 显示器中的液晶体在外加交流电场的作用下排列状态会发生变化，呈不规则扭转形状，形成了一个个光线的闸门，从而控制液晶显示器件背后的光线是否穿透，呈现明与暗或者透过与不透过的显示效果，人们才能在 LCD 屏上看到深浅不一、错落有致的图像。

液晶显示是一种被动的显示，它不能发光，只能使用周围环境的光。液晶显示器显示图案或字符时只需要很小的能量，因此低功耗、小型化的 LCD 显示器成为较佳的显示设备。一般情况下，显示器可以直接驱动，也可以通过帧缓冲区驱动。显示元素较少的显示器直接由逻辑电路驱动，而显示元素较多的显示器用 RAM 帧缓冲区驱动。

### 1．直接驱动

多个数字阵列是直接驱动显示的简单例子。单数字显示器通常有七段，每段可以是发光二极管，也可以是液晶显示器。这种显示用数字输入来选择当前要更新的数字，被选择的数字在当前数据值的基础上激活它的显示元件。显示驱动器复杂，重复扫描数字并将当前值送到显示器上。

### 2．帧缓冲区

帧缓冲区是一个连到系统总线上的随机存储区。微处理器可以以任意所需次序将值写入帧缓冲区。这种显示方式主要适用于阴极射线管（Cathode-Ray Tube，CRT）显示。当 CRT 被连到帧缓冲区时，它通常以光栅的顺序读像素，一次显示一行。

### 3．液晶控制板

大平面显示器通常由 LCD 构成，其中每个像素都由一个液晶体构成。LCD 显示器到系统的接口独具特点，这主要因为 LCD 像素阵列能够被随机访问。早期的液晶显示控制板被称为被动矩阵，它依靠一个二维的电线网络来编址像素。现代液晶显示控制板显示器使用一种主动矩阵系统，它给每个像素配置转发器，以此来控制、访问 LCD 显示器。主动矩阵显示器提供了更高的对比度和显示质量。

# 小　　结

本章在简要介绍嵌入式通信系统硬件平台的基础上，分析了嵌入式通信系统的核心——嵌入式处理器，介绍了它的分类、特点、选择原则以及发展历程。通过引入嵌入式存储器的层次结构，介绍了两类存储器。详细介绍了通信模块的各种通信协议，包括以太网、CAN、LON 以及各种无线通信协议。最后介绍了嵌入式通信系统的各种 I/O 设备。

# 习　　题

1．简述嵌入式通信系统的硬件结构。

2．嵌入式处理器分为哪几类？

3．嵌入式处理器有哪些特点？

4．嵌入式处理器的发展分为哪几个阶段？

5．简述嵌入式通信系统中存储系统的层次结构。

6．RAM 存储器有哪些特点？

7．嵌入式通信系统常见的通信模块有哪些？简述它们的应用场景。

# 第 **4** 章　嵌入式通信系统的实时操作系统

## 4.1　概　　述

就嵌入式通信系统的软件方面而言，可分为简单系统和复杂系统。简单系统可以不使用操作系统，被称为裸机设计。一般裸机设计的系统简单；软件的代码量比较少；适用于民用产品；可靠性要求一般不高。这样的系统开发一般称为单片机的开发。复杂系统一般需要使用嵌入式操作系统，这样的系统一般需要扩展程序存储器，系统处理的事务比较多，待处理的事物之间的关系复杂，程序算法复杂，系统实现的功能复杂，软件开发的工作量和开发难度比较大，维护费用较高。而使用嵌入式操作系统，可以有效地提高这些系统的开发效率和可靠性。

嵌入式通信系统采用的操作系统一般是实时操作系统（RTOS）。RTOS 是嵌入式应用软件的运行平台和开发平台，是一段嵌入在目标代码中的软件，用户的其他应用程序都建立在 RTOS 之上。不仅如此，RTOS 还是一个可靠性、可信任性很高、一般都经过时间考验的实时内核。基于 RTOS 开发出的程序，具有较高的可移植性，可实现 90%以上设备独立，一些成熟的通用程序还可以作为专业产品推向社会。嵌入式软件的函数化、产品化能够促进嵌入式软件模块的复用性，从而降低系统的研发成本。本章首先介绍操作系统、嵌入式操作系统的一些知识，然后介绍 RTOS 的概念和功能，介绍嵌入式 RTOS 的内核和可剥夺性，最后介绍目前比较广泛使用的嵌入式 RTOS。

## 4.2　操 作 系 统

操作系统（Operating System，OS）是计算机的一种重要系统软件。它屏蔽了计算机硬件的一些细节，并通过应用程序接口（Application Programming Interface，API）向用户提供通用服务，从而使应用程序设计人员得以在一个友好的平台上进行应用程序的设计和开发，大大提高了开发效率。

### 4.2.1 操作系统的概念和功能

操作系统是计算机用户和计算机硬件的接口，也是计算机硬件与其他软件的接口，用于管理、控制计算机硬件与软件资源的应用程序。作为计算机技术发展的一个重要技术，操作系统很早就被应用到台式机等计算机系统中，给开发者和计算机用户带来了便利。从开发者角度看，它能够在很大程度上隐藏硬件细节，给开发者提供一个抽象、容易使用的开发界面，并且能够继承前人的开发成果，提高开发效率；从用户角度看，它是系统资源的管理者，可以负责对不同程序之间的 CPU、内存和其他 I/O 设备的分配。

计算机由硬件和软件两部分组成，操作系统是配置在计算机硬件上的第一层软件，是对硬件的第一次扩充。操作系统在计算机系统中占据了特殊重要的地位，其他所有软件如汇编程序、编译程序、数据库管理软件等系统软件以及大量的应用软件，都依赖于操作系统的服务。操作系统已成为大型机到微机都必须配置的软件。

简单地讲，操作系统一般会提供以下功能：

① 程序运行。一个程序的运行离不开操作系统的配合，其中包括指令和数据载入内存、I/O 设备、文件系统的初始化等。

② I/O 设备访问。每种 I/O 设备的管理和使用都有自己的特点，如键盘、显示器和打印机的管理和使用是不同的。操作系统接管了这些工作，从而使得用户在使用这些 I/O 设备时感觉更方便。

③ 文件访问。文件访问不仅需要熟悉相关的 I/O 设备（如磁盘驱动器）的特点，而且还要熟悉相关的文件格式。另外，对于多用户操作系统或者网络操作系统，处于安全因素，需要规定和处理文件的访问权限。这些都是操作系统需要完成的工作。

④ 程序开发。一般操作系统会提供丰富的 API 接口供程序员开发应用程序，并且操作系统还会提供很多程序编译工具、集成开发环境等。

⑤ 资源管理。计算机有很多硬件资源和软件资源，它们分别用于数据的传输、处理或存储以及对这些操作的控制，这些资源的管理工作也是操作系统完成的。

⑥ 错误的检测和处理。操作系统应能及时地捕捉和处理各种硬件或软件造成的错误和异常，并及时地通知给用户。

### 4.2.2 进程

#### 1. 进程的概念

有的操作系统把进程叫作任务。本章提到的任务和进程是相同的意思。

在计算机中，为了分配资源，人们引入了"进程"这个最基本、最重要的概念。在操作系统中，进程是享用系统资源的对象，是资源分配的基本单位。

由于并发活动的复杂性，到目前为止，各个操作系统对进程的定义尚未统一。在国内，一般把进程理解为："可并发执行且具有独立功能的程序在一个数据集合上的运行过程，它是操作系统进行资源分配和保护的基本单位"。这句话首先强调了进程是一个程序运行的动态过程，而且该程序必须具有并发运行的程序结构；其次强调了这个运行过程必须依赖一个数据集合而独立运行，从而形成了系统中的一个单位。它具有动态性、并发性、独立性、异步性和结构性五大特性。

## 2．进程的状态及其转换

进程是处理器执行程序代码的运行过程。既然是过程，那么它就存在不同的状态，并且会在不同状态之间转换。在不同的操作系统中，进程具有的状态不同，但是一般都至少有3种状态：运行、就绪、阻塞。进程的基本状态及状态之间的转换如图4-1所示。

图 4-1　进程的基本状态及转换关系

① 就绪：进程获得除处理器以外的所有必需的资源，也就是说这个进程已经具备了运行的条件。

② 运行：处在就绪状态的进程获得了处理器的使用权，这个程序对应的代码就会被执行。

③ 阻塞：如果进程根据自身的需要，即需要等待一个事件而暂停运行，进程就会进入阻塞状态。

三者之间的关系就是：就绪状态的进程被调度就会运行，系统根据某种规则或者调度策略暂停某个进程的运行，运行的程序就会进入就绪状态。一旦被阻塞进程所等待的事件发生且进程获得了这个消息，进程就进入了就绪状态。

由图4-1可以看出，系统总是要从处于就绪状态的进程里选择一个转换为运行状态的。这种选择一个就绪状态并使之运行的工作就叫作进程调度，是操作系统的一项重要任务。

## 3．进程调度

进程调度，指在系统中所有的就绪进程里，按照某种策略确定一个合适的进程并让处理器运行它。

从使进程获取处理器使用权的方式来看，有两类调度方式：第一类叫作可剥夺方式，高优先级的进程可以终止低优先级的进程；第二类叫作不可剥夺方式，运行进程除非主动让出处理器，其他进程无法获得机会运行。

调度算法有很多种，这里简要介绍几种：

（1）时间片轮转法

这种方法要求系统中的每个进程轮流占用处理器运行一个相同的时间片。其中的时间片指操作系统将CPU的时间划分的若干个时间段。就绪的进程排列为一个就绪进程队列。调度器每次把处理器分配给处在队列首部的进程，并使之运行一个规定的时间。当时间片结束时，强迫当前进程让出处理器，并把这个进程插入就绪进程队列的尾部，然后就把处理器分配给排在队列首部的进程，并同样使之运行一个规定的时间，之后再重复上述过程，如此循环轮转地运行系统中的所有就绪进程。时间片轮转法的示意图如图4-2所示。

（2）优先级调度法

这种调度算法按进程的优先级来确定待运行进程的，即系统中的所有进程都各自有一个优先级，这个级别就标志着一个进程在抢占处理器时的权利大小。调度器在调度时，首先选择优先级最大的进程作为待运行进程。

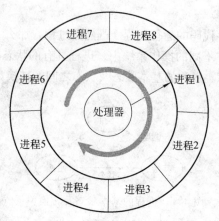

图 4-2　具有八个进程的时间片轮转调度示意图

（3）多级反馈队列调度法

这种调度算法把系统中的进程分组，不同的组优先级不同，同组的进程优先级相同。每组中只有一个队首进程才能分配 CPU 的时间片。只有当在高优先级队列中找不到就绪进程时，才到低优先级的就绪进程队列中选取。

## 4.2.3　操作系统的分类

从操作系统工作的角度，计算机的操作系统分为单用户操作系统、批处理操作系统、分时操作系统和实时操作系统。

### 1．单用户操作系统

单用户操作系统只能面对一个用户，用户对系统的资源拥有绝对的控制权，它是针对一台计算机、一个用户的系统。如果用户在同一时间只能运行一个应用程序，则这样的操作系统称为单进程操作系统，否则为多进程操作系统。早期的 DOS 操作系统是单用户单进程操作系统，Windows XP 则是单用户多进程操作系统。

单用户操作系统在作业运行前，用户必须初始化所有的硬件条件和环境，设置必要的输入/输出设备，并将操作系统的核心部分常驻在系统的内存中。初始化后的系统装入并开始运行应用程序，应用程序运行完毕，系统又回到才初试状态，方便下一个用户使用。单用户操作系统是为独立用户服务的，多个用户只能分别使用，分别独占所有的系统资源。

### 2．批处理操作系统

批处理操作系统也称为作业处理系统，它是早期的一种大型机用操作系统。在批处理操作系统中，操作人员将作业成批地装入计算机中，由操作系统在计算机中某个特定磁盘区域（一般称为输入井）将其组织好并按一定的算法选择其中的一个或几个作业，将其调入内存使其运行。运行结束后，把结果放入磁盘"输出井"，由计算机统一输出后交给用户。可以看出，这种操作系统能够成批处理用户作业，处理期间无须用户干预，资源利用率高、吞吐量大，但不具备实时性

### 3．分时操作系统

在分时操作系统下，一台计算机与多台设备终端相连，多终端上的用户可以同时使用计算机，计算机在操作系统的控制下轮流为每个终端用户服务。由于 CPU 的速度比用户在终端

上输入控制命令的速度高得多，使得每个用户好像独占计算机一样。

分时操作系统在协调用户分享 CPU 时，通常采用"时间片轮转法"来分配计算机的 CPU 时间。分时操作系统主要用于软件开发、运行较小的程序，因为在这种环境下用户大部分时间都在思考，不会长时间连续地占用 CPU。

#### 4．实时操作系统

在生产和生活中，有很多应用要求能对来自外界的信号和作用在限定的时间范围内做出响应。如果系统超出了这个时间要求，后果就会很严重。例如，能够达到这种要求的系统就叫作实时系统。如果用计算机实现这个实时系统，一般来说计算机的硬件系统基本都能满足要求，关键问题在于如何设计满足实时系统要求的软件。为了满足实时系统要求而设计的计算机操作系统叫作实时操作系统（RTOS）。

从性能上讲，在实时的计算中，系统的正确性不仅依赖于计算的逻辑结果而且依赖于结果产生的时间。换句话说，在 RTOS 中，不仅要求计算结果正确，还要求结果产生得足够快，相比之下对时间的要求更加注重。但是，一个系统具有实时性并不说明该系统的响应时间和处理速度非常快；而一个高速系统未必是实时系统。也就是说，这里的实时性是对特定系统来说的，因为不同系统对时限的要求是千差万别的。

实时操作系统与分时操作系统有着明显的区别：分时操作系统的主要目的是能让多个计算机用户共享计算机资源，能及时地响应和服务联机用户。软件的执行在时间上要求并不严格，时间上的延迟可能会让用户多等候一段时间，一般不会造成灾难性的后果；但对于 RTOS，主要进程是对事件进行实时处理，调度一切可利用的资源完成实时控制进程。虽然事件可能在无法预知的时刻达到，但软件在事件发生时必须能够在严格的时限内做出响应，即使在尖峰负荷下也是如此，否则会导致系统的失败。

# 4.3　嵌入式操作系统

## 4.3.1　嵌入式操作系统的概念和特点

作为嵌入式通信系统构成中不可或缺的部分，软件在嵌入式通信系统中扮演重要的角色。在早期的嵌入式通信系统或者称之为单片机系统中，软件往往是针对专用的硬件平台而开发的专用程序。这些嵌入式软件，由于其专用性，并不易在其他的硬件平台上加以重用。

随着技术的发展，嵌入式通信系统的硬件功能越来越强大，嵌入式软件开始使用 C、C++等高级语言编写，调试手段也越来越多、越来越成熟。在体系结构上也由最初的单一控制流程，逐渐引入嵌入式操作系统等技术。嵌入式操作系统通常包括与硬件相关的底层驱动软件、系统内核、设备驱动接口、通信协议、标准化浏览器，对整个系统的资源进行管理。它的显著特点包括：

① 微型化。嵌入式系统芯片内部存储器的容量通常不会很大，不会配置外存，电源的容量很小，外围设备多样化，只有较少的资源。所以，在满足应用功能的前提下，嵌入式操作系统的规模越小越好。

② 实时性和高可靠性：嵌入式通信系统广泛应用于各种实时领域，要求能够快速响应事件，要具有实时性，同时也要求其必须具有极高的可靠性，对关键、核心的应用还要提供必要的容错和防错措施。

③ 可裁剪性：嵌入式操作系统运行的硬件平台多种多样，其主机对象也有很多种类，所以要求其提供的各个功能模块可以让用户按需选择，也就是要求它有很好的可裁剪性。

④ 易移植性：为了适应多种多样的硬件平台，嵌入式操作系统可以在不做大量修改的情况下稳定地运行于不同的平台。

## 4.3.2  嵌入式操作系统的发展

伴随着嵌入式通信系统的发展，嵌入式通信系统的发展经历了 4 个比较明显的阶段：

① 无操作系统的嵌入式算法阶段。这个阶段是以单片机为核心的可编程控制器形式的系统，具有与监测、伺服、指示设备相配合的功能。应用于一些专业性极强的工业控制系统中，通过汇编语言对系统进行直接控制，运行结束后清除内存。

② 简单监控式的实时操作系统阶段。这个阶段的嵌入式通信系统以嵌入式处理器为基础，以简单监控式操作系统为核心。主要特点是处理器种类繁多，通用性比较差；系统开销小，效率高；一般配备系统仿真器，操作系统具有一定的兼容性和扩展性。

③ 通用的嵌入式实时操作系统阶段。这个阶段的嵌入式通信系统以嵌入式操作系统为核心。主要特点是能在各种类型的嵌入式处理器上运行，兼容性好；内核短小精悍、效率高，具有高度的模块化和扩展性；具备文件和目录管理、设备支持、多进程、网络支持、图形窗口以及用户界面等功能；具有丰富的应用程序接口（API）和嵌入式应用软件。

④ 随着 Internet 的发展以及 Internet 技术与工业控制等技术日益紧密的结合，嵌入式操作系统与网络应用设备的结合代表着嵌入式技术的未来。

由上述嵌入式操作系统的发展可以看出，正是由于嵌入式通信系统的硬件平台、应用需求的不断提升，从而对嵌入式操作系统的要求越来越高。当年只在巨型机上运行操作系统，如今在 PC、手机等嵌入式设备上也有了操作系统，技术下移的趋势正在不断发展。可以想象，在未来的嵌入式系统的发展过程中，今天所看到的各种 PC 操作系统技术、概念很快就会被应用到嵌入式操作系统中。

## 4.3.3  嵌入式操作系统的构成

嵌入式操作系统一般由以下部分构成：操作系统内核、多进程管理、内存管理。而有些嵌入式通信系统则提供额外的功能，例如文件系统、图形用户接口等，但这些并不是必需的。许多嵌入式操作系统更像是一个函数库，它能够与应用程序一块在编译环境下编译成一个单一的映像文件，从而在嵌入式硬件平台上运行。

### 1. 操作系统内核

操作系统内核一般负责操作系统最底层的一些功能，例如操作系统的初始化、操作系统运行、中断进出前导、事件处理等。嵌入式通信系统加电执行完 Bootloader 程序之后，首先会执行操作系统初始化的代码。这部分代码主要负责配置整个操作系统运行所需的参数，并初始化必要的硬件设备。在操作系统的正常运行中，一些核心的进程，例如中断响应、事件响应，也是由操作系统内核进行处理或者分配给操作系统其他部分处理。

### 2. 多进程管理

嵌入式操作系统需要能够同时支持多个进程或者进程并发执行，这就涉及多个进程之间通信、同步、切换等问题。虽然许多嵌入式硬件平台如嵌入式微处理器仍然是单处理器内核，即微处理器在任一时刻都只能执行一个进程的某段代码，但通过保存和恢复硬件执行环境，操作系统可以模拟出一个虚拟的多进程并发执行的效果。当处理器在多个进程之间交替执行时，它必须能够保存正在执行的进程的细节信息，比如处理器寄存器的值等，这些信息成为进程的上下文环境。某个进程执行时，可能会被更紧急、优先级更高的进程打断，操作系统会转而调度执行其他的进程。而且同时执行的多个进程可能在协同完成某件事情，因此操作系统需要提供进程间通信的机制，例如信号量、消息队列、共享存储器等。从嵌入式微处理器角度来看，仍然是在执行单条指令，但从开发者角度来看是并发执行多进程的环境。

### 3．内存管理

内存管理包括内存的划分、分配、释放等操作。由于大多数嵌入式硬件平台的存储容量不大，所以在内存管理上一般不支持虚存的概念。在具体的嵌入式应用中，进程的数量和可能用到的内存容量都是可以在开发时预测的，更多的时候只是将整个存储器静态地划分给各个应用程序用。对于动态分配内存的做法是在缓冲区中动态分配一块固定大小的内存，使用完后就释放。嵌入式操作系统的内存分配策略较为灵活，可以裁剪。

存储管理的另一个重要特性是内存保护。在一般的操作系统中，每个应用程序都有自己的地址空间，不能任意访问其他应用程序的地址空间。这样当一个应用程序崩溃时也不会影响其他的应用程序。但是在嵌入式应用中，有时由于受到环境的限制而不能大量使用存储器，这样就会限制嵌入式操作系统的代码大小。当代码很小时，内存保护就会比较薄弱，这样的操作系统一般只适用于一些即使系统崩溃也不会造成很大损失的领域，比如手持电话。但是在武器系统等系统中，则要求嵌入式操作系统具有很强的内存保护功能。

### 4．文件系统

一些较为先进的嵌入式操作系统均支持文件系统的功能。文件系统主要是完成系统中文件的组织、创建、删除、维护等工作。由于许多嵌入式设备并不具备硬盘等硬件设备，所以许多文件系统是建立在芯片存储器上的，例如在建立在 RAM、ROM、Flash 等芯片设备上的各种文件系统。

## 4.4　嵌入式实时操作系统

对嵌入式实时操作系统的理解应该建立在对嵌入式系统的理解之上加入对响应时间的要求。我们常说的嵌入式操作系统一般都是嵌入式实时操作系统，比如μC/OS-II、eCOS 和 Linux、HOPEN OS 等。

### 4.4.1　RTOS 的概念和功能

RTOS 是指具有实时特性、能支持实时控制系统工作的操作系统，它能够将系统中各种设备有机地联系在一起，并控制它们完成既定的进程。

实时操作系统一般可以划分为两大类：硬实时操作系统和软实时操作系统。硬实时操作系统是指在该系统中如果不能满足所需的时限要求，就会导致系统失效，产生难以弥补的损失。而所谓的软实时操作系统指的是如果该系统不能满足所需的时限要求，将会导致系统的性能降低，但系统仍将继续运作。

实时操作系统主要应用于航天、国防、医疗、工业控制等领域。常见的实时操作系统有嵌入式 Linux 厂商提供的各种实时嵌入式 Linux 版本，Accelerated Technology 公司的 Nucleus Plus，WindRiver 公司的 VxWorks 等。

对于嵌入式 RTOS 来说，它必须具备以下特点，提供以下基本功能：

**1．进程管理**

进程管理主要体现在应用程序中建立进程、删除进程、挂起进程、恢复进程以及进程的响应、切换和调度等。实时操作系统中的进程等同于分时操作系统中进程的概念。

**2．进程间同步和通信**

进程间并不是完全独立的，它们之间存在交流和合作，即进程同步和通信。目前主要的实时操作系统的进程间同步和通信的机制有：消息、事件信号量，而部分实时操作系统仍在沿用邮箱机制。另有一些实时操作系统提供了共享内存的进程间通信机制。

消息机制的基本思想是进程通过公用的数据交换区（包括私有消息缓冲区和共有消息缓冲池）来交换进程间需要通信的信息。消息机制的系统调用一般包括消息队列的创建、消息队列的删除、接收消息、发送消息、广播消息、紧急消息。目前大多数实时操作系统既支持定长的消息队列，也支持变长的消息队列。

事件机制适用于进程间需要同步，并且通信数据量不大的情况。一般来说进程之间的事件通信机制是可以覆盖的，即进程 A 先后发送三次事件给进程 B，如果进程 B 还没来得及处理，进程 B 只需要处理一次事件就可以了。事件机制的调用一般包括发送事件、接收事件。目前大多数实时操作系统支持 16～32 个事件。

**3．内存管理**

实时操作系统会借用 CPU 的内存管理单元来完成内存管理，包括实时操作系统的内存管理，以及对于内存的优化分配，以尽量减少整个系统的内存占有量的要求。

实时操作系统内核通常使用固定尺寸静态分配，可变尺寸动态分配和动静结合的内存分配这几种方法进行内存分配。静态分配方法在每个进程系统初始化阶段分配一块固定大小的存储区。动态分配方法是根据进程的实际需要动态地为它们分配和回收内存空间。在强实时系统中，动态内存分配方法很少使用。但是它有很强的灵活性，能提高内存的利用率，也有利于系统功能的扩展。动静结合的内存分配方法则结合静态分配和动态分配这两种分配方法的优点。

**4．实时时钟服务**

商用的实时操作系统在硬件层提供了实时时钟服务，包括定时唤醒、定时事件机制。另外部分优秀的实时操作系统提供了定时消息机制，即应用进程向系统定时服务器申请定时器，当定时时间到后，定时服务器返回进程 A 的一条消息。相应的系统调用一般有定时器申请、定时器删除、定时器重置，定时消息的接收一般采用消息队列的接收机制。

**5．中断处理**

中断管理服务是操作系统的一个核心和基本的功能。实时操作系统的中断管理有自己的特殊要求，那就是中断处理程序要更加短小、精悍，以减少中断禁止时间和中断延迟时间。

## 4.4.2 RTOS 的重要评价指标

评价一个 RTOS，一般可以从进程管理、进程调度、内存管理、内存开销、进程切换时间和最大中断禁止时间等技术指标来衡量其优劣。

1．进程调度算法

RTOS 的实时性以及多进程调度的能力在很大程度上取决于其所采用的进程调度算法。从策略上讲，可以分为优先级调度策略和时间片轮转调度策略；从调度方式来讲，可分为抢占式和不可抢占式；从时间片上讲，分为固定时间片与可变时间片两种方式。

下面介绍 RTOS 中常用的几种调度算法：

① 事件发生率单调算法：这是比较经典的算法，主要针对周期性发生和相应的实时进程而言的。该算法事先为每个进程分配一个与事件发生概率成正比的优先级。调度程序时总是调用优先级最高的就绪进程，必要时将剥夺当前进程的 CPU 使用权，让高优先级的进程先运行。

② 截止期最早优先算法：也称为期限驱动算法。就绪队列中的进程按照截止期排序，截止期最早的进程排在首位，优先级最高。对于周期进程，截止期即为下一个周期开始的时间。这种算法与事件发生率算法类似。

③ 最小裕度算法：计算进程的富裕时间成为裕度。如果一个进程需要运行 200 ms，而它必须在 250 ms 内完成，则其裕度为 50 ms。操作系统内核首先计算各个进程的裕度，按照进程的裕度排序，裕度越低，优先级越高。

2．上下文切换时间

上下文切换时间又称为进程切换时间。在一个多进程的操作系统中，上下文切换时间是指处理器把控制权从当前运行的进程转交给另外一个就绪进程所需的时间。当运行的进程转为就绪、挂起或删除时，另外一个被选定的就绪进程就成为当前运行进程。上下文切换包括保存当前正在运行进程的状态、决定下一个将要被执行的进程、恢复将要被执行进程的状态这一系列动作。而保护和恢复进程状态是与处理器的结构相关的，因此，上下文切换时间是影响 RTOS 的一个重要指标。

3．时间确定性

在实时操作系统中，在一定条件下，系统调用运行的时间是可以预测的。但由于操作系统的运行受到系统负荷的影响，所以系统调用运行的时间不是固定的，应当有一个最大执行时间限度。这样，用户在设计程序的时候，可以充分考虑到系统调用所带来的额外的时间开销。

4．最小内存开销

在 RTOS 的设计过程中，最小内存开销是一个比较重要的指标。这是因为在工业控制领域中，某些工控机基于降低成本的考虑，其内存的配置一般都不太大。而在这有限的空间内不仅要装载 RTOS，还要装载用户程序。因此，在 RTOS 的设计中，其内存占用大小是一个很重要的指标。

5．最大中断禁止时间

当 RTOS 在执行核心进程或者执行某些系统调用的时候，会暂时关闭系统的中断以达到快速有效的执行。只有当 RTOS 完成在这些重要的进程之后，才会再次开放系统的中断，这时候外部的中断请求才能得到响应，这一过程所需的最大时间成为最大中断禁止时间。如果这个时间过长，意味着 RTOS 在某种条件下，将不能及时响应外部的中断请求。

# 4.5　常用嵌入式实时操作系统

常见的嵌入式实时操作系统有嵌入式 Linux、Nucleus Plus、μC/OS-Ⅱ、Windows CE 和 VxWorks。

## 4.5.1　嵌入式 Linux

嵌入式操作系统如 Windows CE、VxWorks 都是商业化产品的专用操作系统，价格较为昂贵，而核心源代码公开、界面友好、质量可靠的嵌入式 Linux 的出现给嵌入式实时操作系统带来了新的生机和活力。

归纳起来，Linux 的主要特征如下：

① 移植性好，可用于多种硬件平台。

② Linux 可以随意地配置，不需要任何许可证或商家的合作关系。

③ 可以免费得到源代码，因为 Linux 的源代码是公开的，这毫无疑问会节省大量的开发和生产费用。

④ Linux 的高度模块化使得添加部件非常容易。

⑤ 嵌入式 Linux 软件的模块化，允许在系统运行时在 FLASH 上升级应用程序和加载驱动程序。

⑥ 虚拟内存的能力，指程序员专心编写代码而不用顾虑程序有多大或者是否溢出了磁盘交换区等问题。

## 4.5.2　Nucleus Plus

Nucleus Plus 是为实时嵌入式应用而设计的一个抢先式多进程操作系统内核。其核心部分通常以 C 库的形式提供给用户，然后将实时应用建立在其核心库上，应用程序代码与核心函数库连接在一起，生成的目标代码可以下载到目标板的 RAM 中或者直接烧录到目标板的 ROM 中执行，在典型的目标环境中，Nucleus Plus 核心代码区一般不超过 20 KB。

Nucleus Plus 采用了软件组件的方法。每个组件目的单一、明确，通常由几个 C 及汇编模块组成，提供清晰的外部接口，对组件的引用就是通过这些接口完成的。由于采用了软件组件的方法，Nucleus Plus 各个组件非常易于替换和复用。Nucleus Plus 组件包括进程管理、内存管理、进程间通信、进程的同步与互斥、中断管理、定时器及 I/O 驱动等。

## 4.5.3　μC/OS-Ⅱ

μC/OS-Ⅱ是著名的源代码公开的实时操作系统内核，由美国工程师 Jean J. Labrosse 开发，最初的名字μC/OS。它是专为嵌入式应用设计的，可用于 8 位、16 位、32 位、64 位微处理器甚至数字信号处理器（DSP）。它在原版本μC/OS 的基础上做了重大改进与升级，有许多成功应用该实时内核的实例。现在已应用于多个领域，如照相机、医疗器械、音响设施、发动机控制、网络设备、高速公路电话系统、自动提款机、工业机器人等，很多高校将μC/OS-Ⅱ用于实时系统教学。

## 4.5.4 Windows CE

Windows CE 是 Microsoft 公司为开发各类功能强大的信息设备而推出的一款 32 位多线程、多进程的嵌入式实时操作系统，与 Windows 系列有较好的兼容性。其中，Windows CE 3.0 是一种针对小容量、移动式、智能化、32 位、了解设备的模块化实时嵌入式系统。为建立针对掌上设备、无线设备的动态应用程序和服务提供了一套功能丰富的操作系统平台，它能在多种处理器体系结构上运行。

Windows CE 主要应用在工业控制器、通信集线器、销售终端之类的企业设备，以及照相机、电话和家用娱乐器材之类的消费产品。Windows CE 非常小巧精致，其核心全部是由 C 语言开发的，此外还包括各个厂家用 C 语言和汇编语言开发的驱动程序。Windows CE 的内核提供了内存管理、抢先进程和中断处理功能。内核的上面是图形用户界面 GUI 和桌面应用程序。在 GUI 内部运行着所有的应用程序，而且多个应用程序可以同时运行。

## 4.5.5 VxWorks

VxWorks 操作系统是美国 WindRiver 公司于 1983 年设计开发的一种嵌入式实时操作系统（RTOS），是 Tornado 嵌入式开发环境的关键组成部分。它以其良好的可靠性和卓越的实时性已顺利应用到航天、航空、军事、医疗、通信等对实时性要求极高的高精尖技术领域。例如，在美国的 F-16、F-18 战斗机、B-2 隐形轰炸机和爱国者导弹上，甚至于 1997 年 4 月在火星表面登陆的火星探测器上也使用了 VxWorks。它凭借良好的持续发展能力、高性能的内核以及友好的用户开发环境，在嵌入式实时操作系统领域逐渐占据一席之地。

在众多的实时操作系统和嵌入式操作系统中，VxWorks 是一款较为有特色的 RTOS。它具有以下重要特点：

① 可靠性：稳定、可靠一直是 VxWorks 相对于其他嵌入式操作系统的突出特点。因此常用于一些诸如防抱死制动、飞行控制进程等关键性进程。

② 实时性：具有微秒级中断处理、高效的进程管理、灵活的进程间通信，是系统的延时很小。VxWorks 提供多进程机制，具有 256 个优先级，对进程的控制采用了优先级抢占和轮转调度机制。

③ 可裁剪性：VxWorks 由一个微内核和 80 多个可以根据需要进行定制的系统组件组成，用户可以根据需要选择适当的模块来裁剪和配置系统。

④ 可移植性：VxWorks 几乎可以在各种 CPU 硬件平台上运行。适用的主机有：Windows 9x、Windows NT、Sun Solaris、SunOS、HP-UX 等。支持的嵌入式微处理器有：ARM、x86、68000、PPC、CPU 32、i960、SPARC、SPARCLite、SH、ColdFire、R3000、R4000、C16X、MIPS 等。

⑤ 支持各种工业标准，包括 POSIX、ANSI C 和 TCP/IP 协议。

由于操作系统本身以及开发环境都是专有的，价格一般比较高。不仅要花费一大笔钱来建立一个可用的开发环境，对每一个应用还要另外缴纳版税。一般不提供源代码，只提供二进制代码。由于它们都是专用操作系统，需要专门的技术人员开发技术和维护，所以软件的开发和维护成本也非常高。

# 4.6 嵌入式操作系统的选择

面对众多的嵌入式操作系统，如何选择适合特定嵌入式应用的嵌入式操作系统极为重要。一般而言，在选择嵌入式操作系统时，可以遵循以下原则：

**1．进入市场时间**

进入市场时间指的是从提出设计到最终完成应用投放市场所需要的时间。对于一个成熟的嵌入式操作系统，由于有相当多的积累经验可以借鉴、很好的技术支持，因此其进入市场的时间往往比较短，使得应用开发过程十分迅速。

**2．可移植性**

可移植性指的是操作系统相关性。当选择嵌入式操作系统时，可移植性是要重点考虑的问题。良好的操作系统移植性应该比较好，可以在不同平台、不同系统上运行，跟操作系统无关。

**3．可利用资源**

尽量选择主流的嵌入式操作系统，这些操作系统往往有大量可以借鉴的驱动、应用，通过集成这些积累到自己的嵌入式应用中，可以大幅度地缩短嵌入式应用的开发时间。

**4．系统定制能力**

由于嵌入式应用面对的硬件实现平台千差万别，因此要求嵌入式操作系统本省具有较好的定制能力，即可以迅速地适应嵌入式硬件平台的更换。通常嵌入式系统都具有较好的可定制性。

**5．成本**

选择商用的嵌入式操作系统，需要考虑许可费用等开销。选择免费、源代码开发的操作系统，需要考虑产品以后的维护开销。

**6．中文内核支持**

对于运行中文应用的嵌入式应用而言，需要考虑嵌入式操作系统是否能够很好地支持中文软件的运行。

# 小　结

本章主要介绍了嵌入式实时操作系统及与其相关的一些基本知识，它的主要特点是实时性和可裁剪性。最后还介绍了目前常用的几种嵌入式实时操作系统，并对嵌入式操作系统的选择给了一些建议。

# 习　题

1．简述操作系统进程的概念及其特性。

2．嵌入式操作系统经历了哪几个阶段的发展？

3．嵌入式操作系统由哪几部分构成？简述各部分的功能。

4．什么是实时操作系统？实时操作系统的基本功能有哪些？

5．实时操作系统的评价指标有哪些？

6．常用的嵌入式实时操作系统有哪些？它们分别有哪些特征？

7．选择嵌入式操作系统时应该遵循哪些原则？

# 第 **5** 章　嵌入式通信系统的
# 网络及协议栈

## 5.1　概　　述

通常嵌入式通信系统的两种应用方式为：单机方式和网络方式。单机方式是以嵌入式处理器为核心，与一些外部接口部件如监测、伺服和指示设备配合实现一定的功能。网络方式是指嵌入式设备通过网络连接到一起，相互通信，完成协作、并行功能等。

设计基于网络的嵌入式系统有以下几个原因：

① 计算机处理资源的分散性。在一些应用系统中，计算机处理的资源可分布在不同的位置，如传感器、执行器和工业自动化等，它们需要通过网络连接起来。

② 减少处理的数据量。采集的数据在智能采集结点进行预处理，可以减少数据的冗余，然后通过网络传输到目的结点。

③ 模块化设计需求。模块化是基于网络设计的另一动因，例如，当一个大型的系统装配在已有组件之外时，那些组件可以通过微处理器总线的方法把一个端口用作一个新的不干扰内部操作的接口。

④ 系统可靠性需求。在一些情况下，网络被用于容错系统中，多个处理器系统设备通过网络连接在一起，当其中一个设备出现故障时，可以很容易地切换到其他设备。

本章讨论嵌入式通信系统的网络问题和有关操作系统的移植问题。

## 5.2　嵌入式通信系统的联网

开发基于网络应用的嵌入式产品需要考虑具体的应用，本节给出以下指导。

### 5.2.1　选择协议栈

网络协议栈的选择通常与嵌入式通信系统的应用环境和使用的网络技术有关。例如，如果开发的嵌入式通信系统产品是打印机，并且要求尽可能多地访问网络，最好选择 TCP/IP 协议。因为由于 Internet 的兴起，TCP/IP 成为应用最广泛的协议。如果开发的打印机要求 Novell 服务器存取，就需要选择 NetWare 打印机的协议栈。

选择网络协议栈需要从下面几方面进行考虑：

### 1．网络协议栈占用的内存

对于一个网络协议栈组件，占用的内存主要表现在两方面，即协议栈代码占用的存储器的大小和数据段占用的存储器的大小。其中数据段包括普通的数据段和堆栈段。在选择协议组件时，需要对协议栈占用的内存进行估计。

例如常用的 TCP/IP 协议栈，不同的商家提供的协议栈不同，适合普通计算机的协议栈不一定适合嵌入式系统应用。因为为普通计算机设计的协议栈可能不考虑对内存的占用。

### 2．硬件资源的成本

硬件资源主要指的是与网络有关的部件，如通信控制器、物理层接口等，具体如以太网卡、异步通信适配器（UART）、物理接口部件、无线收发装置等硬件资源的成本需要考虑。

### 3．协议开销

协议开销指的是协议栈施加在 CPU 上的开销，添加网络支持很可能导致系统实时响应的延迟，甚至有可能必须对嵌入式处理器进行升级，进而导致系统成本增加。一般情况下，嵌入式协议栈与嵌入式操作系统是集成在一起的，购买集成的嵌入式协议时，商家可以提供集成系统的综合指标。

## 5.2.2  选择网络技术

网络技术的选择取决于应用。选择网络技术，考虑的是如何把嵌入式设备连接到网络上。产品需要提供不止一种连网选择以扩大其应用市场。例如，对于通过 Internet 联网设备，可能需要支持以太网连接、ADSL 连接等。对于局域网连接，以太网可能是目前最流行的技术。对于串行连接，RS-232 加一个调制解调器用得较多。对于长距离电缆直连或高波特率传输，可以选择 RS-422 或 RS-485 加上平衡传输线，以对线路噪声不敏感。如果系统需要移动，则需要支持无线连接，如 CDMA 网络、Wi-Fi 接入、红外连接和蓝牙技术等。

## 5.2.3  选择成熟的实现方案

由于嵌入式产品发展很快，产品开发周期越来越短，尽量选择成熟的方案，一方面可以节省开发时间，另一方面成熟的方案具有很高的可靠性。通常协议栈集成在操作系统中，操作系统和网络协议栈的提供商应提供完美的技术支持。

如果找不到能同时提供操作系统和所需的网络协议栈的提供商，就必须从单独的提供商那里购买。这时需要考虑集成和移植工作带来的额外工作量。最好选择已经移植到不同平台应用过的协议栈，因为一个协议栈移植次数越多，移植过程通常越平滑。要确保两个单独的提供商在移植时都能提供技术支持。

建议不要为了一个特定的项目开发所谓的自主版本的网络协议栈。编写一个协议栈是相当复杂的。而且开发协议栈需要投入大量的时间和资源，还涉及可靠性、一致性测试等一系列问题，这些开销会大大超过购买协议栈的成本。因此应寻找已经调试好的、已经投入应用的协议栈，这样更能集中精力开发应用系统。

精通网络关键技术的嵌入式通信系统开发者，开发自主版本的协议栈是可行的，但是要遵循以下几条原则：

① 利用开发的剩余资源从事这一工作，例如在没有紧急的开发项目下，进行这一工作。

② 自主开发的协议栈不要马上投入使用，因为可能存在 Bug 导致维护成本升高。

③ 需要进行标准的一致性测试。

④ 需要进行长期的可靠性测试。

由此可见，自主开发的协议栈如果用在项目中，需要经历比较长的时间。

### 5.2.4 使用标准的应用协议

网络应用层的标准协议使设计者可以借助一些成熟的且容易获得的标准软件模块来完成任务。例如，通过使用 HTML 和 HTTP 这类标准的应用数据格式和协议，就不需要为桌面系统写自己的应用程序。客户端使用标准的浏览器软件，服务器端可以使用标准的 Web Server。可以从这些软件中找到开放源代码，开发时可以节约不少时间，可靠性也可以得到保证。

### 5.2.5 流行的网络体系结构

网络体系结构是计算机的层次和协议的集合。在此讨论的网络体系结构都是基于 OSI 网络设计的。多年来，已有很多种网络协议投入使用，大多数是由开发商为某些特定的应用开发的。

1．NetBIOS

早期的标准协议之一是 NetBIOS（网络基本的输入/输出系统），由 IBM 公司于 20 世纪 80 年代开发，为 PC 与大型主机的应用程序、数据库通信提供标准编程接口。早期，NetBIOS 只支持 DOS 操作系统，后来随着 OS/2、UNIX 及 Windows 的流行，NetBIOS 也增加了适合这些操作系统的应用方案。

2．IPX/SPX

Novell 公司曾开发了 IPX/SPX（互联网包交换/顺序包交换）。IPX 工作在网络层，提供不可靠的报文传输和路由选择，类似于 TCP/IP 中的 IP。SPX 工作在传输层提供可靠的基于连接的服务，类似于 TCP/IP 中的 TCP。IPX/SPX 是 NetWare 完整网路体系结构的一部分。NetWare 是一个网络操作系统，运行在专用的机器上，实现网络服务器的功能，提供远程文件的存储和打印。最初，IPX/SPX 只支持 DOS 操作系统，后来加入了 OS/2、UNIX 及 Windows 下运行的方案。

3．TCP/IP

TCP/IP 是由美国政府的 ARPA 机构建立的，始于 20 世纪 70 年代中期。开发 TCP/IP 是出于为军用和校园计算机提供更快、更简单的信息交换手段。因此，早期开发的应用层协议是交换文件用的文件传输协议（FTP）以及用于发送邮件的简单邮件传输协议（SMTP）。随着其在网络上共享资源的优势越来越明显，另外一些协议很快被加入该体系以支持其他的网络功能，如文件服务器、打印服务器。

所有这些网络体系的开发都是为了解决某个特定问题：NetBIOS 为了使 PC 能访问大型主机的服务；IPX/SPX 使我们能建立一个无大型机的服务器框架，尤其是建立一个局域网；而 TCP/IP 使信息交换变得容易。多年来，这些网络协议已被扩充和推广，使得它们都能提供类似的访问，如远程文件。数据库、存取邮件和访问打印机。不过，除非开发的是一个必须要采用某种网络体系结构的计算机通信的嵌入式设备，最佳选择应是 TCP/IP 协议，以便能同最大范围的网络和设备兼容。

# 5.3 嵌入式 Internet 技术

嵌入式 Internet 技术的历史不长，但发展十分迅速，通过嵌入式网络芯片接入到 Internet 并对其他设备和异类子网进行监控、诊断、测试、管理、及维护等功能，从而使接入到 Internet 的各种设备或其他类型的子网具有远程监控、诊断和管理的功能。很多大的芯片制造商开始研制功能更强大的嵌入式芯片，软件厂商则开发出了微型的 Web 服务器、TCP/IP 协议栈。

## 5.3.1 网络体系结构

在计算机网络中，为了使相连的计算机或终端之间能够正确地传输信息，必须有一整套关于信息、传输顺序、信息格式以及内容的约定，称为计算机网络通信协议。由于协议太复杂，必须采用分层的方法以使其简化，而各层都按各自的协议工作，层和协议的集合称为网络体系结构。

### 1．OSI 网络体系模型

OSI 网络体系模型网络协议中，由国际标准化组织（ISO）发展和制定开放系统互连参考模型（Open System Interconnect Reference Model，OSI）制定了数据通信协议的标准，尽管 OSI 模型没有在实际中真正地被应用，但是其提供的概念和词汇被计算机网络界广泛认可和使用。OSI 参考模型采用 7 个协议层来定义数据通信的协议功能，每一层是相对独立的，完成数据传输过程中的部分功能。

① 物理层：物理层规定了系统间基本的接口特性，包括物理连接、电气特性、电子部件和物理部件的基本功能以及位交换的基本过程。它的任务是利用物理介质透明地传送比特流。

② 数据链路层：数据链路层为物理层可能出现的差错提供屏蔽，为相邻结点之间提供以帧为单位的可靠传输。

③ 网络层：网络层为分组（或者分包）选择传输路径，并解决拥塞、流量控制和网际互连等问题。

④ 传输层：传输层为网络层进行通信的两个进程提供透明的端到端的数据传输服务。传输层只存在于通信子网外面的端开放系统中。

⑤ 会话层：会话层在两个互相通信的进程之间建立、组织和协调及交互，对数据传输进行管理。

⑥ 表示层：表示层主要解决用户信息的语法表示，将要交换的数据从适合于某一用户的抽象语法变换为适合于 OSI 系统内部使用的传送语法。

⑦ 应用层：应用层提供终端用户程序和网络之间的一个应用程序接口。

OSI 模型中一个关键概念：虚电路。兼容 OSI 模型的网络协议栈的每一部分都不知道其上层和下层的行为和细节；它只是向上和向下传输数据。就模型的层次而言，每一层都有一虚电路直接连接目的主机上的对应层。

### 2．TCP/IP 网络体系模型

TCP/IP 是一项应用广泛的工业标准，利用它可以互联所有的计算机和网络。TCP/IP 狭义特指两个协议即传输控制协议（Transmission Control Protocol，TCP）和网际协议（Internet

Protocol，IP），广义指由多个与因特网相关的协议组成的 TCP/IP 参考模型，或者称为 TCP/IP 协议栈。

TCP/IP 参考模型更强调功能分布而不是严格的功能层次的划分，因此它比 OSI 模型更灵活。TCP/IP 模型类似 OSI 参考模型，但是不能与 OSI 参考模型完全匹配。TCP/IP 协议网络模型与 OSI 参考模型各层的详细对应情况如表 5-1 所示。

表 5-1　OSI 参考模型与 TCP/IP 模型对比

| OSI 层号 | OSI 参考模型 | TCP/IP 参考模型 | 备　　注 |
|---|---|---|---|
| 7 | 应用层 | 应用层 | FTP、HTTP、DNS、Telnet、SMTP、NFS、RIP 等 |
| 6 | 表示层 | | |
| 5 | 会话层 | 传输层 | TCP、UDP |
| 4 | 传输层 | | |
| 3 | 网络层 | 网际层 | IP、ICMP、IGMP、ARP、RARP |
| 2 | 数据链路层 | 链路层 | 各种通信网络接口 |
| 1 | 物理层 | | |

TCP/IP 通常被认为是一个四层协议系统协议，每一层分别负责不同的通信功能。四层协议由低到高依次为：链路层、网际层、传输层和应用层。

① 链路层：也称网络接口层。这一层的功能是连接上一层的 IP 数据报，通过网络向外发送，或者接收和处理来自网络上的物理帧，并抽取 IP 数据传送到网络层。

② 网络层：这一层主要解决计算机之间的通信问题，它负责管理不同设备之间的数据交换。它所提供的是不可靠的无连接数据报机制，无论传输是否正确，它都不做验证，不发确认，也不保证分组的正确顺序。它主要包括以下协议：IP（网际协议）、ARP（地址转换协议）、RARP（逆向地址转换协议）、ICMP（网际控制报文协议）和 IGMP（Internet 组管理协议）。

- IP：使用 IP 地址确定收发端，提供端到端的"数据报"传递，也是 TCP/IP 协议集中处于核心地位的一个协议。
- ICMP：在 IP 主机、路由器之间传递控制消息，提供错误和信息报告。
- IGMP：在 IP 主机和与其相邻的组播路由器之间建立、维护组播成员之间的关系。
- ARP：将网络层地址转换为链路层地址。
- RARP：将链路层地址转换为网络层地址。

③ 传输层：主要为两台主机上的应用程序提供端到端的通信。它包括两个互不相同的传输协议：TCP（传输控制协议）和 UDP（用户数据报协议）。

- TCP：提供可靠的面向连接的数据传输服务。
- UDP：采用无连接的数据报传送方式，只把数据报的分组从一台主机发送到另一台主机，但并不保证该数据报能到达另一端。一次传输少量信息的情况，如数据查询等，当通信子网相当可靠时，UDP 协议的优越性尤为可靠。

④ 应用层：将应用程序的数据传送给传输层，以便进行信息交换。它主要为各种应用程序提供了使用的协议，标准的应用层协议主要有：FTP（文件传输协议）、HTTP（超文本传输协议）、DNS（域名服务系统）、Telnet（虚拟终端服务）、SMTP（简单邮件传输协议）、NFS（网络文件系统）和 RIP（路由信息协议）。

- FTP：为文件传输提供了途径，它允许数据从一台主机传送到另一台主机上（例如用 QQ 传送文件就用到这个协议），也可以从 FTP 服务器上下载文件，或者向 FTP 服务器上传文件。
- HTTP：用来访问在 WWW 服务器上的各种页面。
- DNS：用于实现从主机域名到 IP 地址之间的转换。
- Telnet：实现互联网中的工作站登录到远程服务器的能力。
- SMTP：实现互联网中电子邮件的传输功能。
- NFS：用于实现网络中不同主机之间的文件共享。
- RIP：用于网络设备之间交换路由信息。

### 5.3.2  嵌入式 Internet 基础

嵌入式通信系统包含嵌入式处理器、嵌入式操作系统和应用电路部分，需要加入接入协议实现与 Internet 的连接。所以，实现嵌入式 Internet 的基础是嵌入式处理器、嵌入式操作系统和接入 Internet 的通信协议。

**1．嵌入式处理器**

单片机就是典型的嵌入式处理器，如常见的 Intel 的 8051 系列、Atmel 的 AVR、Microchip 的 PIC、Motorola 的 Dragonball、Cygnal 的 C8051F 等，以及一些高端的单片机如 ARM、SH3、MIPS 等，多达几百种。处理器是嵌入式系统的核心，其性能直接影响到整个系统的性能，影响接入 Internet 的方式和成本。

**2．嵌入式操作系统**

嵌入式通信系统如果要完成复杂的功能，就必须在操作系统的基础上完成。目前国际上嵌入式操作系统的主流是第 4 章介绍的 RTOS（实时多任务操作系统）。成熟的商品化操作系有 Palm OS、VxWorks、pSOS、Nuclear、VelOSity、QNX、VRTX、Windows CE 以及现在很流行的嵌入式 Linux 等。

**3．接入 Internet 的通信协议**

嵌入通信式系统接入 Internet 采用目前通用的 TCP/IP 协议。嵌入式通信系统或者直接对信息进行 TCP/IP 协议处理，或采用网关方式在网关前端采用适合嵌入处理机和起控制作用的新协议，通过网关转换后变成标准 IP 包接入 Internet。由于嵌入式通信系统自身资源的限制，其处理能力不如台式机强，以及从 PC 上发展来的 TCP/IP 的复杂性，使得处理通信协议成为嵌入式通信系统接入 Internet 的关键，也是嵌入式通信系统接入 Internet 的难点之一。下面着重分析当前的几种接入方式以及对协议的不同处理方法。

### 5.3.3  嵌入式 Internet 的实现方式

嵌入式 Internet 的实现方式主要有如下两种方式：

**1．直接接入 Internet**

这是一种最直接的方法，即嵌入式设备直接接入 Internet。嵌入式设备本身支持标准的 TCP/IP 协议栈，可以作为 Internet 的一个结点，与 Internet 互联。MCU 处理机像 PC 一样直接处理 TCP/IP 协议，一般需要高位的处理芯片，如 32 位的 ARM、SH3、MPIS 等 MCU 和一些单周期指令速度较高的 8 位 MCU，如 AVR、SX 等。

对处理能力相对弱的 8/16 位单片机，一般采取的方法是针对特定的软硬件环境对标准的 TCP/IP 协议栈进行简化，有以下几种方式：

（1）Webit 方式

Webit 是沈阳东大新业信息技术股份有限公司研制开发的嵌入式系统接入 Internet 的一个实用产品，它将 MCU 和以太网控制器集成到一块小板卡上，将它装入到嵌入系统中就可以完成嵌入系统与 Internet 的连接，如图 5-1 所示。Webit 有自己的 IP 地址，与前面提到的方式相似，但它有更高的集成度，将协议处理部分独立出来，开发人员省去了网络部分的设计，可将主要精力放在应用系统本身。

图 5-1　基于 Webit 的嵌入式 Internet 系统结构

（2）Modem 方式

这种方案用 Modem 替代以太网控制器，也就是单片机拨号上网的形式。相应的数据链路层用的是 PPP 协议，如图 5-2 所示。

图 5-2　基于 Modem 的嵌入式 Internet 系统结构

2．通过网关接入

嵌入式设备通过一台支持标准 TCP/IP 协议栈的代理上网，这代理就是所谓的网关，它提供与 Internet 或局域网的协议转换及路由功能。可以采用 PC 或其他设备做网关。网关上支持标准 TCP/IP 协议栈并运行基于 Internet 的服务程序。网关和嵌入式设备之间通过一些标准的串行通信协议（如 RS-232、RS-485 等）或者私有通信协议进行通信。在这种嵌入式 Internet 系统结构下，Internet 上的用户可以运行客户端程序通过网关上运行的网络服务程序实现对嵌入式系统远程访问和控制，如图 5-3 所示。

图 5-3　基于网关的嵌入式 Internet 接入方式

一种基于网关的嵌入式 Internet 系统应用实例是 Webchip。Webchip 是独立于各种微控制器的专用网络接口芯片，它通过标准的 I/O 接口与各种嵌入式系统中的 MCU 相连。Webchip 专用芯片与网关之间采用一些标准的串行通信协议（如 RS-232、RS-485）。MCU 通过 Webchip 与网关连接即可上网。

# 小　结

本章介绍了嵌入式通信系统网络的概念、常用的嵌入式网络协议原理，最后还介绍了嵌入式网络的接入技术和方法。

# 习　题

1. 嵌入式通信系统选择协议栈时应该考虑哪些因素？
2. 目前流行的网络体系结构有哪些？
3. 简述 TCP/IP 网络体系模型。
4. 嵌入式 Internet 的实现方式有哪几种？分别描述其原理。
5. 查阅相关资料，了解更多的网络协议并简述其应用。

# 第 **6** 章  嵌入式通信系统的
# 电磁兼容

## 6.1  概  述

随着电子技术的发展，嵌入式处理器的应用越来越广泛，处理器的主频也越来越高，伴随而来的电磁兼容（Electro Magnetic Compatibility，EMC）问题也越来越受到重视。嵌入式系统是否能可靠地工作、是否能达到电磁兼容的标准，与系统设计、电子元器件的选择与使用、印制电路板的设计与布线、产品的制造工艺等都有很大关系。

现在，许多国家对电子产品的电磁兼容性都做了强制性限制。我国也对很多电子产品的电磁兼容性做出了强制性要求，自 2003 年 5 月 1 日起，未获得强制性产品认证证书和未施加中国强制性认证标志的产品不得在国内销售。

本章从实用的角度介绍一些电磁兼容的基本概念、设计嵌入式系统需要注意的问题、电磁兼容标准需要采取的措施，以及对电磁干扰的一些控制技术和对静电的防护措施。

## 6.2  嵌入式通信系统中电磁兼容的标准

### 6.2.1  电磁兼容的基本概念

国际电工技术委员会（International Electrotechnical Commission，IEC）对电磁兼容的定义为：电磁兼容是电子设备的一种特性，电子设备在电磁环境中能正常工作，而不会产生不能容忍的干扰。它主要包括两方面的内容：

① 系统本身抗电磁干扰能力强，不易受到外界电磁辐射信号的干扰。

② 系统本身不会对其他仪器、设备产生不可接受的电磁干扰。

电磁兼容的设计目的是减少电磁干扰和提高抗干扰能力。

由干扰源发出干扰能量，经过耦合途径传输到敏感设备，使敏感设备的工作受到影响，这一过程称为电磁干扰（Electromagnetic Interference，EMI）效应。因此，形成电磁干扰的 3 个要素为：

### 1．电磁干扰源

电磁干扰源指产生电磁干扰的任何元器件、设备或自然现象，包括自然的和人为的。自然干扰源主要为：雷电、风雪、太阳噪声、星际噪声。人为干扰源为：发射机、电动机、各种家用电器、雷达、电磁脉冲武器等。

### 2．耦合途径

耦合途径指将电磁干扰能量传输到受干扰设备的通路或媒介。耦合方式一般分为传导耦合和辐射耦合两种，但是因为电磁环境十分复杂，实际的干扰往往是复合情况，典型的电磁干扰传播途径如图 6-1 所示。

图 6-1　典型的电磁干扰传播途径

### （1）传导耦合

传导指信号通过导体或导线传播干扰的电流信号或电压信号。传导耦合是一种共阻抗耦合，这是由于每一个导线都有电阻。当干扰源和敏感电路通过公共阻抗连接时，就会发生传导耦合。例如，在图 6-2 中有一个信号源和两个环路，每个环路的电流都流经公共地线和公共电源线，公共连线阻抗越大，两个回路之间的耦合越严重。

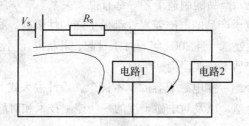

图 6-2　传导耦合原理

### （2）辐射耦合

辐射指发送者和接收者之间通过空间传播电磁能量，包括电场能量、磁场能量和电磁场能量。辐射耦合是指辐射传输是通过介质以电磁波的形式传播，干扰能量按电磁场的规律向周围空间发射。

此外，还有磁场耦合，它是当一个电流回路产生的磁通量经过另一个电流回路形成的，如图 6-3 所示。这种耦合可以在第二个环路中感应出电流。磁场耦合通常产生于磁场元器件上，如电感、变压器等。

与磁场耦合相对应，电场耦合产生于电容效应。一方面，电容的电场能量可能泄漏出来；另一方面，任何两个导体之间都会存在电容效应，导体之间的距离越短，电容效应越强。

根据麦克斯韦的电磁场理论，变化的电场产生磁场，变化的磁场产生电场，因此电场耦合和磁场耦合同时存在，形成电磁场耦合。只是在某些特定的场合下，其中的一种起主要作用。电磁场耦合是最常见的辐射耦合，几乎不存在单一的电场耦合或磁场耦合。

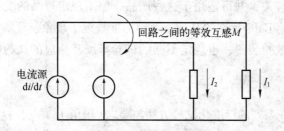

图 6-3　磁场耦合原理

### 3．敏感设备

敏感设备指受到电磁干扰的设备，或者对电磁干扰发生响应的设备。

敏感设备是对干扰对象的总称，它可以是一个很小的元器件或一个电路板组件，也可以是一个单独的用电设备或者是由若干设备组成的大型系统。

因此，抑制电磁干扰就是要抑制产生电磁干扰的 3 个要素。对其中任何一个要素的控制都会增强系统的电磁兼容能力。

## 6.2.2　电磁兼容标准

为了规范电子产品的电磁兼容性，所有的发达国家和部分发展中国家都制定了电磁兼容标准。电磁兼容标准是使产品在实际电磁环境中能够正常工作的基本要求。

### 1．电磁兼容标准

国际上与电磁兼容有关的重要组织机构有：IEC、IEC 中的无线电干扰特别委员会（International Special Commission Radio Interference，CISPR）、国际电信联盟（International Telecommunication Union，ITU）及美国电气电子工程师协会（Institute of Electrical and Electronics Engineers，IEEE）等。大部分国家的标准都是基于 IEC 制定的。所有标准分成基础标准、通用标准、产品标准，其中产品标准又可分为系列产品标准和专用产品标准。每类标准都包括发射和抗扰度两个方面的标准。EMC 的标准体系如图 6-4 所示。

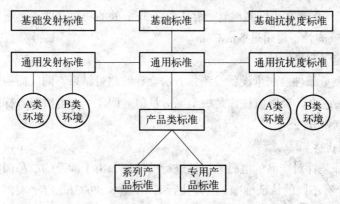

图 6-4　EMC 的标准体系

（1）基础标准

基础标准规定达到电磁兼容的一般和基本条件或规则，它们与涉及 EMC 问题的所有系列产品、系统或设施有关，并可适用于这些产品，但不规定产品的发射限制或抗扰度判定准则。它们是制定其他 EMC 标准的基础。基础标准规定了现象、环境特征、试验和测量方法、试验仪器和基本试验装置，也规定不同的试验等级及相应的试验电平，一般不涉及具体的产品。

（2）通用标准

通用标准规定了一系列的标准化试验方法与要求（限值），并指出这些方法和要求所适用的环境。通用标准是对给定环境中所有产品的最低要求，如果某种产品没有产品类标准，则可以使用通用标准。制定通用标准必须参考基础标准。通用标准将环境分为 A、B 两类：其中 A 类为工业环境，B 类为居住商业环境。

（3）产品类标准

产品类标准根据适用于产品范围的大小和产品的特性又可进一步分为系列产品标准和专用产品标准。系列产品是指一组类似产品、系统或设施，对于它们可采用相同的 EMC 标准。而专用产品标准是关于特定产品、系统或设施而制定的 EMC 标准，根据这些产品特性必须考虑一些专门的条件，专门产品标准应比系列产品标准优先采用。

产品类标准比通用标准包含更多的特殊性和详细的性能要求，以及产品运行条件等。产品类别的范围可以很宽，也可以很窄。系列产品标准应采用基础标准规定的测量/试验方法，其测试与限制或性能判定准则必须与通用标准相兼容。系统产品标准比通用标准优先采用，比通用标准包括更专门和更详细的性能判定准则。

我国从事电磁兼容技术标准研究制定的主要组织机构有：全国无线电干扰标准化技术委员会、全国电磁兼容标准化技术委员会等组织。我国的电磁兼容技术标准和国际上的一样，也分为基础标准、通用标准和产品类标准。

**2．电磁兼容技术标准与规范的内容特点**

（1）规定了各种非预期发射的极限值

这是为了对人为产生的电磁能量（人为干扰）予以控制，以保护各种电子系统的正常工作。为了保证人体不受电子产品辐射的伤害，有关部门规定了卫生辐射标准，其中对微波炉的辐射规定了限值，要求在工厂测试时，距其表面 5 cm 处的功率密度不得超过 1 mW/cm$^2$，在使用中，距表面 5 cm 处不得超过 5 mW/cm$^2$。

（2）统一规定了测量方法

由于不同的测量条件、测量设备及测量方法会导致测量结果不同。而一些标准中规定的设备电磁发射及敏感度的极限值往往是一个绝对量值。因此，在电磁兼容标准中，有相当数量的标准是规范测量方法。

**3．电磁兼容认证**

电磁兼容认证是针对产品的电磁兼容性进行的认证，由于涉及的产品门类多、覆盖的范围广，不同的国家有不同的认证标准。欧盟执行 EMC 指令 89/336/EEC；美国由美国联邦通讯委员会（Federal Communications Commission，FCC）制定标准；中国的标准为中国强制认证（China Compulsory Certification，CCC）。

# 6.3 嵌入式通信系统的电磁兼容测试

电磁兼容测试包括辐射发射测试、辐射敏感度测试和屏蔽效能测试。辐射发射测试实际是对干扰源的干扰强度的测试，辐射敏感度测试是感受器（敏感设备）抗干扰度的测试，屏蔽效能测试是阻断干扰耦合通道能力的测试。

## 6.3.1 电磁兼容的测试标准

在 EMC 领域的所有标准中，有关 EMC 测量的标准占很大的比重。EMC 标准是进行 EMC 测量的技术依据。在诸多 EMC 标准中，CISPR 有关 EMC 的测量标准最受人们重视。其中，IEC 61000 系列标准涉及电磁环境、抗扰度、试验程序和测量技术等规范，尤其是第 4 部分的 IEC 61000-4 系列主要是关于测量技术的内容。表 6-1 列举了部分国际 EMC 测量标准。

表 6-1　部分国际 EMC 测量标准

| 国际标准代号 | 标 准 名 称 |
| --- | --- |
| IEC 61000-4-3 | 辐射（射频）电磁场抗扰度试验 |
| IEC 61000-4-4 | 电快速瞬变/脉冲群抗扰度试验 |
| IEC 61000-4-5 | 浪涌（冲击）抗扰度试验 |
| IEC 61000-4-6 | 对射频场感应的传导骚扰抗扰度试验 |
| IEC 61000-4-7 | 供电系统及所连设备谐波、谐波间的测量和仪表通用指南 |
| IEC 61000-4-8 | 工频抗扰度试验 |
| IEC 61000-4-9 | 脉冲磁场抗扰度试验 |
| IEC 61000-4-10 | 阻尼振荡抗扰度试验 |
| IEC 61000-4-11 | 电压暂降、短期中断和电压变化抗扰度试验 |
| IEC 61000-4-12 | 震荡波抗扰度试验 |

## 6.3.2 电磁兼容的测试仪器

可采用带有准峰值和平均值检波器的干扰接收机，其性能应符合 CISPR16-1 或者与国际标准对应的 GB/T 6113（《无线电骚扰和抗扰度测量设备和测量方法规范》）的要求。在标准涉及的频率范围内，一般要用 2 台不同频段的干扰接收机，分别是 10 kHz~30 MHz，30~1 000 MHz。

针对不同的频段，应采用相应的测试天线。一般地，在 10 kHz~30 MHz 频段内采用具有屏蔽的环形天线；在 30~1 000 MHz 频段内采用平衡偶极子天线。

以频谱分析仪为核心的自动检测系统，可以快捷、准确地提供 EMC 的有关参数。配合扫描仪，可对一个系统的单个元器件、PCB、整机与电缆等进行全方位的三维测试，并显示真实的电磁辐射情况。

## 6.3.3 电磁兼容的测试场地

为了保证测试结果的准确性和可靠性，电磁兼容测试对环境有严格的要求，测试场地有室外开阔试验场地、屏蔽室、电波暗室、横电波室、吉赫横电波传输室等。

## 1．开阔试验场地

开阔试验场地（Open Area Test Site，OATS）通常用于精确测定受试设备（Equipment Under Test，EUT）承受的辐射极限值。它要求周围空旷、无反射物体、地面为平坦而导电率均匀的金属接地表面。

## 2．屏蔽室

屏蔽室（Electromagnetic Shielding Enclosure）实际上相当于一个封闭的大型矩形波导谐振腔，但在一定频率下屏蔽室会发生谐振，会降低屏蔽效能并造成误差。减小屏蔽室谐振效应的最好办法是降低屏蔽室的品质因数。

## 3．电波暗室

电波暗室（Anechoic Chamber）又称为电波消声室，即电波无反射室。电波暗室有全电波暗室和半电波暗室之分。全电波暗室是在电磁屏蔽室的内壁、天花板及地板上加装电波吸波材料，以吸收射到屏蔽室四壁的电磁场；半电波暗室是电磁兼容性试验较理想的测试场地，其特点是在屏蔽室的地板上不贴吸波材料。

## 4．横电波室

由于开阔试验场地、电波暗室本身的诸多缺点，20 世纪 70 年代，美国国家标准局（NBS）的专家根据矩形同轴线的原理提出了横电波室（Transverse Electromagnetic Transmission Cell，TEM 小室），其外形为上下两个对称梯形，相当于可移动的屏蔽室，非常便于操作使用。标准 TEM 小室的测量尺寸大约限定在工作波长的 1/4。例如，如果进行 1 GHz（波长为 30 cm）的测试，测试腔尺寸要限定在 7.5 cm。

## 5．吉赫横电波传输室

吉赫横电波传输室（GHz Transverse Electromagnetic Cell，GTEM 小室）试验场地由 GTEM 小室是瑞士 ABB 公司于 1987 年提出。GTEM 传输室综合了开阔场地、屏蔽室、横电波室的优点，克服了各种方法的局限性，便于进行辐射敏感度及辐射发射试验。GTEM 采用同轴及非对称矩形传输线设计原理，为避免内部电磁波方式反射及产生高阶模式和谐振，总体设计为尖劈型。输入端口采用 N 型同轴接头，而后渐变至非对称矩形传输以减少结构突变引起的电波反射。

# 6.4 嵌入式通信系统的电磁干扰控制方法

## 6.4.1 常见的 EMI 问题

常见的 EMI 问题有 4 种：射频干扰、静电放电、电力干扰和自干扰。

## 1．射频干扰

无限通信系统利用射频方式工作，自身工作的同时，发出的射频信号对于其他设备就是干扰。目前，无线电发射设备的数量不断增多，如蜂窝电话系统、手机、无线电遥控单元等广泛使用，使射频干扰变得越来越严重。

## 2．静电放电

静电放电（Electro Static Discharge，ESD）是两个具有不同静电电位的物体，由于直接接触或静电场反应引起两物体间的静电电荷的转移。静电电场的能量达到一定程度后，击穿其间介质而进行放电的现象称为静电放电。静电放电不仅会损坏元件，还会产生干扰。静电放电的持续时间很短，属于脉冲信号，频谱带宽可达到 1 GHz，可以覆盖大多数常用电子设备的工作频率。

### 3．电力干扰

大多数电子设备的开关电源会涉及电力线的干扰问题。这种干扰体现在两方面：一方面是开关电源本身开关工作产生干扰频谱；另一方面是设备内的电路产生干扰，通过电源电路耦合到电力线上。

另外，电力线上的干扰还包括点瞬变（如电动机的启停和工作）、电涌、电压变化、闪电瞬变和电力线谐波，这些干扰都可能是电网负载变化引起的。

### 4．自干扰

前面讨论的干扰问题属于设备之间的干扰，而自兼容性是指设备内部各个组成部分间的相互干扰。例如，对于一个数字、模拟混合电路构成的嵌入式系统的电路板，数字电路部分产生的干扰信号会干扰模拟电路的工作。其干扰途径主要有两个：信号线的传导作用和信号线的辐射干扰。其中，传导干扰是通过两种电路的公共路径产生的，如公共地线、电源线。辐射干扰也很严重，因为在一个电路板上，模拟电路和数字电路之间的距离很近，在几厘米甚至 1cm 之内，辐射很严重。

电磁干扰的普遍存在对工程生产、日常设备控制、人体健康造成很大影响，甚至造成很大威胁，因此对 EMI 的有效控制显得迫切重要。下面介绍 EMI 控制技术。

## 6.4.2　EMI 控制技术

EMI 控制技术大体可以分为下面几类：

### 1．传输通道抑制

具体方法有滤波、屏蔽、搭接、接地以及合理布线。滤波可以抑制干扰频率分量，切断干扰信号沿信号线或电源线传播的路径。屏蔽体可阻止或衰减电磁干扰能量的传输。接地设计对减小干扰非常重要。搭接是导体间的低阻抗连接，必须保证搭接的有效性、稳定性和长久性。而对印制电路板（PCB）来说，合理布线是关键技术。

### 2．空间分离

空间分离通过加大干扰源和接收器（敏感设备）之间的空间距离，使干扰电磁场到达敏感设备时其强度已衰减到低于接收设备敏感度门限，从而达到抑制电磁干扰的目的。

### 3．时间分离

使有用信号在干扰信号停止发射的时间内传播，或者当强干扰信号发射时，使易受干扰的敏感设备短时关闭，以避免遭受伤害。

### 4．电气隔离

电气隔离是避免电路中传导干扰的可靠方法，同时能使有用信号正常耦合传输。常见的电气隔离耦合有机械耦合、电磁耦合和光电耦合等。

## 6.4.3　接地

接地技术是保护设施和人身安全的必要手段，也是抑制电磁干扰、保障设备或系统的电磁兼容性、提高设备或系统可靠性的重要技术措施。

#### 1. 地的分类

"地"一般定义为电路或系统的零电位参考点,可以是大地、设备的外壳或其他金属板线。按构造一般分为:安全地、系统地、模拟地、数字地与保护地 5 类。

① 安全地指的是通常说的大地、地球。

② 系统地指的是信号回路的电位基准点,也称为工作地。

③ 模拟地指的是连接模拟元器件接地引出端形成的地线。

④ 数字地指的是连接数字元器件接地引出端形成的地线。

⑤ 保护地指的是连接保护元器件接地引出端形成的地线。

#### 2. 接地电位差

信号电压参考地为电子电路的所有部分提供一个公共电压的参考点。理想情况下接地线所有各点电位相等,有时称为零电位、地电位、信号地等。实际上,接地线上各点的电位并不相等。原因是:接地走线存在直流电阻,导致接地线上直流电位不等;接地线上存在分布电容、分布电感,导致接地线上交流电位不等。走线的电阻、电抗作用是同时存在的。低频时,主要考虑走线的电阻作用;高频时,主要考虑走线的电抗作用。

接地系统的电位差会引起电磁兼容性问题,如产生共模干扰,严重时会导致电路无法正常工作。

#### 3. 接地方法

接地方法有 4 种:单点接地、多点接地、混合接地和悬浮接地。单点接地又分为串联接地、并联接地与复合式单点接地。

（1）单点接地

单点接地是指在一个电路或者设备中,只有一个物理点被定义接地参考点,电路或者设备中所有的接地信号都接到这个接地点。

单点接地有两种方式:串联接地和并联接地。

① 串联接地:为共用地线串联到一点接地,如图 6-5 所示。

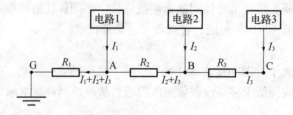

图 6-5  串联接地

通常地线的直流电阻不为零,因此共用地线的 A、B、C 点的电位不为零,并且各点电位受到所有电路注入地线电流的影响。

从抑制干扰的角度看,这种接地方式是最不适用的,但这种方式结构比较简单,如果各个电路的接地电平差别不大,可以采用这种方式;否则,高电平会干扰低电平。

② 并联接地:更好的单点接地方法是并联接地,每个电路单元分别接到地上,如图 6-6 所示。

并联接地的优点:各电路的地电位只与本电路的地电流及地阻抗有关,不受其他电路的影响。

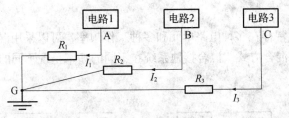

图 6-6　并联接地

并联接地的缺点：结构复杂；距离接地点较远的电路单元的接地线会很长，造成较大的接地阻抗而产生电磁辐射；并且各地线之间会互相耦合，随着频率增加，地线阻抗、地线间的电感及电容耦合都会增大；不适用高频，因为在高频下，信号波长很小，如果接地线的长度接近四分之一波长的时候，接地处会形成短路，反射系数为-1，信号会反射回来，不仅达不到接地效果，而且地线会有很强的天线效应向外辐射干扰信号。

③ 复合式单点接地：如图 6-7 可以看出，复合式单点接地将线路加以归类，同时使用串联和并联接地法，可同时兼顾降低干扰与节省用料。

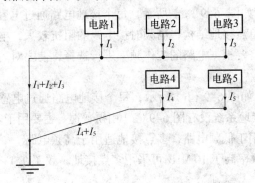

图 6-7　复合式单点接地

复合式单点接地的特点如下：

① 一般用于工作频率低于 1 MHz 的低频系统，如音频电路和直流电路等。如果应用于高频电路，一般保证接地线不超过信号波长的 1/20，不能形成电长线。

② 设计时需要尽量降低接地线的分布电感和分布电容，这些分布参数可能在接地线上产生谐振。

（2）多点接地

多点接地是指某一个系统中各个需要接地的电路、设备都直接接到距它最近的接地平面上，以使接地线的长度最短，如图 6-8 所示。

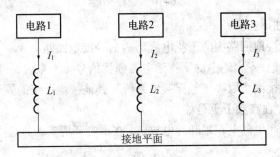

图 6-8　多点接地

（3）混合接地

实际电路中，通常存在多种电路单元和多种工作频率，可以采用混合接地的方式，即单点接地和多点接地的混合方式。混合接地系统在不同的频率呈现不同的接地结构，如图 6-9 所示。

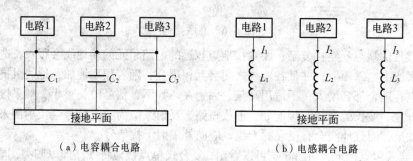

（a）电容耦合电路　　　　　　　（b）电感耦合电路

图 6-9　混合接地

① 电容耦合电路：如图 6-9（a）所示，每个接地电路通过电容接到地平面上，低频时电容的容抗很大，呈现单点接地结构，高频时接电线的阻抗较大，电容容抗很小，呈现多点接地状态。电容的参数需要根据电路的工作频率进行选择，使之对高频呈现较小的阻抗，对低频呈现较高的阻抗。

② 电感耦合电路：如图 6-9（b）所示，每个接地电路通过电感接到地平面上。与电容耦合的效果相反，这种接地系统没有图 6-9（a）用得普遍，主要用于安全和低频接地的目的。

通常，单点接地适用于低频电路，多点接地适用于高频电路。一般来说，频率在 1 MHz 以下可采用单点接地，频率高于 10 MHz 可采用多点接地，频率在 1~10 MHz 之间，可以采用混合接地。

（4）悬浮接地

悬浮接地就是将电路、设备的信号接地系统与安全接地系统隔离，如图 6-10 所示。

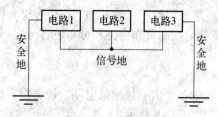

图 6-10　悬浮接地

悬浮接地的特点如下：

① 可以避免安全接地回路中的干扰电流影响信号接地回路。

② 为了防止结构地、安全地中的干扰地电流骚扰信号接地系统，一般仅适用于低频情况。

③ 悬浮接地的干扰耦合取决于悬浮接地系统与其他接地系统的隔离程度，一般很难真正做到理想的悬浮接地，在高频下更是如此。

④ 悬浮接地容易产生静电积累和静电放电，在雷电环境或者靠近高压设备时，有引发触电的危险。

### 6.4.4 其他方法

**1．屏蔽**

屏蔽能够有效地抑制通过空间传播的电磁干扰。采用屏蔽的目的有两个：一是限制内部的辐射电磁能量外泄出控制区域；二是防止外来的辐射电磁能量入内部控制区。电磁屏蔽按其屏蔽原理可分为电场屏蔽、磁场屏蔽和电磁场屏蔽。电场屏蔽包括静电屏蔽和交变电场屏蔽。磁场屏蔽又分为低频磁场屏蔽和高频磁场屏蔽。通常所说的屏蔽一般是指电磁屏蔽，即对电场和磁场同时加以屏蔽。在交变场中，电场分量和磁场分量总是同时存在的。在频率较低的范围内，干扰一般发生在近场，不同特性的干扰源，电场分量和磁场分量差别很大。

**2．滤波技术**

滤波技术是抑制电气、电子设备传导电磁干扰，提高其抗扰度水平的重要手段，也是保证设备整体或局部屏蔽效能的重要辅助措施。

滤波器的种类很多，按照不同的角度有不同的分类：

① 按滤波原理可以分为：反射式滤波器和吸收式滤波器。

② 按工作条件可以分为：有源滤波器和无源滤波器。

③ 按频率特性可以分为：低通、高通、带通、带阻滤波器。

④ 按使用场合可以分为：电源滤波器、信号滤波器、控制线滤波器、防电磁脉冲滤波器、防电磁信息泄漏专用滤波器等。

⑤ 按用途可分为：信号选择滤波器和电磁干扰滤波器。

下面按照滤波原理分别介绍一下反射式滤波器和吸收式滤波器。

**（1）反射式滤波器**

反射式滤波器是把不需要的频率成分的能量反射回信号源从而达到抑制干扰的目的。反射式滤波器通常由电感和电容（理想情况，这些元件是无耗能的）组成，使其在滤波器的通带内提供低的串联阻抗和高的并联阻抗，而在阻带内提供高的串联阻抗和低的并联阻抗，即对干扰电流建立一个高的串联阻抗和低的并联阻抗通路。

低通滤波器是电磁兼容技术中用得最多的一种滤波器，是用来控制高频电磁干扰的。常用的低通滤波器有 L 型、π型和 T 型 3 种。其结构图如 6-11 所示。

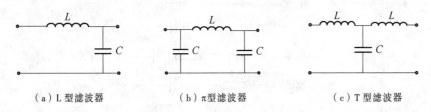

（a）L 型滤波器　　　　（b）π型滤波器　　　　（c）T 型滤波器

图 6-11　三种类型的低通滤波器

EMI 滤波器属于低通滤波器，包括电源线滤波器、信号线滤波器等。它工作原理与普通滤波器一样，允许有用信号的分量通过，同时阻止其他干扰频率分量通过。

**（2）吸收式滤波器**

吸收式滤波器是由有报耗元器件构成的，其工作原理是通过吸收不需要频率成分的能量（转化为热能）来达到抑制干扰的目的。

为了消除 LC 型低通滤波器的频率谐振和要求终端负载匹配的弊端，可使电磁干扰滤波器能在较宽的频率范围内具有较大的衰减。人们根据介电损耗和磁损耗原理研究出一种损耗滤波器。其基本原理是选用具有高损耗系数或高损耗角正切的电介质，把高频能量转化为热能。

有损耗滤波器通常做成具有媒质填充或涂覆的传输形式，媒质材料可以是铁氧体材料或其他的损耗材料。

### 3．搭接技术

搭接是指两个金属物体之间通过机械、化学或物理的方法实现结构连接，以建立一条稳定的、低阻抗电气通路的工艺过程。搭接的目的在于为电流的流动提供一个均匀的结构面和低阻抗通路，避免在互相连接的两金属件间形成电位差。因为这种电位差可能会对所有频率引起电磁干扰。导体的搭接阻抗一般是很小的，在一些电路的性能设计中往往不考虑。但是，在分析电磁干扰时，特别是在高频电磁干扰时，就必须考虑搭接阻抗的作用。

搭接方法分为两种：永久性搭接和半永久性搭接。永久性搭接利用铆接、熔焊、钎焊、压接等工艺方法使两种金属物体保持固定连接。半永久性搭接利用螺栓、螺钉、夹具等辅助器件使两金属物体保持连接。它有利于装置的更改、维修和替换部件，有利于测量，可以降低系统制造成本。

## 6.5　嵌入式通信系统中印制电路板的电磁兼容设计

印制电路板（Printed Circuit Board，PCB）是在绝缘材料的基础上提供元器件之间电气连接的导电图形的成品板。它实现集成电路等各种电子元器件之间的布线和电气连接，因此 PCB 设计的好坏对抗干扰能力有很大影响，其设计应符合抗干扰设计与电磁兼容的要求。

因为元件在特定情况下会表现出其隐藏特性，如在高频段里，一根导线相当于一个电感和电阻串联；一个电阻相当于一个电感串联上一个电阻与电容的并联结构；一个电容相当于一个电感、电阻和电容的串联；一个电感相当于一个电阻串上一个电感与电容的并联结构（见图 6-12），因此认识到元件的高频寄生特性，对解决此类电磁兼容问题非常重要。

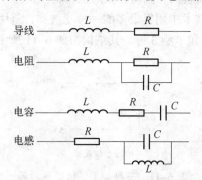

图 6-12　常用元件的高频等效电路

### 6.5.1　常用元器件的选择

有两类基本的电子元器件：有引脚的和无引脚的元器件。有引脚线元器件有寄生效果，尤其在高频时。该引脚形成了一个小电感，因此，引脚的长度应尽可能得短。与有引脚的元件相比，无引脚且表面贴装的元器件的寄生效果要小一些。从电磁兼容性的观点看，表面贴装元器件效果最好，其次是放射状引脚元件，最后是轴向平行引脚的元件。

### 1. 电阻

由于表面贴装元器件具有低寄生参数的特点，因此，表面贴装电阻总是优于有引脚电阻。对于有引脚的电阻，应首选碳膜电阻，其次是金属膜电阻，最后是线绕电阻。线绕电阻有很强的电感特性，不适合使用在 50 kHz 以上频率的电路中，在对频率敏感的应用中也不能用它，它最适合用在大功率处理电路中。

在电磁兼容设计中，压敏电阻通常使用在电源电路和与室外连接的控制和通信接口电路，它能取到很好的防雷击浪涌冲击效果，但在选择时需根据电路的正常工作电压选择合适的电压等级，同时也需要根据电磁兼容防护等级选择相应的电流容量。由于压敏电阻的分布参数对传导干扰有较大影响，当在一个传导干扰合格的电源电路中增加压敏电阻时，一定要对该项目重新测试，以避免因此造成最终产品该项目测试不通过。

### 2. 电容

电容种类繁多、性能各异，电容的合理使用可以解决许多 EMC 问题。下面将描述几种最常见的电容类型、性能及使用方法。

铝质电解电容通常是在绝缘薄层之间以螺旋状缠绕金属箔而制成，这样可在单位体积内得到较大的电容值，但也使得该部分的内部感抗增加。

钽电容由一块带直板和引脚连接点的绝缘体制成，其内部感抗低于铝电解电容。

陶瓷电容的结构是在陶瓷绝缘体中包含多个平行的金属片。其主要寄生为片结构的感抗，并且通常将在低于兆赫[兹]的区域造成阻抗。

绝缘材料的不同频率响应特性意味着一种类型的电容会比另一种更适合于某种应用场合。铝电解电容和钽电解电容适用于低频终端，主要是存储器和低频滤波器领域。在中频范围内（从千赫[兹]到兆赫[兹]），陶质电容比较适合，常用于去耦电路和高频滤波。特殊的低损耗（通常价格比较昂贵）陶瓷电容和云母电容适合于其高频应用和微波电路。

为得到最好的 EMC 特性，电容具有低的等效串联电阻（Equivalent Series Resistance, ESR）值是很重要的，因为它会对信号造成大的衰减，特别是在应用频率接近电容谐振频率的场合。

### 3. 电感

电感是一种可以将磁场和电场联系起来的元件，其固有的、可以与磁场互相作用的能力，使其潜在地比其他元件更为敏感。和电容类似，使用电感也能解决许多 EMC 问题。

电感有两种基本的类型：开环和闭环。它们的不同在于内部的磁场环。在开环设计中，磁场通过空气闭合；而闭环设计中，磁场通过磁芯完成磁路，如图 6-13 所示。

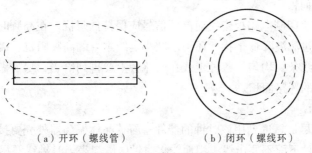

（a）开环（螺线管）　　　　　（b）闭环（螺线环）

图 6-13　电感中的磁场

电感和电容相比的一个优点是它没有寄生感抗，因此其表面贴装类型和引线类型没有什么差别。

开环电感的磁场穿过空气，这将引起辐射并带来 EMI 问题。在选择开环电感时，绕轴式比棒式或螺线管式更好，因为这样磁场将被控制在磁芯（即磁体内的局部磁场），如图 6-14 所示。

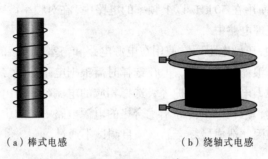

（a）棒式电感　　　　　　　　　　（b）绕轴式电感

图 6-14　开环电感

闭环电感的磁场被完全控制在磁芯，因此在电路设计中这种类型的电感更理想，当然它们也比较昂贵。螺旋环状的闭环电感不仅将磁环控制在磁芯，还可以自行消除所有外来的附带场辐射。

电感的磁芯材料主要有两种类型：铁和铁氧体。铁磁芯电感用于低频场合（几十千赫[兹]），而铁氧体磁芯电感用于高频场合（到兆赫[兹]）。因此，铁氧体磁芯电感更适合于 EMC 应用。

## 6.5.2　PCB 的走线

当 PCB 上的走线很长，并且频率很高时，走线可能具有天线效应。一般设备的天线都被设置为工作在固定频率，长度对应于波长的 1/4 或 1/2，以便成为有效的发射器，而走线则要避免这种情况。实际应用中要求走线的长度小于特定频率波长的 1/20，避免形成无意的发射源。

### 1．走线的一般原则

（1）选用多层板

从减小辐射干扰的角度出发，应尽量选用多层板，内层分别作为电源层、地线层，用以降低供电线路阻抗，抑制公共阻抗噪声，对信号线形成均匀的接地面，加大信号线和接地面间的分布电容，抑制其向空间辐射的能力。

（2）走线要短而粗

电源线、地线、印制电路板走线对高频信号应保持低阻抗。在高频时，这些走线会具有天线效应。除了通过滤波降低干扰，还可以减小走线本身的高频阻抗。因此，各种印制电路板走线要短而粗，线条要均匀。各种走线在电路板上要排列恰当，尽量做到短而直，以减小信号线与回线之间的环路面积。

（3）时钟走线

时钟发生器应尽量靠近到用该时钟的器件，石英晶体振荡器外壳要接地，石英晶体下面及对噪声敏感的器件下面不要走线；用地线将时钟区围起来，时钟线要尽量短。

## 2．电源、地线的处理

对电源、地线布线的考虑不周引起的干扰会使产品的性能下降，有时甚至影响到产品的成功。

**（1）去耦**

在电源、地线之间加上去耦电容。大电容用于去除低频干扰，小电容用于去除高频干扰。

**（2）加宽导线**

尽量加宽电源、地线的宽度，最好是地线比电源线宽。它们的关系是：地线 > 电源线 > 信号线。数字电路的 PCB 可用宽的地线组成一个回路，即构成一个地网来使用，模拟电路的地不能这样使用。

**（3）大面积地线**

用大面积铜层作地线，在印制电路板上把没被用上的地方都与地相连接作为地线用，或是做成多层板，电源和地线各占用一层。

**（4）独立地线**

模拟电路和数字电路部分最好有各自独立的地线。因为实际中的地线不理想、有阻抗，数字信号和模拟信号都会耦合在公共地线上。尤其当数字部分有高频时钟时，这个时钟信号会通过这段公共地线叠加到模拟信号上，对模拟信号造成干扰。

# 6.6　嵌入式通信系统的静电防护

随着科学技术的发展和微电子技术的广泛应用，ESD（Electro Static Dischange，静电释放）作为一种近场电磁干扰源对电子设备会造成严重的电磁干扰。

## 6.6.1　静电的产生和危害

### 1．静电产生的根源及特点

**（1）静电产生的根源**

静电产生的主要原因有摩擦分离、电磁感应、静电感应 3 种方式。

① 摩擦分离起电：两种不同的物体相互接触摩擦分离，各自产生数量相同、极性相反的电荷。此类起电方式大量出现在各行各业和日常生活中。在工业生产中，如粉碎、筛选、滚压、搅拌、过滤、抛光等工序，都会发生摩擦起电。

② 电磁感应起电：现代工业和日常生活中用的动力电、照明灯都利用了电磁感应的原理。静电技术应用也都是利用电磁感应发电原理的低压电变换成高压电的新技术应用。

③ 静电感应起电：当一个中性物体靠近带电体，或带电体靠近一个中性物体时，由于带电体电场的作用，中性物体在靠近带电体的一端呈现与带电体所带电荷极性相反的电荷，而另一端呈现与带电体电荷极性相同的电荷。

**（2）静电的特点**

静电现象是电荷的产生和消失过程中产生的电现象的总称。静电具有以下特点：

① 静电量小而电压高。

② 高压静电可能会发生放电。

③ 绝缘体上的静电消失得很慢。

④ 静电受环境，特别是湿度的影响比较大。

**2．静电对电子元件的危害**

静电对电子元件的影响主要表现在：

① 静电吸附灰尘，改变线路间的阻抗，影响产品的功能与寿命。

② 因电场或电流破坏元器件的绝缘或导体，使元器件不能工作。

③ 因瞬间电场或电流产生的热导致元器件受伤，影响产品的寿命。

### 6.6.2　ESD 的模型

如前所述，ESD 是两个具有不同静电电位的物体，由于直接接触或静电场反应引起两物体间的静电电荷的转移，静电电场的能量达到一定程度后，击穿其间介质而进行放电的现象。

当距离 ESD 位置较近时，无论是电场还是磁场都是很强的。因此，在 ESD 附近的电路一般会受到影响。在 ESD 中，波源附近的电磁场在电压相对比较低时，脉冲窄并且上升沿陡；随着电压值增加时，脉冲变成具有长的拖尾的衰减振荡波。

为了深入研究并防护 ESD，通过长期大量的观测和实验研究，人们已经总结出许多 ESD 产生危害的模型。其中，最常用的 3 种 ESD 模型如下：

**1．人体模型**

人体模型指当人体活动时身体和衣服之间的摩擦产生摩擦电荷。人体的表面积大概相当于直径 1 m 的球体，因此人体的自身电容大概为 50 pF。另外，人体还与周围其他物体之间有电容，因此人体的总电容量大约为 250 pF。

人体的放电模型是 LCR 串联网络。电感常常被忽视，但电感值决定了放电电流的上升时间。$R$ 的范围是 500 Ω~10 kΩ。$R$ 的值取决于人体的那一部分放电，手指放电时，$R$ 约为 10 kΩ，手掌放电时约为 1 kΩ，若用手握住金属体时约为 500 Ω。

**2．微电子器件带电模型**

微电子器件带电模型指 ESD 敏感的装置，尤其是对塑料器件，在自动化生产过程中会产生摩擦电荷。而这些摩擦电荷通过低电阻的线路非常迅速地泄放到高度导电的牢固接地表面，会因此造成破坏。或者通过感应使对 ESD 敏感的装置的金属部分带电而造成损坏。

**3．场感类模型**

场感类模型指有电场包围，这可能来自于塑料材料或人的衣服，会发生电子转化跨过氧化层。若电位差超过氧化层的介电常数，则会产生电弧破坏氧化层，造成短路。

### 6.6.3　静电的消除

控制静电的基本方法是泄漏、中和、屏蔽。为了使静电能及时泄漏掉，必须为静电提供泄漏通路；为了中和掉静电，必须提供极性相反的带电粒子；为了能屏蔽静电，必须提供具有屏蔽功能的环境。

**1．静电泄漏**

对多数人来说，解决静电最实际的方法就是泄漏。其实，静电的产生并不可怕，可怕的是静电的积累。随时产生的静电在持续积累后，就可能具有可怕的破坏性。在干燥地区和干燥的季节，电荷的释放相对困难，就会导致静电积累的效果比较明显。尽管如此，释放积累的电荷还是一件非常简单的事情，只需要接地就行了。

接地就是将静电通过一条导线连接释放到大地，这是防静电措施中最有效的。导体通常用的接地方法有软接地和硬接地。软接地是地线串联阻值较高的电阻后再与大地相连；硬接地是将地线直接接地或通过一个低电阻接地。

接地通常通过以下方法实施：

① 人体通过手腕带接地。

② 人体通过防静电鞋（或鞋带）和防静电板接地。

③ 工作台面接地。

④ 测试仪器、工具夹、烙铁接地。

⑤ 防静电转运车、箱、架尽可能接地。

**2．静电屏蔽**

为了防止外界信号的干扰，静电屏蔽被广泛应用。为了避免外界电场对仪器设备的影响，或者为了避免电器设备的电场对外界的影响，用一个空腔导体遮住外电场，使其内部不受影响，且不对外界产生影响。

空腔导体不接地的屏蔽为外屏蔽，接地的屏蔽为全屏蔽。空腔导体在外电场中出于静电平衡，其内部的场强等于零。因此，外电场不可能对其内部空间造成影响。

**3．离子中和**

绝缘体往往容易产生静电，使用接地的方法来消除绝缘体的静电是无效的。通常采用的方法是离子中和，部分采用屏蔽。一个带电体周围会产生电场，电场驱使电荷平衡。如果一个带电体周围被正、负两种空气离子包围，与带电体所带电荷极性相反的离子会向该带电体移动，并产生电流。这种中和的电流会让带电体上的电荷和周围空气的电荷平衡。简而言之就是带电体吸引相反电荷的空气离子。

例如，图 6-15 所示的离子风棒，它是一种固定式静电消除的专用设备。它能够产生大量的带有正负电荷的气流，被压缩气高速吹出，可以中和掉物体上带的电荷。当物体表面带的是负电荷时，它会吸引气流中的正电荷，当物体表面带的是正电荷时，它会吸引气流中的负电荷，从而中和物体表面上的电荷，达到消除静电的目的。

图 6-15　离子风棒

## 6.6.4　PCB 的静电防护

首先要保证电路及 PCB 本身不会产生强静电感应，如增加隔离或电荷泄漏通路，尽量避免采用易受静电感应影响的制造工艺和零配件，如有必要可增设保护电路。

PCB 静电破坏防护设计考虑也是多方面的，概括起来有三点：吸收、躲避与加强防护。

为了减少 PCB 中 ESD 的问题，在设计 PCB 中要注意以下要点：

① PCB[包括通孔（Via）边界]与其他布线之间的距离应大于 0.3 mm。

② PCB 的板边最好全部用地线（Ground）走线包围。

③ GND 与其他布线之间的距离保持在 0.2~0.3 mm。

④ $V_{bat}$ 与其他布线之间的距离保持在 0.2~0.3 mm。

⑤ 大功率的线与其他布线之间的距离保持在 0.2~0.3 mm。

⑥ 重要的线如 Reset、Clock 等与其他布线之间的距离应大于 0.3 mm。

⑦ 不同层的 GND 之间应有尽可能多的通孔相连。

⑧ 在最后铺地时应尽量避免尖角，有尖角时应尽量使其平滑。

作为整机系统一部分的电路板，应采取以下措施进行防护：

① 尽可能使用多层板

② 利用边界防护环使面板和紧固装置等金属构件适当接地。

③ 采用接地栅网或等电位接地平面，使信号系统对地、电源对地的路径最短，最大限度减少接地电阻，从而快速漏掉静电荷。

④ 在需要的部位上使用屏蔽片、屏蔽罩等。

# 小　　结

本章首先介绍了电磁兼容的基本定义和概念，接着介绍了电磁兼容的标准和一些常用的电磁兼容的测量方法，定性分析了控制电磁干扰的技术，包括接地、屏蔽、滤波和搭接等方法，并介绍了静电防护的一些知识。通过本章的学习，读者可对电磁兼容的概念和电磁干扰的控制措施有一定的了解。

# 习　　题

1. 简述电磁兼容的基本概念及其标准。

2. 嵌入式通信系统的电磁兼容测试场地有哪些？

3. 常见的 EMI 问题有哪些？

4. 抑制 EMI 常用的技术有哪些？

5. 为避免电磁干扰，嵌入式通信系统中印制电路板的走线应遵循哪些原则？

6. 嵌入式通信系统中静电产生的原因及危害有哪些？

7. 消除静电的方法有哪些？

# 系 统 篇

# 第 ❼ 章 基于单片机的嵌入式通信系统

## 7.1 概 述

单片机自 20 世纪 70 年代问世以来，以其极高的性能价格比受到人们的重视和关注，所以发展很快，应用很广。单片机的优点是体积小，重量轻，抗干扰能力强，对环境要求不高，价格低廉，可靠性高，灵活性好，开发较为容易。正因为如此，在我国，单片机已被广泛地应用在工业自动化控制、自动检测、智能仪器仪表、家用电器等各个方面。

### 7.1.1 单片机的概念

单片机是在一块硅片上集成了各种部件的微型计算机。随着大规模集成电路技术的发展，可以将中央处理器（CPU）、随机存储器（RAM）、程序存储器（ROM）、定时器/计数器以及输入/输出（I/O）接口电路等主要计算机部件，集成在一块电路芯片上。虽然单片机只是一个芯片，但从组成和功能上，它已具有了微机系统的含义。由于单片机能独立执行内部程序，所以又称其为微型控制器。单片机主要应用于控制领域，用于实现各种测试和控制功能。由于单片机在应用时通常处于被控系统的核心地位并融入其中，即以嵌入的方式进行使用，为了强调其"嵌入"的特点，也常常将单片机称为嵌入式微控制器。

单片机通常是指芯片本身，它是由芯片制造商生产的，在它上面集成一些作为基本组成部分的运算器电路、控制器电路，存储器、中断系统、定时器/计数器，以及输入/输出接口电路等，一般需要扩展外围电路和外围芯片。单片机系统则是在单片机芯片的基础上扩展其他电路或芯片构成的具有一定应用功能的嵌入式系统。

### 7.1.2 单片机的发展史

1974 年，美国仙童（Fairchild）公司研制出世界上第一台单片微型计算机 F8，该机由两千块集成电路芯片组成，深受家电生产商的欢迎和重视。从此，单片机开始迅速发展，应用范围也在不断扩大，现已成为微型计算机的重要分支。Intel 公司在 20 世纪 80 年代初发布了 MCS-51 系列单片机，用于取代先前功能简单的 8048 和 8049 微控制器，其代表的芯片包括 8051、8052、8751、8752 等，这些统称为 51 系列单片机。继 1971 年微处理器研制成功不久，就出现了单片机，但最早的单片机是 1 位的。单片机的发展历史可分为 4 个阶段：

第一阶段（1974—1976 年）：单片机初级阶段。因工艺限制，单片机采用双片的形式而且功能比较简单。

第二阶段（1976—1978 年）：低性能单片机阶段。这种单片机片内集成有 8 位 CPU、并行 I/O 口、8 位定时器/计数器、RAM 和 ROM 等，但是无串行口，中断处理比较简单，片内 RAM 和 ROM 容量较小且寻址范围不大于 4 KB。

第三阶段（1978—1982 年）：高性能单片机阶段。普遍带有串行 I/O 口，多级中断系统，16 位定时器/计数器，片内 ROM、RAM 容量加大，且寻址范围可达 64 KB，有的片内还带有 A/D 转换器。

第四阶段（1982 年至今）：8 位单片机巩固发展及 16 位单片机、32 位单片机推出阶段。此阶段的主要特征是一方面发展 16 位单片机、32 位单片机即专用型单片机；另一方面不断完善高档 8 位单片机，改善其结构，实时处理的能力加强。

### 7.1.3 单片机的分类

20 世纪 80 年代以来，单片机有了新的发展，各半导体器件厂商也纷纷推出自己的产品系列。迄今为止，市售单片机产品已达 60 多个系列、600 多个品种。按照 CPU 对数据处理位数来分，单片机通常分为以下 4 类：

① 4 位单片机。4 位单片机的控制能力功能较弱，CPU 一次只能处理 4 位二进制数。这类单片机常用于计算器、各种形态的智能单元以及作为家用电器中的控制器。典型产品有美国 NS（National Semiconductor）公司的 COP4×× 系列、Toshiba 公司的 TMP47××× 系列以及 Panasonic 公司的 MN1400 系列等单片机。

② 8 位单片机。8 位单片机的控制能力较强，品种最为齐全。和 4 位单片机相比，它不仅具有较大的存储容量和寻址范围，而且中断源、并行 I/O 接口和定时器/计数器个数都有了不同程度的增加，并集成有全双工串行通信接口。

③ 16 位单片机。16 位单片机是在 1983 年以后发展起来的。这类单片机的特点是：CPU 是 16 位的，运算速度普遍高于 8 位机，有的单片机寻址能力高达 1 MB，片内含有 A/D 和 D/A 转换电路，支持高级语言。

④ 32 位单片机。32 位单片机的字长为 32 位，具有极高的运算速度。近年来，随着家用电子系统的发展，32 位单片机的市场前景被看好。

## 7.2　单片机的体系结构

本节以 MCS-51 单片机为例介绍单片机的体系结构。熟悉并掌握体系结构是十分重要的，因为它是单片机应用系统设计的基础。单片机是微计算机的一个分支，在原理和结构上，单片机与微型计算机之间不但没有根本性的差别，而且微型计算机的许多技术与特点都被单片机继承下来。所以，可以用学习微型计算机的思路来学习单片机。

## 7.2.1 MCS–51 单片机的硬件结构

MCS–51 单片机是把那些作为控制应用所必需的基本内容都集成在一个尺寸有限的集成电路芯片上。如果按功能划分，它由如下功能部件组成：

① 中央处理器（CPU）。

② 随机存储器（RAM）。

③ 程序存储器（ROM/EPROM），8031 没有此部件。

④ 4 个 8 位并行 I/O 口（P0 口、P1 口、P2 口、P3 口）。

⑤ 1 个串行口。

⑥ 2 个 16 位定时器/计数器。

⑦ 中断系统。

⑧ 特殊功能寄存器（SFR）。

上述各功能部件都是通过片内单一总线连接而成，其基本结构依旧是 CPU 加上外围芯片的传统模式。但 CPU 对各种功能部件的控制是采用特殊功能寄存器（Special Function Register，SFR）的集中控制方式。下面对单片机的各功能部件进行介绍：

**1．中央处理器**

MCS–51 单片机中有 1 个 8 位的 CPU，与通用的 CPU 基本相同，同样包括了运算器和控制器两大部分，只是增加了面向控制的处理功能，不仅可处理字节数据，还可进行位变量的处理。例如，位处理、查表、状态检测、中断处理等。

**2．数据存储器**

片内为 128 B（52 子系列的为 256 B），片外最多可外扩 64 KB。数据存储器来存储单片机运行期间的工作变量、运算的中间结果、数据暂存和缓冲、标志位等。片内的 128 B 的 RAM，以高速 RAM 的形式集成在单片机内，可以加快单片机运行的速度，而且这种结构的 RAM 还可以降低功耗。

**3．程序存储器**

程序存储器用来存储程序，8031 无此部件；8051 为 4 KB ROM；8751 则为 4 KB EPROM。如果片内只读存储器的容量不够，则需要扩展片外只读存储器，片外最多可外扩至 64 KB。

**4．中断系统**

中断系统具有 5 个中断源，分为 2 个优先级。

**5．定时器/计数器**

片内有 2 个 16 位的定时器/计数器（52 子系列有 3 个 16 位的定时器/计数器），具有 4 种工作方式。在单片机的应用中，往往需要精确的定时，或对外部事件进行计数，因而需要在单片机内部设置定时器/计数器部件。

**6．串行口**

1 个全双工的串行口，具有 4 种工作方式，可用来进行串行通信，扩展并行 I/O 口。

**7．并行口**

4 个 8 位并行 I/O 口 P0、P1、P2、P3。

## 8．特殊功能寄存器（SFR）

特殊功能寄存器共有 21 个，用于对片内各功能部件进行管理、控制、监视。

### 7.2.2　MCS-51 单片机的引脚

MCS-51 单片机的生产工艺有两种：一种是 HMOS 工艺（高密度短沟道 MOS 工艺），一种是 CHMOS 工艺（互补金属氧化物的 HMOS 工艺）。CHMOS 型的单片机在型号中间加 C 作为标识（如 87C51 等）。HMOS 芯片的电平与 TTL 电平兼容，又与 CMOS 电平兼容。HMOS 的 MCS-51 单片机采用双列直插式封装，有 40 个引脚，而 CHMOS 型单片机则采用 44 个引脚方形封装，如图 7-1 所示。

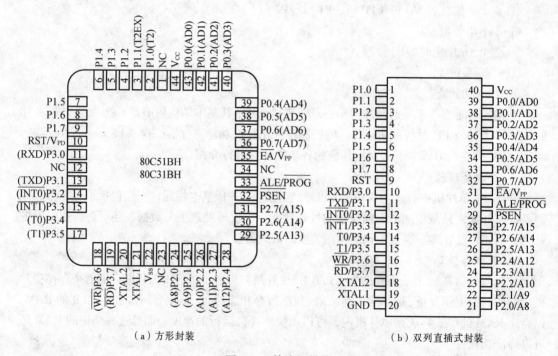

（a）方形封装　　　　　　　　　　　　（b）双列直插式封装

图 7-1　单片机封装

MCS-51 系列单片机的引脚中有单功能引脚，也有双功能引脚，其各引脚的主要功能如下：

**1．电源引脚 Vss、Vcc**

① Vss：接地端。

② Vcc：电源端，接+5 V。

**2．外接晶振引脚 XTAL1、XTAL2**

XTAL1、XTAL2：接外部晶体的一个引脚，需采用外部时钟信号时，CHMOS 单片机与 HMOS 单片机中的 XTAL1、XTAL2 引脚接法有所不同。

**3．输入输出引脚**

① P0.0~P0.7：P0 口的 8 个引脚，该端口可作为通用 I/O 端口使用，也可为数据/地址（低 8 位）复用总线端口。

② P1.0~P1.7：P1 口的 8 个引脚，该端口为通用 I/O 端口。

嵌入式通信系统

③ P2.0~P2.7：P2 口的 8 个引脚，该端口可作为通用 I/O 端口使用，也可作为高 8 位地址总线端口。

④ P3.0~P3.7：P3 口的 8 个引脚，该端口既可作为通用 I/O 接口使用，也具有第二功能。其第二功能如表 7-1 所示。

表 7-1　P3 口第二功能

| 引　脚 | 第 二 功 能 | 引　脚 | 第 二 功 能 |
|---|---|---|---|
| P3.0 | RXD（串行口输入） | P3.4 | T0（定时器 0 的外部输入） |
| P3.1 | TXD（串行口输出） | P3.5 | T1（定时器 1 的外部输入） |
| P3.2 | $\overline{\text{INT0}}$（外部中断 0 输入） | P3.6 | $\overline{\text{WR}}$（片外数据存储器写控制信号） |
| P3.3 | $\overline{\text{INT1}}$（外部中断 1 输入） | P3.7 | $\overline{\text{RD}}$（片外数据存储器读控制信号） |

**4.控制线（4 条）**

（1）RST/$V_{PD}$（双功能引脚）

① 复位信号输入端，高电平有效，单片机工作期间，若在此引脚加上持续时间大于或等于 2 个机器周期的高电平信号，即实现复位操作。

② $V_{CC}$ 掉电后，此引脚可接备用电源，低功耗条件下保持内部 RAM 中的数据不丢失。

（2）ALE/$\overline{\text{PROG}}$（双功能引脚）

① 地址锁存允许。在系统扩展时，该信号的下跳沿将由 P0 口发出的低 8 位地址信号进行锁存，并保证此时锁存的信息是稳定的地址信息。在不访问片外存储器时，ALE 引脚上也输出频率为时钟振荡频率的 1/6 的周期性信号。

② 对有片内 EPROM 的单片机进行编程时，编程脉冲由该引脚引入。

（3）$\overline{\text{PSEN}}$：片外程序存储器读选通信号。取指令操作期间，$\overline{\text{PSEN}}$ 的频率为振荡频率的 1/6；以通过 P0 口读入指令，在访问外部数据存储器时，该信号无效。

（4）$\overline{\text{EA}}$/$V_{PP}$（双功能引脚）

为片外程序存储器选择信号，当 $\overline{\text{EA}}$ =0 时，选择片外程序存储器。对无片内程序存储器的单片机（如 8031）此引脚必须接地。当 $\overline{\text{EA}}$ =1 时，单片机访问片内程序存储器，但当程序计数器（PC）的值超过片内程序存储器的最大地址范围时，将自动转向访问外部程序存储器中的程序。在对 8751 单片机片内 EPROM 编程期间，此引脚引入+21 V 编程电源 $V_{PP}$。

## 7.2.3　MCS-51 单片机存储器结构

MCS-51 单片机存储器采用的是哈佛机构，程序存储器空间和数据存储器空间分开，其各有自己的寻址方式、寻址空间和控制系统。这种结构适用于"面向控制"的应用。具有极强的外部存储器的扩展能力，寻址能力分别可达 64 KB。MCS-51 的存储器空间可划分位如下 5 类：

## 1. 程序存储器

MCS–51 单片机的程序存储器用于存放应用程序和表格之类的固定常数。可扩充的程序存储器空间最大为 64 KB。

在 8051/8751/89C51/89S51 片内，分别有置最低地址空间的 4 KB ROM/EPROM/EEPROM 程序存储器，而在 8031/8032 片内，无内部 ROM，必须外部扩展程序存储器 EPROM。

整个程序存储器空间可分为片内和片外两部分，CPU 访问片内、片外程序存储器，可由引脚 $\overline{EA}$ 所接的电平来确定。当 $\overline{EA}$ 引脚接高电平时，程序将从片内程序存储器开始执行，即访问片内程序存储器；当 PC 值超过片内 ROM 的容量时，会自动转向片外程序存储器空间执行程序。当 $\overline{EA}$ 引脚接低电平时，迫使单片机只能执行片外程序存储器中的程序。

对于片内有 ROM/EPROM 的 8051、8751 的单片机，应将 $\overline{EA}$ 引脚接高电平。若把 $\overline{EA}$ 引脚接低电平，可用于程序调试，即将欲调试的程序设置在与片内 ROM 空间重叠的片外程序存储器内，CPU 执行片外存储器的程序来进行程序的调试。8031 无内部程序存储器，应将 $\overline{EA}$ 引脚固定接低电平。当然，无论从片内或片外程序存储器读取指令，其操作速度都是相同的。

程序存储器低端的一些地址被固定用作特定的入口地址，其入口地址对应功能如表 7-2 所示。

表 7-2　复位及中断入口地址表

| 入 口 地 址 | 功　　能 |
| --- | --- |
| 0000H | 复位操作后的程序入口地址 |
| 0003H | 外部中断 0 的中断服务程序入口地址 |
| 000BH | 定时器/计数器 0 溢出中断服务程序入口地址 |
| 0013H | 外部中断 1 的中断服务程序入口地址 |
| 001BH | 定时器/计数器 1 溢出中断服务程序入口地址 |
| 0023H | 串行 I/O 的中断服务程序入口地址 |
| 002BH | 定时器/计数器 2 溢出中断服务程序入口地址 |

由于两个入口地址之间的存储空间有限，因此要执行的程序并不在此，这些入口地址开始的单元中，通常是一条转移指令，使其转移到程序真正的起始地址去执行程序。

## 2. 片内数据存储器

MCS–51 单片机的片内数据存储器（RAM）单元共有 128 个，字节地址为 00H~7FH。MCS–51 单片机对其内部 RAM 的存储器有很丰富的操作指令，从而使得用户在设计程序时非常方便。图 7-2 为 MCS–51 单片机内部数据存储器的结构。

地址为 00H~1FH 的 32 个单元是 4 组通用工作寄存器区，每个区含 8 个 8 位寄存器，编号为 R7~R0。用户可以通过指令改变 PSW 寄存器中的 RS1、RS0 这两位来切换当前的工作寄存器区，地址为 20H~2FH 的 16 个单元可进行共 128 位的位寻址，这些单元构成了 1 位处理机的存储器空间。单元中的每一位都有自己的位地址，这 16 个单元也可以进行字节寻址。

地址为 30H~7FH 的单元为用户 RAM 区，只能进行字节寻址。

| 7FH | 用户RAM区 |
| ↕ | （堆栈、数据缓冲区） |
| 30H | |
| 2FH | 可位寻址区 |
| 20H | |
| 1FH | 第3组工作寄存器区 |
| 18H | |
| 17H | 第2组工作寄存器区 |
| 10H | |
| 0FH | 第1组工作寄存器区 |
| 08H | |
| 07H | 第0组工作寄存器区 |
| 00H | |

图 7-2　MCS-51 片内 RAM 结构

### 3．片外数据存储器

51 系列单片机具有扩展 64 KB 外部数据存储器 RAM 和 I/O 端口的能力，外部数据存储器和外部 I/O 实行统一编址，对它们的操作可利用 R0、R1 或 DPTR 间接寻址方式使用相同的指令 MOVX 完成。片外数据存储器用 R0、R1 间接寻址时，寻址范围为 256 B，用 DPTR 数据指针寄存器间接寻址时寻址范围最大为 64 KB。

### 4．特殊功能寄存器（SFR）

MCS-51 单片机中的 CPU 对各种功能部件的控制是采用特殊功能寄存器( Special Function Register，SFR ) 的集中控制方式。SFR 实质上是一些具有特殊功能的片内 RAM 单元，字节地址范围为 80H~FFH。表 7-3 所示为 SFR 的名称及其分布。

表 7-3　SFR 的名称及其分布

| 特殊功能寄存器符号 | 名　　称 | 字 节 地 址 | 位 地 址 |
|---|---|---|---|
| B | B 寄存器 | F0H | F7H~F0H |
| A（或 ACC ） | 累加器 | E0H | E7H~E0H |
| PSW | 程序状态字 | D0H | D7H~D0H |
| IP | 中断优先级控制 | B8H | BFH~B8H |
| P3 | P3 口 | B0H | B7H~B0H |
| IE | 中断允许控制 | A8H | AFH~A8H |
| P2 | P2 口 | A0H | A7H~A0H |
| SBUF | 串行数据缓冲器 | 99H | |
| SCON | 串行控制 | 98H | 9FH~98H |
| P1 | P1 口 | 90H | 97H~90H |
| TH1 | 定时器/计数器 1（高字节） | 8DH | |
| TH0 | 定时器/计数器 0（高字节） | 8CH | |
| TL1 | 定时器/计数器 1（低字节） | 8BH | |

| 特殊功能寄存器符号 | 名称 | 字节地址 | 位地址 |
|---|---|---|---|
| TL0 | 定时器/计数器 0（低字节） | 8AH | |
| TMOD | 定时器/计数器方式控制 | 89H | |
| TCON | 定时器/计数器控制 | 88H | 8FH~88H |
| PCON | 电源控制 | 87H | |
| DPH（DPTR 高位） | 数据指针高字节 | 83H | |
| DPL（DPTR 低位） | 数据指针低字节 | 82H | |
| SP | 堆栈指针 | 81H | |
| P0 | P0 口 | 80H | 87H~80H |

下面介绍各特殊功能寄存器的名称及主要功能：

① ACC：累加器，用于存放参加运算的操作数及运算结果。

② B：寄存器，为执行乘除法操作而设置。在不执行乘、除法操作的情况下，也可作为 RAM 的一个单元使用。

③ PSW：程序状态字寄存器，主要起着标志寄存器的作用。其各位含义如下：

- CY：进、借位标志。反应加、减运算时的进、借位状况。有进、借位时，CY=1；否则 CY=0。

- AC：辅助进、借位标志。反应加、减运算中高半字节与低半字节间的进、借位情况。有进、借位时，AC=1；否则 AC=0。

- F0：用户标志位，可由用户设置其含义。

- RS0、RS1：当前工作寄存器组选择位。

- OV：溢出标志位。有溢出，OV=1；否则 OV=0。OV 的状态由补码运算中的最高位进位（D7 位的进位 CY）和次高位进位（D6 位的进位 $CY_{-1}$）的异或结果决定，即 $OV=CY \oplus CY_{-1}$。

- P：奇偶校验位。反应对累加器 ACC 操作后，ACC 中"1"个数的奇偶性。存于 ACC 中的运算结果有奇数个"1"时，P=1；否则 P=0。

④ SP：堆栈指针，它总是指向堆栈区中栈顶元素所在位置的地址。对堆栈的操作遵循先进后出的原则。51 系列单片机中，其堆栈区是向着地址增大的方向生成的，堆栈的操作在栈顶进行，并且按字节进行操作，故一次压栈操作后，SP+1，一次弹栈操作后，SP-1。

在实际应用中，堆栈区常设置在 RAM 区内。通常在子程序调用、中断时用来保护及恢复断点及一些寄存器的内容。系统复位时 SP 的初值为 07H，可通过给 SP 重新赋值来更改栈区位置。为了避开工作寄存器及位寻址区，SP 的初值一般大于 2FH，即将堆栈区设在 30H~7FH 的范围内。

⑤ DPTR：16 位的数据指针寄存器，用于存放 16 位的地址。可分为 DPL（低 8 位）和 DPH（高 8 位）两个 8 位寄存器。利用该寄存器可对片外 64 KB 范围内的 RAM 或 ROM 数据进行间接寻址或变址寻址操作。

⑥ P0~P3：4 个 8 位的并行 I/O 端口操作器，通过该寄存器的读/写，可实现将数据从相应 I/O 端口的输入/输出。

⑦ SCON：串行 I/O 口控制寄存器。

⑧ SBUF：串行 I/O 口数据缓冲器。

⑨ IP：中断优先级控制寄存器。

⑩ IE：中断允许控制寄存器。

⑪ TMOD：定时器/计数器方式控制寄存器。

⑫ TCON：定时器/计数器控制寄存器。

⑬ TH0：定时器/计数器 0（高字节）。

⑭ TL0：定时器/计数器 0（低字节）。

⑮ TH1：定时器/计数器 1（高字节）。

⑯ TH0：定时器/计数器 1（低字节）。

⑰ PCON：电源控制寄存器。

### 7.2.4　MCS-51 单片机最小系统电路

能让单片机运行起来的最小硬件连接就是单片机的最小系统电路。51 单片机的最小系统电路一般包括工作电源、复位电路和时钟电路等几部分。

1．单片机的工作电源

51 单片机的 40 脚接 5 V 电源，20 脚接地，为单片机提供工作电源，由于目前的单片机内均含程序存储器，因此，在使用时一般需要将 31 脚电源高电平。

2．单片机的复位电路

复位是单片机的初始化操作，主要功能是把 PC 初始化为 0000H，使得单片机从 0000H 单元开始执行程序。除了进入系统的正常初始化之外，当由于程序运行出错或操作错误使系统处于死锁状态时，也需要按复位键以重新启动。

51 单片机的 RST 引脚是复位信号的输入端，复位信号是高电平有效，其有效时间应持续 24 个振荡脉冲周期（2 个机器周期）以上。通常为了保证应用系统可靠地复位，复位电路应使引脚 RST 脚保持 10 ms 以上的高电平。复位操作有上电自动复位和按键手动复位两种方式。

3．单片机的时钟电路

时钟电路用于产生时钟信号，单片机本身是一个复杂的同步时序电路，为了保证同步工作方式的实现，单片机应设有时钟电路。

在单片机芯片内部有一个高增益反相放大器，其输入端为芯片引脚 XTAL1，输出端为引脚 XTAL2，在芯片的外部通过这两个引脚跨接晶体振荡器和微调电容，形成反馈电路，就构成了一个稳定的自激振荡器，如图 7-3 所示。

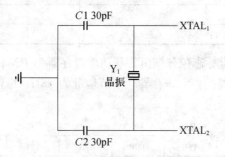

图 7-3　单片机的时钟电路

电路中对电容 C1 和 C2 的要求不是很严格，如使用高质的晶振，则不管频率多少，C1、C2 一般都选择 30 pF。晶体振荡频率高，则系统的时钟频率也高，单片机运行速度也就快。

# 7.3 单片机中断系统

中断是 CPU 与外设交换信息的一种方式。CPU 在执行正常程序的过程中，当某些随机的异常事件或某种外部请求产生时，CPU 将暂时中断正在执行的正常程序，而转去执行对异常事件或某种外部请求的处理操作。当处理完毕后，CPU 再回到被暂时中断的程序，接着往下继续执行。

中断实际上就是 CPU 暂停执行现行程序，转而处理随机事件，处理完毕后再返回被中断的程序，这一全过程称为中断。MCS-51 单片机内的中断系统主要用于实时测控中。

1．MCS-51 的中断源和中断标志

在 MCS-51 单片机中，单片机类型不同，其中断源个数和中断标志位的定义也有差别。例如，8031、8051 和 8751 有 5 级中断；8032、8052 和 8752 有 6 级中断；80C32、80C252 和 87C252 有 7 级中断。现以 8031、8051 和 8751 的 5 级中断为例加以介绍。

5 个中断源具有两个中断优先级，可实现两级中断服务程序嵌套。5 个中断源可以分 3 类，分别是外部中断源、定时中断源、串行口接收/发送中断源。这 5 个中断源分别是：

① $\overline{INT0}$：外部中断 0 请求，由 $\overline{INT0}$ 引脚输入，中断请求标志为 IE0。

② $\overline{INT1}$：外部中断 1 请求，由 $\overline{INT1}$ 引脚输入，中断请求标志为 IE1。

③ 定时器/计数器 T0 溢出中断请求，中断请求标志为 TF0。

④ 定时器/计数器 T1 溢出中断请求，中断请求标志为 TF1。

⑤ 串行口中断请求，中断请求标志为 TI 或 RI。

当某中断源的中断申请被 CPU 响应后，CPU 便会将相应的中断服务程序入口地址发送给程序计数器（PC），转向该中断服务程序。中断服务程序入口地址称为中断向量。MCS-51 系列单片机中各中断源与各对应中断向量的关系如表 7-4 所示。

表 7-4 各中断源与各对应中断向量的关系

| 中 断 源 | 中 断 向 量 |
|---|---|
| $\overline{INT0}$ | 0003H |
| T0 | 000BH |
| $\overline{INT1}$ | 0013H |
| T1 | 001BH |
| R1 或 T1 | 0023H |

这些中断源的中断请求标志位分别由特殊功能寄存器 TCON 和 SCON 的相应位锁存。

TCON 为定时器/计数器的控制寄存器，字节地址为 88H，可位寻址。TCON 也锁存外部中断请求标志。其格式如下：

| | D7 | D6 | D5 | D4 | D3 | D2 | D1 | D0 | |
|---|---|---|---|---|---|---|---|---|---|
| TCON | TF1 | TR1 | TF0 | TR0 | IE1 | IT1 | IE0 | IT0 | 88H |
| 位地址 | 8FH | — | 8DH | — | 8BH | 8AH | 89H | 88H | |

与中断系统有关的各标志位的功能如下：

① IT0：选择外部中断请求 $\overline{INT0}$ 为边沿触发方式或电平触发方式的控制位。

IT0=0，为电平触发方式，引脚 $\overline{INT0}$ 上低电平有效。

IT0=0，为边沿触发方式，引脚 $\overline{INT0}$ 上的电平从高到低的负跳变有效。

IT0 位可由软件置"1"或清"0"。

② IE0：外部中断 0 的中断请求标志位。

当 IT0=0 时，为电平触发方式，每个机器周期的 S5P2 采样 $\overline{INT0}$ 引脚，若 $\overline{INT0}$ 引脚为低电平，则 IE0 置"1"，否则 IE0 清"0"。

当 IT0=1 时，即 $\overline{INT0}$ 为跳沿触发方式时，当第一个机器周期采样为低电平时，则置"1" IE0。IE0=1，表示外部中断 0 正在向 CPU 申请中断。当 CPU 响应中断，转向中断服务程序时，由硬件清"0" IE0。

③ IT1：选择外部中断请求 $\overline{INT1}$ 为跳沿触发方式或电平触发方式的控制位，其意义和 IT0 类似。

④ IE1：外部中断 1 的中断请求标志位，其意义与 IE0 类似。

⑤ TF0：MCS–51 片内定时器/计数器 T0 溢出中断请求标志位。

当启动 T0 计数后，定时器/计数器 T0 从初值开始加 1 计数，当最高位产生溢出时，由硬件置"1" TF0，向 CPU 申请中断，CPU 响应 TF0 中断时，清"0" TF0，TF0 也可由软件清"0"（查询方式）。

⑥ TF1：MCS–51 片内定时器/计数器 T1 溢出中断请求标志位，功能和 TF0 类似。

TR1（D6 位）、TR0（D4 位）这 2 个位与中断无关，仅与定时器/计数器 T1 和 T0 有关。

当 MCS–51 复位后，TCON 被清"0"，则 CPU 关中断，所有中断请求被禁止。

SCON 为串行口控制寄存器，字节地址为 98H，可位寻址。SCON 的低两位锁存串行口的接收中断和发送中断标志，其格式如下：

|  | D7 | D6 | D5 | D4 | D3 | D2 | D1 | D0 |  |
|---|---|---|---|---|---|---|---|---|---|
| SCON | — | — | — | — | — | — | T1 | R1 | 98H |
| 位地址 | — | — | — | — | ' | — | 99H | 98H |  |

SCON 中各标志位的功能如下；

① TI：串行口发送中断请求标志位。CPU 将一个字节的数据写入发送缓冲器 SBUF 时，就启动一帧串行数据的发送，每发送完一帧串行数据后，硬件自动置"1" TI。但 CPU 响应中断时，CPU 并不清除 TI，必须在中断服务程序中用软件对 TI 清"0"。

② RI：串行口接收中断请求标志位。在串行口允许接收时，每接收完一个串行帧，硬件自动对 RI 置"1"。CPU 在响应本中断时，并不清除 RI，必须在中断服务程序中用软件对 RI 清"0"。

**2．中断控制**

（1）中断允许寄存器 IE

单片机中所有的中断均为可屏蔽中断，中断允许寄存器（IE）主要完成对系统中各中断源的允许与屏蔽的控制，以及是否允许 CPU 响应中断的控制。IE 的状态由软件设置。若某位设置为 1，则相应的中断源允许；反之，该中断源的中断被屏蔽。上电复位时，IE 各位初始为 0，禁止所有中断。

IE 寄存器属 51 单片机的特殊功能寄存器，其映像字节地址为 A8H。IE 寄存器各位的定义如下：

| IE | EA | — | ET2 | ES | ET1 | EX1 | ET0 | EX0 |
|----|----|----|-----|----|-----|-----|-----|-----|

① EA：CPU 中断允许/屏蔽位。
② ET2：T2 中断允许/屏蔽位，增强型（52）系列才有。
③ ES：串行口中断允许/屏蔽位。
④ ET1：T1 中断允许/屏蔽位。
⑤ EX1：$\overline{INT1}$ 中断允许/屏蔽位。
⑥ ET0：T0 中断允许/屏蔽位。
⑦ EX0：$\overline{INT0}$ 中断允许/屏蔽位。

（2）中断优先级控制寄存器 IP

MCS-51 的中断源有两个中断优先级，对于每一个中断源可由软件定为高优先级中断或低优先级中断，可实现两级中断嵌套。两级中断嵌套的过程如图 7-4 所示。

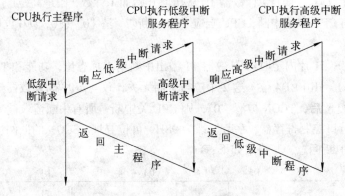

图 7-4　两级中断嵌套

中断过程可以归纳为下面两条规则：
① 低优先级可被高优先级中断，反之则不能。
② 任何一种中断（不管是高级还是低级），一旦得到响应，不会再被它的同级中断源所中断。如果某一中断源被设置为高优先级中断，在执行该中断源的中断服务程序时，则不能被任何其他的中断源所中断。

MCS-51 的片内有一个中断优先级寄存器 IP，其字节地址为 B8H，可位寻址。只要用程序改变其内容，即可进行各中断源中断级别的设置。IP 寄存器各位定义如下：

| IP | — | — | PT2 | PS | PT1 | PX1 | PT0 | PX0 |
|----|----|----|-----|----|-----|-----|-----|-----|

① PT2：T2 中断优先级设置位，增强型（52）系列才有。
② PS：串行口中断优先级控制位。
③ PT1：定时器 T1 中断优先级控制位。

④ PX1：$\overline{INT1}$ 中断优先级控制位。

⑤ PT0：定时器 T0 中断优先级控制位。

⑥ PX0：$\overline{INT0}$ 中断优先级控制位。

中断优先级控制寄存器 IP 的各位都由用户程序设置"1"和清"0"，可用位操作指令或字节操作指令更新 IP 的内容，以改变各中断源的中断优先级。

MCS−51 复位以后 IP 为 0，各个中断源均为低优先级中断。

MCS−51 的中断系统有两个不可寻址的"优先级激活器"。其中一个指示某高优先级的中断正在执行，所有后来的中断均被阻止。另一个指示某低优先级的中断正在执行，所有同级的中断都被阻止，但不阻断高优先级的中断请求。在同时收到几个同一优先级的中断请求时，哪个中断请求能优先得到响应，取决于内部的查询顺序。这相当于在同一优先级内，还同时存在另一个辅助优先级结构，其查询顺序如表 7−5 所示。

表 7−5　中断源和中断级别

| 中断源 | 中断级别 |
| --- | --- |
| 外部中断 0 | 最高 |
| T0 溢出中断 | |
| 外部中断 1 | |
| T1 溢出中断 | ↓ |
| 串行口中断 | 最低 |

由上可见，各中断源在同一优先级的条件下，外部中断 0 的优先权最高，串行口的优先权最低。

（3）中断源寄存器 TCON 和 SCON

在 51 单片机的中断系统中，由特殊功能寄存器 TCON 和 SCON 的相应位来锁存各中断请求标志。

① TCON 为定时器/计数器的控制寄存器（其映像字节地址为 88H），它也锁存外部中断请求标志，与中断标志位有关的格式如下：

| TF1 | — | TF0 | — | IE1 | IT1 | IE0 | IT0 |
| --- | --- | --- | --- | --- | --- | --- | --- |

● IT0：外部中断 0（INT0）触发方式控制位。

IT0=0 时，$\overline{INT0}$ 为电平触发方式。当 CPU 采样到 $\overline{INT0}$ 引脚为低电平时使 IE0=1，此时 $\overline{INT0}$ 向 CPU 提出中断请求；当采样到高电平时，将 IE 清 0。电平触发方式下，CPU 响应中断时，不能自动清除 IE0 标志，也不能单独由软件清除 IE0 标志，故要想再次响应该中断，必须在中断返回前使 $\overline{INT0}$ 引脚变为高电平。

IT0=1 时，$\overline{INT0}$ 为边沿触发方式（下降沿有效），CPU 在每个机器周期均会采样 $\overline{INT0}$ 引脚，如果在连续的两个机器周期检测到 $\overline{INT0}$ 引脚有一个由高到低的电平变化，即第一个周期采样到 $\overline{INT0}$ =1，第二个周期采样到 $\overline{INT0}$ =0，则使 IE0=1，并向 CPU 提出中断请求。CPU 在响应该中断时，由硬件自动清除 IE0 标志。该方式下，为保证 CPU 能检测 $\overline{INT0}$ 引脚上的下跳变，$\overline{INT0}$ 的高、低电平持续时间至少应保持 1 个机器周期。

● IE0：外部中断 $\overline{INT0}$ 中断请求标志位。IE0=1 时，表示 INT0 向 CPU 请求中断。

- IT1：外部中断 1（$\overline{INT1}$）触发方式控制位。其操作功能与 IT0 类同。
- IE1：外部中断 $\overline{INT1}$ 中断请求标志位。其操作功能与 IE0 类同。
- TF0、TF1：定时器/计数器 T0、T1 溢出中断请求标志位。

② SCON 是串行口控制寄存器（其映像字节地址为 98H），它锁存的中断请求标志只有 2 位。其格式如下：

| — | — | — | — | — | — | TI | RI |
|---|---|---|---|---|---|----|----|

- RI：串行口接收中断标志位，在串行口允许接收数据时，每接收完一个串行帧，由硬件使 RI=1，并向 CPU 提出中断请求。CPU 响应中断时，不能自动清除 RI，必须由软件使 RI=0。
- TI：串行口发送中断标志位。CPU 将一个字节数据写入串行口发送缓冲器后启动发送，每发送完一个串行帧，由硬件使 TI=1，并向 CPU 提出中断请求。同样，TI 必须由软件清除。

单片机上电复位后，TCON 和 SCON 各位初始为 0。

所有能产生终端的标识位均可由软件置"1"或清"0"，由此可以获得与硬件使之置"1"或清"0"同样的效果。

### 3．中断处理过程

一个完整的中断处理过程包括中断请求、中断响应、中断处理、中断返回几部分，前面已经介绍了中断请求与控制，下面介绍其他几部分内容。

#### （1）中断响应

MCS–51 响应中断时与一般的中断系统类似，通常也需要满足如下条件之一：

① 若 CPU 处在非响应中断状态并且相应中断是开放的，则 MCS–51 在执行完现行指令后就会自动响应来自某中断源的中断请求。

② 若 CPU 正处在响应某一中断请求状态时又来了新的优先级更高的中断请求，则 MCS–51 便会立即响应并实现中断嵌套；若新来的中断优先级比正在服务的优先级低，则 CPU 必须等到现有中断服务完成以后才会自动响应新来的中断请求。

③ 若 CPU 正处在执行 RETI 或任何访问 IE/IP 指令时，则 MCS–51 必须等待执行完下条指令后才响应中断请求。

#### （2）中断处理

从中断服务程序的第一条指令开始到返回指令为止，这个过程称为中断处理或中断服务。一般情况下包括保护现场、中断服务及恢复现场三部分内容。

由于在实际使用中，主程序和中断服务程序可能会用到一些相同的寄存器，如累加器、PSW 寄存器，以及一些其他寄存器等。为避免在中断服务程序破坏原主程序中使用相关寄存器的内容，一般需先保护现场，即保护那些在中断服务程序及主程序中都用到的寄存器的内容；然后再执行中断服务程序；在返回主程序以前，恢复所保存的那些寄存器内容，即恢复现场。

#### （3）中断返回

中断返回是指当中断服务程序执行完毕后，CPU 返回到断点处继续执行原来程序的过程。通过执行 RETI 指令可实现中断返回，该指令的功能是将断点地址从堆栈中弹出，送给程序计数器（PC），以实现程序的转移。同时，它还通知中断系统该中断处理已完成，将中断系统中不可访问的优先级状态触发器的状态清"0"。

中断返回时，应撤销该中断请求，即将中断请求标志清 0，以使 CPU 能再次响应该中断或其他中断请求。定时器溢出中断标志 TF0、TF1 以及由边沿触发的外部中断标志 IE0、IE1 均会在 CPU 响应中断时，由硬件自动清除；对于不能由硬件自动清除的中断标志 RI、TI 则需由软件来清除；而由电平触发的外部中断请求，则只有使 INT0 或 INT1 引脚上的电平信号变为高电平后，才能将 IE0 或 IE1 标志清 0。

# 7.4　单片机定时器/计数器

MCS–51 系列单片机中，有两个可编程的 16 位的定时器/计数器 T0、T1（增强型有 3 个 16 位的定时器/计数器）。MCS–51 的这种机构不仅可使单片机方便地用于定时控制，而且还可作为分频器以及用于事故记录。MCS–51 的这种结构特点集中体现在如下三方面：

① MCS–51 内部定时器/计数器可以分为定时器模式和计数器模式两种。在这两种模式下，又可单独设置为方式 0、方式 1、方式 2 和方式 3 工作。

② 定时器模式下的定时时间或计数器模式下的计数值均可由 CPU 通过程序设置，但不能超过各自的最大值。最大定时时间或最大计数值与定时器/计数器位数的设置有关，而位数设置又取决于工作方式的设置。例如，若定时器/计数器在定时器模式的方式 0 下工作，则它按二进制 13 位计数。因此，最大定时时间为

$$T_{max} = 2^{13} \times T_{计数}$$

式中，$T_{计数}$ 为定时器/计数器的计数脉冲周期时间，由单片机主脉冲经 12 分频得到。

③ 定时器/计数器是一个二进制的加 1 计数器，当计数器计满回零时能自动产生溢出中断请求，表示定时时间已到或计数器已经计满。

**1．MCS–51 对内部定时器/计数器的控制**

MCS–51 对内部定时器/计数器的控制主要通过 TCON 和 TMOD 两个特殊功能寄存器实现。

（1）控制寄存器（TCON）

控制寄存器（TCON）是一个 8 位寄存器，其各位定义如下：

| | D7 | D6 | D5 | D4 | D3 | D2 | D1 | D0 |
|---|---|---|---|---|---|---|---|---|
| TCON | TF1 | TR1 | TF0 | TR0 | IE1 | IT1 | IE0 | IT0 |
| 位地址 | 8F | 8E | 8D | 8C | 8B | 8A | 89 | 88 |

其中，TR0 和 TR1 分别用于控制内部定时器/计数器 T0 和 T1 的启动和停止，TF0 和 TF1 用于标志 T0 和 T1 计数器是否产生了溢出中断请求。T0 和 T1 计数器的溢出中断请求还受中断允许寄存器 IE 中 EA、ET0 和 ET1 状态的控制。

（2）方式寄存器（TMOD）

方式寄存器（TMOD）的地址为 89H，CPU 可以通过字节传送指令来设置 TMOD 中的各位状态，但不能用位寻址指令改变。TMOD 中的各位定义如下：

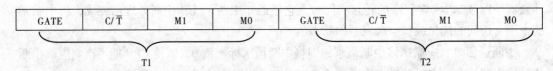

| GATE | C/$\overline{\text{T}}$ | M1 | M0 | GATE | C/$\overline{\text{T}}$ | M1 | M0 |

T1　　　　　　　　　　　　　　　　T2

方式控制字 TMOD 有 8 个控制位，其高、低 4 位分别为定时器 T1、T0 的方式选择控制位，4 个控制位的功能如下：

① GATE：门控制位，用作启、停操作方式的选择。
- GATE 为 0 时，定时器/计数器的启、停控制位 TR$i$ 的状态（1 或 0）决定。
- GATE 为 1 时，在 TR$i$ 为 1 的条件下，定时器/计数器的启、停由控制位 INT$i$ 的状态（1 或 0）决定，即要启动定时器/计数器工作必须有 TR$i$ 和 INT$i$ 同时为 1。

② C/$\overline{\text{T}}$：定时器/计数器方式选择位。该位置 0 选定时方式，置 1 选计数方式。

③ M1、M0：方式选择位，用于选择定时器/计数器的 4 种不同工作方式，如表 7-6 所示。

表 7-6　M1、M0 的工作方式

| M1 | M0 | 工　作　方　式 |
|----|----|--------------|
| 0 | 0 | 方式 0（13 位计数器） |
| 0 | 1 | 方式 1（16 位计数器） |
| 1 | 0 | 方式 2（可自动重新装入计数初值的 8 位计数器） |
| 1 | 1 | 方式 3（定时器 T0 分成两个 8 位计数器） |

（3）计数初值

定时器/计数器在定时和计数方式下，计数初值 $N$ 的计算方法各不相同。

定时方式下有：

$$(2^n - N)\, t = t_{\text{ov}}$$

式中，$t$ 为机器周期，$t = 12/f_{\text{osc}}$（$f_{\text{osc}}$ 为振荡频率，为 6~12 MHz）；$t_{\text{ov}}$ 为所需定时的时间；$n$ 的取值由工作方式中计数器的位数决定，其对应关系如表 7-7 所示。

表 7-7　工作方式与 $n$ 取值的关系对应

| 工作方式 | $n$ | 工作方式 | $n$ |
|---------|-----|---------|-----|
| 方式 0 | 13 | 方式 2 | 8 |
| 方式 1 | 16 | 方式 3 | 8 |

计数方式有：

$$N = 2^n - X$$

式中，$X$ 为要求计数的次数；$n$ 同上。

由上述两式可分别计算出在定时或计数方式下应置入定时器/计数器的计数初值 $N$。

**2．定时器/计数器工作方式**

MCS-51 定时器/计数器工作方式有 4 种工作方式，本部分内容将简要描述 4 种工作方式。

（1）方式 0

在本工作方式下，定时器/计数器按 13 位加 1 计数器工作，这 13 位由 TH 中的高 8 位和 TL 中的低 5 位组成，其中 TL 中的高 3 位是不用的，如下所示。

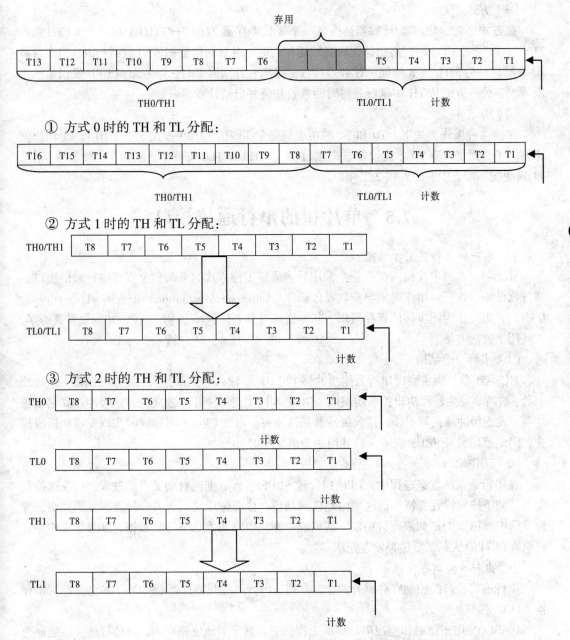

① 方式 0 时的 TH 和 TL 分配：

② 方式 1 时的 TH 和 TL 分配：

③ 方式 2 时的 TH 和 TL 分配：

④ 方式 3 时的 TH 和 TL 分配：在定时器/计数器启动工作前，CPU 先要为它装入方式控制字，以设置其工作方式，然后再为它装入定时器/计数器初值，并通过指令启动其工作。13 位计数器按加 1 计数器计数，计满为 0 时自动向 CPU 发出溢出中断请求,但若要它再次计数，CPU 必须在其中断服务程序中为它重装时间常数初值。

（2）方式 1

在本工作方式下，定时器/计数器是按 16 位加 1 计数器工作的，该计数器由高 8 位 TH 和低 8 位 TL 组成。定时器/计数器在方式 1 下的工作情况和方式 0 时相同，只是最大定时/计数值是方式 0 时的 8 倍。

（3）方式 2

在方式 2 时，定时器/计数器被拆成一个 8 位寄存器 TH（TH0/TH1）和一个 8 位计数器 TL（TL0/TL1），CPU 对它们初始化时必须送相同的定时时间常数初值/计数器初值。当定时器/计数器启动后，TL 按 8 位加 1 计数器计数，每当它满回零时，一方面向 CPU 发出溢出中断请求，另一方面从 TH 中重新获得时间常数初值并启动计数。

（4）方式 3

在前 3 种工作方式下，T0 和 T1 的功能是完全相同的，但在方式 3 下，T0 和 T1 功能就不相同了，而且只有 T0 才能设置方式 3。此时，TH0 和 TL0 按两个独立的 8 位计数器工作，T1 只能按不需要中断的方式 2 工作。

# 7.5　单片机的串行通信接口

## 1．串行口结构及工作原理

MCS-51 系列单片机内部有一个采用异步通信工作方式的可编程全双工串行通信接口，通过软件编程，可以用作通用异步收发传输器（Universal Asynchronous Receiver/Transmitter，UART），也可作为同步移位寄存器用。其帧格式可有 8 位、10 位和 11 位，并能设置波特率，在使用上灵活方便。

（1）串行口的结构

MCS-51 单片机主要由串行数据缓冲器（SBUF）、输入移位寄存器、发送控制器、接收控制器、波特率发生器和输出控制门组成。SBUF 实际上是两个相互独立的发送缓冲器和接收缓冲器。发送缓冲器只写不读，接收缓冲器只读不写。由于 CPU 不可能同时实现发送和接收操作，因此都用符号 SBUF 表示，且共用一个地址 99H。

（2）工作原理

在串行通信的发送过程中，CPU 向发送 SBUF 写入数据就启动了发送过程，在发送控制器的控制下按照设置波特率的速率由地位到高位一位一位地发送。当一帧数据发送完毕，置位发送中断标志 TI。如果允许中断，将引起中断，CPU 再发送下一帧数据；如果禁止中断，可以查询 TI 的状态判断是否发送完毕。

## 2．串行口控制寄存器

串行通信接口的控制寄存器有两个，分别是串行口控制寄存器（SCON）和电源控制寄存器（PCON）。

① SCON 用于控制和监视串行口的工作状态。其字节地址是 98H，可位寻址，位地址为 98H~9FH，各位定义如表 7-8 所示。

表 7-8　SCON 的各位定义

| 位地址 | 9FH | 9EH | 9DH | 9CH | 9BH | 9AH | 99H | 98H |
|---|---|---|---|---|---|---|---|---|
| 位符号 | SM0 | SM1 | SM2 | REN | TB8 | RB8 | TI | RI |

② SM0（SCON.7）、SM1（SCON.6）：串行口工作方式选择位，2 个选择位对应于 4 种方式，如表 7-9 所示。

表 7-9　串行口工作方式

| SM0 | SM1 | 方　式 | 功　能　说　明 |
|-----|-----|--------|----------------|
| 0 | 0 | 0 | 移位寄存器方式（用于 I/O 扩展），波特率为 $f_{osc}/12$ |
| 0 | 1 | 1 | 8 位 UART，波特率可变（由定时器 T1 溢出率控制） |
| 1 | 0 | 2 | 9 位 UART，波特率为 $f_{osc}/64$ 或 $f_{osc}/32$ |
| 1 | 1 | 3 | 9 位 UART，波特率可变（由定时器 T1 溢出率控制） |

③ SM2（SCON.5）：多机通信控制位，主要用于方式 2 和方式 3。

当接收方的 SM2=1，如果接收到的第 9 位数据（RB8）为"0"时，不启动接收中断标志 RI，即使 RI=0；如果接收到的第 9 位数据（RB8）为"1"时，则启动接收中断标志 RI，即使 RI=1，进而在中断服务中将数据从 SBUF 取走。当接收方的 SM2=0 时，无论接收到的第 9 位数据（RB8）为"1"还是"0"，均启动 RI，即使 RI=1，并将数据从 SBUF 取走。通过控制 SM2，可以实现多机通信。

在方式 2 时，若 SM2=1，只有在接收到有效停止位时才启动 RI，若没有接收到有效停止位，则 RI 为"0"。在方式 0 时，SM2=0。

如果不是多机通信，则串行口工作在方式 0、1、2 或 3 时，一般将 SM2 置为"0"。

④ REN（SCON.4）：串行口接收允许位，由软件置 1 或清 0。0——禁止接收，1——允许接收。

⑤ TB8（SCON.3）：方式 2 和方式 3 中发送方要发送的第 9 位数据。需要时由软件置位或复位。

⑥ RB8（SCON.2）：方式 2 和方式 3 中接收方接收到的第 9 位数据，该数据来自发送方的 TB8。它是约定的奇偶校验位，或者是约定的地址/数据标识位。SM2=1，RB8=1 时，表示接收的信息为地址；RB8=0 时，表示接收的信息为数据。在方式 1 时，若 SM2=0（即不是多机通信方式），RB8 接收到停止位；在方式 0 中，不使用 RB8。

⑦ TI（SCON.1）：发送中断标志。在方式 0 下，当串行发送的第 8 位数据结束时由硬件置"1"；或在其他方式中，当串行发送停止位的开始时由硬件置"1"，用于向 CPU 申请中断或供 CPU 查询。任何方式下，都必须由软件清"0"来清除 TI。

⑧ RI（SCON.0）：接收中断标志。在方式 0 下，当串行接收到的第 8 位数据结束时由硬件置"1"，或在其他方式中，当接收到的停止位的中间时由硬件置"1"，用于向 CPU 申请中断或供 CPU 查询。同 TI 一样，必须由软件清"0"。

**3．电源控制寄存器（PCON）**

其字节地址为 87H，没有位寻址功能，它的各位定义如表 7-10 所示。与串行口有关的只有 PCON 的最高位 SMOD。

表 7-10　PCON 的各位定义

| 位　序 | D7 | D6 | D5 | D4 | D3 | D2 | D1 | D0 |
|--------|-----|-----|-----|-----|-----|-----|-----|-----|
| 位符号 | SMOD | — | — | — | GF1 | GF0 | PD | IDL |

SMOD：波特率选择位。当 SMOD=1 时，使方式 1、2 和 3 的波特率加倍；当 SMOD=0 时，波特率不加倍。系统复位时，SMOD=0。PCON 中的 D0~D3 为 8x51 族的电源控制位。

### 4．串行口工作方式

串行口具有 4 种工作方式，在此从应用角度重点讨论各种功能的方式与外特性。

（1）方式 0

方式 0 为移位寄存器输入/输出方式，可外接移位寄存器，以扩展 I/O 口，也可接同步输入/输出设备。在方式 0 下，波特率是固定的，为晶振频率的 1/12，即 $f_{osc}$/12。这时数据的传送均通过引脚 RXD（P3.0）端输入与输出，而同步移位脉冲 TXD（P3.1）输出。

① 方式 0 发送：在方式 0 下，当一个数据写入发送缓冲器 SBUF 时，串行口即将 8 位数据以 $f_{osc}$/12 的波特率，将数据从 RXD 端串行输出，TXD 端输出同步移位信号，发送完时，中断标志 TI 被置"1"。

② 方式 0 接收：当串行口定义为方式 0 并置"1"REN 后，便启动串行口以晶振频率 1/12 的波特率接收数据，RXD 为数据输入端，TXD 为同步移位信号输出端，当接收器接收到第 8 位数据时，中断标志 RI 被置"1"。

（2）方式 1

方式 1 下串行口为 8 位异步通信接口，传送一帧数据为 10 位，其中包括 1 位起始位、8 位数据位（先地位后高位）和 1 位停止位。方式 1 的波特率可变，计算公式为：

$$波特率=2^{SMOD}/32 \times （T1 的溢出率）$$

① 方式 1 发送：发送时，数据由 TXD 端输出。CPU 执行一条写入发送数据缓冲器 SBUF 的指令（例如，MOV SBUF，A），数据字节写入 SBUF 后，便启动串行口发送器发送，当发送完数据后，置中断标志 TI 为"1"。

② 方式 1 接收：接收时，数据从 RXD 端输入。在 REN 置"1"后，就允许接收器接收。接收器以波特率 16 倍的速率采样 RXD 端的电平。当采样 RXD 引脚上"1"到"0"的负跳变时启动接收器接收并复位内部的 16 分频计数器以便实现同步。

（3）方式 2

方式 2 下的串行口为 9 位异步通信接口。传送一帧信息为 11 位，包括 1 位起始位、8 位数据位（先地位后高位）、1 位附加的可程控为"1"或"0"的第 9 位数据位和 1 位停止位。方式 2 下的波特率为 $2^{SMOD} \times f_{osc}$/64，是定值。

① 方式 2 发送：发送时，数据由 TXD 端输出。发送一帧信息为 11 位，附加的第 9 位数据是 SCON 中的 TB8。TB8 可由软件置位或清"0"，可用作多机通信中的地址、数据标志，或作为数据的奇偶校验位。

② 方式 2 接收：接收时，数据由 RXD 端输入，REN 被置"1"以后，接收器开始以波特率 16 倍的速率采样 RXD 电平，检测到 RXD 端由高到低的负跳变时，启动接收器接收，复位内部 16 位分频计数器，以实现同步。

③ 方式 3：方式 3 下的串行口为波特率可变的 9 位异步通信接口。除波特率外，方式 3 与方式 2 类似，方式 3 下的波特率计算方法同方式 1。

### 5．波特率的设计

根据串行口的 4 种工作方式可知：

① 方式 0 为移位寄存器方式，波特率是固定的，为 $f_{osc}$/12。

② 方式 2 为 9 位 UART，波特率为 $2^{SMOD} \times f_{osc}$/64。波特率仅与 PCON 中 SMOD 的值有关，当 SMOD=0 时，波特率为 $f_{osc}$/64；当 SMOD=1 时，波特率为 $f_{osc}$/32。

③ 方式 1 和方式 3 下的波特率是可变的，由定时器 T1 的溢出速率控制。此时，波特率 $=2^{SMOD}/32×$（T1 的溢出率）。当 SMOD=0 时，波特率为 T1 的溢出率/32；当 SMOD=1 时，波特率为 T1 的溢出率/16。定时器 T1 的溢出率定义为单位时间内定时器 T1 溢出的次数，即每秒钟内定时器 T1 溢出多少。

在串行通信时，定时器 T1 用作波特率发生器，经常采用 8 位自动装载方式（方式 2）。这样不但操作方便，也可避免重装时间常数带来的定时误差。因此，波特率 $=2^{SMOD}/32×$（T1 的溢出率）$=2^{SMOD}/32×[fosc/12×$（256-$X$）]。

根据给定的波特率，可以计算 T1 的计数初值 $X$。当 T1 作波特率发生器时，T0 可工作在方式 3 下，此时 T0 可拆为两个 8 位定时器/计数器用。

# 小　结

本章以单片机中的主流机种 MCS-51 系列单片机为背景机，系统概述了单片机的相关技术。主要介绍了单片机的由来、发展以及分类；MCS-51 系列单片机的硬件资源、组织结构及外部特性；MCS-51 系列单片机的中断系统；单片机的定时器/计数器系统；MCS-51 系列单片机的串行通用接口。通过本章的学习，读者可对单片机系统有一定的了解。

# 习　题

1. MCS-51 单片机的功能部件包括哪些？
2. MCS-51 单片机的引脚 $\overline{EA}$ 的主要作用是什么？
3. MCS-51 单片机内部数据存储器分几个区域？其区域名称和地址范围分别是多少？
4. 特殊功能寄存器中，可进行位寻址的有哪些？
5. 什么是中断？什么是中断源？MCS-51 系列单片机有哪些中断源？
6. MCS-51 单片机的中断优先级有几级？在同级中断中，各中断源的优先级顺序是如何排列的？
7. 一般中断处理过程包括几部分？简述中断处理的过程。
8. MCS-51 内部定时器有几种工作方式？简述各种工作方式的主要特点。
9. MCS-51 的串行口有几种工作方式？哪种方式可实现多机通信？

# 第 8 章  基于 PC/104 架构的嵌入式通信系统

## 8.1  概　述

PC/104 是一种嵌入式的总线规范，是 ISA 总线的延伸和扩展。1981 年，IBM 公司生产出了 PC 并提出了 8 位的 PC 总线（PC/XT 总线），1984 年，提出 PC/AT 总线，这是一种 16 位总线。行业内逐渐确立了以 IBM PC 总线规范为基础的 ISA（Industry Standard Architecture，工业标准架构）总线。1987 年 IEEE 正式制定了 ISA 总线标准。

PC/104 是 ISA（IEEE-996）标准的延伸。1992 年 PC/104 作为基本文件被采纳，叫作 IEEE-P996.1 兼容 PC 嵌入式模块标准，IEEE 协会将它定义 IEEE-P996.1，是一种优化的、小型、堆栈式结构的嵌入式控制系统。其小型化的尺寸（90 mm × 96 mm）、极低的功耗（典型模块为 1~2 W）和堆栈的总线形式（决定了其高可靠性），受到了众多从事嵌入式产品生产厂商的欢迎。

实际上，早在 PC/104 规范诞生之前，1987 年就产生了世界上第一块 PC/104 板卡，由于其固有的优点，在国际上制定统一的规范之前，一直有许多厂商在生产类似的嵌入式板卡。到了 1992 年，由业界著名的 RTD 公司和 AMPRO 公司等 12 家从事嵌入式系统开发的厂商发起，组建了国际 PC/104 协会。1992 年，Intel 提出了 PCI 总线，将总线频率提高到了 33 MHz。1997 年 2 月 PC/104 协会根据 PC 技术的发展形势，由其技术委员会牵头，主持制定了 PC/104+总线，2003 年 11 月 PC/104 协会技术委员会又制定了 PCI-104 总线。

PC/104 的优点如下：

① 尺寸小：PC/104 的板卡标准尺寸为 90 mm × 96 mm，这样小的尺寸使得 PC/104、PC/104+和 PCI-104 模块板成为了嵌入式系统应用的理想产品。

② 开放的高可靠性的工业规范：PC/104、PC/104+和 PCI-104 产品在电气特性和机械特性上可靠性极高，功耗低，产生热量少。板卡与板卡之间通过自堆栈进行可靠的连接，抗震能力强。

模块可自由扩展：

PC/104 模块具有灵活的可扩展性。它允许工程师互换及匹配各种功能卡，可随系统的需求而升级 CPU 的性能。增加系统的功能和性能只需通过改变相应的模块即可实现。

③ 低功耗：4 mA 的总线驱动电流，可使模块正常工作，低功耗有利于减少元器件数量。各种插卡广泛采用 VLSI 芯片、低功耗的 ASIC 芯片、门阵列等，其存储采用大容量固态盘（SSD）。

④ 堆栈式连接：这种结构取消了主板和插槽，可以将所有的 PC/104 模块板利用板上的叠装总线插座连接起来。有效减小整个系统所占的空间。

⑤ 丰富的软件资源：与 PC 系统兼容的操作系统、开发工具、应用软件都可以运行在 PC/104 系统中。这使得用户可以随时利用无处不在的 PC 系统丰富的软件资源。在许多 PC/104 系统的设计中，大量的实时操作系统已经被成功地应用。

⑥ 大大简化系统设计的复杂性：通过使用 PC/104、PC/104+和 PCI-104 模块，用户可以将精力集中于末端系统设计及功能设计上。不用为 CPU 及其外围器件之间的复杂接口关系花费时间。PC/104 模块的设计方法确保了设计者面向市场的最快响应速度。

# 8.2　PC/104 标准

## 8.2.1　模块标准

尽管 PC、PC/AT 结构在通用（桌上型计算机）和专用领域（非桌上型计算机）中的使用非常广泛，但在嵌入式微机的应用中，却由于标准 PC、PC/AT 主板和扩充卡的巨大尺寸而受到了限制。

紧凑型的 ISA（PC、PC/AT）总线结构是为嵌入式系统应用的特殊要求而优化的，其总线结构的 104 个信号线分布在两个总线连接器上。P1 连接器上有 64 个信号引脚、P2 连接器上有 40 个信号引脚，所以称这种总线结构为 PC/104。

PC/104 为两类模块（8 位和 16 位）制定了相应的规范，分别对应于 PC 和 PC/AT 总线。

每种总线（8 位和 16 位）类型都提供两种总线连接选择，属于哪一种总线连接是根据 P1 和 P2 总线连接器是否作为穿越模块的堆叠连接器而定的。设置总线选择的目的在于满足嵌入式应用所要求的紧凑空间。

图 8-1 给出了一个典型的模块堆，其中包括 8 位和 16 位的模块，它说明了"叠穿式"和"非叠穿式"总线选择的用法。当一个堆栈同时连接 8 位和 16 位模块时，16 位模块必须置于 8 位模块之下（即 8 位模块的背面）。在设计 8 位模块时，可以有选择的加入一个"辅助的"P2 总线连接器，以允许在堆栈的任何位置使用 8 位模块。

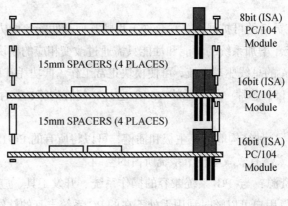

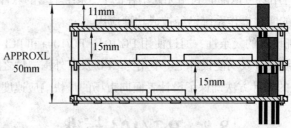

图 8-1    PC/104 总线模块堆

## 8.2.2    引脚信号

信号分配与 ISA 板卡插槽上连接器的顺序一致，但它们是转换到相应的头连接器引脚上的。

ISA 总线板卡元件面和焊接面共有 62+36 个引脚（A1～A31、B1～B31、C1～C18 和 D1～D18），其中 A1～A31、B1～B31 是低 8 位部分即 8 位 ISA 总线所用的信号。8 位 ISA 总线板卡及插槽与该图的区别在于没有 36 个引脚（C1～C18 和 D1～D18）那部分。表 8-1 给出了 16 位 ISA 总线前 62 个引脚（亦是 8 位 ISA 总线的全部引脚）信号定义，表 8-2 给出了 16 位 ISA 总线的后 36 个引脚信号定义。

表 8-1    16 位 ISA 总线的前 62（8 位 ISA 总线的全部）个引脚信号定义

| 引脚 | 信号名称 | 引脚 | 信号名称 | 引脚 | 信号名称 | 引脚 | 信号名称 |
|------|----------|------|----------|------|----------|------|----------|
| A1 | I/O CHCK | B1 | GND | A17 | A14 | B17 | $\overline{\text{DACK1}}$ |
| A2 | D7 | B2 | RESET | A18 | A13 | B18 | DRQ1 |
| A3 | D6 | B3 | +5V | A19 | A12 | B19 | $\overline{\text{REFRESH}}$ |
| A4 | D5 | B4 | IRQ2 | A20 | A11 | B20 | CLK |
| A5 | D4 | B5 | –5V | A21 | A10 | B21 | IRQ7 |
| A6 | D3 | B6 | DRQ2 | A22 | A9 | B22 | IRQ6 |
| A7 | D2 | B7 | –12V | A23 | A8 | B23 | IRQ5 |

续表

| 引脚 | 信号名称 | 引脚 | 信号名称 | 引脚 | 信号名称 | 引脚 | 信号名称 |
|---|---|---|---|---|---|---|---|
| A8 | D1 | B8 | NOWS | A24 | A7 | B24 | IRQ4 |
| A9 | D0 | B9 | +12V | A25 | A6 | B25 | IRQ3 |
| A10 | I/O CHRAY | B10 | GND | A26 | A5 | B26 | $\overline{\text{DACK2}}$ |
| A11 | AEN | B11 | $\overline{\text{SMEMW}}$ | A27 | A4 | B27 | T/C |
| A12 | A19 | B12 | $\overline{\text{SMEMR}}$ | A28 | A3 | B28 | BALE |
| A13 | A18 | B13 | $\overline{\text{IOW}}$ | A29 | A2 | B29 | +5V |
| A14 | A17 | B14 | $\overline{\text{IOR}}$ | A30 | A1 | B30 | OSC |
| A15 | A16 | B15 | $\overline{\text{DACK3}}$ | A31 | A0 | B31 | GND |
| A16 | A15 | B16 | DRQ3 | | | | |

表 8-2　16 位 ISA 总线的后 36（8 位 ISA 总线的全部）个引脚信号定义

| 引脚 | 信号名称 | 引脚 | 信号名称 | 引脚 | 信号名称 | 引脚 | 信号名称 |
|---|---|---|---|---|---|---|---|
| C1 | SBHE | C10 | $\overline{\text{MEMW}}$ | D1 | $\overline{\text{MEMCS16}}$ | D10 | $\overline{\text{DACK5}}$ |
| C2 | LA23 | C11 | SD8 | D2 | $\overline{\text{I/OCSI6}}$ | D11 | DRQ5 |
| C3 | LA22 | C12 | SD9 | D3 | IRQ10 | D12 | $\overline{\text{DACK6}}$ |
| C4 | LA21 | C13 | SD10 | D4 | IRQ11 | D13 | DRQ6 |
| C5 | LA20 | C14 | SD11 | D5 | IRQ12 | D14 | $\overline{\text{DACK7}}$ |
| C6 | LA19 | C15 | SD12 | D6 | IRQ14 | D15 | DRQ7 |
| C7 | LA18 | C16 | SD13 | D7 | IRQ15 | D16 | +5V |
| C8 | LA17 | C17 | SD14 | D8 | $\overline{\text{DACK0}}$ | D17 | $\overline{\text{MASTER}}$ |
| C9 | $\overline{\text{MEMR}}$ | C18 | SD15 | D9 | DRQ0 | D18 | GND |

下面对部分引脚信号做简要说明：

① D7 ~ D0：8 位数据线，双向，三态。对于 16 位 ISA 总线，它们是数据线的低 8 位。

② A19 ~ A0：20 位地址线，输出。

③ $\overline{\text{SMEMR}}$ 、$\overline{\text{SMEMW}}$：存储器读、写命令，输出，低电平有效。

④ $\overline{\text{IOR}}$ 、$\overline{\text{IOW}}$：I/O 读、写命令，输出，低电平有效。

⑤ AEN：地址允许信号，输出，高电平有效。该信号由 DMAC 发出，为高表示 DMAC 正在控制系统总线进行 DMA 传送，所以它可用于指示 DMA 总线周期。

⑥ BALE：总线地址锁存允许，输出。该信号在 CPU 总线周期的 T1 期间有效，可作为 CPU 总线周期的指示。

⑦ I/O CHRAY：I/O 通道准备好，输入，高电平有效。该引脚信号与 8086 的 READY 功能相同，用于插入等待时钟周期。

第 **8** 章　基于 PC/104 架构的嵌入式通信系统

115

⑧ I/O $\overline{\text{CHCK}}$：I/O 通道校验，输入，低电平有效。它有效表示板卡上出现奇偶校验错。

⑨ IRQ7～IRQ2：6 个中断请求信号，输入，分别接到中断控制逻辑的主 8259A 的中断请求输入端 IR7～IR2。这些信号由低到高的跳变表示中断请求，但应一直保持高电平，直到 CPU 响应中断为止。它们的优先级别与所连接的 IR 线相同，即 IRQ2 在这 6 个请求信号中级别最高，IRQ7 的级别最低。

⑩ DRQ3～DRQ1：3 个 DMA 请求信号，输入，高电平有效。它们分别接到 DMA 控制器 8237A 的 DMA 请求输入端 DREQ3～DREQ1。因此，优先级别与它们相对应（DRQ1 的级别最高，DRQ 3 的级别最低）。

⑪ $\overline{\text{DACK3}}$～$\overline{\text{DACK1}}$：3 个 DMA 响应信号，输出，低电平有效。

⑫ T／C：计数结束信号，输出，高电平有效。它由 DMAC 发出，用于表示进行 DMA 传送的通道编程时规定传送字节数已经传送完。但它没有说明是哪个通道，这要结合 DMA 响应信号 $\overline{\text{DACK}}$ 来判断。

⑬ OSC：振荡器的输出脉冲。

⑭ CLK：系统时钟信号，输出。系统时钟的频率通常在 4.77～8 MHz 内选择，最高频率为 8.3 MHz。

⑮ RESET：系统复位信号，输出，高电平有效。该信号有效时表示系统正处于复位状态。

⑯ NOWS：零等待状态，输入，低电平有效，用于缩短按照默认设置应等待的时钟数。

⑰ $\overline{\text{REFRESH}}$：刷新信号，双向，低电平有效，由总线主控器的刷新逻辑产生。

# 8.3　PC/104 结构体系

本节以 SCM-7020Bs（PC/104 模块）来介绍以 PC/104 为架构的模块体系结构。

SCM-7020Bs（PC/104 模块）是一款 "all-in-one" CPU 模块，它在集成了 10/100Base-T 以太网接口及高性能图形处理器。采用 x86 兼容的 64 位第六代处理器，最高运行速度可达 300 Mbit/s，在板内存支持最大 128MB 3.3V SDRAM。图形处理器可支持各种 LCD 及 TFT 显示屏，最大 4 MB 显存最大支持至 1 280×1 024 像素、16.7M 种颜色，同时支持 PS/2 键盘、PS/2 鼠标、IDE 接口、Floppy 接口、两串一并接口、USB、以太网接口以及 Watchdog。

1．性能特点

① x86 兼容 64 位微处理器，支持 MMXTM 指令集扩展，速度高达 300 MHz。

② SVGA 显示接口支持 CRT 及 TFT。

③ 最大 4 MB 共享显存，最大分辨率可达 1 280×1 024 像素、1 670 万种颜色。

④ 内存最大可达 128 MB。

⑤ 16 KB L1 回写缓存。

⑥ 支持 PS/2 键盘及鼠标。

⑦ 支持、IDE、硬盘。

⑧ 在板 DOC 插座，支持高达 1GB DOC。

⑨ 两串一并接口。

⑩ 两个 USB 1.1 接口。

⑪ 10/100Mbit/s BaseT 以太网接口。

⑫ AC97 兼容音频接口（可选）。

⑬ 16 位 PC/104 总线。

⑭ PC/104 兼容。

**2．I/O 芯片组**

Cx5530A™是一个 PCI-to-ISA 桥（南桥），ACPI 兼容的芯片组，提供 AT/ISA 功能。SCM-7020Bs 模块提供一个完美的电源管理功能。集成的总线主 EIDE 控制器支持两个 ATA 兼容的设备。USB 接口提供高速、即插即用的用户外设连接（如数码照相机）。

芯片组特征：

① x86 兼容并支持 MMXTM 指令集扩展。

② 完全 2D 图形加速。

③ 同步存储接口。

④ ISA 接口。

⑤ Ultra DMA/33（ATA-4）支持。

⑥ EIDE 接口。

⑦ USB 接口。

⑧ AT 兼容。

⑨ SMM 电源管理器。

⑩ 完全 VGA 及 VESA 视频支持。

**3．物理特性**

① 尺寸：90 mm×96 mm×15 mm。

② 电源要求：+5V×（1±5%）。

③ 工作环境：

● S 型：0~70℃；N 型：−25~+75℃。

● 5%~95%相对湿度。

● 储存温度：−55~+85℃。

# 8.4 PC/104 通信接口

将 SCM-7020Bs 作为一个部件用到各种应用系统（包括嵌入式系统）中，SCM-7020Bs 将需做不同的硬件设置。本节介绍有关在板设备及接口。

## 8.4.1 外部连接器

**1．连接器综述**

板上的接口连接器和配置跳线的位置，如图 8-2 所示。表 8-3 列出了板上连接器的用途。

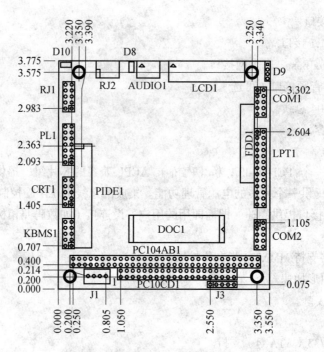

图 8-2　SCM-7020Bs 机械尺寸及跳线图（单位：英寸）

表 8-3　连接器的用途

| 连　接　器 | 功　　能 | 尺　寸 | 引　脚 |
|---|---|---|---|
| PC104AB1 | PC/104 扩展总线 | 64-Pin | B10 |
| PC104CD1 | PC/104 扩展总线 | 40-Pin | C19 |
| J1 | 电源 | 4-Pin | None |
| KBMS1 | 多用接口 | 10-Pin | None |
| COM1 | 串行口 1 | 10-Pin | None |
| COM2 | 串行口 2 | 10-Pin | None |
| LPT1 | 并行口 | 26-Pin | None |
| FDD1 | Floppy 接口 | 26-Pin FFC | None |
| CRT1 | CRT 接口 | 10-Pin | 10 |
| PL1 | 保留 | 14-Pin | — |
| RJ1 | ETH/USB1 接口 | 10-Pin | — |
| RJ2 | USB2 | 10-Pin（2 mm） | — |
| AUDIO1 | AUDIO 接口 | 10-Pin（1.25mm） | — |
| PIDE1 | IDE 接口 | 44-Pin（2mm） | 20 |
| LCD1 | 平板显示接口 | 40-Pin（1.25mm） | — |
| D9 | 网络指示灯 | 4-Pin（2 mm） | — |
| J2 | 保留 | 2-Pin | — |
| J3 | 保留 | 5-Pin | — |

2．PC/104 连接器

SCM-7020Bs 板上的 PC/104 扩展总线在板上正面是两个双列插座（64 芯及 40 芯），在板的反面是相应的插针，这个可栈接的连接器使 SCM-7020Bs 可以非常方便地与扁平电缆、固定连接器或各种栈接的外围模块相连接。

3．电源连接器

在板电源能从 5 V 供电电压中产生所需的所有电压。产生的 3.3 V 电压适用于"平板显示器"，但它不能用于大功率的外围电子设备，如其他 PC/104 板或显示器。表 8-4 列出了该连接器的引脚信号定义。

表 8-4　电源接口引脚定义（J1）

| 引　　脚 | 信　号　名　称 |
| --- | --- |
| 1 | +5 V |
| 2 | GND |
| 3 | GND |
| 4 | +12 V |

### 8.4.2　多用接口

KBMS1 是一个 10 针的连接器，它连接 4 种功能：喇叭、复位、键盘和鼠标，该连接器的引脚信号定义如表 8-5 所示。

表 8-5　多用接口定义（KBMS1）

| 引　　脚 | 信　号　名　称 | 功　　能 | 5 芯键盘插座 |
| --- | --- | --- | --- |
| 1 | Speaker+ | 音频输出信号 | — |
| 2 | GND | 音频（–） | — |
| 3 | Reset Switch | 复位控制 | — |
| 4 | Mouse Data | 鼠标数据 | — |
| 5 | Kbd Data | 键盘数据 | 2 |
| 6 | Kbd Clock | 键盘时钟 | 1 |
| 7 | Ground | 地 | 4 |
| 8 | Power | +5V | 5 |
| 9 | NC | — | — |
| 10 | Mouse Clock | 鼠标时钟 | — |

① 喇叭信号以一个晶体管缓冲放大后向外接喇叭提供大约 0.1 W 的音频信号，一般可以配用直径 2 英寸或 3 英寸的 8Ω通用永磁喇叭。

② PC/AT 兼容的键盘可以通过连接器 KBMS1 接到板上的键盘接口上。通常键盘接在 5 芯插座上。

③ 可以在 KBMS1 的 8 脚（DC+5V）和 7 脚（地）之间的接一个 LED 作为上电指示，通常 LED 需要串联一个限流电阻（通常为 330Ω）。

④ 复位按钮可以接在 KBMS1 的 3 脚和 7 脚之间。

### 8.4.3 串行端口

SCM-7020Bs 有两个 PC/AT 兼容的 RS-232C 串行口（COM1 和 COM2），每个串行口都可设置为有效或禁止。

许多设备，如打印机和调制解调器，通常需要全握手信号才能正常工作。握手信号和与其他设备有关的信号，请查阅关于串行口的其他资料。

表 8-6 列出了 COM1 及 COM2 的引脚信号，为了便于对照，表中列出了 DB9 和 DB25 与 PC/AT 标准对应的串行口连接器的引脚。

表 8-6 串口引脚定义（COM1、COM2）

| 引 脚 | 信 号 名 称 | 功 能 | In/Out | DB25 Pin | DB9 Pin |
|---|---|---|---|---|---|
| 1 | DCD | Data Carrier Detect | In | 8 | 1 |
| 2 | DSR | Data Set Ready | In | 6 | 6 |
| 3 | RXD | Receive Data | In | 3 | 2 |
| 4 | RTS | Request To Send | Out | 4 | 7 |
| 5 | TXD | Transmit Data | Out | 2 | 3 |
| 6 | CTS | Clear To Send | In | 5 | 8 |
| 7 | DTR | Data Terminal Ready | Out | 20 | 4 |
| 8 | RI | Ring Indicator | In | 22 | 9 |
| 9 | GND | Ground | — | 7 | 5 |
| 10 | — | Key Pin | — | — | — |

### 8.4.4 并行端口

并行口可用作标准 PC/AT 打印机接口，也可用作通用的可编程 I/O 口，其数据线是全双向的，控制线则是准双向的，使用端口的输入/输出握手信号与 8 位双向数据相配合，可以建立许多类型的专用设备接口，如控制 LCD 显示屏、实现键盘扫描接口等。

并行口（LPT1）是一个 26 针的针式连接器，表 8-7 列出了该连接器的引脚信号定义，注意连接本模块和打印机的电缆总长度不超过 40 cm，超过这个长度，由于受端口信号驱动能力限制，信号传送将不可靠。

表 8-7 并口引脚定义（LPT1）

| 引 脚 | 信号名称 | 功 能 | In/Out | DB25 Pin |
|---|---|---|---|---|
| 1 | -STB | Output Data Strobe | Out | 1 |
| 3 | PD0 | Parallel Data Bit 0 | In/Out | 2 |
| 5 | PD1 | Parallel Data Bit 1 | In/Out | 3 |
| 7 | PD2 | Parallel Data Bit 2 | In/Out | 4 |
| 9 | PD3 | Parallel Data Bit 3 | In/Out | 5 |
| 11 | PD4 | Parallel Data Bit 4 | In/Out | 6 |
| 13 | PD5 | Parallel Data Bit 5 | In/Out | 7 |

嵌入式通信系统

| 引　脚 | 信号名称 | 功能 | In/Out | DB25 Pin |
|---|---|---|---|---|
| 15 | PD6 | Parallel Data Bit 6 | In/Out | 8 |
| 17 | PD7 | Parallel Data Bit 7 | In/Out | 9 |
| 19 | −ACK | Character | In | 10 |
| 21 | BSY | Printer Busy | In | 11 |
| 23 | PE | Paper Empty | In | 12 |
| 25 | SLCT | Printer Selected | In | 13 |
| 2 | −AFD | Autofeed | Out | 14 |
| 4 | −ERR | Printer Error | In | 15 |
| 6 | −INIT | Init Printer | Out | 16 |
| 8 | −SLIN | Select Printer | Out | 17 |
| 26 | N/C | KEY | — | — |
| 10～24（偶数编号） | Ground | Signal Ground | — | 18～25 |

## 8.4.5　软盘接口

软盘接口连接器用于使用 FFC 电缆的软驱。连接普通软驱时，可选择使用适配器。表 8-8 列出了该连接器的引脚信号定义。现在软盘已基本被淘汰。

表 8-8　Floppy 接口引脚定义（FDD1）

| 引　脚 | 信　号　名　称 | 引　脚 | 信　号　名　称 |
|---|---|---|---|
| 1 | +5V | 15 | GND |
| 2 | Index | 16 | Write Data |
| 3 | +5V | 17 | GND |
| 4 | Drive Select 0 | 18 | Write Gate |
| 5 | +5V | 19 | GND |
| 6 | Disk change | 20 | Track 0 |
| 7 | n.c. | 21 | GND |
| 8 | n.c. | 22 | Write Protect |
| 9 | n.c. | 23 | GND |
| 10 | Motor On 0 | 24 | Read Data |
| 11 | n.c. | 25 | GND |
| 12 | Direction | 26 | Head Select |
| 13 | n.c. | | |

## 8.4.6　CRT 接口

SCM-7020Bs 模块上双列 10 针的连接器 CRT1 为 CRT 监视器提供模拟输出。DB15 连接方式的电缆随 SCM-7020Bs 模块提供，用它可与大多数的 VGA 模拟显示器相连接。该连接器的引脚定义如表 8-9 所示。

表 8-9  CRT 接口引脚定义（CRT1）

| 引　　脚 | 信　号　名　称 | DB15 Pin |
|---|---|---|
| 1 | Red | 1 |
| 2 | GND | 6 |
| 3 | Green | 2 |
| 4 | GND | 7 |
| 5 | Blue | 3 |
| 6 | GND | 8 |
| 7 | HS | 13 |
| 8 | GND | 10 |
| 9 | VS | 14 |
| 10 | Key Pin | 4,5,9,11,12,15 |

## 8.4.7　平板显示接口

　　提供许多平板显示器所需要的信号，像彩色 STN，彩色 TFT 和其他一些信号都可在 LCD1 上得到。平板显示器接口 LCD1 的信号定义如表 8-10 所示。

表 8-10　平板显示接口引脚定义（LCD1）

| 引　　脚 | 信号名称 | 典型信号名称 | 引　　脚 | 信　号　名　称 | 典型信号名称 |
|---|---|---|---|---|---|
| 1 | Ground | GND | 21 | PNL09 | G3 |
| 2 | +5V | +5V | 22 | PNL10 | G4 |
| 3 | +12V | +12V | 23 | PNL11 | G5 |
| 4 | Ground | GND | 24 | PNL12 | R0 |
| 5 | SHFCLK | SHIFTCLOCK、DOTCLK | 25 | PNL13 | R1 |
| 6 | Ground | GND | 26 | PNL14 | R2 |
| 7 | M,DE | ENAB | 27 | PNL15 | R3 |
| 8 | Ground | GND | 28 | PNL16 | R4 |
| 9 | LP | LD、HSYNC | 29 | PNL17 | R5 |
| 10 | FLM | FRM、FM、SYNC、VSYNC | 30 | Key Pin | |
| 11 | BKLEN | Backlight Enable | 31 | NC | |
| 12 | PNL00 | B0 | 32 | Ground | GND |
| 13 | PNL01 | B1 | 33 | Ground | GND |
| 14 | PNL02 | B2 | 34 | Ground | GND |
| 15 | PNL03 | B3 | 35 | +5V | +5V |
| 16 | PNL04 | B4 | 36 | Ground | GND |
| 17 | PNL05 | B5 | 37 | +5V | +5V |
| 18 | PNL06 | G0 | 38 | NC | |
| 19 | PNL07 | G1 | 39 | PENAVDD | PENAVDD |
| 20 | PNL08 | G2 | 40 | Ground | GND |

嵌入式通信系统

## 8.4.8  IDE 端口

芯片组提供一个 EIDE（增强型智能磁盘设备）接口连接集成控制器的智能驱动器（硬盘、CD-ROM 等）。该端口支持 LBA（Logic Block Addressing），可以接大于 512 MB 的硬盘。为了增强其功能，该端口支持 DMA F 型传输方式。EIDE 接口位于适用于 2.5 英寸硬盘的 44 Pin 插针（2 mm）及 Compact Flash 连接器处。可提供连接带 40 Pin IDC 连接器的标准 EIDE 设备。表 8-11 列出了该连接器的引脚信号定义。

表 8-11  IDE 接口引脚定义（PIDE1）

| 引脚 | 信号名称 | 引脚 | 信号名称 |
|---|---|---|---|
| 1 | Reset | 23 | Write |
| 2 | GND | 24 | GND |
| 3 | Data7 | 25 | Read |
| 4 | Data8 | 26 | GND |
| 5 | Data6 | 27 | Ready |
| 6 | Data9 | 28 | PU0 |
| 7 | Data5 | 29 | DACK0 |
| 8 | Data10 | 30 | GND |
| 9 | Data4 | 31 | IRQ |
| 10 | Data11 | 32 | /CS16 |
| 11 | Data3 | 33 | Address1 |
| 12 | Data12 | 34 | GND |
| 13 | Data2 | 35 | Address0 |
| 14 | Data13 | 36 | Address3 |
| 15 | Data1 | 37 | CS1 |
| 16 | Data14 | 38 | CS3 |
| 17 | Data0 | 39 | LED |
| 18 | Data15 | 40 | GND |
| 19 | GND | 41 | +5V |
| 20 | n.c. | 42 | +5V |
| 21 | DRQ0 | 43 | GND |
| 22 | GND | 44 | n.c. |

## 8.4.9  ETH/USB1 端口

表 8-12 列出了该连接器的引脚和信号定义。

表 8-12　ETH/USB 引脚和信号定义（RJ1）

| 引脚 | 信号名称 | 引脚 | 信号名称 |
|------|----------|------|----------|
| 1 | TX+ | 2 | TX- |
| 3 | RX+ | 4 | PE |
| 5 | PE | 6 | RX- |
| 7 | USB+ | 8 | USB- |
| 9 | +5V | 10 | GND |

## 8.4.10　USB2 端口

表 8-13 列出了该连接器的引脚和信号定义。

表 8-13　USB2 接口引脚定义（RJ2）

| 引脚 | 信号名称 | 引脚 | 信号名称 |
|------|----------|------|----------|
| 1 | NC | 2 | NC |
| 3 | NC | 4 | NC |
| 5 | NC | 6 | NC |
| 7 | USB+ | 8 | USB- |
| 9 | +5V | 10 | GND |

## 8.4.11　AUDIO 端口

表 8-14 引出了该连接器的引脚和信号定义。

表 8-14　AUDIO 接口引脚定义（AUDIO1）

| 引脚 | 信号名称 | 引脚 | 信号名称 |
|------|----------|------|----------|
| 1 | Line Out R | 2 | GND |
| 3 | Line Out L | 4 | GND |
| 5 | Line In R | 6 | GND |
| 7 | Line In L | 8 | GND |
| 9 | MIC | 10 | GND |

# 8.5　PC/104 的开发环境与编程

本节介绍可用于 PC/104 软件开发的操作系统 QNX。

## 8.5.1　QNX 概述

QNX 操作系统是一个分布式网络实时操作系统，它是加拿大 Quantum Software Systems 公司的产品。该产品 1982 年推出在 IBM PC 上使用的多用户、多任务实时操作系统版本。1984

年，将局域网络集成到该操作系统中，并使用了 AT 机的保护模式。随后，QNX 的设计者不断地将它标准化，如遵从 IEEE 的可移植操作系统标准，并增加了新的功能，使它既可以运行在 PC 及其兼容机上，又可以运行在 PS/2 机上。2.15 版的 QNX 操作系统集成的网络是采用令牌环网协议，支持 255 个结点，共享程序、文件和设备。4.x 版的 QNX 操作系统集成的网络符合 IEEE 802.3 以太网协议。随着版本的升高，性能也在不断提高。

### 1. QNX 特点

QNX 操作系统最突出特点是，它是一个真正的分布式网络操作系统。它的网络功能最大限度地实现了资源共享，并对网络上的每个结点资源透明存取，任务可共享网上所有资源。在使用资源时，只要在资源名前加入结点号即可，如果不在同一结点，QNX 内核在网上通过消息实现不同结点通信。因此，使用起来非常简捷、方便，为网络用户提供了良好的网络使用环境。此外，QNX 提倡把一个任务划分为多个子任务。每个进程执行一个子任务，由协同操作的进程组共同完成整个任务。这样做不仅能简化程序设计，还能充分利用系统资源。

### 2. QNX 系统结构

QNX 系统定义了一些抽象的概念，诸如任务、消息、资源和结点等。任务是一个可执行单元，它可通过消息等手段对资源进行操作和与其他任务进行通信。典型的资源有内存和文件。网络上不同结点的两个任务可以不关心它们的状态而很方便地进行通信。QNX 实现了至少 6 种文件类型，其中 5 种是由文件系统管理器（Fsys）来管理的。这些文件类型如下：

① 常规文件：由可随机存取的一系列字节组成，无任何预定义的结构。

② 目录文件：包含查找常规文件需要用到的位置信息，也包含每个常规文件的状态和属性信息。

③ 符号链文件：包含着指向一个文件或目录的路径名，使人们可以通过该符号链来实现对该文件或目录的存取。这类文件常被用来产生指向单个文件的多个路径。

④ 管道和 FIFO 文件：可用作共操作进程之间的 I/O 通道。

⑤ 块特殊文件：用于指向设备，如磁盘驱动器、磁带和磁盘驱动器分区等。有了这些文件，应用程序可在不需要知道设备的硬件特征情况下对设备进行方便的存取。

⑥ 字符特殊文件：由设备管理器负责管理，其他可能的文件类型则由其他管理器负责管理。

### 3. 进程间通信

进程间通信（Inter-Process Communication，IPC）是 QNX 区别于其他系统的一个主要标志。QNX 系统采用此思想执行任务并在任务间传输信息，IPC 能有效地管理任务之间的信息传输，QNX 系统中所有的系统服务、设备驱动和应用都依赖于它。

## 8.5.2 QNX 系统命令

### 1. 显示当前工作目录——pwd

pwd 是 Print Working Directory 的缩写，它能够显示用户当前所处的目录名。

【例 1】如果用户以 root 登录，在提示符下执行 pwd 命令，则 QNX 将显示如下信息：

```
#pwd
/300e/bin
#
```

路径名/300e/bin 告诉用户根目录（行首的"/"）含有目录 300e，300e 又含有目录 bin。非根目录的其他斜线用来分隔目录和文件名，并且表明了每个目录相对于根的位置。以"/"开头的路径名称为绝对路径。在任何时刻，用户可以执行 pwd 命令，来判断当时用户在文件系统中的位置。

2．显示用户信息——who、finger

（1）who 命令

简单的格式是直接输入 who 命令，显示的信息包含当前 QNX 系统用户的登录名、终端线路和用户的登录时间。

【例2】如果用户想知道自己的登录名，可以采用带 am I 或者 am i 参数的 who 命令，如下所示：

```
#who am i
root +//1/dev/ttyp0  Apr  29  13:58
#
```

（2）finger 命令

finger 命令可以显示本地和远程用户的信息。

【例3】在提示符下输入 finger 命令显示本地登录用户的信息，如下所示：

```
#finger
Login  Name  Tty  Idle  Login Time  Office
root         n1   4d    Apr  29  13:58
root         p0   -     Apr  29  13:58
#
```

如果想显示某个用户的详细信息，则在 finger 后面加上要显示的用户名即可。此时，不管这个用户当前是否登录到系统上，系统都将显示该用户的具体信息。

3．显示和设置系统日期和时间——date

date 命令的简单格式就是在系统提示符后直接输入 date，系统将显示当前的系统日期和时间。此外，还可以定制 date 的显示格式。

【例4】定制日期和时间显示格式。

```
#date
Sun  Apr  29  15:08:31  wast  2001-4-29
#
#date  '+DATE:  %m/%d/%y%nTIME:  %H:%M:%S'  <CR>
DATE:  04/30/01
TIME:  15:09:19
#
```

对于系统管理员，可以通过 date 命令来设置系统的时间。

4．列目录——ls

用户登录到 QNX 系统后，大部分时间都是与 QNX 的文件系统打交道。文件系统中的所有目录都具有关于它所含文件和目录的信息，如名字、大小和最近修改日期等。QNX 的列目录命令为 ls，用户通过执行此命令，可以获得当前目录以及其他系统目录在这方面的信息，并用参数指定输出目录信息的格式。

【例 5】最简单的命令就是在命令提示符下输入 ls，系统将显示当前目录下的文件。如下所示：

```
#ls<CR>
.    bin    include   src
..   config   lib
#
```

在上面的输出列表中，无法知道所列的名字是一个目录还是一个文件。可以采用-F 参数，让 QNX 系统告诉用户哪些是目录，哪些是文件，哪些是可执行的。名字后面带有 "*" 表示这是一个可执行文件，带 "/" 表示这是一个目录。

在 QNX 中，还可以采用带-R 参数的 ls 命令来列出目录下所有子目录中的所有文件；采用带-l 参数的 ls 命令获取文件和目录的更详细信息。关于 ls 命令更多参数的使用可参阅联机帮助或有关文档。

5. 查找文件——find

在 QNX 中，用来查找文件的命令是 find。find 命令格式比较复杂，可表示为：

```
find  path-name-list  expression
```

其中，path-name-list 是路径名的列表，expression 是要查找的文件名满足的表达式。

【例 6】最常用的命令就是在某一目录下查找指定的文件，如下所示：

```
#find /300e -name  qrtu.c<CR>
/300e/src/rtu/comn/qrtu.c
#
```

在上面的命令中，"/300e" 表示在该目录中寻找，表达式 "-name qrtu.c" 则表示指定查找文件名为 qrtu.c 的文件。

如果用户要了解 find 命令更多的信息，可参阅联机帮助或有关文档。

6. 浏览文本文件——more

more 是一个过滤程序，它在终端上显示文本文件的内容，每次一屏。通常，每显示出一屏后，它将暂停显示，并在屏幕底部显示--more--，表示文件还有内容未被显示。more 对于回车键的响应为向上滚动一行，对空格键的响应则是显示下一屏，而且下一屏的第一行总是接着上一屏末行的内容。

此外，用户还可以输入其他的按键，让 more 执行其他功能。最常用的输入按键是 "/"，用来查找某个字符串。

如果用户要了解 more 命令更多的信息，可参阅联机帮助或有关文档。

7. 显示进程状态——ps、sin

（1）ps 命令

ps 是 Process Status 的缩写，该命令显示整个系统及用户当前正在运行进程的情况。

【例 7】在命令提示符下输入如下命令：

```
#ps<CR>
PID  PGRP  SID  PRI  STATE  BLK  SIZE  COMMAND
1    1     0    30f  READY       262066K  /boot/sys/Proc32 - l 1
```

```
2     2     0  10r  RECV    0   108K   /boot/sys/Slib32
......
7083  7083  6  10o  WAIT    -1  36K    /bin/sh
7090  7083  6  10o  REPLY   1   24K    ps
#
```

可以看到，命令的输出分成若干行，每行都包含一些相同类型的列。一个进程在输出数据中占一行，有多少行输出就表示当前 shell 运行期间有多少个程序正在运行。

如果用户要了解 ps 命令更多的信息，可参阅联机帮助或有关文档。

（2）sin 命令

sin 是 System in Formation 的缩写，该命令显示整个系统运行的信息。它与 ps 命令比较接近。

【例 8】在命令提示符下输入如下命令：

```
#sin<CR>
SID  PID   PROGRAM        PRI  STATE BLK CODE  DATA
--   --    Microkernel    ---  ----- --- 10448 0
0    1     /boot/sys/Proc32  30f  READY --- 118k  1392k
0    2     /boot/sys/Slib32  10r  RECV  0   53k   4096
......
6    7083  //1/bin/ksh    10o  WAIT  -1  94k   36k
6    7105  //1/bin/sin    10o  REPLY 1   45k   49k
#
```

**8．获得联机帮助——use**

在 QNX 系统中，当用户需要获取某个命令的用法时，可以通过 use 命令获得联机帮助。

## 8.5.3　QNX 应用程序开发

**1．基本例程**

如同在学习 DOS 下的 C 语言编程一样，先写一个小程序 hello.c 并运行它，该程序只涉及一步操作和两个 QNX 命令，是最基本的程序。过程是使用 vedit 全屏幕编辑源代码，用 cc 命令编译和连接它。例 9 给出了有关操作步骤：

【例 9】程序 hello.c 的编辑、编译和运行。

① 输入 vedit hello.c 回车，进入编辑屏幕，输入源文件正文：

```
main( )
{
  Printf("hello, QNX world! \n");
}
```

② 保存文件，然后编译和连接程序，输入如下命令：

```
#cc -o hello hello.c
```

③ 最后运行它，输入：

```
#./hello
```

这些步骤是程序开发的基本步骤——编辑、编译和运行。

## 2. 基本概念

### （1）编辑器和编辑源程序

标准 QNX 程序编辑器是 vi，但是它操作起来比较复杂，一般在完全安装的 QNX 系统下使用 vedit 进行文件编辑是比较方便的。vedit 是一个全屏幕编辑器，在屏幕上方显示操作菜单，下方显示当前的文件名和光标的位置，其余显示正文的一页。

### （2）头文件

在例 9 的 hello.c 程序中没有头文件，但大多数 C 语言程序都包含头文件。例如，所有程序都可以在第一行包含：

```
#include <stdio.h>
```

头文件 stdio.h 定义了 EOF 和 NULL 等常量，以及标准输入、输出和流文件及通常的文件输入/输出。QNX 提供了错误码头文件，若要包含它应使用：

```
#include <errno.h>
```

所有 QNX 头文件都存在目录/usr/include 下，开发人员可以查看这些文件。

### （3）编译

QNX 系统提供了可选择的多步编译，即分几步完成编译工作。每一步产生一个输出文件，作为下一步的输入文件。最后一步是连接目标模块和系统函数库，生成可执行文件。当然，不必每一步都单独执行，可用 cc 命令及功能选项来完成各步编译功能。cc 命令能将源程序编译成目标程序，也可将目标程序连接成可装载的执行模块。

在 QNX 中，字符是 8 位，长整型是 64 位，标准整型是 32 位，短整型是 16 位，浮点和双精度分别是 32 位和 64 位。QNX 的设计思想就是用几个小的特殊的任务共同解决一个复杂的问题。小任务装载更快，它使用简单的 16 位指针，在一个大地址空间中，单字指针比双字指针操作更简单、更快。通常，由几个小任务组成的应用系统比单一的大任务更清晰、更灵活，更能充分利用 QNX 结构的优势。但是，小任务并不意味着就是简单的，必须建立这些任务并管理任务及任务间的消息传递。

### （4）运行

编程的目的就是为了让计算机实现某种功能，而这些功能的实现就需要在计算机上运行应用程序。QNX 系统的应用程序不像 DOS 系统那样可以通过文件扩展名（如.EXE、.COM 等）很容易地识别，它是通过文件使用权限 x 限定的。例如，通过 cc 编译程序，如果编译成功，就会生成可执行文件（文件名为 cc 命令行中指定的输出文件名），此时文件的使用权限就会包含 x。如果要运行当前目录下的可执行文件，必须在文件名前加上 "./"，表示当前路径；如果要运行其他目录下的可执行文件，只需指定相对或绝对路径即可。

## 3. cc 命令的使用

cc 命令可以对文件进行编译和连接，它的标准格式为：

```
cc [-options | operands]
```

cc 命令的常用参数如表 8-15 所示。

表 8-15　cc 命令的常用参数和含义

| 参　数 | 含　义 |
| --- | --- |
| –A library | 创建新的库文件（扩展名为".lib"） |
| –I directory | 包含的头文件路径 |
| –I library | 包含的库文件 |
| –L directory | 包含库文件的路径 |
| –o outfile | 输出的文件名 |
| –T{0..3} | 设置优先级 |
| –wx | 显示所有的 Warning（警告）信息 |

通过选用不同的参数可以将编制好的程序编译、连接为库文件（*.lib）或可执行应用程序。

# 小　结

本章首先介绍了 PC/104 总线架构的发展以及其优点；然后介绍其模块标准以及信号时序等相关内容，并与 ISA 总线进行比较；结合 SCM-7020B 介绍了以 PC/104 总线所构造的核心模块的体系架构以及其通信接口的相关内容；以 QNX 操作系统为 PC/104 的开发环境详细介绍了其基本操作指令以及应用程序的开发。

# 习　题

1. PC/104 是什么？其优点有哪些？
2. PC/104 的总线信号定义与功能与在 ISA 总线部分一样吗？104 根线分为几类？
3. PC/104 支持哪些通信接口？
4. QNX 是什么？

# 第 **9** 章 基于 ARM 架构的嵌入式通信系统

## 9.1 概　　述

ARM 是 Advanced RISC Machines 的缩写，1991 年 ARM 公司成立于英国剑桥，主要出售芯片设计技术的授权。目前，采用 ARM 技术知识产权（IP）核的微处理器已广泛用于工业控制、消费类电子产品、通信系统、网络系统、无线系统等各类产品市场，基于 ARM 技术的微处理器应用约占据了 32 位 RISC 微处理器绝大多数的市场份额，成为主流的嵌入式微处理器。

### 9.1.1 ARM 微处理器系列

ARM 微处理器目前主要包括 ARM7、ARM9、ARM9E 系列、ARM10E、ARM11、SecurCore，Intel 的 Xscale、Intel 的 StrongARM 系列。其中，ARM7、ARM9、ARM9E 和 ARM10E 为 4 个通用处理器系列，每一个系列提供一套相对独特的性能来满足不同应用领域的需求。SecurCore 系列专门为安全要求较高的应用而设计。表 9-1 所示为 ARM 各系列处理器所包含的不同类型。下面详细了解一下各种处理器的特点及应用领域。

表 9-1　ARM 各系列处理器所包含的不同类型

| ARM 系列 | 包 含 类 型 |
| --- | --- |
| ARM7 系列 | ZRM7EJ-S |
| | ARM7TDMI |
| | ARM7TDMI-S |
| | ARM720T |
| ARM9/9E 系列 | ARM920T |
| | ARM922T |
| | ARM926EJ-S |

| ARM 系列 | 包 含 类 型 |
|---|---|
| ARM9/9E 系列 | ARM940T |
| | ARM946E-S |
| | ARM966E-S |
| | ARM968E-S |
| 向量浮点运算（vector floating point） | VFP9-S |
| | VFP10 |
| ARM10E 系列 | ARM1020E |
| | ARM1022E |
| | ARM1026EJ-S |
| ARM11 系列 | ARM1136J-S |
| | ARM1136JF-S |
| | ARM1156T2（F）-S |
| | ARM1176JZ（F）-S |
| | ARM11MPCore |
| SecurCore 系列 | SC100 |
| | SC110 |
| | SC200 |
| | SC210 |
| 其他合作伙伴产品 | StrongARM |
| | Xscale |
| | Cortex-M3 |
| | MBX |

**1. ARM7 微处理器系列**

ARM7 内核采用冯·诺依曼体系结构，数据和指令使用同一条总线。内核有一条 3 级流水线，执行 ARMv4 指令集。ARM7 系列处理器主要用于低功耗和低成本产品。其最高运算速度可以到达 130 MIPS。ARM7 系列微处理器的主要应用领域为工业控制、Internet 设备、网络和调制解调器设备、移动电话等多种多媒体和嵌入式应用。

**2. ARM9 微处理器系列**

（1）ARM9 系列

ARM9 系列于 1997 年问世。采用 5 级指令流水线，ARM9 处理器能够运行在比 ARM7 更高的时钟频率上，改善了处理器的整体性能；存储器系统采用哈佛体系结构，区分了数据总线和指令总线。ARM9 系列微处理器主要应用于无线设备、仪器仪表、安全系统、机顶盒、高端打印机、数字照相机和数字摄像机等。

（2）ARM9E 系列

ARM9E 这个内核是 ARM9 内核带有 E 扩展的一个可综合版本。它有 ARM946E-S 和 ARM966E-S 两个变种。两者都执行 v5TE 架构指令。它们也支持可选的嵌入式跟踪宏单元，支持开发者实时跟踪处理器上指令和数据的执行。ARM9E 系列微处理器主要应用于下一代无线设备、数字消费品、成像设备、工业控制、存储设备和网络设备等领域。

3．ARM10E 微处理器系列

ARM10E 系列处理器采用了新的节能模式，提供了 64 位的 Load/Store 体系，支持包括向量操作的满足 IEEE 754 的浮点运算协处理器，系统集成更加方便，拥有完整的硬件和软件开发工具。ARM10E 系列包括 ARM1020E、ARM1022E 和 ARM1026EJ-S 这 3 种类型。ARM10E 系列微处理器主要应用于下一代无线设备、数字消费品、成像设备、工业控制、通信和信息系统等领域。

4．ARM11 微处理器系列

ARM1136J-S 发布于 2003 年，是针对高性能和高能效应而设计的。ARM1136J-S 是第一个执行 ARMv6 架构指令的处理器。它集成了一条具有独立的 Load/Store 和算数流水线的 8 级流水线。ARMv6 指令包含了针对媒体处理的单指令流多数据流扩展，采用特殊的设计改善视频处理能力。

5．SecurCore 微处理器系列

SecurCore 系列微处理器专为安全需要而设计，提供了完善的 32 位 RISC 技术的安全解决方案，因此，SecurCore 系列微处理器除了具有 ARM 体系结构的低功耗、高性能的特点外，还具有其独特的优势，即提供了对安全解决方案的支持。SecurCore 系列微处理器主要应用于一些对安全性要求较高的应用产品及应用系统，如电子商务、电子政务、电子银行业务、网络和认证系统等领域。

6．StrongARM 微处理器系列

Intel StrongARM SA-1100 处理器是采用 ARM 体系结构高度集成的 32 位 RISC 微处理器。采用在软件上兼容 ARMv4 体系结构，同时采用具有 Intel 技术优点的体系结构。Intel StrongARM 处理器是便携式通信产品和消费类电子产品的理想选择，已成功应用于多家公司的掌上计算机系列产品。

7．Xscale 处理器

Xscale 处理器是基于 ARMv5TE 体系结构的解决方案，是一款全性能、高性价比、低功耗的处理器。它支持 16 位的 Thumb 指令和 DSP 指令集，已使用在数字移动电话、个人数字助理和网络产品等场合。

## 9.1.2　ARM 微处理器结构

1．RISC 体系结构

传统的 CISC 结构为支持新增的指令，其体系结构会越来越复杂。因此，1979 年加州大学伯克利分校提出了 RISC 结构，优先选取使用频率最高的简单指令，避免复杂指令；将指令长度固定，指令格式和寻址方式种类减少；以控制逻辑为主，不用或少用微码控制等措施来达到上述目的。RISC 和 CISC 各有优势，而且界限并不那么明显。现代的 CPU 往往采用 CISC

的外围，内部加入了 RISC 的特性，如超长指令集 CPU 就是融合了 RISC 和 CISC 的优势，成为未来的 CPU 发展方向之一。

**2．ARM 微处理器的寄存器结构**

ARM 处理器共有 37 个寄存器，被分为若干个组（BANK），这些寄存器包括：

① 31 个通用寄存器，包括程序计数器（PC 指针），均为 32 位的寄存器。

② 6 个状态寄存器，用以标识 CPU 的工作状态及程序的运行状态，均为 32 位，目前只使用了其中的一部分。同时，ARM 处理器又有 7 种不同的处理器模式，在每一种处理器模式下均有一组相应的寄存器与之对应。即在任意一种处理器模式下，可访问的寄存器包括 15 个通用寄存器（R0～R14）、一到两个状态寄存器和程序计数器。在所有的寄存器中，有些是在 7 种处理器模式下共用的同一个物理寄存器，而有些寄存器则是在不同的处理器模式下有不同的物理寄存器。

# 9.2　ARM 的结构体系

## 9.2.1　ARM 体系结构的特点

ARM 内核采用精简指令集计算机（Reduced Instruction Set Computer，RISC）体系结构。RISC 技术产生于 20 世纪 70 年代。RISC 的设计思想主要有以下特性：

① Load/Store 体系结构。Load/Store 体系结构也称为寄存器/寄存器体系结构或者 RR 系统结构。在这类机器中，操作数和运算结果不是通过主存储器直接取回，而是借用大量标量和矢量寄存器来取回的。

② 固定长度指令。固定长度指令使得机器译码变得比较容易。由于指令简单，需要更多的指令来完成相同的工作，但是随着存储器存取速度的提高，处理器可以更快地执行较大代码段（即大量指令）。

③ 硬联控制。RISC 机以硬联控制指令为特点，由硬件实现指令在执行时间方面提供了更好的平衡，还节省了芯片上用于存储微代码的空间并且消除了翻译微代码所需的时间。

④ 流水线。指令的处理过程被拆分为几个更小的、能够被流水线并行执行的单元。在理想情况下，流水线每周期前进一步，可获得更高的吞吐率。

⑤ 寄存器。RICS 处理器拥有更多的通用寄存器，每个寄存器都可存放数据或地址。寄存器可为所有的数据操作提供快速的局部存储访问。

为了使 ARM 指令集能够更好地满足嵌入式应用的需要，ARM 指令集和单纯的 RISC 定义有以下几方面的不同：

① 一些特定指令的周期数可变。并非所有的 ARM 指令都是单周期的，如果是访问连续的存储器地址，就可以改善性能，因为连续的存储器访问通常比随机访问要快。同时，代码密度也得到了提高，因为在函数的起始和结尾，多个寄存器的传输是很常用的操作。

② 内嵌桶形移位器产生更复杂的指令。内嵌桶形移位器是一个硬件部件，在一个输入寄存器被一条指令使用之前，内嵌桶形移位器可以处理该寄存器中的数据。它扩展了许多指令的功能，改善了内核的性能，提高了代码密度。

③ Thumb 指令集。在代码密度重要的场合，ARM 公司在某些版本的 ARM 处理器中加入了一个称为 Thumb 结构的新型机构。Thumb 指令集是原来 32 位 ARM 指令集的 16 位压缩形式，并在指令流水线中使用了动态解压缩硬件。Thumb 代码密度优于多数 CISC 处理器达到的代码密度。

④ 条件执行。只有当某个特定条件满足时指令才会被执行。这个特性可以减少分支指令数目，从而改善性能，提高代码密度。

⑤ DSP 指令。一些功能强大的数字信号处理（DSP）指令被加入到标准的 ARM 指令中，以支持快速的 16×16 位乘法操作及饱和运算。在某些应用中，传统的方法需要微处理器加上 DSP 才能实现。这些增强指令，使得 ARM 处理器也能够满足这些应用的需要。

综上所述，ARM 体系结构的主要特征如下：

① 大量的寄存器，它们都可以用于多种用途。

② Load/Store 体系结构。

③ 每条指令都条件执行。

④ 多寄存器的 Load/Store 指令。

⑤ 能够在单时钟周期执行的单条指令内完成一项普通的移位操作和一项普通的 ALU 操作。

⑥ 通过协处理器指令集来扩展 ARM 指令集，包括在编程模式中增加了新的寄存器和数据类型。

⑦ Thumb 指令集也可以当作 ARM 体系结构的一部分，以高密度 16 位压缩形式表示指令集。

## 9.2.2 ARM 体系结构的存储器格式

ARM 体系结构将存储器看作是从零地址开始的字节的线性组合。从零字节到三字节放置第一个存储的字数据，从第四字节到第七字节放置第二个存储的字数据，依次排列。作为 32 位的微处理器，ARM 体系结构所支持的最大寻址空间为 4 GB。

ARM 体系结构可以用两种方法存储字数据，称为大端格式和小端格式，具体说明如下：

### 1．大端格式

在这种格式中，字数据的高字节存储在低地址中，而字数据的低字节则存放在高地址中，如图 9-1 所示。

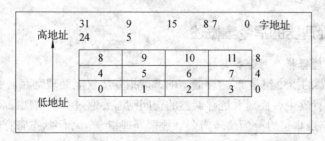

图 9-1　以大端格式存储字数据

2．小端格式

与大端存储格式相反，在小端存储格式中，低地址中存放的是字数据的低字节，高地址存放的是字数据的高字节，如图 9-2 所示。

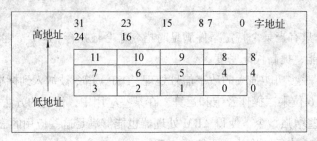

图 9-2　以小端格式存储字数据

### 9.2.3　ARM 微处理器模式

ARM 微处理器支持 7 种运行模式，分别为：

① 用户模式（usr）：ARM 处理器正常的程序执行状态。

② 快速中断模式（fiq）：用于高速数据传输或通道处理。

③ 外部中断模式（irq）：用于通用的中断处理。

④ 管理模式（svc）：操作系统使用的保护模式。

⑤ 数据访问终止模式（abt）：当数据或指令预取终止时进入该模式，可用于虚拟存储及存储保护。

⑥ 系统模式（sys）：运行具有特权的操作系统任务。

⑦ 未定义指令中止模式（und）：当未定义的指令执行时进入该模式，可用于支持硬件协处理器的软件仿真。

ARM 微处理器的运行模式可以通过软件改变，也可以通过外部中断或异常处理改变。

大多数的应用程序运行在用户模式下，当处理器运行在用户模式下时，某些被保护的系统资源是不能被访问的。除用户模式以外，其余的 6 种模式称为非用户模式，或特权模式（Privileged Modes）；其中除去用户模式和系统模式以外的 5 种模式又称为异常模式（Exception Modes），常用于处理中断或异常，以及需要访问受保护的系统资源等情况。

## 9.3　ARM 的指令系统

### 9.3.1　ARM 微处理器的指令集概述

1．ARM 微处理器指令的分类与格式

ARM 微处理器的指令集是加载/存储型的，即指令集仅能处理寄存器中的数据，而且处理结果都要放回寄存器中，而对系统存储器的访问则需要通过专门的加载/存储指令来完成。ARM 微处理器的指令集可以分为跳转指令、数据处理指令、程序状态寄存器（PSR）处理指令、加载/存储指令、协处理器指令和异常产生指令六大类，具体的指令及功能如表 9-2 所示（表中指令为基本 ARM 指令，不包括派生的 ARM 指令）。

表 9-2  ARM 指令及功能描述

| 助 记 符 | 指令功能描述 |
|---|---|
| ADC | 带进位加法指令 |
| ADD | 加法指令 |
| AND | 逻辑与指令 |
| B | 跳转指令 |
| BLC | 位清零指令 |
| BL | 带返回的跳转指令 |
| BLX | 带返回和状态切换的跳转指令 |
| BX | 带状态切换的跳转指令 |
| CDP | 协处理器数据操作指令 |
| CMN | 比较反值指令 |
| CMP | 比较指令 |
| EOR | 异或指令 |
| LDC | 存储器到协处理器的数据传输指令 |
| LDM | 加载多个寄存器指令 |
| LDR | 存储器到寄存器的数据传输指令 |
| MCR | 从 ARM 寄存器到协处理器寄存器的数据传输指令 |
| MLA | 乘加运算指令 |
| MOV | 数据传输指令 |
| MRC | 从协处理器寄存器到 ARM 寄存器的数据传输指令 |
| MRS | 传送 CPSR 或 SPSR 的内容到通用寄存器的指令 |
| MSR | 传送通用寄存器到 CPSR 或 SPSR 的指令 |
| MUL | 32 位乘法指令 |
| MLA | 32 位乘加指令 |
| MVN | 数据取反传送指令 |
| ORR | 逻辑或指令 |
| RSB | 逆向减法指令 |
| RSC | 带借位的逆向减法指令 |
| SBC | 带借位减法指令 |
| STC | 协处理器寄存器写入存储器指令 |
| STM | 批量内存字写入指令 |
| STR | 寄存器到存储器的数据传输指令 |
| SUB | 减法指令 |
| SWI | 软件中断指令 |
| SWP | 交换指令 |
| TEQ | 相等测试指令 |
| TST | 位测试指令 |

2．指令的条件域

当处理器工作在 ARM 状态时，几乎所有的指令均根据 CPSR 中条件码的状态和指令的条件域有条件地执行。当指令的执行条件满足时，指令被执行，否则指令被忽略。指令的条件码如表 9-3 所示。

表 9-3　指令的条件码

| 条件码 | 助记符后缀 | 标　　志 | 含　　义 |
|---|---|---|---|
| 0000 | EQ | Z 置位 | 相等 |
| 0001 | NE | Z 清零 | 不相等 |
| 0010 | CS | C 置位 | 无符号数大于或等于 |
| 0011 | CC | C 清零 | 无符号数小于 |
| 0100 | MI | N 置位 | 负数 |
| 0101 | PL | N 清零 | 正数或零 |
| 0110 | VS | V 置位 | 溢出 |
| 0111 | VC | V 清零 | 未溢出 |
| 1000 | HI | C 置位 Z 清零 | 无符号数大于 |
| 1001 | LS | C 清零 Z 置位 | 无符号数小于或等于 |
| 1010 | GE | N 等于 V | 带符号数大于或等于 |
| 1011 | LT | N 不等于 V | 带符号数小于 |
| 1100 | GT | Z 清零且（N 等于 V） | 带符号数大于 |
| 1101 | LE | Z 置位或（N 不等于 V） | 带符号数小于或等于 |
| 1110 | AL | 忽略 | 无条件执行 |

## 9.3.2　ARM 指令的寻址方式

目前 ARM 指令系统支持如下几种常见的寻址方式。

1．立即寻址

立即寻址也叫立即数寻址，这是一种特殊的寻址方式，操作数本身就在指令中给出，只要取出指令也就取到了操作数。这个操作数被称为立即数，对应的寻址方式叫作立即寻址。

2．寄存器寻址

寄存器寻址就是利用寄存器中的数值作为操作数，这种寻址方式是各类微处理器经常采用的一种方式，也是一种执行效率较高的寻址方式。

3．寄存器间接寻址

寄存器间接寻址就是以寄存器中的值作为操作数的地址，而操作数本身存放在存储器中。

4．基址变址寻址

基址变址寻址就是将寄存器（该寄存器一般称作基址寄存器）的内容与指令中给出的地址偏移量相加，从而得到一个操作数的有效地址。变址寻址方式常用于访问某基地址附近的地址单元。

#### 5．多寄存器寻址

采用多寄存器寻址方式，一条指令可以完成多个寄存器值的传送。这种寻址方式可以用一条指令完成传送最多 16 个通用寄存器的值。

#### 6．相对寻址

与基址变址寻址方式相类似，相对寻址以程序计数器（PC）的当前值为基地址，指令中的地址标号作为偏移量，将两者相加之后得到操作数的有效地址。

#### 7．堆栈寻址

堆栈是一种数据结构，按先进后出（First In Last Out，FILO）的方式工作，使用一个称作堆栈指针的专用寄存器指示当前的操作位置。堆栈指针总是指向栈顶，当堆栈指针指向最后压入堆栈的数据时，称为满堆栈（Full Stack），而当堆栈指针指向下一个将要放入数据的空位置时，称为空堆栈（Empty Stack）。

### 9.3.3 ARM 指令集

下面对 ARM 指令集的十大类指令进行描述。

#### 1．跳转指令

跳转指令用于实现程序流程的跳转，在 ARM 程序中有两种方法可以实现程序流程的跳转：

① 使用专门的跳转指令。

② 直接向程序计数器写入跳转地址值。

通过向程序计数器写入跳转地址值，可以实现在 4 GB 的地址空间中的任意跳转，在跳转之前结合使用 MOV LR，PC 等类似指令，可以保存将来的返回地址值，从而实现在 4 GB 连续的线性地址空间的子程序调用。

ARM 指令集中的跳转指令可以完成从当前指令向前或向后的 32 MB 的地址空间的跳转，包括以下 4 条指令：

① B：跳转指令；

② BL：带返回的跳转指令；

③ BLX：带返回和状态切换的跳转指令；

④ BX：带状态切换的跳转指令。

#### 2．数据处理指令

数据处理指令可分为数据传送指令、算术逻辑运算指令和比较指令等，它用于在寄存器和存储器之间进行数据的双向传输。算术逻辑运算指令完成常用的算术与逻辑的运算，该类指令不但可将运算结果保存在目的寄存器中，同时更新 CPSR 中的相应条件标志位。比较指令不保存运算结果，只更新 CPSR 中相应的条件标志位。

数据处理指令包括：

① MOV：数据传送指令；

② MVN：数据取反传送指令；

③ CMP：比较指令；

④ CMN：反值比较指令；

⑤ TST：位测试指令；

⑥ TEQ：相等测试指令；

⑦ ADD：加法指令；

⑧ ADC：带进位加法指令；

⑨ SUB：减法指令；

⑩ SBC：带借位减法指令；

⑪ RSB：逆向减法指令；

⑫ RSC：带借位的逆向减法指令；

⑬ AND：逻辑与指令；

⑭ ORR：逻辑或指令；

⑮ EOR：逻辑异或指令；

⑯ BIC：位清除指令。

### 3．乘法指令与乘加指令

ARM 微处理器支持的乘法指令与乘加指令共有 6 条，可分为运算结果为 32 位和运算结果为 64 位两类，与前面的数据处理指令不同，指令中的所有操作数、目的寄存器必须为通用寄存器，不能对操作数使用立即数或被移位的寄存器，同时，目的寄存器和操作数必须是不同的寄存器。

乘法指令与乘加指令共有以下 6 条：

① MUL：32 位乘法指令；

② MLA：32 位乘加指令；

③ SMULL：64 位有符号数乘法指令；

④ SMLAL：64 位有符号数乘加指令；

⑤ UMULL：64 位无符号数乘法指令；

⑥ UMLAL：64 位无符号数乘加指令。

### 4．程序状态寄存器访问指令

ARM 微处理器支持程序状态寄存器访问指令，用于在程序状态寄存器和通用寄存器之间传送数据，程序状态寄存器访问指令包括以下两条：

① MRS：程序状态寄存器到通用寄存器的数据传送指令；

② MSR：通用寄存器到程序状态寄存器的数据传送指令。

### 5．加载/存储指令

ARM 微处理器支持加载/存储指令用于在寄存器和存储器之间传送数据，加载指令用于将存储器中的数据传送到寄存器，存储指令则完成相反的操作。常用的加载、存储指令如下：

① LDR：字数据加载指令；

② LDRB：字节数据加载指令；

③ LDRH：半字数据加载指令；

④ STR：字数据存储指令；

⑤ STRB：字节数据存储指令；

⑥ STRH：半字数据存储指令。

### 6．批量数据加载/存储指令

ARM 微处理器所支持批量数据加载/存储指令可以一次在一片连续的存储器单元和多个寄存器之间传送数据，批量加载指令用于将一片连续的存储器中的数据传送到多个寄存器，批量数据存储指令则完成相反的操作。常用的加载、存储指令如下：

① LDM：批量数据加载指令；

② STM：批量数据存储指令。

### 7．数据交换指令

ARM 微处理器所支持数据交换指令能在存储器和寄存器之间交换数据。数据交换指令有如下两条：

① SWP：字数据交换指令；

② SWPB：字节数据交换指令。

### 8．移位指令（操作）

ARM 微处理器内嵌的桶型移位器（Barrel Shifter），支持数据的各种移位操作，移位操作在 ARM 指令集中不作为单独的指令使用，它只能作为指令格式中是一个字段，在汇编语言中表示为指令中的选项。例如，数据处理指令的第二个操作数为寄存器时，就可以加入移位操作选项对它进行各种移位操作。移位操作包括如下 6 种类型，ASL 和 LSL 是等价的，可以自由互换：

① LSL：逻辑左移；

② ASL：算术左移；

③ LSR：逻辑右移；

④ ASR：算术右移；

⑤ ROR：循环右移；

⑥ RRX：带扩展的循环右移。

### 9．协处理器指令

ARM 微处理器可支持多达 16 个协处理器，用于各种协处理操作，在程序执行的过程中，每个协处理器只执行针对自身的协处理指令，忽略 ARM 处理器和其他协处理器的指令。

ARM 的协处理器指令主要用于 ARM 处理器初始化 ARM 协处理器的数据处理操作，以及在 ARM 处理器的寄存器和协处理器的寄存器之间传送数据，和在 ARM 协处理器的寄存器和存储器之间传送数据。ARM 协处理器指令包括以下 5 条：

① CDP：协处理器数操作指令；

② LDC：协处理器数据加载指令；

③ STC：协处理器数据存储指令；

④ MCR：ARM 处理器寄存器到协处理器寄存器的数据传送指令；

⑤ MRC：协处理器寄存器到 ARM 处理器寄存器的数据传送指令。

### 10．异常产生指令

ARM 微处理器所支持的异常指令有如下两条：

① SWI：软件中断指令；

② BKPT：断点中断指令。

# 9.4 ARM 的通信接口

本节主要介绍基于 S3C4510B 的通用 I/O 口、串行通信接口以及以太网接口，通过对本节的阅读，可以使绝大多数读者了解 ARM 几个重要的通信接口的功能。

尽管本节所描述的内容基于 S3C4510B，但由于 ARM 体系结构的一致性以及外围电路的通用性，本节的所有内容对设计其他基于 ARM 内核芯片的应用系统，也具有很高的参考价值。

## 9.4.1 S3C4510B 概述

Samsung 公司的 S3C4510B 是基于以太网应用系统的高性价比 16/32 位 RISC 微控制器，内含一个由 ARM 公司设计的 16/32 位 ARM7TDMI RISC 处理器核，ARM7TDMI 为低功耗、高性能的 16/32 核，最适合用于对价格及功耗敏感的应用场合。

除了 ARM7TDMI 核以外，S3C4510B 比较重要的片内外围功能模块包括：

① 2 个带缓冲描述符（Buffer Descriptor）的 HDLC 通道；
② 2 个 UART 通道；
③ 2 个 GDMA 通道；
④ 2 个 32 位定时器；
⑤ 18 个可编程的 I/O 口。

片内的逻辑控制电路包括：

① 中断控制器；
② DRAM/SDRAM 控制器；
③ ROM/SRAM 和 FLASH 控制器；
④ 系统管理器；
⑤ 一个内部 32 位系统总线仲裁器；
⑥ 一个外部存储器控制器。

S3C4510B 提供了 18 个可编程的通用 I/O 端口，用户可将每个端口配置为输入模式、输出模式或特殊功能模式，由片内的特殊功能寄存器 IOPMOD 和 IOPCON 控制。

端口 0 ~ 端口 7 的工作模式仅由 IOPMOD 寄存器控制，但通过设置 IOPCON 寄存器，端口 8 ~ 端口 11 可用作外部中断请求 INTREQ0 ~ INTREQ3 的输入，端口 12、端口 13 可用作外部 DMA 请求 XDREQ0、XDREQ1 的输入，端口 14、端口 15 可作为外部 DMA 请求的应答信号 XDACK0、XDACK1，端口 16 可作为定时器 0 的溢出 TOUT0，端口 17 可作为定时器 1 的溢出 TOUT1。

控制 I/O 口的特殊功能寄存器一共有 3 个：IOPMOD、IOPCON 和 IOPDATA。

① I/O 口模式寄存器（IOPMOD）：用于配置 P17 ~ P0。相关说明如下：

| 寄存器 | 偏移地址 | 操作 | 功能描述 | 复位值 |
|--------|----------|------|----------|--------|
| IOPMOD | 0x5000 | 读/写 | I/O 口模式寄存器 | 0x0000,0000 |

- [0]P0 口的 I/O 模式位：

0=输入；1=输出。

- [1]P1 口的 I/O 模式位：

0=输入，1=输出。

- [2]P2 口的 I/O 模式位：

0=输入，1=输出。

- [3 ~ 17]P3 ~ P17 口的 I/O 模式位：

0=输入，1=输出。

② I/O 口控制寄存器（IOPCON）：用于配置端口 P8 ~ P17 的特殊功能，当这些端口用作特殊功能（如外部中断请求、外部中断请求应答、外部 DMA 请求或应答、定时器溢出）时，其工作模式由 IOPCON 寄存器控制，而不再由 IOPMOD 寄存器控制。相关说明如下：

| 寄存器 | 偏移地址 | 操作 | 功能描述 | 复位值 |
|---|---|---|---|---|
| IOPCON | 0x5004 | 读/写 | I/O 口控制寄存器 | 0x0000,0000 |

- [4：0]控制端口 8 的外部中断请求信号 0（xIRQ0）输入。

[4]端口 8 用作外部中断请求信号 0：

0 = 禁止，1 = 使能；

[3] 0 = 低电平有效，1 = 高电平有效；

[2] 0 = 滤波器关，1 = 滤波器开；

[1：0] 00 = 电平检测，01 = 上升沿检测，10 = 下降沿检测，11 = 上升、下降沿均检测。

- [9：5]控制端口 9 的外部中断请求信号 1（xIRQ1）输入：使用方法同端口 8。

- [14：10]控制端口 10 的外部中断请求信号 2（xIRQ2）输入：使用方法同端口 8。

- [19：15]控制端口 11 的外部中断请求信号 3（xIRQ3）输入：使用方法同端口 8。

- [22：20]控制端口 12 的外部 DMA 请求信号 0（DRQ0）输入：

[22]端口 12 用作外部 DMA 请求信号 0（nXDREQ0）；

0 = 禁止，1 = 使能；

[21] 0 = 滤波器关，1 = 滤波器开；

[20] 0 = 低电平有效，1 = 高电平有效。

- [25：23]控制端口 13 的外部 DMA 请求信号 1（DRQ1）输入：

[25]端口 13 用作外部 DMA 请求信号 1（nXDREQ1）；

0 = 禁止，1 = 使能；

[24] 0 = 滤波器关，1 = 滤波器开；

[23] 0 = 低电平有效，1 = 高电平有效。

- [27：26]控制端口 14 的外部 DMA 应答信号 0（DAK0）输出：

[27]端口 14 用作外部 DMA 信号 0（nXDACK0）；

0 = 禁止，1 = 使能；

- [26] 0 = 低电平有效，1 = 高电平有效；

- [29：28]控制端口 15 的外部 DMA 应答信号 1（DAK1）输出：

[29]端口 15 用作外部 DMA 信号 1（nXDACK1）；

0 = 禁止，1 = 使能；

[28] 0 = 低电平有效，1 = 高电平有效。

- [30]控制端口 16 作为定时器 0 溢出信号（TOEN0）：

0 = 禁止，1 = 使能。

- [31]控制端口 17 作为定时器 1 溢出信号（TOEN1）：

0 = 禁止，1 = 使能。

③ I/O 口数据寄存器（IOPDATA）：当配置为输入模式时，读取 I/O 口数据寄存器 IOPDATA 的每 1 位对应输入状态，当配置为输出模式时，写每 1 位对应输出状态。位[17：0]对应于 18 个 I/O 引脚 P17 ~ P0。相关说明如下：

| 寄存器 | 偏移地址 | 操作 | 功能描述 | 复位值 |
|---|---|---|---|---|
| IOPDATA | 0x5008 | 读/写 | I/O 口数据寄存器 | 未定义 |

[17：0]对应 I/O 口 P17 ~ P0 的读/写值。I/O 口数据寄存器的值反映对应引脚的信号电平。

## 9.4.2 串行通信接口

S3C4510B 的 UART 单元提供两个独立的异步串行 I/O 口（Asynchronous Serial I/O，SIO），每个通信接口均可工作在中断模式或 DMA 模式，也即 UART 能产生内部中断请求或 DMA 请求在 CPU 和串行 I/O 口之间传送数据。

S3C4510B 的 UART 单元特性包括：

① 波特率可编程；

② 支持红外发送与接收；

③ 1 ~ 2 个停止位；

④ 5 ~ 8 个数据位；

⑤ 奇偶校验。

每个异步串行通信接口都具有独立的波特率发生器、发送器、接收器和控制单元。波特率发生器可由片内系统时钟 MCLK 驱动，或由外部时钟 UCLK（Pin64）驱动；发送器和接收器都有独立的数据缓冲寄存器和数据移位器。

待发送的数据首先传送到发送缓冲寄存器，然后复制到发送移位器并通过发送数据引脚 UATXDn 发送出去。接收数据首先从接收数据引脚 UARXDn 移入移位器，当接收到一个字节时就复制到接收缓冲寄存器。

SIO 的控制单元通过软件控制工作模式的选择、状态和中断产生。

当使用 UART 的发送中断功能时，应在初始化 UART 之前先写一个字节数据到 UART 的发送缓冲寄存器，这样，当发送缓冲寄存器空时就可以产生 UART 的发送中断。

## 9.4.3 以太网通信接口

S3C4510B 内嵌一个可以以 10/100 Mbit/s 的速率工作在半双工或全双工模式下的以太网控制器。在半双工模式下，控制器支持 IEEE 802.3 的 CSMA/CD 协议；在全双工模式下，控

嵌入式通信系统

制器支持包括用于流控的暂停操作的 IEEE 802.3 MAC 控制层协议。

以太网控制器的 MAC 层支持媒体独立接口（Media Independent Interface，MII）和带缓冲的 DMA 接口（Buffered DMA Interface，BDI）。MAC 层由发送模块、接收模块、流控模块、用于存储网络地址的匹配地址存储器（Content Address Memory，CAM）以及一些命令寄存器、状态寄存器、错误计数器寄存器构成。

MII 支持在 25 MHz 时钟下以 100 Mbit/s 传输速率的发送与接收操作，以及在 2.5 MHz 时钟频率下以 10 Mbit/s 传输速率的发送与接收操作。同时，MII 遵循 ISO/IEC 802-3 中关于从 MAC 层中分离出物理层的媒体独立层标准。

S3C4510B 以太网控制器的主要特性描述如下：

① 为设备连入以太网提供廉价的解决方案。

② 带猝发模式的 BDMA 引擎。

③ BDMA 发送/接收缓冲（均为 256B）。

④ MAC 发送/接收 FIFOs（分别为 80B 和 16B），支持在冲突后重新发送，无须 DMA 请求。

⑤ 数据对准逻辑。

⑥ 端模式变换。

⑦ 支持新/旧传输媒体（与目前的 10 Mbit/s 网络兼容）。

⑧ 10/100 Mbit/s 的传输速率，提高系统性价比。

⑨ 符合 IEEE 802.3 标准，与现有应用系统兼容。

⑩ 支持媒体独立接口（MII）或 7 线制接口。

⑪ 用于物理层配置与连接的站管理信号。

⑫ 片内 CAM（可存储 21 个地址）。

⑬ 支持双倍带宽的全双工模式。

⑭ 硬件支持全双工流控暂停操作。

⑮ 支持特定情况下的长数据包模式。

⑯ 支持用于快速测试的短数据包模式。

⑰ 支持填充生成，数据更易于传输并减少传输时间。

# 9.5　基于 ARM 架构的嵌入式网关

本节以基于 S3C4510B 芯片所设计的嵌入式家庭网关为例，对基于 ARM 架构的嵌入式网关进行讲解。

## 9.5.1　硬件平台设计

### 1. 设计框图

家庭网关的设计框图如图 9-3 所示。

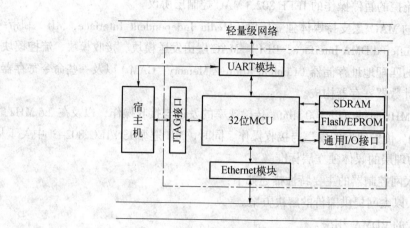

图 9-3　家庭网关的设计框图

2．设计模块

（1）微处理器

考虑到功耗、成本等原因，选用的是 ARM 架构 Samsung 公司生产的 S3C4510B 芯片，其内核是 ARM 公司设计的通用 32 位 ARM7TDMI 微处理器核。

（2）Flash 存储器

用于存储家庭网关中的嵌入式操作系统、HTTP 服务器、CGI 网关应用程序、家庭网络服务器，以及支持各种服务所需的文件系统。系统启动时，将从 Flash 中运行 Boot loader，解压缩操作系统并将搬移到 SDRAM 中。为满足系统的存储需要，选用了 2 MB 的 Flash 存储器 HY29LV160 作为存储介质。

（3）SDRAM

考虑到实际需求，选用两片 HY57V641620 并联构建 32 位的 SDRAM 存储器系统，共 16 MB 的 SDRAM 空间。

（4）总线驱动电路

因 ARM 微处理器的系统总线驱动能力相对较弱，并考虑到总线的电平转换问题，该系统采用 74LVC4245 作为总线驱动与电平转换。

（5）10/100 Mbit/s 以太网

S3C4510 芯片内部集成了以太网 MAC 控制，但并未提供物理层接口，需外接一片物理层芯片以提供以太网的接入通道。本设计中选用的是 DM916。

（6）串行接口

S3C4510B 支持两个异步串行端口，完成串行数据的收发，其中一个 UART 端口用于宿主机的虚拟控制台与目标板的信息交互。选用 MAX232 作为串行数据收发接口，为满足家庭网络图像数据传输的要求，网关设计中需要带有硬件流量控制的异步串行通信。因此，选用两片 MAX232 芯片完成两个 UART 接口的数据及硬件流量控制信号的电平转换。

（7）通用 I/O 接口

S3C4510B 芯片支持 18 个通用 I/O 接口，除去复用 I/O 口外，有 P0 ~ P7 共 8 个 I/O 接口，

它们用于接入外部状态信号或驱动调试用的状态 LED。将 S3C4510 支持的 8 个专用 I/O 接口直接驱动 LED，做测试用。

（8）S3C4510B 所需的其他外围驱动电路

S3C4510B 所需的外围电路，包括：电源电路、实时时钟接口电路（50 MHz）、开关及复位电路、JATG 接口电路和键盘接口电路。

### 9.5.2 软件平台设计

**1．嵌入式操作系统**

出于对多任务控制、网络功能和可移植性等方面的考虑，本设计中选用的嵌入式操作系统是 uClinux，它被广泛应用在微控制领域。uClinux 有一个完整的 TCP/IP 协议栈，同时给其他许多网络协议都提供支持。

**2．嵌入式家庭网关设计**

在嵌入式网关设计中，网关程序与家庭网络的 HTP 服务器和家庭网络内部服务器（HomeNet Server）位于同一物理设备（基于 S3C4510B 的硬件平台）之上，负责连接 HTTP 服务器与后台数据库，完成 HTTP 服务器与 HomeNet Server 之间的信息交互。图 9-4 所示为嵌入式网关的设计结构。

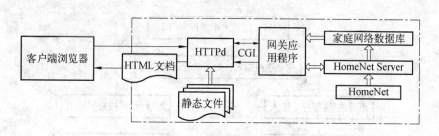

图 9-4　嵌入式网关的设计结构

由于网关连接了两个服务器，因而下文中以嵌入式网关统称 HTTPd+CGI+HomeNet Server，即文中的嵌入式网关软件是指建立在 uClinux 平台上用于实现远程操作的所有功能软件的集合。

（1）嵌入式 HTTP 服务器

为实现家庭网关的各项功能，HTTP 服务器必须按照 HTTP 协议的规范和客户进行交互。涉及如何和客户建立连接，解释客户的请求消息，按照客户的要求执行相应的处理，以及使用何种语法格式来将处理结果作为响应消息返回给客户等问题。家庭网络服务器的工作流程如图 9-5 所示。

（2）Web 服务器

网关应用程序连接 HTTP 服务器和 HomeNet Server，在远程控制的动态交互中起到承接作用。因此，网关应用程序的设计对服务器的性能至关重要。这里采用 CGI 作为 uClinux 上的网关应用程序，在此仅对最能体现动态 Web 实现过程的 CGI 应用程序 control.cgi 进行说明。它用于远程控制，通过对 control.htm 页面的点击，实现对相应设备的控制。图 9-6 所示为 HTTPd 与 CGI 的实现流程图。

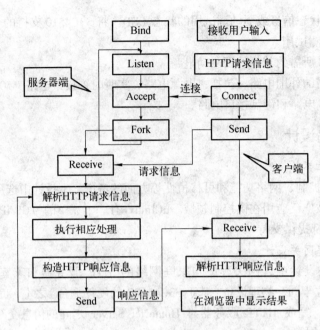

图 9-5　家庭网络服务器的工作流程

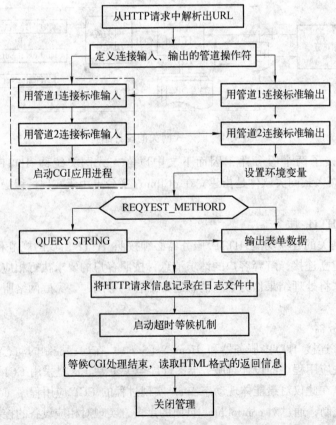

图 9-6　HTTPd 与 CGI 的实现流程图

# 小　结

本章系统地介绍了嵌入式系统软硬件的组成、工作原理和设计方法。主要介绍了嵌入式系统的基本概念，包括嵌入式系统的定义、组成、特点、分类和应用领域；ARM 处理器的体系结构；ARM 的指令系统以及 S3C4510B 芯片相关的通信接口。最后，介绍了基于 ARM S3C4510B 芯片的网关设计。

# 习　题

1. ARM 指令集和单纯的 RISC 定义有何不同？

2. ARM 一般处理器有几种工作状态，请简要说明。

3. ARM 处理器支持的工作模式有哪几种，其中哪些为特权模式？哪些为异常模式？

4. 分析程序状态寄存器（FSR）各位按功能包括哪几类？并说明 N、Z、C、V 在什么情况下进行置位和清零。

5. ARM 数据处理指令具体的寻址方式有哪些？如果程序计数器 PC 作为目标寄存器会产生什么结果？

6. 用 ARM 汇编指令写出实现 64 位加法的代码段，假定低 32 位数存放在 r0 和 r1 里面，高 32 位数存放在 r2 和 r3 里面。

7. 当一个异常出现以后，ARM 微处理器会执行什么操作？

# 第 10 章 嵌入式操作系统

## μC/OS-II

## 10.1 概　述

μC/OS-II 是一种基于优先级可剥夺型的多任务实时内核，包含了任务调度与管理、时间管理、任务间通信与同步等基本功能。μC/OS-II 使用 C 语言和汇编语言编写，为了提高μC/OS-II 的可移植性，其中绝大部分代码都是用 C 语言编写的。

μC/OS-II 是一款源代码公开的实时操作系统，μC/OS 是美国工程师 Jean J.Labrosse 所开发，最初是为微控制器设计的。μC/OS-II 是μC/OS 的升级版本，也是目前广泛使用的版本。它以小内核、多任务、实时性好、丰富的服务系统、容易使用等特点越来越受欢迎。μC/OS-II 实时系统的商业应用十分广泛，具有非常稳定、可靠的性能，成功应用于生命科学、航天工程等重大科研项目中。μC/OS-II 的体系结构如图 10-1 所示。μC/OS-II 作为一个微内核，它只对计算机的处理器和硬件时钟进行了抽象和封装，而没有提供其他硬件抽象层。

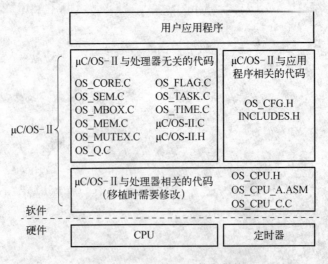

图 10-1　μC/OS-II 的体系结构

嵌入式操作系统在不同的应用中主机的硬件结构差异很大，它们的硬件抽象层只能由硬件供应商或者目标系统的开发者提供或开发。在移植μC/OS-II 时，其主要工作就是根据具体硬件换一个或者添加一个硬件抽象层。需要添加的硬件抽象层位于μC/OS-II 的体系结构图中的 HAL 部分。μC/OS-II 是基于优先级的可剥夺型内核，系统中的所有任务都有一个唯一的优先级别，它适合应用在实时性要求较高的场合。

μC/OS-II 的另外一个特点是它没有区分用户空间和系统空间，所以它很适合应用在比较简单的处理器上。当然，系统和用户共用一个空间会由于用户应用程序与系统服务模块之间联系过于紧密而使系统的安全性变差。但是，由于嵌入式应用的封闭性，系统和用户共用一个空间并不会成为一个很严重的问题，而且在有些时候还会给用户带来某种方便。

# 10.2　μC/OS-II 任务管理

在μC/OS-II 系统中最多可支持 64 个任务，分别对应优先级 0~63，其中 0 为最高优先级，63 为最低优先级。系统保留了 4 个最高优先级的任务和 4 个最低优先级的任务，所以用户可以使用的任务数有 56 个。μC/OS-II 是通过任务控制块来管理任务的。因此，创建任务的工作实质上是给任务的代码分配一个任务控制块，并通过任务控制块把任务代码和任务堆栈关联起来形成一个完整的任务。

μC/OS-II 有两个函数来完成任务的创建：OSTaskCreate()和 OSTaskCreateExt()，其中函数 OSTaskCreateExt()是函数 OSTaskCreate()的扩展，并提供了一些附加功能。

**1．用函数 OSTaskCreate()创建任务**
应用程序可以通过调用函数 OSTaskCreate()来创建一个任务。

**2．用函数 OSTaskCreateExt()创建任务**
在任务及应用程序中也可以通过调用 OSTaskCreateExt()来创建一个任务，用 OSTaskCreateExt()创建任务将更灵活，但是会增加一些额外的开销。

任务创建函数是非常重要的函数，在操作系统的初始化中就调用了这个函数来创建空闲任务和统计任务。OSTaskCreateExt()比 OSTaskCreate()增加了堆栈清除的功能，其他并没有很大的区别，操作系统采用的默认的任务创建函数是 OSTaskCreateExt()。

删除任务就是把该任务置于睡眠状态。具体做法是把当初分配给被删除任务的任务控制块从就绪链表中删除，并且归还给空闲任务控制块链表，是任务创建的逆过程。在任务中，可以调用函数 OSTaskDel()来删除任务自身或除了空闲任务以外的其他任务，该函数只有一个参数，即任务的优先级，OSTaskDel()函数原型如下：

```
#if OS_TASK_DEL_EN
INT8U OSTaskDel(
  INT8U prio    //要删除的任务的优先级别
);
```

如果一个任务调用这个函数是为了删除任务自己，则应在调用函数时令函数的参数 prio 为 OS_PRIO_SELF。

有时任务会占用一些动态分配的内存或信号量之类的资源，这时如果有其他任务把这个任务删除了可能会导致系统崩溃，因此，在删除一个占用资源的任务时一定要谨慎。具体的办法是，提出删除任务请求的任务只负责提出删除任务请求，而删除工作则由被删除任务自己来完成。这时，需要一个非常重要的请求删除任务的函数 OSTaskDelReq()。

OSTaskDelReq()是集请求与响应于一段代码内，该代码的功能是请求删除某任务和查看是否有任务要删除自己。

例如，优先级为 5 的任务 A 调用 OSTaskDelReq（10），请求删除优先级为 10 的任务 B，任务 B 调用 OSTaskDelReq（OS_PRIO_SEL）并查看返回值，如果返回值为 OS_ERR_TASK_DEL_REQ，说明有任务要求删除自己。任务 B 应该先释放自己使用的资源，然后调用 OSTaskDel（10）或 OSTaskDel（OS_PRIO_SELF）来删除自己。

所谓挂起一个任务，就是因为某种原因由任务自己或其他任务停止这个任务的运行。在 μC/OS-II 中，用户任务可以通过调用系统提供的函数 OSTaskSuspend()来挂起自身或者除空闲任务之外的其他任务，调用函数 OSTaskSuspend()挂起的任务，只能在其他任务中通过调用恢复函数 OSTaskResume()使其恢复为就绪状态。挂起任务函数 OSTaskSuspend()的原型如下：

```
INT8U OSTaskSuspend (INT8U prio);
```

函数的参数 prio 为待挂起任务的有限级别。若调用函数 OSTaskSuspend()的任务要挂起自身，则参数必须为常数 OS_PRIO_SELF（该常数在文件 uCOS_II.H 中被定义为 0xFF）。

当函数调用成功时，返回信息 OS_NO_ERR；否则，根据出错的具体情况返回 OS_TASK_SUSPEND_IDLE、OS_PRIO_INVALID 和 OS_TASK_SUSPEND_PRIO 等。

OSTaskSuspend()程序中主要判断待挂起的任务是否调用这个函数的任务本身。若是任务本身，则必须在删除任务在就绪任务表中的就绪标志，并在任务控制块成员 OSTCBStat 中做了挂起记录之后引发一次调度，以使 CPU 去运行就绪的其他任务。若挂起的任务不是调用函数的任务本身，而是其他任务，只要删除就绪任务表中被挂起任务的就绪标志，并在任务控制块成员 OSTCBStat 中做了挂起记录即可。

恢复任务函数 OSTaskResume()的原型如下：

```
INT8U OSTaskResume(INT8U prio);
```

函数的参数为待恢复任务的优先级别。若函数调用成功，则返回信息 OS_NO_ERR；否则，根据出错的具体情况返回 OS_PRIO_INVALID、OS_TASK_RESUME_PRIO 和 OS_TASK_NOT_SUSPEND 等。

任务调度是内核的主要职责之一，就是要决定轮到那个任务运行。μC/OS-II 系统总是运行进入就绪态任务中优先级最高的那一个。确定哪个任务优先级最高，下面该哪个任务运行的工作是由调度器（Scheduler）完成的。

# 10.3　μC/OS-II 内存管理

为了便于内存的管理，在μC/OS-II 中使用内存控制块（Memory Control Blocks）的数据结构来跟踪每一个内存分区，系统中的每个内存分区都有它自己的内存控制块。内存控制块定义如下：

```
typedef struct {
void *OSMemAddr;        //指向内存分区起始地址的指针
```

```
void *OSMemFreeList;    //下一个空闲内存控制块或者下一个空闲的内存块的指针
INT32U OSMemBlkSize;    //内存分区中内存块的大小
INT32U OSMemNBlks;      //内存分区中总的内存块数量
INT32U OSMemNFree;      //内存分区中当前可用的空闲内存块数量
} OS_MEM;
```

在内存中定义一个内存分区及其内存块的方法很简单，只要定义一个二维数组即可，例如：

```
INT16U IntMemBuf[10][10];
```

这样就定义了一个用来存储 INT16U 类型的数据，有 10 个内存块，每个内存块长度为 10 的内存分区。

上面的这个定义只是在内存中划分出了分区以及内存块的区域，还不是一个真正的可以动态分配的内存区，只有把内存控制块与分区关联起来之后，系统才能对其进行相应的管理和控制，这样才是一个真正的动态内存区。图 10-2 所示为内存控制块与内存分区和内存块的关系图。

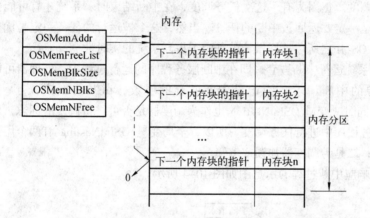

图 10-2　内存控制块与内存分区和内存块的关系图

如果要在 μC/OS-II 中使用内存管理，需要在 OS_CFG.H 文件中将开关量 OS_MEM_EN 设置为 1 进行初始化，建立一个如图 10-3 所示的内存控制块链表。

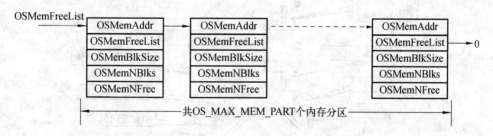

图 10-3　内存控制块链表

每当应用程序需要创建一个分区时，系统就会从空内存控制块链表中摘取一个控制块，而把链表的头指针 OSMemFreeList 指向下一个内存控制块；而每当应用程序释放一个内存分区时，则会把该分区对应的内存控制块归还给空内存控制块链表。

μC/OS–II 用于动态内存管理的函数有：创建动态内存分区函数 OSMemCreate()、请求获得内存块函数 OSMemGet()、释放内存块函数 OSMemPut() 和查询动态内存分区状态函数 OSMemQuery()。

# 10.4 μC/OS–II 中断和时间管理

### 10.4.1 μC/OS–II 的中断服务子程序

μC/OS–II 中，任务在运行过程中，应内部或外部异步事件的请求中止当前任务，而去处理异步事件所要求的任务的过程叫作中断。应中断请求而运行的程序叫中断服务子程序（Interrupt Service Routines，ISR）。中断服务子程序的入口地址叫中断向量。

μC/OS–II 系统响应中断的过程：系统接收到中断请求之后，如果处理器处于中断允许状态（即中断是开放的），系统就会中止正在运行的当前任务，而按照中断向量的指向转而去运行中断服务子程序。对于可剥夺型的 μC/OS–II 内核来说，中断服务子程序运行结束前，需要进行一次任务调度。正因为有了这次任务调度，在中断结束时，系统才有可能去运行另外一个任务，而不是一定要返回被中断的任务。当然，这个被运行的任务一定是优先级别最高的就绪任务。μC/OS–II 之所以这样做，就是为了提高系统的实时性。

μC/OS–II 系统运行中断嵌套，即在中断服务程序的运行过程中，处理器可以相应更高优先级别中断源的中断请求。为记录中断嵌套的层数，μC/OS–II 定义了一个全局变量 OSIntNesting。同时，变量 OSIntNesting 也作为调度器是否可进行调度的标志，以保证调度器不会在中断服务程序中进行任务调度。所以，全局变量 OSIntNesting 有两个用途：一是记录中断嵌套层数；二是为调度器加锁或解锁。

μC/OS–II 响应中断过程的示意图如图 10-4 所示。

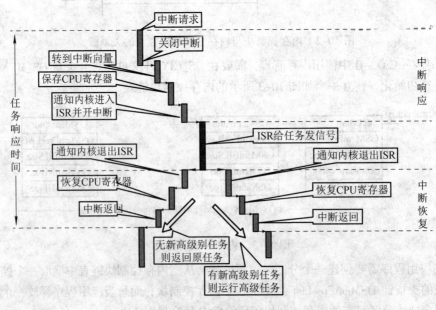

图 10-4 中断响应的过程

μC/OS–II 用了两个重要的函数 OSIntEnter()和 OSIntExit()来处理变量 OSIntNesting。函数 OSIntEnter()比较简单，它的作用就是把全局变量 OSIntNesting 加 1，从而用它来记录中断嵌套的层数并为调度器加锁。OSIntEnter()函数的代码如下：

```
void OSIntEnter(void)
{
    if (OSRunning==True){
    if(OSIntNesting < 255){
    OSIntNesting++;              //中断嵌套层数计数器加 1
    }
    }
}
```

　　函数 OSIntEnter()经常在中断服务程序保护被中断任务的断点数据之后，运行用户中断服务代码之前来调用，所以通常把它叫作进入中断服务函数。

　　另一个在中断服务程序中要调用的函数叫作退出中断服务函数 OSIntExit()。该函数 OSIntExit()的源代码如下：

```
void OSIntExit(Void)
{
    OS_ENTER_CRITICAL();
    if(OSRunning==TRUE){
    if(OSIntNesting > 0){
    OSIntNesting--;              //中断嵌套层数计数器减 1
    }
    if ((OSLockNesting==0)&&(OSIntNesting==0)) {
      OSIntExity=OSUnMapTbl[OSRdyGrp];
      OSPrioHighRdy=(INT8U)((y<<3) + OSUnMapTbl[OSRdyTbl[y]]);
        if (OSPrioHighRdy!=OSPrioCur) {
            OSTCBHighRdy=OSTCBPrioTbl[OSPrioHighRdy];
            OSCtxSwCtr++;
            OSIntCtxSw();   //中断级任务切换
        }
    }
    }
    OS_EXIT_CRITICAL();
}
```

一个中断服务子程序的流程如图 10–5 所示。

OSIntEnter()用来通知内核：现在已进入中断服务程序，禁止调度；OSIntExit()用来通知内核：中断服务已结束，可以进行调度。因此，在这两个函数之间就是调度禁区，所以要成对使用。

在μC/OS–II 中，通常用一个任务来完成异步事件的处理工作，而在中断服务程序中只是通过向任务发送消息的方法去激活这个任务。

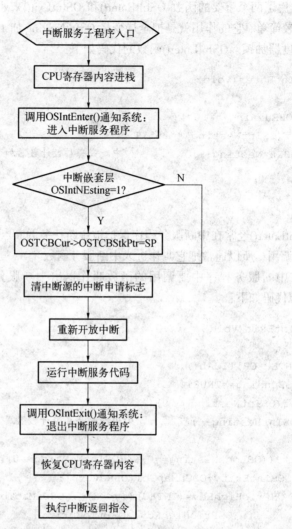

图 10-5 中断服务子程序的流程

## 10.4.2 μC/OS-II 的时间管理

μC/OS-II 在时间管理上，主要是在任务的延时、取消延时、设置和获取系统时间等方面提供服务。与时间管理有关的函数除了时钟中断服务子程序和时钟节拍函数外还有 5 个：

```
OSTimeDly()
OSTimeDlyHMSM()
OSTimeDlyResmue()      // 由其他任务唤醒延迟未满的任务
OStimeGet()            // 获得 OSTime 的当前值
OSTimeSet()            // 设置 OSTime 的当前值
```

必须通过设置 OS_CFG.H 中的一些配置常量，才能使用它们，如表 10-1 所示。

表 10-1  时间管理函数设置表

| 时间管理函数 | 在 OS_CFG.H 中置 1 允许相应函数 |
|---|---|
| OSTimeDly() | — |
| OSTimeDlyHMSM() | OS_TIME_DLY_HMSN_EN |
| OSTimeDlyResmue() | OS_TIME_DLY_RESUME_EN |
| OStimeGet() | OS_TIME_GET_SET_EN |
| OSTimeSet() | OS_TIME_GET_SET_EN |

1．任务延时函数 OSTimeDly()

μC/OS–II 提供了一个可以被任务调用而将任务延时一段特定时间的功能函数 OSTimeDly()。μC/OS–II 规定：除了空闲任务之外的所有任务必须在任务中合适的位置调用系统提供的函数 OSTimeDly()，使当前任务的运行延迟一段时间并进行一次任务调度，以让出 CPU 的使用权。

2．按时分秒延时函数 OSTimeDlyHMSM()

μC/OS–II 还提供了一个可以用时、分、秒为参数的任务延时函数 OSTimeDlyHMSM()。该函数的原型如下：

```
INT8U  OSTimeDlyHMSM (
    INT8U hours,        // 时
    INT8U minutes,      // 分
    INT8U seconds,      // 秒
    INT16U milli        // 毫秒
                   );
```

该函数与函数 OSTimeDly()一样，在结束前也会引发一次调度。

调用了延时函数的任务，当规定的延时时间期满，或有其他任务通过调用函数 OSTimeDlyResume()取消了延时时，它会立即进入就绪状态。

3．取消任务的延时

延时的任务可以通过在其他任务中调用 OSTimeDlyResume()取消延时而进入就绪状态。如果任务比正在运行的任务优先级别高，则会立即引发一次任务调度。

4．获取系统时间的函数 OSTimeGet()

OSTimeGet()函数获取当前系统时钟数值，系统时钟是一个 32 位的计数器，记录系统上电后或时钟重新设置后的时钟计数。

OSTimeGet()函数的原型如下：

```
INT32U OSTimeGet (void);
```

函数返回值为当前时钟计数（时钟节拍数）。

5．设置系统时间函数 OSTimeSet()

OSTimeSet()函数设置当前系统时钟数值。系统时钟是一个 32 位的计数器，记录系统上电后或时钟重新设置后的时钟计数。

OSTimeSet()函数的原型如下：

```
void OSTimeSet (INT32U ticks);
```

其中，ticks 为要设置的时钟数，单位是时钟节拍数。

# 10.5 μC/OS-II 任务之间的通信与同步

嵌入式系统中的各个任务都是以并发的方式运行，为同一个大任务服务。系统中的多个任务在运行时，经常需要互相无冲突地访问同一个共享资源，或者需要互相支持和依赖，甚至有时还要互相加以必要的限制和制约，才保证任务的顺利运行。为了实现各任务之间的合作和无冲突的运行，在各任务之间必须建立一些制约关系。任务之间这种制约性的合作运行机制叫作任务间的同步。计算机系统是依靠任务之间的良好通信来保证任务与任务的同步的。任务间的同步依赖于任务间的通信。在μC/OS-II 中，使用邮箱和消息队列这些被称作事件的中间环节来实现任务间的通信。

## 10.5.1 事件控制块

为了把描述事件的数据结构统一起来，μC/OS-II 使用叫作事件控制块（ECB）的数据结构来描述诸如信号量、邮箱和消息队列这些事件。ECB 中包含等待任务表在内的所有有关事件的数据。图 10-6 所示为事件控制块 ECB 结构。

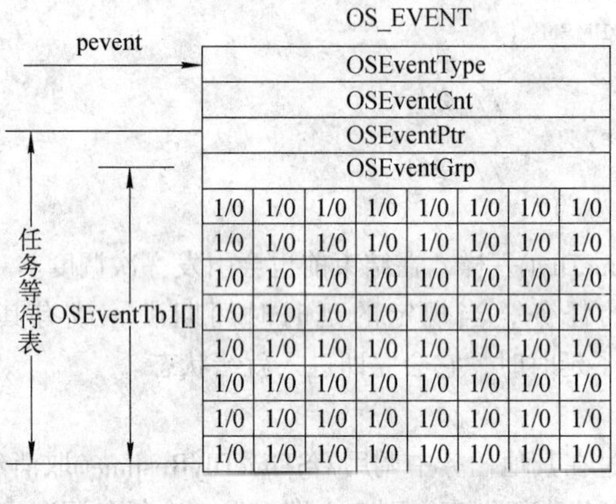

图 10-6　事件控制块 ECB 结构

应用程序中的任务通过指针 pevent 来访问事件控制块。μC/OS-II 有 4 个对 ECB 进行基本操作的函数（定义在文件 OS_CORE.C 中），以供操作信号量、邮箱、消息队列等事件的函数来调用。

### 1．事件控制块的初始化函数

调用 OSEventWaitListInit()函数可对事件控制块进行初始化。EventWaitListInit()的作用就是把变量 OSEventGrp 及任务等待表中的每一位清 0，即令事件的任务等代表中不含有任何等待任务。此函数将在任务调用函数 OS×××Creat()创建事件时，被函数 OS×××Creat()调用。

### 2．使任务进入等待状态的函数

当一个任务在请求事件而不能获得时，应把这个任务状态置为等待状态和把任务置为非就绪任务。这要通过调用 OS_EventTaskWait()函数来实现，函数 OS_EventTaskWait()将在任务调用函数 OS×××Pend()请求一个事件时，被函数 OS×××Pend()所调用。

3．使一个正在等待任务进入就绪状态的函数 OS_EventTaskRdy()

该函数作用是把调用这个函数的任务在任务等代表中的位清 0 后，再把任务在任务就绪表中对应的位置 1，然后引发一次任务调度。函数 OS_EventTaskRdy()将在任务调用函数 OS×××Post()发送一个事件时，被函数 OS×××Post()所调用。

4．使一个等待超时的任务进入就绪状态的函数 OS_EventTo()

如果一个正在等待事件的任务已经超过了等待时间，却仍因为没有获取事件等原因而未具备可以运行的条件，却又要使它进入就绪态，这时要调用此函数。函数 OS_EventTo()将在任务调用函数 OS×××Pend()请求一个事件时，被函数 OS×××Pend()所调用。

## 10.5.2 消息邮箱

如果任务与任务之间要传递一个数据，那么为了适应不同数据的需要，最好在存储器中建立一个数据缓冲区，把要传递的数据放在该缓冲区中，即可实现任务间的数据通信。

如果把数据缓冲区的指针赋给一个事件控制块的成员 OSEventPrt，同时使事件控制块的成员 OSEventType 为常数 OS_EVENT_TYPE_MBOX，则该事件控制块就叫作消息邮箱。

1．创建消息邮箱

创建邮箱需要调用函数 OSMboxCreate()。该函数原型如下：

```
OS_EVENT *OSMboxCreate (
    void *msg           // 消息缓冲区指针
);
```

2．消息邮箱发送消息

任务可以通过调用函数 OSMboxPost()向消息发送消息。该函数的原型如下：

```
INT8U OSMboxPost (
    OS_EVENT    *pevent, // 消息邮箱指针
    void *msg     // 消息缓冲区指针
);
```

函数中的第二个参数 msg 为消息缓冲区的指针，函数的返回值为错误号。μC/OS–II 在μC/OS 的基础上又增加了一个向邮箱发送消息的函数 OSMboxPostOpt()，这个函数可以广播的形式向事件等待任务表中的所有任务发送消息。

3．请求消息邮箱

当一个任务请求邮箱时需要调用函数 OSMboxPend()，这个函数的主要作用查看邮箱指针 OSEventPtr 是否为 NULL，如果不为 NULL，则把邮箱中的消息指针返回给调用函数的任务，同时用 OS_NO_ERR 通过函数的参数 err 统治任务获取消息成功，如果是 NULL，则使任务进入等待状态，并引发一次任务调度。

任务在请求邮箱失败时也可以不进行等待而继续运行，如果要以这种方式来请求邮箱，则任务需要调用函数 OSMboxAccept()。该函数的返回值为消息的指针。

4．查询邮箱状态

任务可调用函数 OSMboxQuery()查询邮箱的当前状态，并把相关信息存放在一个结构 OS_MBOX_DATA 中。

### 10.5.3　消息队列

**1．消息队列**

使用消息队列可在任务之间传递多条消息。消息队列由三部分组成：事件控制块、消息队列和消息。当把事件控制成员 OSEventType 的值设为 OS_EVENT_TYPE_Q 时，该事件控制块描述的就是一个消息队列。

**2．消息队列的操作**

（1）创建消息

创建一个消息队列首先需要定义一个指针数组，然后把各个消息数据缓冲区的首地址存入该数组中，最后再调用 OSQCreate() 创建消息队列。

```
OS_EVENT  OSQCreate (
    void  **start// 指针数组的地址
    INT16U  size        // 数组长度
    );
```

函数中的参数 start 为存放消息缓冲区指针数组的地址，参数 size 为该数组的大小，函数的返回值为消息队列的指针。

函数 OSQCreate() 首先从空队列控制链表摘取一个控制块并按参数 start 和 size 填写诸项，然后把消息队列初始化为空。

（2）请求消息队列

请求消息队列的目的是为了从消息队列中获取消息。任务请求消息队列需要调用函数 OSPend()。该函数的原型如下：

```
void *OSQPend (
    OS_EVENT   *pevent,  // 所请求的消息对列的指针
    INT16U  timeout,     // 等待时限
    INT8U *err           // 错误信息
    );
```

函数的返回值为消息指针，函数的参数 pevent 是要访问的消息队列事件控制块的指针；参数 timeout 是任务等待的时限。

函数要通过访问事件控制块的成员 OSEventPtr 指向的队列控制块 OS_Q 的成员 OSQEntries 来判断是否有消息可用。如果有消息可用，则返回 OS_Q 成员 OSQOut 指向的消息，同时调整指针 OSQOut，使之指向下一条消息并把有效消息数的变量 OSQEntries 减 1；如果无消息可用（即 OSQEntries=0），则使调用函数 OSQPend() 的任务挂起，使之处于等待状态并引发一次任务调度。如果希望任务无等待地请求一个消息队列，则需要调用 OSQAccept。

# 10.6　μC/OS-II 系统移植

移植是指使一个实时操作系统能够在某个特定的微处理器平台上运行。μC/OS-II 的主要代码都是由标准的 C 语言写成的，移植方便，但仍需要用汇编语言写一些与处理器相关的代码。μC/OS-II 在系统设计之初就充分考虑了可移植性，所以，μC/OS-II 的移植相对来说是比

较容易的。目前，在嵌入式处理器芯片中，以 RAM7 为处理器是人们应用较多的一种，由于它具有多种工作模式，并且支持两种不同的指令集：标准 32 位指令集和 16 位 Thumb 指令集，因此在把μC/OS-II 向 RAM 移植时要考虑一些比较特殊的问题。这里主要对在 RAM7 上移植μC/OS-II 做详细介绍。主要内容有：μC/OS-II 的移植条件；移植过程；移植的测试。

## 10.6.1　μC/OS-II 移植条件

要使μC/OS-II 正常运行，处理器必须满足以下要求。

**1．处理器的 C 编译器能产生可重入型代码**

可重入的代码指的是一段代码（比如：一个函数）可以被多个任务同时调用，而不必担心会破坏数据。可重入代码可以只使用局部变量，则变量保存在 CPU 寄存器中的堆栈中；也可使用全局变量，则要对全局变量予以保护。

**2．处理器支持中断，并且能产生定时中断（通常为 10～100 Hz）**

μC/OS-II 中通过处理器的定时中断来实现多任务之间的调度。

**3．在程序中可以打开或者关闭中断**

在μC/OS-II 中，打开或关闭中断主要通过 OS_ENTER_CRITICAL() 或 OS_EXIT_CRITICAL() 两个宏来进行。

**4．处理器支持能够容纳一定量数据的硬件堆栈**

μC/OS-II 的每一个任务都应该有一个私有的任务堆栈，某个任务运行时，这个运行任务的堆栈必须存储到内存中。对于一些只有 10 根地址线的 8 位控制器，芯片最多可访问 1 KB 存储单元，在这样的条件下移植是有困难的。

**5．处理器有将堆栈指针和其他 CPU 寄存器存储和读出到堆栈（或者内存）的指令**

μC/OS-II 中进行任务调度时，会把当前任务的 CPU 寄存器存放到此任务的堆栈中，然后再从另一个任务的堆栈中恢复原来的工作寄存器。

基于 RAM7 内核的 LPC2220 处理器完全满足μC/OS-II 的移植要求。下面主要介绍如何将μC/OS-II 移植到 LPC2220 处理器上。

## 10.6.2　移植过程

μC/OS-II 的移植主要工作是编写与处理器相关的 3 个文件，即 OS_CPU.H、OS_CPU_C.C、OS_CPU_A.ASM。

**1．OS_CPU.H 文件**

OS_CPU.H 包括与处理器相关的常量、宏及结构体的定义，主要包括以下几个功能：

（1）设置与编译器相关的数据类型

因为不同的微处理器有不同的字长，所以μC/OS-II 的移植包括一系列的数据类型的定义，以确保其可移植性。μC/OS-II 定义了可移植且直观的整型数据类型，如 INT16U 数据类型表示 16 位无符号整型数。这样μC/OS-II 和应用程序就可以断定，声明为该数据类型变量的范围是 0~65 535。OS_CPU.H 文件还定义了浮点数据类型，例如单精度浮点类型 FP32，双精度浮点类型 FP64。

（2）设置开关中断方法

为了隐蔽编译器厂商提供的不同实现方法，以增加一致性，μC/OS-II 定义了两个宏来禁止和允许中断：OS_ENTER_CRITICAL()和 OS_EXIT_CRITICAL()。和所有的实时内核一样，μC/OS–II 需要先禁止中断，再访问代码的临界区，并且在访问完毕后重新允许中断。在 LPC2220 上通过两个函数（OS_CPU_A.S）实现开关中断，具体思路是先将之前的中断禁止状态保存起来，然后禁止中断。

（3）设置栈的增长方向

绝大多数微处理器的堆栈是从上往下递减，但是也有某些处理器使用的是相反的方式。

```
OS_TASK_GROWTH 1        //堆栈由高地址向低地址增长
OS_TASK_GROWTH 0        //堆栈由低地址向高地址增长
```

（4）任务切换宏 OS_TASK_SW()

OS_TASK_SW()是一个宏，是在μC/OS–II 从低优先级任务切换到高级优先级任务时必须使用到的。OS_TASK_SW()总是在任务代码中被调用。

2．OS_CPU_C.C 文件

OS_CPU_C.C 文件里需要编写简单的 C 函数，一个任务堆栈初始化函数 OSTaskStkInit()，另外 9 个是系统对外的接口函数 OSTaskCreateHook()、OSTaskDelHook()、OSTaskSwHook()、OSTaskIdleHook()、OSTaskStatHook()、OSTimeTickHook()、OSInitHookBegin()、OSInitHookEnd()、OSTCBInitHook()。

3．OS_CPU_A.ASM 文件

μC/OS–II 移植到 LPC2220 处理器上时，OS_CPU_A.ASM 文件里主要写了与硬件相关的代码。为了提高内核的速度和效率，建议用户使用汇编语言编写任务调度部分的代码。这个文件中有以下几个函数。

① 让优先级最高的就绪任务开始运行函数 OSStartHighRdy()。

② 中断级任务切换函数 OSIntCtxSw()。

③ 任务及任务切换函数 OS_TASK_SW()。

④ 中断服务子程序函数 OSTickISR()。

⑤ 关中断函数 OS_ENTER_CRITICAL()。

⑥ 开中断函数 OS_EXIT_CRITICAL()。

## 10.6.3　移植测试

当做完μC/OS–II 的移植后，需要验证移植的μC/OS–II 是否正常工作，而这可能是移植中最复杂的一步。首先不加任何应用代码来测试移植好的μC/OS–II，然后可以使用各种不同的技术测试自己的移植工作。移植测试通过两个步骤来测试移植代码，首先确保 C 编译器、汇编编译器及连接器正常工作；然后在μC/OS–II 操作系统基础上实现多任务机制。

1．测试是否能编译出正确的代码

```
#include "includes.h"
void main(void)
{
  OSInit();
  OSStart();
}
```

2．测试 OSTaskStkInit() 与 OSStartHighRdy()

首先修改 OS_CFG.H 文件，设置 OS_TASK_STAT_EN 为 0，禁止统计任务，仍然不添加用户应用任务，此时运行的唯一任务就是空闲任务。

（1）采用源码调试器

单步执行 main()程序→跳过 OS_Init()函数→单步进入 OSStart()函数→一直运行到 OSStartHighRdy()，切换到汇编模式→OSStartHighRdy()会开始一个任务，因为没有任何应用任务，只有 OS_TaskIdle()可以运行。如果能够在 OS_TaskIdle()中循环，则证明 OSTaskStkInit()与 OSStartHighRdy()是成功的。

（2）运行/不运行测试法

如果目标系统存在 LED，可以先关闭 LED。如果 OSTaskStkInit()与 OSStartHighRdy()正常，再由 OS_TaskIdle()点亮 LED。如果速度比较快，LED 一直是亮的，可以采用示波器查看。

3．测试 OSCtxSw()

这时可以添加一个简单的应用任务，切换该任务。假定处理器的堆栈由高地址向低地址递减，任务优先级为 0，不允许中断，也不打开时钟节拍，所以该任务在 OSTimeDly（1）后会不返回 Task1，程序如下：

```
# include "includes.h"
OS_STK Task1Stk[100];
void main(void)
{
  OSInit();
  OSTaskCreate(Task1,(void*)0,&Task1Stk[99],0);
  OSStart();
}
void Task1(void *pdata)
{
  pdata=pdata;
  for(;;)
{
  OSTimeDly(1);
}
}
}
```

# 10.7  μC/OS-Ⅱ 的通信开发

## 10.7.1  μC/OS-Ⅱ 系统 CAN 总线开发

通信是μC/OS-Ⅱ重要的应用领域之一，掌握通信开发的技术对于学习μC/OS-Ⅱ来说有很重要的意义。本章μC/OS-Ⅱ的通信功能主要是针对硬件在 STM32 处理器而开发的。

1．CAN 总线概述

CAN 总线是一种开放式、数字化、多结点通信的控制系统局域网络，适用于分布式控制和实时控制的串行通信网络。CAN 总线具有通信速率高、开放性好、报文短、纠错能力强、系统架构成本低等特点，其使用越来越受人们的关注，被广泛应用到各个自动化控制系统中。报文不包含源地址或目标地址，仅用标识符来指示功能信息、优先级信息。

CAN 总线采用差分信号传输，通常情况下只需要两根信号线（CAN–H 和 CAN–L）就可以正常通信。有时可用到屏蔽地（CAN–G），用于屏蔽干扰信号，CAN–H 与 CAN–L 的输入差分电压为 0 V（最大不超过 0.5 V），共模输入电压为 2.5 V，如图 10-7 所示。

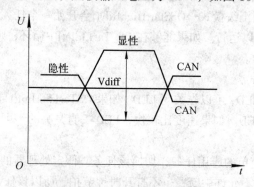

图 10-7　CAN 总线位电平特点

### 2．STM32 处理器的 CAN 模块

STM32 处理器内置有控制器局域网（bxCAN）模块，bxCAN 是基本扩展控制器局域网（Basic Extended CAN）的缩写，它支持 CAN2.0A 和 CAN2.0B 两种协议标准。bxCAN 模块可以完全自动地接收和发送 CAN 报文；而且完全支持标准标识符（11 位）和扩展标识符（29 位）。

bxCAN 模块有 3 个主要的工作模式：初始化、正常和睡眠模式。3 个工作模式状态切换如图 10-8 所示。

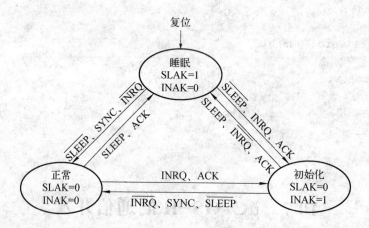

图 10-8　bxCAN 模块工作模式状态图

bxCAN 模块的主要操作如下：

① 发送处理。发送处理包含发送优先级、终止发送请求和禁止自动重传模式。

② 时间触发通信模式。在时间触发通信模式下，CAN 模块的内部定时器被激活，并且被用于产生发送与接收邮箱的时间戳，分别存储在 CAN_RDTxR/CAN_TDTxR 寄存器中，内部定时器在每个 CAN 位进行时间累加，内部定时器在接收和发送的帧起始位的采样点位置被采样，并生成时间戳。

③ 接收处理。接收到的报文都被存储在三级深度的 FIFO 邮箱中，FIFO 完全由硬件来管理，应用程序仅可通过读取 FIFO 输出邮箱来读取 FIFO 中最先收到的报文。

④ 标识符过滤。在 CAN 协议里，报文的标识符不代表结点的地址，而是跟报文的内容相关。因此，发送者以广播的形式把报文发送给所有的接收者。结点在接收报文时根据标识符的值来决定软件是否需要该报文。

⑤ 报文存储。邮箱包含了所有跟报文有关的信息：标识符、数据、控制、状态和时间戳信息。它也是软件和硬件之间传递报文的接口。软件需要在一个空发送邮箱中，把待发送报文的各种信息设置好，然后再发出发送请求。

3．CAN 外设相关库函数

CAN 外设相关库函数由一组 API（Application Programming Interface，应用编程接口）驱动函数组成，这组函数覆盖了 bxCAN 模块所有功能。

① 函数 CAN_DeInit()：将指定 CAN 外设的全部寄存器重设为默认值。

② 函数 CAN_Init()：根据 CAN_InitStruct 中选定的参数初始化指定的 CAN 外设。

③ 函数 CAN_FilterInit()：根据 CAN_FilterInitStruct 中指定的参数初始化选定 CAN 外设的相关过滤寄存器。

④ 函数 CAN_StructInit()：把 CAN_InitStruct 中的每一个参数按默认值填入，并初始化。

⑤ 函数 CAN_ITConfig()：使能或者失能指定的 CAN 中断。

⑥ 函数 CAN_Transmit()：开始一个消息的传输。

⑦ 函数 CAN_TransmitStatus()：检查消息传输的状态。

⑧ 函数 CAN_CancelTransmit()：取消一个传输请求。

⑨ 函数 CAN_FIFORelease()：释放一个 FIFO。

⑩ 函数 CAN_MessagePending()：返回挂号的信息数量。

⑪ 函数 CAN_Receive()：接收一个消息。

⑫ 函数 CAN_Sleep()：使 CAN 进入低功耗模式。

⑬ 函数 CAN_WakeUp()：将 CAN 唤醒，推出睡眠模式。

⑭ 函数 CAN_GetFlagStatus()：检查指定的 CAN 标志位被设置与否。

⑮ 函数 CAN_ClearFlag()：清除 CAN 的待处理标志位。

⑯ 函数 CAN_GetITStatus()：检查指定的 CAN 中断发生与否。

⑰ 函数 CAN_ClearITPendingBit()：清除 CAN 中断待处理标志位。

## 10.7.2　μC/OS-II 系统以太网开发

以太网是局域网（Local Area Network，LAN）的主要互联技术，可实现局域网内的嵌入式器件与互联网的连接。主控单元便可通过网络连接传输数据，并可以通过远程方式对其他设备进行控制。它已成为嵌入式系统应用的标准网络技术。

1．TCP/IP 网络协议栈的引入

嵌入式系统的硬件资源非常有限，因为必须使用小型协议栈。在μC/OS-II 系统引入了一些小型化的 TCP/IP 协议栈，这种协议栈有很多，LwIP 和μIP 是其中最常用的两种。

（1）LwIP 协议栈

LwIP 协议栈（Light Weight IP 协议）是瑞典计算机科学院开发的一套用于嵌入式系统的

开放源代码轻型 TCP/IP 协议栈，但 LwIP 实现了较为完备的 IP、ICMP、UDP、TCP 协议，具有超时间估算、快速恢复和重发、窗口调整等功能。

LwIP 协议栈 TCP/IP 实现的重点是在保持 TCP 协议主要功能的基础上减少处理和内存需求。因为 LwIP 使用无数据复制并经裁剪的 API，一般它只需要几十千字节的 RAM 和 40 KB 左右的 ROM 就可以运行；同时 LwIP 可以移植到操作系统上，也可以在无操作系统的情况下独立运行。

LwIP 具有如下特点：

① 支持多网络接口下的 IP 转发；

② 支持 ICMP 协议；

③ 支持主机和路由器进行多播的 Internet 管理协议（IGMP）；

④ 包括实验性拓展的 UDP（多用户数据报协议）；

⑤ 包括阻塞控制，RTT 估算和快速恢复和快速转发的 TCP；

⑥ 提供专门的内部回调接口（raw API）；

⑦ 支持 DNS；

⑧ 支持 SNMP；

⑨ 支持 PPP；

⑩ 支持 ARP；

⑪ 支持 IP fragment；

⑫ 支持 DHCP 协议，可动态分配 IP 地址；

⑬ 可选择的 Berkeley 接口 API（多线程情况下）。

（2）μIP 协议栈

μIP 协议栈由瑞典计算机科学院（网络嵌入式系统小组）的 Adam Dunkeles 开发。其源代码由 C 语言编写，μIP 协议栈是一种免费的极小的 TCP/IP 协议栈，可以使用于由 8 位或 16 位微处理器构建的嵌入式系统。其特点包括：

① 实现 ARP 地址解析协议时为了节省存储器，ARP 应答包直接覆盖 ARP 请求包。

② 实现 IP 网络协议时对原协议进行了极大的简化，它没有实现分片和重组。

③ 实现 ICMP 网络控制报文协议时，只实现了 echo（回响）服务。

④ μIP 协议栈的 TCP 取消了发送和接收数据的滑动窗口。

2. LwIP 协议在 μC/OS 操作系统中的实现

LwIP 协议在 μC/OS 操作系统中的实现主要由四部分组成：信号量、消息队列、定时器函数和创建新线程函数。

（1）sys_sem_t 信号量

LwIP 中需要使用信号量通信，所以在 sys_arch 中应实现信号量结构体和处理函数 struct sys_sem_t()。

```
struct sys_sem_t
{
    sys_sem_new()           //创建一个信号量结构
    sys_sem_free()          //释放一个信号量结构
    sys_sem_signal()        //发送信号量
    sys_arch_sem_wait()     //请求信号量
}
```

（2）sys_mbox_t 消息

LwIP 使用消息队列来缓冲、传递数据报文，因此要在 sys_arch 中实现消息队列结构 sys_mbox_t，以及相应的操作函数。

```
sys_mbox_new()          //创建一个消息队列
sys_mbox_free()         //释放一个消息队列
sys_mbox_post()         //向消息队列发送消息
sys_arch_mbox_fetch()   //从消息队列中获取消息
```

（3）sys_arch_timeout()函数

LwIP 中每个与外界网络连接的线程都有自己的 timeout 属性，即等待超时时间。这个属性表现为每个线程都对应一个 sys_timeouts 结构体队列，包括这个线程的 timeout 时间长度，以及超时后应调用的 timeout()函数，所要实现的是如下函数：

```
struct sys_timeouts*sys_arch_timeouts(void)
```

这个函数的功能是返回目前正处于运行态的线程所对应的 timeouts 队列指针。timeouts 队列属于线程的属性，它是 OS 相关的函数，只能由用户实现。

（4）sys_thread_new 创建新线程

LwIP 可以是单线程运行，也可以多线程运行。为提高效率并降低编程复杂度，就需要用户实现创建新线程的函数：

```
void sys_thread_new(void(*thread)(void*arg),void*arg);
```

在μC/OS-II 中，没有线程（Thread）的概念，只有任务（Task）。它已经提供了创建新任务的系统 API 调用 OSTaskCreate，因此只要把 OSTaskCreate 封装一下，就可以实现 sys_hread_new。

另外，LwIP 的网络驱动有一定的模型，/src/netif/ethernetif.c 文件即为驱动的模板，用户为自己的网络设备实现驱动时可以参照此模板。

在 LwIP 中可以有多个网络接口，每个网络接口都对应了一个 struct netif，这个 netif 包含了相应网络接口的属性、收发函数。LwIP 调用 netif 的方法 netif->input()及 netif->output()进行以太网 packet 的收、发等操作。在驱动中主要做的，就是实现网络接口的收、发、初始化以及中断处理函数。驱动程序工作在 IP 协议模型的网络接口层，它提供给上层（IP 层）的接口函数如下：

```
//网卡初始化函数
void ethernetif_init(struct netif *netif)
//从网络接口接收以太网数据包并把其中的IP报文向IP层发送
//在中断方式下由网卡ISR调用
void ethernetif_input(struct netif *netif)
//给IP层传过来的IP报文加上以太网包头并通过网络接口发送
err_t ethernetif_output(struct netif *netif, struct pbuf *p, struct
ip_addr
*ipaddr)
//网卡中断处理函数ISR
void ethernetif_isr(void);
```

# 小　结

本章详细介绍了嵌入式操作系统μC/OS-II，介绍了μC/OS-II 的特点、结构，主要说明了 μC/OS-II 是一个基于优先级的可剥夺的多任务实时内核；μC/OS-II 操作系统的任务管理，主要包括任务的创建、删除、挂起和恢复以及其任务调度；μC/OS-II 的内存管理；中断和时间管理、包括中断服务子程序、中断级的任务切换、时钟和时间管理四部分；μC/OS-II 任务之间的同步与通信，这里涉及事件控制块 ECB、信号量、消息邮箱和消息队列的知识；μC/OS-II 系统移植，包括移植条件、移植过程以及移植测试；将μC/OS-II 系统应用于通信开发领域，分析 CAN 总线和以太网通信在μC/OS-II 系统的开发。μC/OS-II 操作系统在工业应用很广泛，具有很好的实时性，在通信方面以及其他领域将会有更多的发展。

# 习　题

1. 什么是任务的优先权？μC/OS-II 是用什么来描述任务的优先权的？
2. 查阅资料，在μC/OS-II 中任务有哪 5 种状态？分别简述 5 个状态的特征。
3. 简述μC/OS-II 的中断响应过程。
4. 使用消息队列可完成那些操作？
5. μC/OS-II 移植过程相关的文件有哪些？简述各个文件的作用。

# 第 11 章 嵌入式操作系统

# Windows CE

Windows CE 操作系统是 Windows 家族的一员，是微软公司向嵌入式和移动计算平台方向发展的一个突破，是一种具有强大通信能力的模块化操作系统。它是微软公司专门为工业控制、移动通信、个人电子消费品等非 PC 领域而全新设计开发的操作系统产品。Windows CE 将完整的可携式技术和现有的 Windows 桌面技术结合起来，拥有出色的图形用户界面，是针对小型设备的通用操作系统。从这些特性可以感受微软对 Windows CE 产品的定位以及其广泛的应用前景。

## 11.1 嵌入式操作系统 Windows CE 概述

### 1. Windows CE 发展历程

Windows CE 自 1996 年微软推出 Windows CE 1.0，经历了几种不同的版本：Windows CE 1.0、Windows CE 2.0、Windows CE 3.0，Windows CE 4.0 ~ 4.2、Windows CE 5.0、Windows CE 6.0、Windows CE 7.0。

（1）Windows CE 1.0 ~ 2.0

Windows CE 1.0 是一种基于 Windows 95 的操作系统，20 世纪 90 年代中期卡西欧推出第一款采用 Windows CE 1.0 操作系统的 PDA。微软公司通过技术支持、直接资助等手段聚集了大量合作厂商，使基于 Windows CE 类的 PDA 生产商逐渐增加，并用 Windows CE 2.0 操作系统来打造与 Palm 非常类似的掌上产品。

（2）Windows CE 3.0

Windows CE 3.0 是一个通用版本，可在标准 PC、家电和工控设备上安装运行，早期的 Windows CE 运行在不同的硬件平台上，如 CPU: x86、PowerPC、ARM、MIPS、SH3/4，而且可以更换显示方向。

（3）Windows CE 4.0 ~ 4.2

Windows CE. NET（即 Windows CE 4.0）是微软于 2002 年 1 月份推出的首个以.NET 为名的操作系统，是 Windows CE 3.0 的升级，同时还加入.NET Framework 精简版，支持蓝牙和.NET 应用程序开发。

（4）Windows CE 5.0

Windows CE 5.0 在 2004 年 5 月份推出，微软开放 250 万行源代码程序作为评估套件（Evaluation Kit），凡是个人、厂商都可以下载这些源代码加以修改使用。

（5）Windows CE 6.0

2006 年 11 月，微软公司其最新的嵌入式平台 Windows Embedded CE 6.0 正式上市。为多种设备构建实时操作系统，如各种工业自动化、消费电子以及医疗设备等。

（6）Windows CE 7.0

在 2010 年 6 月 1 日—5 日，微软正式公布了 Windows CE 7.0。微软推出的 Windows Phone 系列即采用了该系统。Windows CE 7.0 相对于之前的版本做了许多改进。

2．Windows CE 平台开发特征

在 Windows CE 平台上进行操作系统或应用程序开发的过程中，Windows CE 表现出以下一些开发特征，如：可裁剪定制内核；丰富的开发组件支持；面向.NET Compact Framework 支持；提供 SQL Server Mobile 数据库访问支持；提供作为服务器端支持，Windows CE 提供了 FTP Server、Telnet Server 和 Web Server 等核心服务器端的支持，不仅为开发设备客户端服务提供支持，也为设备开发远程服务端服务提供了强大的组件支持。

3．Windows CE 应用领域

Windows CE 是一种组件化的实时操作系统，适用于各种占用空间小的消费类和企业级设备。覆盖从消费电子产品到任务关键型工业控制器等众多领域。主要包括：

① 网络设备。随着 3G、4G 网络的普及，越来越多的应用离不开网络，越来越多的设备加入网络的支持。Windows CE 对广域网、局域网、无线设备、有线设备的支持都很强大，如 Internet 连接设备、家庭/建筑物自动化网关、移动服务点、联网式媒体设备、机顶盒、IP 电话（VoIP）、迷你电话、数字媒体适配器、车载设备等。

② 工业控制仪器。Windows CE 以其高性能、高可靠性、强大的数据库支持和网络支持，使其可应用在人机界面、工业控制、遥测设备、智能装置、监控设备等嵌入式系统中。

③ 消费类电子。Windows CE 具有更灵活的创建用户界面工具，开发人员可以快速、高效地将其设备推向市场。Windows CE 在这方面典型的应用如下：游戏设备、数字相框、便携式媒体播放器、手持终端、GPS 设备、智能媒体控件、电子阅读器设备。

# 11.2　Windows CE 体系结构

自从微软成功发布 Windows CE 以来，在短短几年内就占有了很大的市场份额，很多嵌入式应用都选择 Windows CE。作为操作系统，Windows CE 的成功除了微软强大的市场推广能力外，主要得益于它在结构设计上的合理性和先进性。

Windows CE 采用了典型的分层结构，在 Windows CE 5.0 的文档中，微软公司将其分为 4 个层次，从上到下依次为：硬件层、OEM 层、操作系统层、应用程序层。不同层次由不同厂商提供，一般来说，硬件层和 OEM 层由硬件厂商提供；操作系统层由微软公司提供；应用层由独立软件开发商提供。每一层分别由不同的模块组成，每个模块又由不同的组件构成。

Windows CE 操作系统的结构模型如图 11-1 所示。最底层的是硬件层，这是嵌入式应用的基石。其次是 OEM 层，它实现了全部硬件的操作。操作系统层位于中间，它实现了操作系统的全部功能，主要包括内核动态库、内存管理、进程调度、系统同步、设备管理等模块，还提供了组件对象、GWES（图形、窗口、事件子系统）、存储管理等模块。操作系统层还包含应用开发支持，提供微软类库（MFC）、活动模板库（ATL）、组件对象库和网络的支持。最顶层的是应用程序层，包括系统提供的工具、软件开发商提供的程序以及用户自己开发的应用程序。

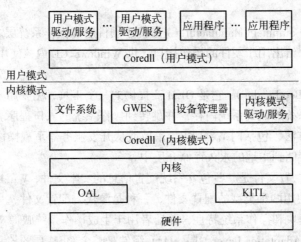

图 11-1　Windows CE 操作系统的结构模型

### 1. 硬件层

硬件层是指由 CPU、存储器、I/O 端口、扩展板卡等组成的嵌入式硬件系统，是 Windows CE 操作系统必不可少的载体。一方面，操作系统为嵌入式应用提供一个运行平台；另一方面，操作系统要运行在硬件之上，直接与硬件打交道并管理硬件。硬件是一个嵌入式操作系统存在的必要条件，也是嵌入式设备的外在体现，是嵌入式操作系统运行的基础。嵌入式操作系统运行在这个载体上，并直接操作、控制和管理硬件资源。因此，硬件层的结构和性能直接影响到操作系统的功能和结构。

在通用计算机领域，一般都是 x86 体系结构的 IBM-PC 及其兼容机，早期 IBM 和英特尔的压倒性趋势，使得现在的通用计算机领域硬件体系基本一致，都有定义良好的接口；而在嵌入式系统领域，由于制造设备都是有不同领域不同应用的厂商发展而来的，所以硬件结构相对复杂，仅 CPU 体系结构就有多种，Windows CE 6.0 支持 4 种 CPU 体系结构（分别是 ARM、MIPS、x86、SHx）。

在实际开发过程中，硬件的复杂性会不可避免地增加程序开发的难度，因此出现了板级支持包（Board Support Package，BSP），以此来解决硬件体系结构的差别问题。BSP 是指为软件操作系统正常运行提供最基本、最原始的硬件操作的软件模块，是所有与硬件相关的代码体的集合。它和操作系统息息相关，但又不属于操作系统的一部分。主要是实现对操作系统的支持，为上层的驱动程序提供访问硬件设备寄存器的函数包，使之能够更好地运行于硬件主板。BSP 可以分为三大部分：系统上电时的硬件初始化；为操作系统访问硬件驱动程序提供支持；集成的硬件相关和硬件无关的操作系统所需的软件模块。

BSP 来源于嵌入式操作系统与硬件无关的设计思想，操作系统被设计为运行在虚拟的硬件平台上。对于具体的硬件平台，与硬件相关的代码都被封装在 BSP 中，由 BSP 向上提供虚

第**⑪**章　嵌入式操作系统 Windows CE

拟的硬件平台，BSP 与操作系统通过定义好的接口进行交互。BSP 是相对于操作系统而言的，不同的操作系统对应于不同定义形式的 BSP，所以 BSP 一定要按照 Windows CE 系统对 BSP 的定义形式来写。在 Platform Builder for CE 6.0 中，为很多常用的软件开发板（Software Development Board，SDB）提供了 BSP，这些 BSP 基本包括了所有 Windows CE 6.0 所支持的 CPU，可有效减少嵌入式设备的开发周期。

2．OEM 层

OEM（Original Equipment Manufacturer）层位于硬件层和操作系统层之间，是一个与硬件密切相关的代码层。给出用于硬件的操作接口，供 Windows CE 内核使用。OEM 层由以下几个组件模块构成：

① 引导程序（BootLoader）。它是 OEM 商提供的一个工具，主要用于在系统引导阶段初始化硬件，将操作系统加载到系统内存，并跳转到操作系统的入口程序。引导程序提供了加载操作系统的多种方法，包括网络、USB、串口或从开发服务器下载操作系统镜像，引导程序也能将操作系统存储到本地的永久存储介质中。

② 配置文件。配置文件是一些包含系统配置信息的文本文件，Windows CE 开发环境 PB（Platform Builder）使用两种类型的配置文件，一种是源代码配置文件，另一种是映像配置文件。前者用于组建模块和操作系统特性，而后者用于生成操作系统映像文件。

③ OAL（OEM Adaptation Layer）层。OAL 组件是整个 OEM 层的核心，主要包含与硬件相关的功能，该层代码驻留在操作系统和硬件设备之间，用来引导系统核心映像和初始化。

④ 设备驱动。设备驱动程序是 Windows CE 的重要组成部分，也是实现操作系统与具体硬件分离的重要方式。在实际的嵌入式系统中，不同类别的设备都有自己的驱动程序，设备驱动就是许多实体驱动程序的集合。

3．操作系统层

Windows CE 操作系统层在整个嵌入式系统中具有重要的核心作用，一方面对应用层中的应用程序提供各种功能服务和应用编程接口，使得开发者开发的应用程序能够稳定地运行在 Windows CE 的平台上，另一方面运行在 OEM 层之上，利用 OEM 抽象层提供服务接口访问硬件资源。从操作系统组成上来说，它主要由以下几个组件模块构成：

（1）内核（Kernel）

提供了基本的操作系统功能，如内存管理、进程、线程、异常处理、多任务调度、内核服务等，应用程序可以通过内核服务使用这些功能。在操作系统中，内核有单内核和微内核两种结构，单内核操作系统将内存管理、任务管理、设备驱动、文件系统、图形系统等功能全部集中在内核中实现。微内核操作系统只在内核中实现必要的基本功能，如任务管理、内存管理、异常处理、内核服务等，而将文件管理、设备驱动、图形系统、通信等功能放在内核之外。Windows CE 属于微内核操作系统。

（2）图形、窗口、事件管理子系统

Windows CE 6.0 将 Win32 API（应用程序编程接口）、User Interface（用户接口）、Graphic Device Interface（图形设备接口）合并成一个新的模块 GWES.exe，称为 GWES（Graphic、Windowing、Events Subsystem）子系统。G 代表图形，W 代表窗口管理，E 代表事件管理。GWES 子系统是用户、应用程序和 Windows CE 6.0 之间的一个共同接口，三者通过 GEWS 进行通信和相关操作。

GWES 支持组成 Windows CE 图形用户界面的所有窗口、对话框、控件、菜单和资源，用户能够通过执行菜单命令、单击按钮等操作来控制应用程序。GWES 还以位图、光标、文本以及图标等形式为用户提供信息。即使不具备图形用户界面的基于 Windows CE 的平台也可以使用 GWES 的基本窗口和消息功能。

Windows CE 5.0 的 GWES 还包含了电源管理功能，这使得不使用 Windows CE 图形接口的设备无法使用电源管理功能，在 Windows CE 6.0 中，虽然没有了图形接口的嵌入式设备，但仍然可以使用电源管理功能。

（3）文件系统

Windows CE 文件系统（File System）允许自定义文件系统、筛选器和多种不同的块设备类型。文件系统和所有与文件相关的 API 都是通过 Filesys.exe 进程来管理的，Filesys.exe 由 ROM 文件系统、存储管理器、对象存储 3 个组件组成。这个模块不但包括文件系统，还包括对存储对象的管理。

Windows CE 6.0 采用了 ExFAT（Extended File Allocation Table）。ExFAT 不仅解决了大容量文件存储的限制问题（在 Windows CE 5.0 中，对象存储最大可达到 256 MB，单个文件不超过 4 GB），还使得 Windows CE 6.0 设备与个人计算机之间的文件传输变得更方便、更容易。ExFAT 还提供了对以前文件系统的支持。

（4）设备管理器

设备管理器是通过 device.dll 来实现的。Windows CE 6.0 设备管理器（Device Manager，DM）的智能主要由 3 个模块完成。内核 NK.exe 加载 device.dll，device.dll 加载 devmgr.dll，最后的工作主要由 device.dll 完成。DM 负责设备驱动的加载、初始化以及卸载。DM 将驱动程序的导出接口进行封装，对应用层提供 API 接口，DM 可以在设备发生某特定事件时向应用程序发出通知。DM 负责管理设备使用的内存和 I/O 端口等资源。

（5）核心动态链接库（CoreDLL.dll）模块

CoreDLL.dll 模块不是一个进程，而仅仅是一个动态链接库，用户进程运行时，都要加载这个模块。CoreDLL.dll 位于操作系统层与应用层之间，将操作系统的其他模块与应用层隔离开，也为操作系统提供一个保护层。因此，所有的应用程序不能直接与操作系统或硬件打交道，而是通过 CoreDLL.dll 间接进行。

（6）驱动程序

设备驱动程序是与硬件设备进行通信的系统程序。由于设备驱动程序的存在，大多数操作系统上的应用程序都是与硬件无关的，应用程序的开发者和最终用户通常都不必关心底层的硬件到底是怎么工作的。在 Windows CE 6.0 中，驱动程序有两种模式：一种是内核模式；另一种是用户模式。在预设状况下，驱动程序执行在内核模式下，因此有可能会对嵌入式系统的可靠性、稳定性等多方面的性能产生致命的影响。所以，驱动程序在发布和认证时，必须有严格的性能保证措施。

驱动程序根据各自类别的不同将会被不同的程序加载，一般情况下，驱动程序会被文件系统（Filesys.dll）、设备管理器（device.dll）和 GWES（GWES.dll）3 种程序加载。

4．应用程序层

应用程序层位于 Windows CE 分层模型的最顶层，是应用程序的集成层。主要由 Internet 客户服务、Windows CE 应用程序、客户应用程序、用户界面和国际化支持构成。

（1）Internet 客户服务。该模块提供了对客户机浏览器的广泛支持，包括应用程序、组件、脚本语言支持、Internet 数据的多语种支持、电视风格导航等。

（2）Windows CE 应用程序。该模块包含 Windows CE 操作系统提供的许多应用程序，这些应用程序可供终端用户使用。该模块提供的应用程序包括：

① 文件浏览工具：包括文本文件、电子表格文件（Excel）、pdf 文件、幻灯片文件（PowerPoint）、图像文件（Images）等。

② 通信工具：包括电子邮件收发程序（Inbox）、远程桌面连接（Remote Desktop Connection）程序、终端仿真（Terminal Emulator）程序、Window 信使（Windows Messager）。此外，还有字处理软件 WordPad、游戏、帮助等。

③ 用户应用程序：该模块是除 Windows CE 提供的应用程序之外的其他应用程序，包括用户自己开发的应用程序和第三发开发的应用程序。

④ 国际化支持：Windows CE 使用基于 Unicode 的编码，为国际化提供了内置支持，因而提供了广泛的语言支持（National Language Support，NLS），可满足全球不同地域不同语言的需要。用户可对应用程序设置不同的地域，并根据地域的不同来获取不同格式的表示时间和日期的字符串。

# 11.3　Windows CE 进程和线程

进程、线程是 Windows CE 内核最基本的服务，也是内核最主要的组件之一。Windows CE 中的所有应用程序都包括一个进程以及一个或多个线程。进程是正在运行的应用程序的一个实例，进程使用户可以同时打开和使用多个应用程序。作为强占式多任务操作系统，Windows CE 支持系统中同时运行多个进程。线程是进程中的独立部分，是操作系统分配处理器时间的基本单元。应用程序可以通过线程同时执行多个任务，不过应用程序不能同时执行多个线程。线程可以执行进程代码的任何部分，包括其他线程正在执行的部分。虽然有一个线程被指定为进程的主线程，但是进程还可以创建任意数量的其他线程。线程的数量受可用系统资源的限制。Windows CE 提供了 256 个优先级别，用户可以为线程设置这些优先级别。

## 11.3.1　Windows CE 进程

进程是应用程序的执行实例，每个进程都是由私有的虚拟地址空间、代码、数据和其他各种系统资源组成。进程在运行过程中创建的资源随着进程的终止而销毁，所使用的系统资源在进程终止时被释放或关闭。进程是一个具有一定独立功能的程序在一个数据集合上一次动态执行的过程，进程由程序、数据、PCB 三部分组成。

1．系统进程

常见的系统进程有：NK.exe（系统服务）、Filesys.dll（对象存储）、GEWS.dll（图形、窗口和事件服务）、device.dll（设备管理）、explorer.dll（shell）、services.exe（服务管理）、repllog.exe（系统与外围设备连接）、rapisrv.exe（系统与 Windows 连接）。

2．与进程相关的 API 函数

① 创建进程：用 CreateProcess() 函数。

② 结束进程：main 或 WinMain 调用返回；调用 ExitProcess()函数或主线程调用 ExitThread()函数；调用 TerminateProcess()函数。

③ 结束进程时，Windows CE 的操作：终止该进程内所有的线程；释放用户对象和 GDI 对象；关闭所有内核对象，进程退出；内核对象计数器减 1。

④ 获取进程终止状态：使用 GetExitProcess()函数。

## 11.3.2  Windows CE 线程

线程是进程内部的一个执行单元。系统创建好进程之后，实际上就启动执行了该进程的主要执行线程，主执行线程采用函数地址形式，比如 main()或 WinMain()函数将程序的启动点提供给 Windows CE 系统。主执行线程终止，进程也随之终止。线程是进程中的一个实体，是被系统独立调度和分派的基本单位。

一个线程可以创建和撤销另一个线程，同一进程中的多个线程之间可以并发执行。Windows CE 中有一系列的函数来完成线程的创建、挂起等相关工作。

### 1．创建一个新的线程

```
HANDLE CreateThread(LPSECURITY_ATTRIBUTES lpThreadAttributes,
DWORD dwStackSize,
LPTHREAD_START_ROUTINE lpStartAddress,
LPVOID  lpParameter,
DWORD dwCreationFlags,
LPDWORD lpThreadId);
```

该函数在其调用进程的进程空间里创建一个新的线程，并返回已建线程的句柄，其中各参数说明如下：

① lpThreadAttributes：指向一个 SECURITY_ATTRIBUTES 结构的指针，该结构决定了线程的安全属性，一般设置为 NULL。

② dwStackSize：指定了线程的对战深度，一般都设置为 0。

③ lpStartAddress：表示新线程开始执行时代码所在函数的地址，即线程的起始地址。一般情况为（LPTHREAD_START_ROUTINE）ThreadFunc，ThreadFunc 是线程函数名。

④ lpParameter：指定了线程执行时传送给线程的 32 位参数，即线程函数的参数。

⑤ dwCreationFlags：控制线程创建的附加标志，可以取两种值。如果该参数为 0，线程在被创建后立即开始执行；如果该参数为 CREATE_SUSPENDED，则系统产生线程后，该线程处于挂起状态，并不马上执行，直至函数 ResumeThread()被调用。

⑥ lpThreadId：该参数返回所创建线程的 ID，如果创建成功则返回线程的句柄，否则返回 NULL。

### 2．挂起指定的线程

```
DWORD SuspendThread(HANDLE hThread);
```

该函数用于挂起指定的线程，如果函数执行成功，则终止执行线程。

### 3．结束线程的挂起状态

```
DWORD ResumeThread(HANDLE hThread);
```

该函数用于结束线程的挂起状态，执行线程。

**4．线程终结自身的执行**

```
VOID ExitThread(DWORD dwExitCode);
```

该函数用于线程终结自身的执行，主要在线程的执行函数中调用。其中，参数 dwExitCode 用来设置线程的退出码。

**5．强行终止某一线程**

```
BOOL TerminateThread(HANDLE hThread, DWORD dwExitCode);
```

一般情况下，线程运行结束之后，线程函数正常返回，但是应用程序可以调用 TerminateThread()强行终止线程的执行，但并不释放线程所占用的资源。因此，一般不建议使用该函数。

### 11.3.3 线程调度

线程调度采用基于优先级的时间片轮转算法，其特点如下：

① 时间片大小（Quantum）：在线程获得 CPU 时间后，会执行特定的一段时间，然后重新调度，这段时间称为时间片大小。

② 默认的时间片是 100 ms，OEM 可以再 OAL 中重新设置。

③ 获得时间片大小的 API 函数。

```
DWORD CeGetThreadQuantum(HANDLE hThread);
```

此函数以线程的句柄为参数，返回值是一个 32 位无符号整数，代表线程的时间片大小。

Windows CE 支持抢占式调度，高优先级会抢占低优先级的线程。具有相同优先级的线程平均占有 CPU 时间片（量程），时间片会默认为 100 ms。OEM 可以更改这个值。

线程优先级划分为 256 个，具体划分如表 11-1 所示。

表 11-1  线程优先级的划分

| 优先级范围 | 分 配 对 象 |
|---|---|
| 0~96 | 高于驱动程序的程序 |
| 97~152 | 基于 Windows CE 的驱动程序 |
| 153~247 | 低于驱动程序的程序 |
| 248~255 | 普通的应用程序 |

其中优先级 0 最高，255 最低，0~247 供驱动和内核使用，应用程序仅能使用 248~255。与线程调度有关的 API 函数如下：

① 读取普通线程优先级：int GetThreadPriority（HANDLE hThread）。

② 设置普通线程优先级：BOOL SetThreadPriority（HANDLE hThread，int nPriority）。

③ 获取实时线程优先级：int Ce GetThreadPriority（HANDLE hThread）。

④ 设置实时线程优先级：BOOL CeSetThreadPriority（HANDLE hThread，int nPriority）。

⑤ 查询线程的时间片：DWORD CeSetThreadQuantum（HANDLE hThread）。

⑥ 设置线程的时间片：BOOL CeSetThreadQuantum（HANDLE hThread，DWORD dwTime）。

### 11.3.4 线程同步

#### 1. 线程同步

线程同步可以保证在一个时间内只有一个线程对某个资源有控制权，还可以使得有关联交互作用的代码按一定的顺序执行。

（1）同步对象

同步对象有：Event（事件）、Mutex（互斥对象）、Semaphores（信号量）、Critical_section（临界区）。前 3 种处理同步的方法是内核态下的同步方法。

这些对象有两种状态：通知（signaled）或未通知（not signaled）状态。

线程通过同步等待函数来使用同步对象。一个同步对象在同步等待函数被调用时被指定，调用同步函数的线程被阻塞（blocked），直到同步对象获得通知。被阻塞的线程不占用 CPU 时间。

（2）等待函数 API

等待单个对象，代码如下：

```
DWORD WaitForSingleObjects(同步对象句柄,等待时间)
DWORD WaitForSingleObject(
HANDLE Hhandle,
DWORD dwMilliseconds
);
```

等待多个对象，代码如下：

```
DWORD WaitForMultipleObjects(同步数,同步对象句柄数组,FALSE,等待时间)
DWORD WaitForMultipleObjects(
DWORD nCount,
CONST HANDLE* lpHandle,
BOOL fWaitALL,
DWORD dwMilliseconds
);
```

#### 2. 事件

当一个线程需要通知其他线程发生了什么时，可用事件同步对象。

（1）处理过程

首先，调用 CreateEvent()函数创建一个事件对象，该函数返回一个事件句柄。然后，可以设置（SetEvent）或复位（ResetEvent）一个事件对象，最后，使用 CloseHandle 销毁创建的事件对象。复位形式有两种：自动复位和人工复位。

① 自动复位：当对象获得通知后，就释放下一个可用线程（优先级最高的线程，如果优先级相同，则等待队列中的第一个线程被释放），系统随后会自动将状态重置为无信号。

② 人工复位：当对象获得通知后，就释放所有可能利用线程，随后会自动将状态重置为无信号。

（2）函数

创建 Event 同步对象，代码如下：

```
HANDLE WINAPI CreateEvent(
```

```
LPSECURITY_ATTRIBUTES lpEvent Attributes,
BOLL bManualReset,
BOOL bInitialState,
LPCTSTR lpName
);
```

把 Event 同步对象设置为通知状态，代码如下：

```
BOOL SetEvent(
HANDLE hEvent
);
```

把 Event 同步对象设置为未通知状态，代码如下：

```
BOOL ResetEvent(
HANDLE hEvent
);
```

### 3．互斥堆对象（Mutex）

在一个线程访问某个共享资源时，互斥对象（Mutex）能够保证其他线程不能访问这个资源。

（1）处理过程

首先调用 CreateMutex（NULL，是否属于该线程，互斥对象名）创建互斥对象，然后调用等待函数，最后调用 ReleaseMutex() 释放互斥对象。

（2）函数

创建一个 Mutex 同步对象，代码如下：

```
HANDLE CreateMutex(
LPSECURITY_ATTRIBUTES lpMutexAttributes,
BOOL bInitialOwner,
LPSTSTR lpName
);
```

释放对 Mutex 的占用，代码如下：

```
BOOL ReleaseMutex(
HANDLE hMutex
);
```

### 4．临界区

临界区对象能保证在临界区内所有被访问的资源不被其他线程访问，只到当前线程执行完临界区代码为止。

与互斥对象的主要区别：互斥对象有句柄，可以在进程间使用，是内核态下的同步方法；但是临界区对象只能用于同一进程的线程之间，是用户态下的同步方法。

（1）处理过程

① 定义一个临界区对象 cs：CRITICAL_SECTION cs。

② 初始化该对象：InitializeCriticalSection（&cs）。

③ 在进入临界区代码前调用 EnterCriticalSection()函数，这样其他线程都不能执行该代码段。若它们试图执行就会被阻塞。

④ 完成临界区的执行后，调用 LeaveCriticalSection()函数，其他线程可以继续执行该段代码。如果不调用该函数，其他的线程将无限期等待。

⑤ 删除临界区：DelecteCriticalSection。

2）函数

① InitializeCriticalSection：分配 CRITICAL_SECTION 结构。

② EnterCriticalSection：调用，在占有 cs 的线程调用 LeaveCriticalSection 之前会阻塞。

③ TryEnterCriticalSection：EnterCriticalSection 的非阻塞版。

④ LeaveCriticalSection：释放 CriticalSection 的所有权。

⑤ DelecteCriticalSection：释放 InitializeCriticalSection 分配的资源。

5. 信号量

信号量（Semaphore）用于限制资源访问数量，其中包含一个引用计数、一个当前可用资源数和一个最大可用资源数。如果当前可用资源数大于 0 时，信号量对象处于通知状态；当可用资源数等于 0 时，信号量对象处于未通知状态。

创建一个 Semaphore 对象，代码如下：

```
HANDLE WINAPI CreateSemaphore(
LPSECURITY_ATTRIBUTES lpSemaphoreAttributes,
LONG lInitialCount,
LONG lMaximumCount,
LPSTSTR lpName
);
```

释放 Semaphore，代码如下：

```
BOOL ReleaseSemaphore(
HANDLE hSemaphore,
LONG lReleaseCount,
LPLONG lpPreviousCount
);
```

## 11.3.5　进程间通信

进程间通信是指不同进程之间进行数据共享和数据交换。Windows CE 提供了多种进程间的通信方式，如粘贴板、共享堆、文件映射、DDE（动态数据交换）、匿名管道、命名管道、邮件箱、对象连接与嵌入、远程过程调用、Sockets、WM_COPYDATA 消息等。

1. 文件映射

文件映射（Memory-Mapped File）能使进程把文件内容当作进程地址区间一块内存那样来对待。因此，进程不必使用文件 I/O 操作，只需简单的指针操作就可读取和修改文件的内容。

Win32 API 允许多个进程访问同一文件映射对象，各个进程在其地址空间里接收内存的指针。通过使用这些指针，不同进程就可以读取或修改文件的内容，实现对文件中数据的共享。文件映射是在多个进程间共享数据的非常有效的方法，有较好的安全性。但文件映射只能用于本地机器的进程之间，不能用于网络中，而开发者还必须控制进程间的同步。

### 2．点对点消息队列

Windows CE 允许一个应用程序或驱动程序创建自己的消息队列。消息队列既可作为在线程之间传递数据的工具，也可作为线程之间同步的工具。它的优点是只需很小的内存，一般只用于点到点的通信。

消息队列的特点如下：消息可为任意数据类型；消息队列可用来进行同步；消息无优先级，满足 FIFO 特性；Windows CE 消息队列是基于点对点的，不能用来广播通信。

与消息队列相关的 API 函数：

① CreateMsQueue：创建打开用户定义的队列消息。
② OpenMsQueue：打开现有消息队列的句柄。
③ CloseMsQueue：关闭打开的消息队列。
④ ReadMsQueue：从消息队列读取一条信息。
⑤ WriteMsQueue：向消息队列写入一条信息。
⑥ GetMsQueueInfo：返回有关消息队列的信息。

# 11.4  Windows CE 存储系统

## 11.4.1  内存管理

绝大多数操作系统采用的都是 1964 年冯·诺依曼提出的存储程序原理，存储管理是操作系统最重要的功能之一，直接影响到整个操作系统的安全性、稳定性、可靠性。而且对系统的性能也有着至关重要的影响。

现在，个人计算机拥有几吉字节（GB）的内存是非常普遍的，但在嵌入式操作系统通常只有几十兆字节甚至几十千字节的内存，Windows CE 的物理内存也十分有限，但是 Windows CE 32 位的寻址能力和针对性的优化让其开发人员可以使用桌面 Windows 中很多内存管理指令。

Windows CE 是一个层次化的操作系统，下层提供一些接口，为上层服务。上层不需要知道下层是如何完成的，只需要调用相关接口即可。内存管理也是一样的，以层的结构管理，上层通过下层提供的接口使用其服务，而所有的程序又可以根据不同的需要与各层进程接口通信，以满足不同的存储需求。

Windows CE 的内存结构如图 11-2 所示，其应用程序可以使用图中 4 种内存中的任意一种，这取决于应用程序所需要的具体内存操作方式。例如，应用程序需要进行何种内存操作，是小数据量的写还是大规模的读取等。此外，还要兼顾应用程序和操作系统的效率和速度，并尽量节约系统资源。

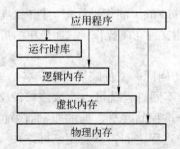

图 11-2  Windows CE 的内存结构

Windows CE 系统中，物理内存包括：ROM（只读存储器）和 RAM（随机存储器）、NOR 以及 NAND。Windows CE 将操作系统和一些固化到设备中的应用程序存储在 ROM 中，RAM 则为操作系统和应用程序提供运行空间。RAM 的操作速度比 ROM 速度快，为了提高内核和应用程序的实时性，系统将把 ROM 中存放的操作系统镜像和应用程序加载到 RAM 中运行。即使在 ROM 中就地执行（eXecuted In Place，XIP）的情况下，内核和应用程序的运行环境（堆栈和全局数据）都必须建立在 RAM 中。如果应用程序含在对象存储或闪存内，也必须加载到 RAM 中才能被执行。操作系统并不是将应用程序的所有代码全部加载到 RAM 中，而是将需要执行的部分按页加载到 RAM 中。此外，Windows CE 设备中通常没有硬盘，所以无法将一些暂时不用的页交换（Swap）到硬盘上，以空出更多的 RAM 空间。NOR 和 NAND 属于闪存（Flash Memory），可对其进行擦写，NOR 的存储速度快，但是容量较小，对于应用程序支持 XIP。NAND 存储速度较慢，但容量较 NOR 大，不支持 XIP。一般用闪存来存储用户安装的程序或一些数据。

在 Windows CE 设备上，操作系统加载后，剩余的 RAM 会被分为两部分：一部分为程序内存空间；另一部分为对象存储（Object Store）空间。对象存储类似于一个虚拟 RAM 盘，当系统悬挂或软复位时，对象存储中的数据不会改变，如果系统为 RAM 提供了后备电池，则在系统断电后，RAM 中的数据仍然保留。当系统恢复工作时，在 RAM 中查找以前产生的对象存储，并在上次中断的为位置继续执行，程序内存空间用于应用程序运行时的堆和栈。默认情况下，Windows CE 将内核使用外的 RAM 分为相等的两部分，也就是说，对象存储空间和应用程序空间具有相同的大小。

Windows CE 中地址类型与桌面 Windows 类似，有物理地址和虚拟地址两种，当系统刚刚启动还没加载存储管理单元（Memory Management Unit，MMU）时，只能使用物理地址进行相关访问。当启动了 MMU 后，Windows CE 便建立了物理地址和虚拟地址之间的映射，也正是这种映射关系，才使得 Windows CE 虚拟内存模型得以建立。

虚拟内存是微处理器可访问或可寻址的内存空间，对于 32 位处理器，可寻址的地址空间有 4 GB。这些存储空间并没有真正与物理内存相联系，而是到确实需要资源时才实际调配物理内存。由于虚拟内存没有与实际的物理内存对应，仅为一种内存管理策略，所以称为虚拟内存。

虚拟内存比系统中总的物理内存大得多，而提供给所执行进程的存储容量是所有的物理内存。Windows CE 能管理的最大物理内存是 512 MB，而能管理的最大虚拟地址空间是 4 GB。

Windows CE 以页为单位管理内存，它将 4GB 的虚拟地址空间划分为多个页面，不同的微处理器支持的页面大小不同，就目前主流嵌入式微处理器而言，x86 支持的页面大小为 4 KB，ARM 系列的微处理器支持 1 KB、4 KB、64 KB 和 1 MB 的页面大小。Windows CE 操作系统支持 1 KB 和 4 KB 的页面尺寸。

虚拟内存页面存在 3 种状态：FREE（可用），代表页面可以被分配；RESERVED（保留），虚拟地址被保留，不能再分配，也不能被使用，因为它没有被映射到物理地址；COMMITTED（提交），页面已经被映射到物理内存。

当 Windows CE 的 MMU 被加载时，4 GB 的虚拟地址空间就被创建。Windows CE 内存模型如图 11-3 所示，创建的 4 GB 虚拟地址空间被划分为两部分，其中 0x80000000 ~ 0xFFFFFFFF

是内核空间，处于内核态与处于用户态程序的区别也就在对于这高于 2 GB 地址的访问上，它专门为内核使用而保留。

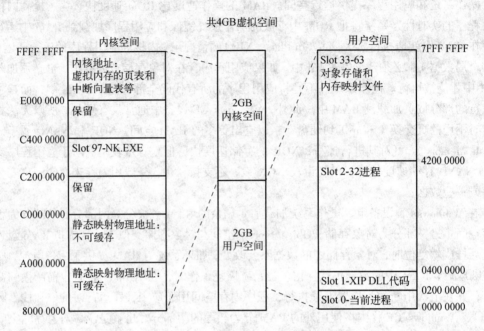

图 11-3　Windows CE 内存模型

0x00000000 ～ 0x7FFFFFFF 为用户空间，主要分配给所有应用程序共享使用。表 11-2 为 Windows CE 的内存分配。

表 11-2　Windows CE 的内存分配

| 地 址 范 围 | 用　　途 |
| --- | --- |
| 0x00000000~0x41ffffff | 由所有应用程序公用 |
| 0x42000000~0x7fffffff | 所有进程共享内存区域 |
| 0x80000000~0x9fffffff | 静态映射的物理内存，可缓存 |
| 0xa0000000~0xbfffffff | 静态映射的物理内存，不可缓存 |
| 0xc0000000~0xc1ffffff | 系统保留 |
| 0xc2000000~0xc3ffffff | 内核程序 NK.exe 使用的内存空间 |
| 0xc4000000~0xdfffffff | 用户定义的静态虚拟地址空间，不可缓存 |
| 0xe0000000~0xffffffff | 内核使用的虚拟地址空间 |

在表 11-2 中，最低的 2 GB 由应用程序共用，其中 0x00000000~0x41ffffff 被分为 33 个槽（Slot），每个槽占有 32 MB，Slot0 由当前的执行进程（拥有 CPU 的进程）使用。Slot1 由全部的就地执行（XIP）的 DLL 代码使用，剩余的 Slot 由其他进程使用，每个进程占一个 Slot，对应进程的 32 MB 虚拟地址空间。地址范围 0x42000000~0x7fffffff 是所有应用程序共享的内存区域，当 32 MB 地址空间不能满足一些进程的要求时，应用程序可以在这个区域中申请虚拟内存。共享区域的内存可用于对象存储、内存映射文件以及分配大块的内存。

从 0x80000000 开始是 Windows CE 的内核使用的虚拟地址空间。0x80000000~0x9fffffff 和 0xa0000000~0xbfffffff 的区域都用来映射系统的所有物理内存，只不过前一个区域映射的内存具有可缓存（Buffered）属性，而后一个区域映射的内存没有可缓存（Non- Buffered）属性。这两个虚拟内存区域的大小各位 512 MB，刚好对应 Windows CE 能管理的最大物理内存。0xc2000000~0xc3ffffff 是 Windows CE 核心进程 NK.exe 的专用区域。0xe0000000~0xffffffff 是内核使用的地址空间，通常存放虚拟内存的页表、中断向量表等内核使用的数据。

从理论上讲，Windows CE 系统最多可同时运行 31 个进程（包括操作系统进程，如 FileSys.exe、Device.exe、GWES.exe 等）。由于 Windows CE 将就地执行的动态链接库单独加载到 Slot1，所有进程都可以共享其中的代码，所以对单个进程而言，进程可以访问的地址空间增大了一倍。当一个进程启动时，内核选择一个未使用的 Slot，并在 Slot 的 32 MB 地址范围内为执行代码、静态数据和资源数据分配足够的虚拟地址空间；然后分配进程的堆和栈，加载非就地执行的 DLL。

堆和栈被称为逻辑内存，是支撑进程运行的重要内存块，对进程动态或静态地分配内存有着重要作用。

堆是一段连续的较大的虚拟地址空间。应用程序在堆中可以动态地分配、释放所需大小的内存块。利用堆的优点是在一定范围内减小了内存碎块，而且开发者分配内存块前不必去了解 CPU 的类型。因为不同的 CPU 分页大小不相同，每个内存页可能是 1 KB 或 4 KB。在堆内分配内存块可以是任意大小的，而直接分配内存就必须以内存页为单位。当一个应用程序启动时，内核在进程所在的地址空间中为进程分配一个默认 192 KB 大小的虚拟地址空间，但是并不立刻提交物理内存。如果在运行当中 192 KB 不能满足需求，那么内核会在进程地址空间重新查找一个足够大小的空闲的地址空间，然后复制原来堆的数据，最后释放原来的堆所占的地址空间。

栈也是一段连续的虚拟地址空间，和堆相比空间要小得多，它是专为函数使用的。当调用一个函数时（包括线程），内核会产生一个默认的栈，并且内核会立刻提交少量的物理内存（也可以禁止内核立刻提交物理内存）。栈的大小和 CPU 有关，一般为 64 KB，并且保留顶部 2 KB 为了防止溢出。可以修改栈的大小，但一般不会发生，如果采用在编译、连接时修改大小，那么所有栈的大小都会改变，这不太合理。实际开发中最好不要在栈中分配很大、很多的内存块，如果分配的内存块超过了默认栈的限制，就会引起访问非法并且内核会立刻终止进程。最好在进程的堆中分配大的内存块并且在函数返回前释放，或者在创建线程时指定栈的大小。

## 11.4.2　文件管理与注册表

文件管理与注册表是 Windows CE 的重要组成部分，在操作平台的定制、设备驱动开发、应用程序开发中都要涉及文件和注册表。Windows CE 提供了 3 种类型的文件系统：ROM 文件系统、RAM 文件系统、FAT 文件系统。嵌入式系统开发者可以产生和注册专门的文件系统。无论文件系统属于何种类型，都可以通过文件系统的 API 函数进行访问。文件系统的 API 函数分为如下几类：

① 文件管理操作：包括文件的产生、复制、删除、更名等，这些函数的特点是不需要文件句柄，只要知道文件名即可进行操作。

② 文件查找操作：包括启动文件查询、继续查找和关闭查找。

③ 文件变更通知：包括产生变更通知句柄，注册变更通知、关闭变更通知等。

④ 目录操作：包括创建目录、删除目录。

⑤ 文件读/写操作：包括文件的读、写、关闭和移动文件读/写指针等，这些函数的特点是根据文件的句柄进行操作。

⑥ 信息查询操作：包括文件信息查询、磁盘信息查询等。

注册表是一种信息数据库，应用程序、驱动程序以及管理程序都使用注册表来标识自己，检索所需的各种信息。注册表按照键（Key）和记录项（Entries）的树形结构组织。键类似于目录，用于记录项的分类，键可以包含子键和记录项。记录项以名字/值成对的格式存储。Windows CE 的注册表支持以下 4 个根键：

① HKEY_LOCAL_MACHINE：存放本机的基本信息，如有关设备、硬件、驱动程序和软件的配置信息。此键下的信息供所有登录到系统的用户使用。

② HKEY_CURRENT_USER：存储当前登录用户的配置信息。

③ HKEY_CLASSES_ROOT：存储文件类型匹配和 OLE 配置信息。

④ HKEY_USERS：所有用户的存储信息。

为了在应用程序中访问注册表，Windows CE 引出了注册表函数簇。访问或修改注册表的步骤如下：

① 使用 RegOpenKeyEx() 或 RegCreateKeyEx() 函数打开要修改的注册表项。

② 执行下列任务：

- 用 RegQueryValueEx() 函数读取注册表项的值，或用 RegSetValueEx() 函数修改注册表项的值。
- 用 RegEnumValue() 函数枚举记录项，或用 RegEnumKeyEx() 函数枚举子键。
- 用 RegDelete() 函数删除记录项，或用 RegDeleteKey() 函数删除子键。

③ 用 RegCloseKey() 函数关闭打开的注册表键。

Windows CE 中有两种方式实现注册表：基于 RAM 的注册表 RAN-Based-Heap File；基于 HIVE 的注册表 Hiv-Based-Registry。系统默认使用第二种注册表，基于 RAM 的注册表会在冷启动后丢失数据，必须使用其他方式来防止数据的丢失。到底使用哪种注册表由 OEMs 和 ISVs 来决定。对于应用程序开发者的用户都是透明的，使用 RAM 注册表可以大大提高效率，但是在后备电源无效的时候其设置信息将丢失，系统为防止这种情况的发生，可以在断电前对注册表进行备份，在恢复供电后再恢复备份。使用 HIVE 的注册表则可以避免这种麻烦，但意味着效率不如 RAM 注册表，基于 HIVE 的注册表在文件系统上以文件的形式存在。

# 11.5 Windows CE 的网络通信开发

由于不同的应用程序和设备在通信方面的要求不同，Windows CE 提供了支持广泛的硬件和通信技术，Windows CE 6.0 对网络和通信提供了很全面的支持，包括有线网络和无线网络，并且可以根据应用需要，还可以进行再开发，基于 Windows CE 的网络通信系统能做到可靠、数据吞吐量大、实时性强的数据传输，并且重用性好，可以移植到不同的应用系统中。可以想象，更多的嵌入式设备会被联入到互联网中，甚至可以预测，某一天嵌入式设备将成为网络通信中最重要的角色。

Windows CE 网络通信支持通过串行口与 SLIP 或 PPP 连在一起的网络、局域网（LAN）和用 TCP/IP 协议的无线网络。

## 11.5.1　Windows CE 通信简介

Windows CE 支持两种基本的通信方式，串行通信和网络通信，这两种通信使用相同的硬件。不同点在于所使用的数据传输单位不同，当在发送器和接收器之间有一个一对一连接时，就可以采用串行通信，数据简单地从一个设备流到另一个设备。网络通信允许你给定一个目标地址，传送到多台设备中的一台，提供了高度的可靠性以防止数据丢失。

### 1. 串行通信

串行通信被所有的 Windows CE 设备所支持，每一个串行设备都匹配有一个 COM 口，例如 COM1。Windows CE 为打开串口和管理接收设备上的连接提供了一个 API。一旦连接成功，将用相同的函数进行数据传送，这些函数用以读一个文件或者写一个文件。数据只是简单地从一个设备传送到另一个设备，不支持同步和异步 I/O。

利用 IrDA 协议，通过 IRsock 可以得到更为可靠的串行通信。IrComn 就是模仿串行通信，但是内部采用 IRSock 和 IrDA 协议。

### 2. 网络通信

Windows CE 也提供了一些 API 函数以简化在一个应用程序中包含网络通信的过程。Windows CE 提供了两种高水平的 API，这两种 API 简化了网络通信中的一些更普通的应用。

① 访问 Internet 文件系统（IFS）和改更远程访问打印机和文件的地址的 API。现在支持 Windows 操作系统的连接。地址更换支持通用命名约定（Universal Naming Convension，UNC），这里的名称（例如//SeverXX/ShareXX）不包括驱动器字符。

② 支持 HTTP 1.0 和 FTP Internet 浏览协议的 API。它编写一个较为简单的 Internet 客户应用程序的过程，WinInet 也提供安全支持。有 3 种安全协议：Secure Sockets 层（SSL）2.0 版和 3.0 版，以及私有通信技术（PCT）1.0 版。

## 11.5.2　WinSock 和 IRSock

WinSock 是 Microsoft 为 Windows 操作系统提供的一个双向兼容的编程接口，WinSock 实现了对网络细节的屏蔽，开发者不需要知道网络协议的具体实现，就像电话系统一样，使用者只需要知道电话号码和受话者即可。它是基于 UNIX 的套接字（Socket）而建立的，作为 Windows 家族的一员，Windows CE 也支持 WinSock 2.2 编程接口。在 WinSock 中，一个套接字（Socket）对象就是一个通信的结点，通过套接字可以在网络上发送或接收数据包。使用 WinSock 可以很容易实现网络通信功能，而且只要遵从 WinSock 的定义，应用程序就可以在不同的平台中进行通信，且 WinSock 是线程安全的。WinSock 定义了两种类型的套接字，一种是流套接字（Stream Socket），另一种是数据报套接字（Datagram Socket）。

流套接字传输的信息没有边界的字节流，这种通信方式必须以发送的顺序来接收信息，适用于批量数据的传输。这种类型的套接字必须有明确的连接，即通信的两端必须是面向连接的。其基本通信过程是套接字 A 向套接字 B 发送一个连接请求，套接字 B 可以接受或拒绝连接请求。如果套接字 B 接受了这个请求，便在两个套接字之间建立了一个连接。

数据报套接字传输的信息是成块的，有明显的边界，信息的传输是面向记录的。它不需要保证接收的顺序，即第一个数据块可以在第二个数据块之后到达。数据报套接字是面向无连接的，不需要明显的连接过程，因而，其不保证发送的每个数据块都必须到达。这种类型的套接字视同于在网络上发送通知消息。

套接字由计算机网络地址和端口号来定义，一个端口用来标识一个进程，这个就是一个服务的提供者（Service Provider）。在 WinSock 中每一个端口是与一个应用相关联的，用不同的端口号来支持不同的 WinSock 应用。

在 WinSock 中，每个套接字对象都与一个 IP 地址相关联，其既可以是计算机的域名，也可以直接是 IP 地址。直接使用 IP 地址在连接中会更快，因为域名不需要解析。通常，在创建套接字时，不需要指定本机的 IP 地址，但是如果本机有多个物理网络，则需要指定 IP 来确定使用哪一个网卡。

IrSock 是 WinSock 的一个扩展，它能应用 IrDA 协议加强基于 Socket 的红外通信。尽管 IrSock 这个应用工具和传统的 WinSock 在几个函数的用法上有些不同，但是在许多方面它们都是相同的。

### 11.5.3　UDP 编程

UDP（User Datagram Protocal）提供一种无连接，不可靠的传输服务。这里说的无连接是相对于 TCP（Transport Control Protocol）而言的，其含义是通信双方在交换数据前不需要建立连接。不可靠是指 UDP 不保证所有数据都准确有序地到达目的地，发送方也无法知道数据包是否送达。尽管 UDP 存在某些限制，但在某些场合是非常有用的，例如，WinSock IP 多播服务就是用 UDP 数据报类型的套接字实现的。UDP 常用于需要一对多的通信中。由于 UDP 协议自身不能保证信息的安全传递，必要时，使用 UDP 的应用程序必须提供自己的可靠机制来保证数据的可靠传输。

在网络编程中，UDP 的编程是比较简单的。UDP 服务器和客户的编程流程非常相似，且是对称的。创建 UDP 应用程序（包括服务器和客户端）需要经历以下步骤：

① 调用 WSAStartup()函数，启动 WinSock2.2 动态链接库 ws2.dll。

② 调用 socket()函数，创建一个新的无连接套接字。

③ 调用 bind()函数，为步骤②创建的套接字命名。

④ 调用 recvfrom()函数，从无连接的套接字上读取数据。

⑤ 调用 sendto()函数，向指定的无连接套接字发送数据。

⑥ 调用 closesocket()函数，关闭套接字。

⑦ 调用 WSACleanup()函数，终止动态链接库 ws2.dll 的使用。

UDP 编程中常用的函数为：初始化函数 InitUDP()、接收线程 UdpRecvThreadProc、发送函数 SendUDP()、本机 IP 地址获取函数 GetLocalIPAddress()、结束函数 CloseUDP()和数据处理函数 ProcessUDPData()。

### 11.5.4　TCP 编程

TCP（Transport Control Protocol）提供可靠的数据传输机制，当发送进程必须知道接收进程是否成功接收了所发射的数据时，应使用 TCP。TCP 套接字通常称为流式套接字（Stream

Socket)。当使用 TCP 通信时，通信双方建立一个虚拟连接。一旦这个虚拟连接建立，通信双方就可以将数据作为双向字节流进行交换。TCP 编程要比 UDP 编程复杂一些，实现 TCP 服务器的步骤如下：

① 调用 WSAStartup()函数，启动 WinSock2.2 动态链接库 ws2.dll。

② 调用 socket()函数，创建一个新的流式套接字，用于侦听客户的连接。

③ 调用 bind()函数，将步骤②创建的套接字与本机的 IP 地址关联起来。

④ 调用 listen()函数，侦听来自客户端的连接请求。

⑤ 一旦侦听到 TCP 客户的连接请求，调用 accept()函数接受客户的连接。同时 accept()函数返回一个连接客户的套接字，用于和这个客户通信。服务器可以与多个客户建立连接。

⑥ 调用 recv()函数，从连接客户的套接字上接收数据。

⑦ 调用 send()函数，向指定的连接套接字发送数据。

⑧ 调用 closesocket()函数，关闭套接字。

⑨ 调用 WSACleanup()函数，终止动态链接库 ws2.dll 的使用。

一个完整的 TCP 服务器程序，通常由以下几个函数组成：初始化函数 ServerInitSocket()、等待客户连接线程 TcpServerAccept、数据发送函数 ServerSendTcpData()、数据接收线程 ServerReadTcpData、数据处理函数 ServerProcessTcpData()和关闭连接函数 ServerDisconnectTcp()。

TCP 客户的编程比 TCP 服务器的编程要简单一些，实现 TCP 客户的步骤如下：

① 调用 WSAStartup()函数，启动 WinSock2.2 动态链接库 ws2.dll。

② 调用 socket()函数，创建一个新的流式套接字。

③ 调用 connect()函数，建立与 TCP 服务器的连接。

④ 调用 send()函数，向 TCP 服务器发送数据。

⑤ 调用 recv()函数，从 TCP 服务器接收数据。

⑥ 调用 closesocket()函数，关闭套接字。

⑦ 调用 WSACleanup()函数，终止动态链接库 ws2.dll 的使用。

同理，客户 TCP 程序包含：初始化函数 ClientInitSocket()、数据接收线程 ClientReceiveTcpData、数据发送函数 ClientSendTcpData()、数据处理函数 ClientProcessTcpData()和关闭连接函数 ClientDisconnectTcp()。

## 11.5.5　FTP 编程

Windows CE 利用 TCP/IP 网络协议实现了一个简化的文件传输协议( File Transfer Protocol, FTP )服务器。如果操作系统定制了 FTP 服务器，则它作为 Services.exe 模块的一种服务被加载到系统中，利用 FTP 可以执行下列任务：

① 使用 TCP/IP 网络连接，在 Windows CE 设备和桌面系统计算机上传输文件。

② 在 FTP 根目录下产生虚拟目录。

③ 使用互联网配置工具执行各种配置任务。

④ 在桌面系统上，使用 Windows FTP 客户软件或第三方的客户软件访问 Windows CE 的 FTP 服务器。

如果希望在 Windows CE 系统上实现 FTP 服务器，则在系统定制时必须添加 FTP Server 特性。FTP Server 特性位于定制系统步骤的"通信服务和网络特性"选项卡中。

当定制了 FTP Server 后，将在 HKEY_LOCAL_MACHINE\COMM\FTPD 注册表键下产生相应的注册表键。

Windows CE 平台的 WinInet（Windows Internet）特性提供了基本的因特网功能，包括 FTP 客户、自动拨号、IE 浏览器、MSXML 语法解析等。WinInet 的应用程序编程接口处理了应用程序与 WinSock 之间的通信的所有细节，FTP 编程函数是 WinInet API 函数的一部分。表 11-3 列出了 Windows CE 支持的 FTP 编程函数。

表 11-3  Windows CE 支持的 FTP 编程函数

| 函 数 名 | 说 明 |
| --- | --- |
| InternetOpen | 初始化应用程序对 WinInet 函数的访问 |
| InternetConnect | 建立一个 FTP 会话 |
| InternetCloseHandle | 关闭 WinInet 句柄或子句柄 |
| FtpCommand | 向 FTP 服务器传递一个任意的命令 |
| FtpCreateDirectory | 在 FTP 服务器上产生一个目录 |
| FtpDeleteFile | 在 FTP 服务器上删除一个文件 |
| FtpFindFirstFile | 在当前的目录上启动一个文件查找任务 |
| InternetFindNextFile | 继续由 FtpFindFirstFile 启动的文件查找任务 |
| FtpGetCurrentDirectory | 返回服务器上客户的当前目录 |
| FtpGetFile | 从服务器上下载文件 |
| FtpOpenFile | 在服务器上启动文件访问，如读、写等 |
| FtpPutFile | 向服务器上传文件 |
| FtpRemoveDirectory | 删除一个服务器上的目录 |
| FtpRenameFile | 更名服务器上的文件 |
| FtpSetCurrentDirectory | 改变服务器上客户的当前目录 |

开发者可直接调用 FTP 编程函数进行 FTP 服务器开发，从而实现网络通信。

# 小　　结

本章从不同的方面介绍了 Windows CE 嵌入式操作系统，Windows CE 的概念以及发展历程、开发平台以及其应用领域；对 Windows CE 的体系结构进行了详细的阐述；分析了 Windows CE 的线程和进程；整个 Windows CE 的存储系统进程了详细的论述，包括内存管理、文件管理与注册表；详细介绍了 Windows CE 的驱动开发和网络通信。通过学习本章可以了解 Windows CE 操作系统的功能特点、系统结构、内存管理模式以及网络通信的开发和应用。

# 习　　题

1. Windows CE 体系结构分哪几层？其中文件系统属于哪一层？
2. 结合 Windows CE，如何理解进程和线程？

3. Windows CE 中线程是如何调度的？

4. Windows CE 的内存包括哪几种？Windows CE 能管理的最大物理内存和最大虚拟内存分别为多少？堆和栈属于哪种内存？

5. Windows CE 支持的通信模式有哪些？

6. 创建 UDP 应用程序（包括服务器和客户端）需要的步骤。

# 第 12 章 嵌入式操作系统 Linux

## 12.1 概　　述

Linux 是一个类 UNIX 的操作系统，任何在 UNIX 能做的事在 Linux 下也都可实现。Linux 本身就是一个完整的多用户多任务操作系统，因此不需要先安装 DOS 或其他的操作系统，就可以直接进行安装。同时，Linux 可以运行在多种硬件平台上，如 x86、SPARC 等处理器的平台以及嵌入式处理器等。Linux 操作系统与其他商业操作系统的最大区别在于它的源代码完全公开。

### 1. Linux 的起源

1991 年，芬兰 Linus Torvalds 制作了一个小型的操作系统，取名为 Linux，Linux 系统具有 UNIX 操作系统的全部功能。随着时间的推移，越来越多的程序爱好者、软件技术专家加入到修改和完善 Linux 的队伍中，发展到了现如今的 Linux 操作系统。

Linux 自诞生后，只经过了十几年的时间在嵌入式系统中得到广泛应用，使得用户在选用操作系统时有了更多的选择。目前，欧洲、中国、韩国等众多国家或地区正在积极推动政府机构使用 Linux 平台。世界上与完全封闭源代码软件相对立的是开放源代码的自由软件，Linux 就是一种开放源代码的软件。"开放源代码运动"因其更适合于软件自身的发展要求，也更适合于用户的本质需求，为社会各界所广泛欢迎。世界各国已经产生了很多不同版本的 Linux 操作系统。

目前，中国 Linux 软件的应用市场不断扩大，应用领域已扩大到政府、金融、电信、教育、交通等行业及各种数字设备领域。中国 Linux 市场主要增长点来自于电子政务和各种数字设备中的嵌入式系统。Linux 产业链的形成已经为我国信息化建设提供了重要基础，国家有关部门希望各级政府在电子政务建设中，各行业、大型企业在信息化建设中，带头采用 Linux 系统及开源解决方案。

目前，Linux 在中国发行的版本主要有 Red Hat（红帽子）、Red Flag（红旗）、OpenLinux、TurboLinux 等。Fedora Core 6 前身是 Red Hat Linux，它具有很完善的桌面性能。

Linux 的内核版本号由 3 个数字组成，一般表示形式为 X.Y.Z，例如版本为 2.6.26 版本的 Linux 内核。其中：X 表示主版本号；Y 表示次版本号，若为偶数，代表这个内核版本为正式版，可以公开发行，若为奇数，则表示这个内核版本是测试版；Z 表示修订号。

2．Linux 的组成部分

Linux 包括下列重要部分：Linux 内核、Linux Shell、文件系统、应用程序，如图 12-1 所示。

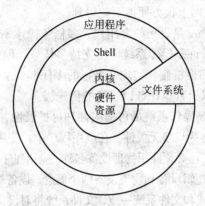

图 12-1　Linux 的组成部分

（1）Linux 内核

Linux 内核实现进程管理、内存管理、文件系统、设备驱动和网络系统等功能。Linux Kernel 由 5 个主要的子系统组成：进程调度（SCHED）、内存管理（MM）、虚拟文件系统（VFS）、网络接口（NET）、内部进程通信（IPC）。

（2）Linux Shell

Shell 是系统的用户界面，提供了用户与内核进行交互操作的一种接口。Shell 是一个命令解释器，它解释由用户输入的命令并且把它们送到内核执行。Shell 编程语言写的程序与其他应用程序具有类似的运行效果。

（3）文件系统

文件系统是文件存放在磁盘等存储设备上的组织方法，Linux 能支持多种目前流行的文件系统。

（4）应用程序

发行的 Linux 系统都有一套叫作应用程序的程序集，包括：文本编译器、编程语言、Windows 办公套件、Internet 工具、数据库等。

3．Linux 的特点

（1）Linux 与其他操作系统的区别

Linux 与其他操作系统的区别：Linux 是从一个比较成熟的操作系统发展而来的，而其他操作系统都是自成体系，无对应相依托的操作系统。本身脱胎于 UNIX，可以与其他操作系统共存于同一台机器上。它们均为操作系统，具有一些共性，但是相互之间各有特色，有所区别。

Linux 与其他操作系统的区别在于 Linux 是一种开放的、免费的、可以自由传播的操作系统，而其他操作系统都是封闭的系统，需要有偿使用。

Linux 内核具有其他操作系统无法比拟的稳定性和高效性，且占用系统资源较少。此外，Linux 具有良好的兼容性、强大的可移植性、高度的稳定性、漂亮的用户界面，还有世界上公认的最好的语言编译器、更高效率的开发环境。

（2）Linux 功能特点

① 开放性。Linux 遵循 GNU 的 GPL 许可证，是开放源代码的自由软件家族中最重要的

一员，它有如下两个特点：一是开放源码并对外免费提供，用户可以免费获得和使用 Linux；二是爱好者可以按照自己的需要自由修改、复制和发布程序的源码，并公布在 Interne 上，因此 Linux 操作系统可以从互联网上很方便地下载得到。

② 多用户、多任务。Linux 是真正的多用户、多任务操作系统，只有很少的操作系统能提供真正的多任务能力，尽管许多操作系统声明支持多任务，但并不完全准确。而 Linux 则充分利用了 x86 CPU 的任务切换机制，实现了真正的多任务、多用户环境，允许多个用户同时执行不同的程序，并且可以给紧急任务以较高的优先级。

③ 设备独立性。为了提高操作系统的可适应性和可扩展性，在现代操作系统中都毫无例外地实现了设备独立性，也称为设备无关性。在应用程序中，使用逻辑设备名称来请求使用某类设备；而系统在实际执行时，还必须使用物理设备名称。应用程序独立于具体使用的物理设备。为了实现设备独立性而引入了逻辑设备和物理设备两个概念。设备被归属为特殊文件，受文件系统抽象和管理，因此其操作方式和文件系统一致，文件系统将对设备的操作递交给实际的设备驱动处理。

④ 强大的网络功能。Linux 强大的网络功能是其相比其他操作系统最显著的一个特点。它可以轻松地与各种流行的网络集成在一起，还可以通过以太网或调制解调器连接到 Internet 上。Linux 不仅能够作为网络工作站使用，更可以胜任各类服务器，如文件服务器、打印服务器、邮件服务器和新闻服务器等。

⑤ 安全性。由于可以得到 Linux 的源码，所以操作系统的内部逻辑可见，这样就可以准确地查明故障原因，及时采取相应对策。这是其他操作系统所没有的优势。同时这也使得用户容易根据操作系统的特点构建安全保障系统，不用担心来自系统预留的意外打击。

⑥ 可移植性。Linux 完全符合 POSIX 标准，POSIX 是基于 UNIX 的第一个操作系统簇国际标准，Linux 遵循这一标准，这使得 UNIX 下许多应用程序可以很容易地移植到 Linux 下，反之亦然。Linux 支持一系列的 UNIX 开发，它是一个完整的 UNIX 开发平台，几乎所有的主流程序设计语言都已移植到 Linux 上并可免费得到，如 C、C++、Fortran77、ADA、Pascal 等。

# 12.2　Linux 体系结构

## 12.2.1　嵌入式操作系统的体系结构

按照软件体系结构，可以把嵌入式操作系统分成三大类：宏内核结构、分层结构和微内核结构。它们的主要差别表现在两方面：一是内核设计，即在内核中包含了哪些功能组件；二是系统中集成了哪些其他的系统软件（如设备驱动程序）。

### 1. 宏内核结构

宏内核结构又称整体结构或单体结构，它是嵌入式软件常用的形式之一，特别适合低端嵌入式应用开发，也是早期嵌入式软件开发的唯一体系结构。这种结构指的是"无体系结构"：内核的全部代码，包括所有子系统（如内存管理、文件系统、设备驱动程序）都打包到一个文件中。整个嵌入式软件是一组程序（函数）的集合，不区分应用软件、系统软件和驱动程序等，内核中的每个函数都可以访问内核中所有其他部分。这种体系结构下的嵌入式软件开发具有以下特点：

① 系统中每个函数有唯一定义好的接口参数和返回值，函数间调用不受限制。

② 软件开发时设计、函数编码/调试、链接成系统的反复过程，所有函数相互可见，不存在任何的信息隐藏。

③ 函数调用可以有简单的分类，如内核调用、系统调用和用户调用，用来简化编程，当然也可以不严格划分。

④ 系统有唯一的主程序入口（如 C 程序的 main() 函数）。

宏内核是一个很大的实体。它的内部又可以被分为若干模块。但是在运行时，它是一个独立的二进制大映像。其模块间的通信是通过直接调用其他模块中断函数实现的，而不是消息传递。使用这种结构的优点是：模块之间直接调用函数，除了函数调用的开销外，没有额外开销；代码执行效率高。缺点是：庞大的操作系统有数以千计的函数，复杂的调用关系势必导致操作系统维护的困难，如果编程时不小心，很可能会导致源代码中出现复杂的嵌套。因此，可移植性和扩展性非常差。

### 2．分层结构

层次结构（Layered Architecture）的系统模型中各种软件分层组织，每层为上层软件提供服务并作为下层软件的客户。对多数层次结构而言，内层只对直接外层开放，对其他各层隐蔽，因此这些层次往往可以看成是虚拟机（或抽象层）。层次结构具有以下几个特点：

① 每一层对其上层而言好像是一个虚拟的计算机。

② 下层为上层提供服务，上层利用下层提供的服务。

③ 层与层之间定义良好的接口，上下层之间通过接口进行交互与通信。

④ 每层划分为一个或多个模块（又称组件），在实际应用中可根据需要配置个性化的 RTOS。

实际上，分层结构是最常用的嵌入式软件体系结构之一，在常用的嵌入式软件中，许多嵌入式操作系统和嵌入式数据库都是层次结构的。采用分层结构的优点如下：

① 有利于将复杂的功能简化，分而治之，便于设计实现。

② 每层的接口都是抽象的，支持标准化，因此很容易支持软件的重用。

③ 可移植性和可替换性好

④ 开发和维护简单，当需要替换系统中的某一层时，只要接口不变，不会影响到其他层。

分层结构的缺点如下：

① 系统效率低，由于每个层次都要提供一组 API 接口函数，从而影响系统的性能。

② 底层修改时会产生连锁反应。

### 3．微内核结构

微内核（MicroKernel）结构，又称 C/S 结构（Client/Server Architecture），是现代软件常用体系结构之一，其基本思想是：把操作系统的大部分功能剥离出去，只保留最核心的功能单元，微内核中只提供几种基本服务，如任务调度、任务间通信、底层的网络通信和中断处理接口以及实时时钟等。因此整个内核非常小（可能只有数十千字节），内核任务在独立的地址空间运行，速度极快。

其他服务，如存储管理、文件管理、中断处理和网络通信等，以内核上的协作任务形式出现。若客户任务执行中需要某种服务，则向服务器任务发出申请。

基于微内核结构的嵌入式操作系统一般包括如下组成部分：

① 基本内核：嵌入式 RTOS 中最核心、最基础的部分。在微内核结构中，必须拥有进程管理、中断管理、基本的通信管理和存储管理。

② 扩展内核：在微内核的基础上新的功能组件可以动态地添加进来，这些功能可以组成为方便用户使用 RTOS 进行的扩展。它建立在基本内核基础上，提供 GUI、TCP/IP、Browser、Power Manager 和 File Manager 等应用编程接口。

③ 设备驱动接口：建立在 RTOS 内核与外部硬件之间的一个硬件抽象层，用于定义软件与硬件的界限，方便 RTOS 的移植和升级。在有些嵌入式 RTOS 中，没有专门区分这一部分，统归于 RTOS 基本内核。

④ 应用编程接口：建立在 RTOS 编程接口之上的、面向应用领域的编程接口（也称为应用编程中间件）。它可以极大地方便用户编写特定领域的嵌入式应用程序。

微内核操作系统的优点：内核小，扩展性好；安全性高。客户单元和服务单元的内存地址空间是相互独立的，因此系统的安全性更高；各服务器模块具备相对独立性，便于移植和维护。

⑤ 微内核操作系统的缺点：内核与各个服务器之间通过通信机制进行交互，这使得微内核结构的效率低；由于它们的内存地址空间是相互独立的，所以切换时，会增加额外的开销。

## 12.2.2 Linux 体系结构

### 1. Linux 系统内核结构

目前，宏内核的性能仍然强于微内核，Linux 是一个整体，因为它会将所有基本服务都集成到内核中，因此 Linux 仍然是依据宏内核结构实现的，但其中已经引进了一个重要的革新。在系统运行中，模块可以插入到内核代码中，也可以移除，这使得可以向内核动态添加功能，弥补了宏内核的一些缺陷。模块特性依赖于内核与用户层之间设计精巧的通信方法，这使得模块的热插拔和动态装载得以实现。图 12-2 所示为 Linux 操作系统体系结构 Linux 内核被划分为多个子系统。

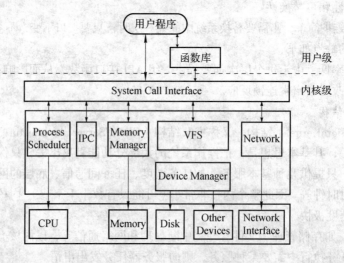

图 12-2　Linux 操作系统体系结构

其中，System Call Interface 系统调用接口，简称 SCI。提供了某些机制执行从用户空间到内核的函数调用，这个接口依赖于体系结构，是一个非常有用的函数调用多路复用和多路分解服务。在 ./linux/kernel 中您可以找到 SCI 的实现，并在 ./linux/arch 中找到依赖于体系结构的部分。

从图 12-2 中可以看出，根据内核的核心功能，Linux 内核包含了 5 个子系统：进程调度、内存管理、虚拟文件系统、网络接口、进程间通信。

**2．Linux 系统数据结构**

在 linux 的内核实现中，有一些数据结构使用频度较高。

（1）task_struct

Linux 内核利用一个数据结构（task_struct）代表一个进程，代表进程的数据结构指针形成了一个 task 数组，这种指针数组有时也称为指针向量。这个数组的大小由 NR_TASKS（默认为 512），表明 Linux 系统中最多能同时运行的进程数目。当建立新进程的时候，Linux 为新进程分配一个 task_struct 结构，然后将指针保存在 task 数组中。调度程序一直维护着一个 current 指针，它指向当前正在运行的进程。

（2）Mm_struct

每个进程的虚拟内存由一个 mm_struct 结构来代表，该结构实际上包含了当前执行映像的有关信息，并且包含了一组指向 vm_area_struct 结构的指针，vm_area_struct 结构描述了虚拟内存的一个区域。

（3）Inode

虚拟文件系统（VFS）中的文件、目录等均由对应的索引结点（Inode）代表。每个 VFS 索引结点中的内容由文件系统专属的例程提供。VFS 索引结点只存在于内核内存中，实际保存于 VFS 的索引结点高速缓存中。如果两个进程用相同的进程打开，则可以共享 Inode 的数据结构，这种共享是通过两个进程中数据块指向相同的 Inode 完成。

**3．Linux 内核源代码的结构**

Linux 内核源代码位于/usr/src/linux 目录下。/include 子目录包含了建立内核代码时所需的大部分包含文件，这个模块利用其他模块重建内核；/init 子目录包含了内核的初始化代码，这是内核工作开始的起点；/arch 子目录包含了所有硬件结构特定的内核代码；/drivers 子目录包含了内核中所有的设备驱动程序，如块设备和 SCSI 设备；/fs 子目录包含了所有的文件系统的代码，如 ext2、vfat 等；/net 子目录包含了内核的连网代码；/mm 子目录包含了所有内存管理代码；/ipc 子目录包含了进程间通信代码；/kernel 子目录包含了主内核代码。

## 12.3 Linux 系统功能

操作系统是计算机系统中最基本的系统软件，其作用就是把计算机系统中的各种资源（包括硬件资源和软件资源，如文件、信息等）管理得井井有条。所以，Linux 操作系统责任重大，功能强大，其基本功能包括：内存管理、进程管理、文件管理和设备管理。

### 12.3.1 内存管理

Linux 系统采用了虚拟内存管理机制，就是交换和请求分页存储管理技术。这样，当进程运行时，不必把整个进程的映像都放在内存中，而只需在内存保留当前用到的那一部分页面。这样大大降低了进程运行时对内存大小的需求，提高内存的利用率。当进程访问到某些尚未在内存的页面时，就由内核把这些页面装入内存。这种策略使进程的虚拟地址空间映射到其物理空间时具有更大的灵活性，通常允许进程的大小可大于可用内存的总量，并允许更多进程同时在内存中执行。

**1．请求分页机制**

分页存储管理的基本方法如下：

① 逻辑空间分页：将一个进程的逻辑地址空间划分成若干个大小相等的部分，每一部分称作页面或页。每页都有一个编号，叫作页号，页号从 0 开始依次编排，如 0、1、2、……

② 内存空间分页：把内存也划分为与页面相同大小的若干个存储块，称作内存块或内存页面。同样，它们也进行编号，内存块号从 0 开始依次顺序排列：0#块、1#块、2#块……

页面和内存块的大小是由硬件决定的，它一般选择为 2 的若干次幂。不同机器中页面大小是有区别的。在 x86 平台上的 Linux 系统的页面大小为 4 KB。

③ 逻辑地址表示：在一般的分页存储管理方式中，表示地址的结构如图 12-3 所示。

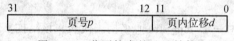

图 12-3　分页技术的地址结构

它由两部分组成：前一部分表示该地址所在的页面的页号 $p$；后一部分表示页内位移 $d$，即页内地址，图 12-3 中所示两部分构成的地址长度为 32 位。其中 0~11 为页内位移，即每页的大小为 4 KB；12~31 为页号，表示地址空间中最多可容纳 1 M 个页面。

④ 内存分配原则：在分页情况下，系统以内存块为单位把内存分给作业或进程，并且一个进程的若干页可以分别装入物理上不相邻的内存块中。

⑤ 页表：在分页系统中允许将作业或进程的各页面离散地装入内存的任何空闲块中，这样一来就出现作业的页号连续而块号不连续的情况。怎样找到每个页面在内存中对应的物理块呢？为此，系统又为每个进程设立了一张页面映像表，简称页表。

在进程地址空间内的所有页（0~$n$-1）依次在页表中有一个页表项，其中就记载了相应页面在内存中对应的物理块号、页表项有效标志位及相应内存块的访问控制属性（如只读、只写、可读/写、可执行）。进程执行时，按照逻辑地址中的页号去查找页表中的对应项，可从中找到该页在内存中的物理块号。然后，将物理块号与对应的页内位移拼接起来，形成实际的访问内存的地址。所以，页表的作用是实现从页号到物理块号的地址映射。

**2．请求分页的基本思想**

请求分页存储管理技术是在简单分页技术基础上发展起来的，二者的根本区别在于请求分页，提供虚拟存储器。它的基本思想是：当要执行一个程序时才把它换入内存；但并不把全部程序都换入内存，而是用到哪一页时才换入它。这样，就减少了兑换时间和所需内存数量，允许增加程序的道数。

为了表示一个页面是否已经装入内存块，在每一个页表项中增加一个状态位，即 Y 表示该页对应的内存块可以访问；N 表示该页不对应内存块，即该页尚未装入内存，不能立即进行访问。

当地址转换机构遇到一个具有 N 状态的页表项时，变产生一个缺页中断：告诉 CPU 当前要访问的这个页面还未装入内存。操作系统必须处理这个中断；它装入所要求的页面并相应调整页表的记录，然后再重新启动该指令。由于这种页面是根据请求而被装入的，所以这种存储管理方法叫作请求分页存储管理。通常，在作业最初投入运行时，仅把它的少量几页装入内存，其他各页是按照请求顺序动态装入的，这样，就保证用不到的页面不会被装入内存。

### 3. 进程的虚存空间

在 x86 平台上的 Linux 系统中，地址码采用 32 位，因而每个进程的虚存空间可达 4 GB。Linux 内核将这 4 GB 的空间分为两部分：最高地址的 1 GB 是"系统空间"，供内核本身使用；而较低地址的 3 GB 是各个进程的"用户空间"。系统空间由所有进程共享，虽然理论上每个进程的可用用户空间都是 3 GB，但实际的存储空间大小要受到物理寄存器（包括内存以及磁盘交换区或交换文件）的限制。进程的虚存空间如图 12-4 所示。

图 12-4　Linux 进程的虚存空间

### 4. 内存页的分配与释放

当一个进程开始运行时，系统要为其分配一些内存页；而当该进程结束运行时，要释放其所占用的内存页。一般来说，Linux 系统采用两种方法来管理内存页：位图和链表。

利用位图可以记录内存单元的使用情况。用一个二进制位（bit）记录一个内存页的使用情况：如果该内存页是空闲的，则对应的位是 1；如果该页已经分配出去，则对应的位是 0。例如，内存大小为 1 024 KB，内存页的大小是 4 KB，则可以用 32B 构成的位图来记录这些内存的使用情况。分配内存时就检测该位图中的各个位，找到所需个数的连续位值为 1 的位图位置，进而就获得所需的内存空间。

利用链表可以记录已分配的内存单元和空闲的内存单元。采用双向链表结构将内存单元链接起来，从而可以加速空闲内存的查找或链表的处理。

Linux 系统的物理内存页分配采用链表和位图相结合的方法，如图 12-5 所示。图中数组 free_area 的每一项描述某一种内存页组（即由相邻的空闲内存页构成的组）的使用状态信息。其中，头一个元素描述孤立出现的单个（即 $2^0$）内存页的信息，第二个元素描述以 2（即 $2^1$）个连续内存页为一组的页组的信息，而第三个元素描述以 4（即 $2^2$）个内存页为一组的页组的信息，依此类推，页组中内存页的数量依次按 2 的倍数递增。free_area 数组的每项有两个成分：一个是双向链表 list 的指针，链表中的每个结点包含对应的空闲页组的起始内存页编号；另一个是指向 map 位图的指针，map 中记录相应页组的分配情况。free_area 数组的项 0 中包含一个空闲内存页；项 2 中包含两个空闲内存页组（该链表中有两个结点），每个页组包括四个连续的内存页，第一个页组起始内存编号是 4，另一个页组的起始内存编号是 100。

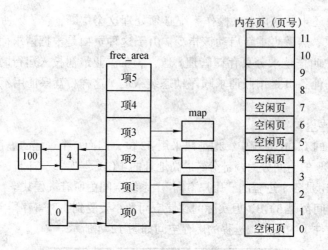

图 12-5　空闲内存的组织示意图

　　在分配页组时，如果系统有足够的空闲内存页满足分配请求，则 Linux 的页面分配程序首先在 free_area 数组中搜索等于要求数量的最小页组的信息，然后在对应的 list 双向链表中查找空闲页组；如果没有与所需数量相同的空闲内存页组，则继续查找下一个空闲页组（其大小为上一个页组的 2 倍）。如果找到的页组大于所要求的页数，则把该页组分为两部分：满足请求的部分，把它返回给调用者；剩余的部分，按其大小插入到相应的空闲页组队列中。

　　当释放一个页面组时，页面释放程序就会检查其上下是否存在与它邻接的空闲页组。如果有，则把该释放的页组与所有邻接的空闲页组合并成一个大的空闲页组，并修改有关的队列。上述内存分配算法也称作"伙伴算法"。

### 12.3.2　进程管理

1．Linux 进程

　　在 Linux 系统中，进程（Process）和任务（Task）是同一个意思。简单地说，进程就是程序的一次执行过程。在 Linux 系统中，进程有 5 种状态，图 12-6 所示为系统中进程状态的变化关系。

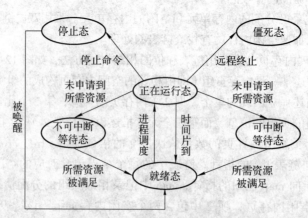

图 12-6　Linux 系统中进程状态的变化

（1）就绪状态

状态标识 state 的值为 TASK_RUNNING。此时，进程已被挂入运行队列，处于准备运行状态，一旦获得处理器使用权，即可进入运行状态。

（2）可中断等待状态

状态标志位 state 的值为 TASK_INTERRUPTIBLE。此时，由于进程未获得它所申请的资源而处在等待状态。一旦资源有效或者有唤醒信号，进程会立即结束等待而进入就绪态，所以这种状态也叫"浅睡眠状态"。

（3）不可中断等待状态

状态标志位 state 的值为 TASK_UNINTERRUPTIBLE。此时，进程也处于等待资源状态。一旦资源有效，进程会立即进入就绪状态。这个等待状态与上面所说的可中断等待状态的区别在于，处于 TASK_UNINTERRUPTIBLE 状态的进程不能被信号或中断所唤醒，只有当它申请的资源有效时才能被唤醒，所以这种状态也叫作"深睡眠状态"。

（4）停止状态

状态标志位 state 的值为 TASK_STOPPED。当进程收到一个 SIGSTOP 信号后，就由运行状态进入停止状态，当以后收到一个 SINCONT 信号时，又会恢复运行状态。这种状态主要被用于程序的调试，这个状态也叫作"挂起状态"。

（5）中止状态

状态标志位 state 的值为 TASK_ZOMBIE。进程因某种原因而中止运行，并且系统对它不再予以理睬，仅保留其进程控制块，所以也把这种状态叫作"僵死状态"。

Linux 有两类进程：一类是普通用户进程，它既可在用户空间运行，又可通过系统调用进入内核空间，并在内核空间里运行；另一类叫作内核进程，这种进程只能在内核空间运行。

Linux 系统中每一个进程都包括一个名为 task_struct 的数据结构，它相当于进程控制块（PCB），是进程中最关键的部分。在创建新进程时，Linux 就从系统内存中分配一个 task_struct 结构。当前正在运行的进程的 task_struct 结构用 current 指针表示。

task_struct 结构主要包含进程的描述信息和控制信息，如进程状态、调度信息、标识符、打开的文件以及处理器信息等。

2．对进程的操作

进程是生命周期的动态过程，内核能对它们实施操作，主要包括：创建进程、撤销进程、挂起进程、执行进程、进程切换、封锁进程、唤醒进程、终止进程等。

（1）创建进程

Linux 系统中，除初始化进程外，其他进程都是同系统调用 fork() 和 clone() 创建的。调用 fork() 和 clone() 的进程是父进程，被生成的进程是子进程。

新进程是通过复制老进程或当前进程而创建的。但是，fork() 和 clone() 二者间还存在着区别：fork() 是全部复制，即父进程所有的资源全部通过数据结构的复制传给子进程；而 clone() 则可以将资源有选择地复制给子进程，没有被复制的数据结构则通过指针的复制让子进程共享。

创建进程时，系统从屋里内存中分配一个 task_struct 结构和进程系统栈，新的 task_struct 结构加入到进程向量中，并为该进程指定一个唯一的 PID 号；然后进行基本资源复制，如 task_struct 数据结构、系统空间栈、页表等；对父进程的代码及全局变量则并不需要复制，仅通过只读方式实现资源共享。

（2）挂起进程

父进程创建子进程往往让子进程替自己完成某项工作。因此，父进程创建子进程之后，通常等待子进程运行终止。父进程用系统调用 wait3()等待它的任何一个子进程终止；也可以用 wait4()等待某个特定的子进程终止。

（3）终止进程

在 Linux 系统中，进程主要是作为执行命令的单位运行的，这些命令的代码都以系统文件形式存放。当命令执行完，希望终止自己时，可在其程序尾使用系统调用 exit()。用户进程也可使用 exit 来终止自己。

（4）执行进程

子进程被创建后，通常处于"就绪态"，被调度选中后才可运行。子进程在创建过程中，是把父进程的映像复制给子进程，此二者的映像基本相同。如果子进程不改变其映像，就必然重复父进程的过程。为此，要改变子进程的映像，使其执行另外的特定程序（如命令所对应的程序）。

改变进程映像的工作很复杂，是由系统调用 execve()实现的，它用一个可执行文件的副本来覆盖该进程的内存空间。

**3．进程调度**

任何进程想要占有 CPU，从而真正处于执行状态，就必须经由进程调度。Linux 内核的调度方式基本上采用"抢占式优先级"方式，即当进程在用户模式下运行时，不管是否自愿，在一定条件下（如时间片用完或等待 I/O），内核就可以暂时剥夺其运行而调度其他进程进入运行，但是，一旦进程切换到内核模式下运行，就不受以上限制而一直运行下去，直到又回到用户模式才会发生进程调度。

Linux 内核为系统中每个进程计算出一个优先权，该优先权反映了一个进程获得 CPU 使用权的资格，高优先权的进程优先得到运行。同时 Linux 系统针对不同类别的进程提供了 3 种不同的调度策略：SCHED_FIFO、SCHED_RR 以及 SCHED_OTHER。

SCHED_FIFO 适合于实时进程，它们对时间性要求比较高，但每次运行所需时间较短。一旦这种进程被调度而开始运行后，就一直运行到自愿让出 CPU 或者被优先权更高的进程抢占其执行权为止。SCHED_RR 对应时间片轮转法，适合于每次运行需要较长时间的实时进程，SCHED_OTHER 适合于交互式的分时进程。实时进程的优先权高于其他类型进程的优先权。如果系统中有实时进程处于就绪状态，则非实时进程就不能被调度运行，直至所有实时进程都完成了，非实时进程才有机会占用 CPU。

在以下几种情况出现时，Linux 内核会进行进程调度：①当前进程调用系统调用 nanosleep()或者 pause()，使自己进入睡眠状态，主动让出一段时间的 CPU 使用权；②进程终止，永久地放弃对 CPU 的使用；③在时钟中断处理程序执行过程中，发现当前进程连续运行的时间过长；④当唤醒一个睡眠进程时，发现被唤醒的进程比当前进程更有资格运行；⑤一个进程通过执行系统调用来改变调度策略或者降低自身的优先权，从而引起立即调度。

## 12.3.3　文件系统

文件系统是对文件存储器空间进行组织和分配，负责文件的存储并对存入的文件进行保护和检索的系统。Linux 支持多种不同的文件系统，如 JFS、ReiseerFS、ext、ext2、ext3、FAT 等。

Linux 内核含有一个虚拟文件系统层（Virtual File System，VFS），如图 12-7 所示。通过 VFS 将不同文件系统的实现细节隐藏起来，从外部看上去，所有的文件系统都是一样的。当处理器发出一个基于文件的系统调用时，内核就会调用 VFS 中的一个函数，该函数会处理与结构无关的操作并且把调用重新转向到与结构相关的物理文件系统代码中的一个函数去。文件系统代码使用高速缓冲功能来请求对设备的 I/O 操作。

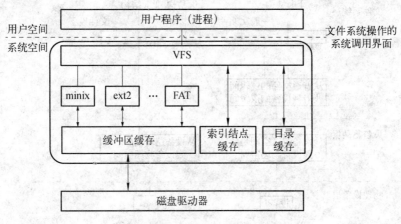

图 12-7 VFS 虚拟文件系统

### 12.3.4 设备管理

Linux 系统采用设备文件同一管理硬件设备，从而将硬件设备的特性及管理细节对用户隐藏起来，实现用户程序与设备无关性。在 Linux 系统中，硬件设备分为 3 种：块设备、字符设备和网络设备。

用户是通过文件系统与设备打交道的。所有设备都作为特别文件，从而在管理上就具有一些共性。例如：

① 每个设备都对应文件系统中的一个索引结点，都有一个文件名，设备的文件名一般由两部分组成：第一部分是主设备号，代表设备的类型；第二部分是次设备号，代表同类设备中的序号。

② 应用程序通常可以通过 open() 打开设备文件，建立起与目标设备的连接。

③ 对设备的使用类似于对文件的存取，打开设备文件后，就可以通过 read()、write()、ioctl() 等文件操作对目标设备进行操作。

④ 设备驱动程序都是系统内核的一部分，它们必须为系统内核或者它们的子系统提供一个标准的接口。

⑤ 设备驱动程序利用一些标准的内核服务，如内存分配等。另外，大多数 Linux 设备驱动程序都可以在需要时装入内核，不需要时卸载下来。

图 12-8 所示为设备驱动的分层结构，从图中可以看出，处于应用层的进程通过文件描述字符 fd 与已打开文件的 File 结构相联系。在文件系统层，按照文件系统的操作规则对该文件进行相应处理。对于一般文件（磁盘文件），要进行空间的映射——从普通文件的逻辑空间映射到设备的逻辑空间，然后在设备驱动层作进一步映射——从设备的逻辑空间映射到物理空间（即设备的物理地址空间），进而驱动底层物理设备工作。对于设备文件，文件的逻辑空间

通常就等价于设备的逻辑空间，然后从设备的逻辑空间映射到设备的物理空间，再驱动底层的物理设备工作。

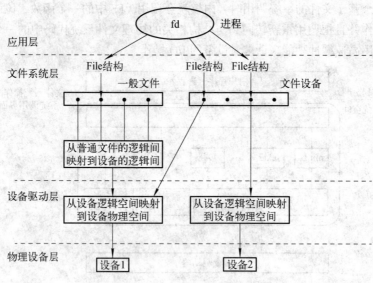

图 12-8　设备驱动分层结构示意图

# 12.4　Linux 的驱动开发

### 12.4.1　Linux 的驱动概述

驱动程序，英文名为 Device Driver，全称为"设备驱动程序"，是一种可以使计算机和设备进行通信的特殊程序，相当于硬件的接口，操作系统只有通过这个接口才能控制硬件设备的工作，其作用是实现用软件控制硬件。如果某设备的驱动程序未能正确安装，便不能正常工作。

Linux 系统内核通过设备驱动程序与外围设备进行交互。设备驱动程序是 Linux 内核的一部分，它是一组数据结构和函数，这些数据结构和函数通过定义接口控制一个或多个设备。对应用程序而言，设备驱动程序隐藏了设备的具体细节，对各种不同设备提供一致的接口。不同于 Windows 驱动程序，Linux 设备驱动程序在与硬件设备之间建立了标准的抽象接口，通过这个接口，用户可以像处理普通文本一样，通过 open、close 和 write 等系统调用对设备进行操作，大大简化了 Linux 驱动程序的开发。

设备驱动程序主要功能如下：对设备进行初始化；启动或停止设备的运行；把数据从内核传送到硬件和从硬件上读取数据；读取应用程序传送给设备文件的数据和回送应用程序请求的数据；检测和处理设备出现的错误等。

设备驱动程序有如下特点：①驱动程序是与设备相关的；②驱动程序的代码由内核统一管理；③驱动程序在具有特权级别的内核态下运行；④设备驱动程序是输入/输出系统的一部分；⑤驱动程序是为某个进程服务的，其执行过程仍处在进程运行的过程中，即处于进程的上下文中；⑥若驱动程序需要等待设备的某种状态，它将阻塞当前进程，把进程加入到该设备的等待队列中。

## 12.4.2  Linux 设备驱动程序的基本结构

一般来说是把设备映射为一个特殊的设备文件，用户程序可以像对普通文件一样对此设备进行操作。Linux 将每个设备看作一个文件，对设备的访问是由设备驱动程序提供的。Linux 设备管理是与文件系统紧密结合的，各种设备都以文件的形式存放在/dev 目录下，这个文件称为设备文件。应用程序可以打开、关闭和读/写这些设备文件，对设备的操作就像操作普通的数据文件一样简便。

系统运行时，一般情况下分为用户态和内核态，这两种运行态下的数据互不可见。驱动程序是内核的一部分，工作在内核态，应用程序工作在用户态。然后，系统提供一系列函数帮助完成数据空间的转换。例如，get_user()、put_user()、copy_from_user()和 copy_to_user()等函数。Linux 的设备驱动程序可以分为 3 个主要组成部分：

### 1．自动配置和初始化

这部分驱动程序的作用是负责监控所要驱动的硬件设备是否存在和能否正常工作，对这个设备及其相关的设备驱动程序需要的软件状态进程初始化。这部分驱动程序仅在初始化时被调用一次。

### 2．服务于 I/O 请求的子程序

服务于 I/O 请求的子程序又称驱动程序的上半部分。这部分程序在执行时，由用户态变成了内核态，具有进行此系统调用的用户程序的运行环境，因而可以在其中调用 sleep()等与运行环境有关的函数。

### 3．中断服务子程序

中断服务子程序又称驱动程序的下半部分。在 Linux 系统中，并不是直接从中断向量表中调用设备驱动程序的中断服务子程序，而是由 Linux 系统来接受硬件中断，再由系统调用中断服务子程序。因为设备驱动程序一般支持同一类型的若干设备，所以在系统调用中断服务子程序时，都带有一个或多个参数，以唯一标识请求服务的设备。

## 12.4.3  Linux 设备驱动分类

Linux 操作系统中，可以将设备分为 3 种类型：字符设备、块设备和网络设备。

### 1．字符设备

字符设备是可以像文件一样访问的设备，字符设备驱动程序负责实现这些行为。主要的驱动程序通常会实现 open、close、read 和 write 系统调用。文本控制台（/dev/console）和串口（/dev/ttys0）是字符设备的例子，因为它们很好地展示了流的抽象。通过文件系统结点可以访问字符设备，如/dev/tty1 和/dev/lp0。

字符设备和普通文件系统的唯一区别：普通文件允许在其上来回读/写，而大多数字符设备仅仅是数据通道，只能顺序读/写。当然，也存在这样的设备，可以来回读取其中的数据。

另外，字符设备驱动程序不需要缓冲，而且不以固定大小进行操作，它直接从用户进程传输数据，或者传输数据到用户进程。

### 2．块设备

与字符设备一样，块设备通过位于/dev 目录下的文件系统结点来读/写，块设备是文件系统的宿主，如磁盘。在大多数 UNIX 系统中，只能将块设备看作多个块进行访问，一个块设

备通常包含 11KB 数据。Linux 允许像字符设备那样读取块设备——允许 1 次传输任意数目的字节。块设备和字符设备只在内核内部的管理上有所区别，即在内核/驱动程序间的软件接口上有所区别。就像字符设备一样，每个块设备也通过文件系统结点来读/写数据，它们之间的不同对用户来说是透明的。块设备驱动程序和字符设备驱动程序的接口是一样的，它也通过一个传统的面向块的接口与内核通信，但这个接口对用户来说是不可见的。

### 3．网络设备

任何网络事务处理都是用接口实现的，通过接口方式可以实现和其他宿主交换数据。通常接口是一个硬件设备，但也可以像 loopback（回路）接口一样是软件工具。网络接口是由内核网络子系统驱动的，它负责发送和接收数据包，而且无须了解每次事务是如何映射到实际被发送的数据包的。

网络设备驱动程序在 Linux 系统中不像字符设备和块设备那样实现 read 和 write 等操作，而是通过套接字（Socket）等接口来实现。UNIX 调用这些接口的方式是给它们分配一个独立的名字，这样的名字在文件系统中并没有对应项。内核和网络设备驱动程序之间的通信与字符设备驱动程序和块设备驱动程序与内核间的通信是完全不一样的。内核不再调用 read 和 write，它调用与数据包传送相关的函数。

## 12.4.4　Linux 设备的控制方式

处理器与外设之间传输数据的控制方式通常有 3 种：查询方式、中断方式和直接内存存取（DAM）方式。

### 1．查询方式

设备驱动程序通过设备的 I/O 端口空间以及存储器空间完成数据的交换。例如，网卡一般将自己的内部寄存器映射为设备的 I/O 端口，而显卡则利用大量的存储器空间作为视频信息的存储空间。利用这些地址空间，驱动程序可以向外设发送指定的操作指令。通常外设的操作耗时较长，因此，当处理器实际执行了操作指令之后，驱动程序可采用查询方式等待外设完成操作。

### 2．中断方式

查询方式白白浪费了大量的处理器时间，而中断方式才是多任务操作系统中最有效利用处理器的方式。当 CPU 进行主程序操作时，外设中已存入端口的数据输入寄存器，或端口的数据输出寄存器已空，此时由外设通过接口电路向 CPU 发出中断请求信号，CPU 在满足一定条件下，暂停执行当前正在执行的主程序，转入执行相应能够进行输入/输出操作的子程序，待输入/输出操作执行完毕之后，CPU 再返回并继续执行原来被中断的主程序。这样，CPU 就避免了把大量时间耗费在等待、查询外设状态的操作上，使其工作效率得以大大提高。

系统引入中断机制后，CPU 与外设处于"并行"工作状态，便于实现信息的实时处理和系统的故障处理。在 Linux 系统中，对中断的处理属于系统核心部分，因而如果设备与系统之间以中断方式进行数据交换，就必须把该设备的驱动程序作为系统核心的一部分。设备驱动程序通过调用 request_irp()函数来申请中断，通过 free_irq()来释放中断。它们被定义为：

```
int request_irq (unsignedintirq,
void (*handler)(int,void*,structpt_regs*),
unsigned long frags,
```

```
const char *device,
void*dev_id);
void free_irq(unsigned int irq, void *dev_id);
```

参数 irq 表示索要申请的硬件中断号；handler 为向系统登记的中断处理子程序，中断产生时由系统来调用，调用时所带参数 irq 为中断号；dev_id 为申请时告诉系统的设备标识；regs 为中断发生时的寄存器内容；device 为设备名，将会出现在/proc/interrupts 文件里；在 Linux 系统中，中断可以被不同的中断处理程序共享。作为系统核心的一部分，设备驱动程序在申请和释放内存时不是调用 malloc()和 free()，而是调用 kmalloc()和 kfree()。它们被定义为：

```
void *kmalloc(unsigned int len, int priority);
void kfree(void *obj);
```

参数 len 为希望申请的字节数；obj 为要释放的内存指针；priority 为分配内存操作的优先级，即在没有足够空闲内存时如何操作，一般用 GFP_KERNEL。

3．直接访问内存（DMA）方式

利用中断，系统和设备之间可以通过设备驱动程序传送数据，但是，当传送的数据量很大时，因为中断处理上的延迟，利用中断方式的效率会大大降低。而直接内存访问（DMA）可以解决这一问题。设备完成设置后，可以立即利用该 DMA 通道在设备和系统的内存之间传输数据，传输完毕后产生中断以便通知驱动程序进行后续处理。在利用 DMA 进行数据传输的同时，处理器仍然可以继续执行指令。

## 12.4.5　Linux 设备驱动开发流程

由于用户文件是通过设备文件与硬件打交道的，对设备文件的操作方式不外乎就是一些系统调用，如 open、read、write 和 close 等，系统调用通过设备文件的主设备号找到相应的设备驱动程序，然后读取这个数据结构相应的函数指针，接着把控制权交给该函数。这就是 Linux 设备驱动程序工作的基本原理。

设备驱动程序和应用程序的区别在于：应用程序一般有一个 main()函数，从头到尾执行一个任务；驱动程序却不同，它没有 main()函数，通过使用宏 module_init（初始化函数名）将初始化函数加入到内核全局初始化函数列表中，在内核初始化时执行驱动程序的初始化函数，从而完成驱动程序的初始化和注册，之后驱动程序便停止等待被应用软件调用。设备驱动程序操作分为以下 5 类：

① 驱动程序的注册与注销。

② 设备的打开与释放。

③ 设备的读/写操作。

④ 设备的控制操作。

⑤ 设备的中断和轮询处理。

# 12.5　Linux 的网络通信开发

Linux 操作系统最强大的功能就是网络通信，近年来，随着网络技术的崛起，支持网络通信已成为计算机操作系统的基本功能之一。Linux 系统由于其完善的网络管理功能，成为当前计算机网络操作系统的主流。通过网络就可以与其他计算机共享文件、收发邮件、传递网络新闻等。同时，Linux 是一个多用户、多任务的操作系统，具有内核小、效率高、源代码开放、内含 TCP/IP 网络协议等优点。目前，Linux 已经广泛应用于服务器领域。

### 12.5.1 网络协议参考模型

国际标准组织（ISO）指定了 OSI 模型，这个模型把网络通信的工作分为 7 层，分别是应用层、表示层、会话层、传输层、网络层、数据链路层及物理层。后 4 层被认为是底层，这些层与数据移动密切相关；前三层是高层，包含应用程序级的数据。每一层负责一项具体工作，然后把数据传送到下一层。

TCP/IP 协议将 OSI 的 7 层简化为 4 层，从而更有利于实现和使用，分别是：应用层、传输层、网际层以及网络接口层。网络接口层负责将二进制流转换为数据帧，并进行数据帧的发送和接收。数据帧是网络信息传输的基本单元；网际层负责将数据帧封装成 IP 数据报，同时负责选择数据报的路径，即路由；传输层负责端到端之间的通信会话连接与建立，传输协议的选择根据数据传输方式而定；应用层负责应用程序的网络访问，这里通过端口号来识别各个不同的进程。TCP/IP 许多年来一直被人们所采用而且越来越成熟，大多数类型的计算机环境都有 TCP/IP 产品，它提供了文件传输、电子邮件、终端仿真、传输服务和网络管理等功能。

### 12.5.2 TCP 和 UDP

传输控制协议（TCP）为应用程序存取网络创造条件，它处于传输层，实现了从一个应用程序到另一个应用程序的数据传输。应用程序通过目的地址和端口号来区分接收数据的不同应用程序。TCP 协议通过三次握手来初始化，目的是使数据段（应用层）的发送和接收同步，告诉其他主机其一次可接收的数据量，并建立连接。TCP 连接的建立是通过三次握手实现的，需要连接的双方发送自己的同步 SNY 信息给对方，在 SYN 中包含了末端初的数据序号，并且收到对方自身发出 SYN 的确认。一个典型的 TCP 连接的建立过程如下：

① 客户机向服务器发送一个 TCP 数据包，表示请求建立连接。为此，客户端将数据包的 SYN 位置 1，并且设置序列号 seq=1000（假设为 1000）。

② 服务器收到了数据包，并从 SYN 位为 1 知道这是一个建立请求的连接。于是服务器也向客户端发送一个 TCP 数据包。因为这是响应客户机的请求，于是服务器设置 ACK=1，ack_seq=1001（对方的序列号 1000+1）同时设置自己的序列号，seq=2000（假设为 2000）。

③ 客户机收到了服务器的 TCP，并从 ACK 为 1 和 ack_seq=1001 知道是从服务器来的确认信息。于是客户机也向服务器发送确认信息。客户机设置 ACK=1，ack_seq=2001（对方的序列号 2000+1），seq=1001，发送给服务器。至此客户端完成连接。

④ 服务器收到确认信息，也完成连接，接下来就可以在两台主机间传输数据。

UDP 协议是一种无连接的协议，因此不需要像 TCP 那样通过三次握手来建立一个连接。同时，一个 UDP 应用可同时作为应用的客户或服务器方。由于 UDP 协议并不需要建立一个明确的连接，因此建立 UDP 应用要比建立 TCP 应用简单得多。

UDP 协议问世已久，然而由于早期的网络质量普遍较差，造成 UDP 的实际应用很少，但是在网络质量日益提高的今天，UDP 的应用逐步增多。它比 TCP 协议耗费的系统资源要少，而且也能更好地解决实时性问题。如今，包括网络视频会议系统在内的众多网络应用使用的都是 UDP 协议。

使用 UDP 协议工作的服务器，通常是非面向连接的，因而服务器进程不需要像 TCP 协议服务器那样建立连接，UDP 服务器只要在绑定的端口上等待客户机发送过来的 UDP 数据，并对其进行处理和响应即可。

### 12.5.3　TCP 通信编程

#### 1．Socket 简介

Socket（套接字）接口是 TCP/IP 网络的 API，它定义了许多函数和例程，程序员可以用它们来开发 TCP/IP 网络上的应用程序。要掌握 Internet 上的 TCP/IP 网络编程，必须理解 Socket 接口。Socket 是使用标准系统文件描述符（File Descriptor）和其他程序通信的一种方式。Socket 可以看成在两个程序进行通信连接中的一个端点，一个程序将一段信息写入 Socket 中，该 Socket 将这段信息发送给另外一个 Socket，使这段信息能传送到其他程序中。

在 Linux 中，套接字接口是应用程序访问下层的网络协议的唯一方法。套接字接口本意在于提供一种进程间通信的方法，使得在相同或不同主机上的进程能以相同的规范进行双向信息传送。进程通过调用套接字接口 API 来实现相互之间的通信。套接字接口又利用下层的网络通信协议功能和系统调用实现实际的通信工作。

由于 TCP/IP 协议是由多个协议组成的协议簇，每种协议有着不同的数据传输方式。因此，Linux 套接字根据它们使用的具体协议和数据传输方式的不同又定义了以下几种类型：

① 流式套接字（SOCK_STREAM）：提供可靠的面向连接传输的数据流，保证数据在传输过程中无丢失、无损坏和无冗余。

② 数据报式套接字（SOCK_DGRAM）：提供数据的双向传输，但不保证消息的准确到达，即使消息能够到达，也无法保证其顺序性，并可能有冗余或损坏。

③ SOCK_RAW：低于传输层的低级协议或物理网络提供的套接字类型。它可访问内部网络接口，例如，可以接收和发送 ICMP 报。

④ SOCK_SEQPACKET：提供可靠的、双向的、顺序的以及面向连接的数据通信。类似于 STREAM 方式，但它的报文大小可变（最大报文长度固定）。

⑤ SOCK_RDM：类似于 SOCK_DGRAM，但它可保证数据的正确到达。

套接字包括的地址结构有 SOCKADD_IN、SOCKADDR、IN_ADDR 等。其中，SOCKADD_IN 包括地址簇、端口号和 IP 地址信息；SOCKADDR 是"通用的地址"；IN_ADDR 对应于 32 位 IP 地址。编程时可根据不同的需要选择相应的地址结构。

#### 2．TCP 通信编程过程

使用 TCP 协议的 Socket 编程流程如图 12-9 所示。

整个流程如下：首先服务器启动，通过调用 socket 建立一个套接字；然后调用 bind 将该套接字和本地网络地址联系在一起，再调用 listen 使套接字做好侦听准备，并规定它的请求队列的长度；之后就调用 accept 来接收连接。客户在建立套接字后就可以调用 read 和 write 来发送和接收数据。最后，待数据传送结束后，双方调用 close 关闭套接字。

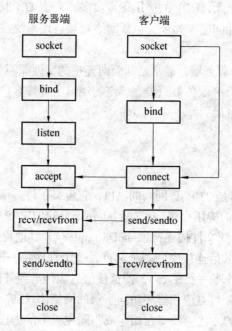

图 12-9　使用 TCP 协议的 Socket 编程流程

（1）使用 socket()创建套接字

应用程序在使用套接字前，首先必须拥有一个套接字，系统调用 socket()向应用程序提供创建套接字的手段。socket 函数定义如下：

```
#include<sys/types.h>                              //所需头文件
#include<sys/socket.h>
int socket(int domain,int type,int protocol);    //函数原型
```

函数返回该套接字的整数描述符。其中 3 个参数分别为 domain、type、protocol。参数 domain 指定通信发生的区域，取值 AF_INET 代表网际网区域。参数 type 描述要建立的套接字的类型，取值 SOCK_STREAM 或者 SOCK_DGRAM。参数 protocol 说明该套接字使用的特定协议，值为 0，使用默认的连接模式。

调用 socket()函数时，Socket 执行体将建立一个 Socket，这意味着为一个 Socket 数据结构分配存储空间，可以在后面调用并使用它。Socket 描述符是一个指向内部数据结构的指针，它指向描述符表入口。Socket 包括 5 种信息：通信协议、本地协议地址、本地主机端口、远端主机地址和远端协议端口。

（2）绑定本地地址

在使用 Socket 进行网络传输以前，必须配置该 Socket。面向连接的 Socket 客户端通过调用 connect()函数在 Socket 数据结构中保存本地和远端信息。无连接 Socket 的客户端和服务端以及面向连接 Socket 的服务端通过调用 bind()函数来配置本地信息。bind()函数将 Socket 与本机上的一个端口相关联。使用 bind()函数，绑定套接字到一个 IP 地址和一个端口上；bind()函数定义如下，该函数可以帮助指定一个套接字使用的地址和端口：

```
#include<sys/types.h>        //所需头文件
#include<sys/socket.h>
int bind(int sockfd,struct sockaddr*my_addr,int addrlen)     //函数原型
```

（3）监听连接

使用 listen()函数将套接字设置为监听模式，以等待连接请求。该函数原型如下：

```
#include<sys/socket.h>        //所需头文件
int listen(int sockfd, int  backlog);      //函数原型
```

服务进程监听来自客户进程的请求，若请求队列长度大于 backlog，则服务进程不予响应，客户进程 connect 系统调用，返回失败。因为要等待别人的连接，通常需要指定本地的端口，所以，在 listen()函数调用之前，需要使用 bind()函数来指定使用本地的哪一个端口号，否则将由系统指定一个随机的端口。

（4）接收连接请求

请求到来后，使用 accept()函数接收连接请求，该函数原型如下：

```
#include<sys/socket.h>        //所需头文件
int accept(int sockfd,struct sockaddr *  addr, int * addrlen)  //函数原型
```

当服务器执行了 listen()调用后，一般就使用 accept()函数来响应连接请求，建立连接并产生一个新的 socket 描述符来描述该连接，该连接用来与特定的客户端交换信息。

accept()函数默认为阻塞函数，调用该函数后，将一着阻塞直到有连接请求。一般来说存在两个套接字描述符：一个用于侦听客户端的连接请求，另一个用于与已连接的客户端进行数据通信。

（5）connect()函数

客户端如果需要申请一个连接，必须调用 connect()函数，这个函数的任务就是建立与服务器的连接。connect()函数的函数原型如下：

```
#include<sys/types.h>        //所需头文件
#include<sys/socket.h>
int connect(int sockfd,struct sockaddr*serv_addr,int addrlen); //函数原型
```

客户端调用 connect()函数来连接服务器，这个函数将启动 TCP 协议的三次握手并建立连接。connect()调用成功就返回 0，如果返回-1 则表示发生了错误。

（6）数据通信

一旦成功建立起 TCP 连接，得到一个 Socket，剩下要做的事就是数据通信了，由于 Socket 的本质就是文件描述符，因此，凡是基于文件描述符的 I/O 函数几乎都可以用于数据通信，如 read()、write()、put()和 get()等。其中，send()和 recv()函数是数据通信时最常用的函数。

send()和 recv()这两个函数用于流式套接字的通信，与 read()和 write()函数的功能很相似。只是其参数设置更容易对套接字进行读/写操作控制，其原型如下：

```
#include<sys/types.h>        //所需头文件
#include<sys/socket.h>
int send(int sockfd,const void *msg,int len,int flags); //函数原型
int recv(int sockfd,void *buf,int len,unsigned int flags);
```

send()函数返回实际发送的数据长度，若小于 len，则说明数据没有全部发送，需要进行再次发送剩余的部分。recv()函数返回实际接收的数据长度；sockfd 是想发送数据的套接字描述符，msg 是指向想发送数据的指针；len 是数据的长度；flags 通常设置为 0；buf 是要读信息的缓冲。与很多函数一样，如果发生错误，则返回-1。

（7）使用 close()函数关闭当前连接

```
#include <unistd.h>        //所需头文件
int close(int sockfd)      //函数原型
```

当程序进行网络传输完毕后，就应该关闭这个套接字描述符所表示的连接。实现这步非常简单，执行 close()之后，套接字将不会再允许进行读操作和写操作，任何有关对套接字描述符进行读和写的操作都会收到一个错误提示。

### 12.5.4　UDP 通信编程

前面介绍了基于 TCP 的通信程序的设计，TCP 协议实现了连接的、可靠的、传输数据流的传输控制协议，而 UDP 是非连接的、不保证可靠性的、传递数据报的传输协议。由于 UDP 不提供可靠性保证，使得它具有较少的传输延时，因而 UDP 协议常常用在一些对速度要求较高的场合。

UDP 通信的基本过程如下：在服务器端，服务器首先创建一个 UDP 数据报类型的套接字，然后服务器调用 bind()函数，就可以通过调用 recvform()函数在指定的端口上等待客户端发送来的 UDP 数据报。在客户端，同样要先通过 socket()创建一个数据报套接字，然后由操作系统为这个套接字来分配端口号。此后客户端就可以使用 sendto()函数向一个指定的地址发送一个 UDP 数据报。服务器端接收到套接字后，从 recvfrom 中返回，在对数据报进行处理之后，再用 sendto()函数将处理的结果返回客户端。UDP 中使用的函数基本与上节相同，这里不再介绍。

1．UDP 服务器端程序设计

编写 UDP Server 程序的步骤如下：

① 使用 socket()建立一个 UDP Socket，第二个参数为 SOCK_DGRAM。

② 初始化 sockaddr_in 结构的变量，并赋值。

③ 使用 bind()把上面的 Socket 和定义的 IP 地址以及端口绑定。这里检查 bind()是否执行成功，如果有错误就退出。这样可以防止服务程序重复运行。

④ 进入无线循环程序，使用 recvfrom()进入等待状态，直到接收到客户程序发送的数据，就处理收到的数据，并向客户程序发送反馈。

2．UDP 客户端程序设计

客户端主要完成向服务器请求数据、应答数据等工作，由于 UDP 通信的客户端不需要与服务器端建立连接，所以 UDP 通信的客户端不知道服务器是否正确地收到了发出的数据，除非程序员自己定义应用层的通信协议，让服务器端反馈应答信息，这样才能保证通信的可靠性。

编写 UDP Client 程序的步骤如下：

① 初始化 sockaddr_in 结构的变量，并赋值。

② 使用 socket()来建立一个 UDP socket，第二个参数为 SOCK_DGRAM。

③ 使用 conncet()来建立与服务程序的连接。上面提到，UDP 可以人为地设置为连接的，

使用连接的 UDP，内核可以直接返回错误信息给用户程序，从而避免没有收到数据而导致调用 recvfrom() 一直等待下去，看上去好像客户程序没有反应一样。

④ 向服务程序发送数据，因为使用连接的 UDP，所以用 write 来代替 sendto()。这里的数据直接从标准输入读取用户输入。

⑤ 接收服务程序发回的数据，同样使用 read() 来替代 recvfrom()。

⑥ 处理接收到的数据。

# 小　结

本章详细介绍了 Linux 操作系统，主要对 Linux 系统进行一些基本的介绍。具体介绍了 Linux 的组成和特点；介绍了 Linux 体系结构，它属于宏内核结构，并且经过一些改进，目前的 Linux 操作系统不仅具备宏内核结构的优点，同时也克服了宏内核的一些缺点；详细说明了 Linux 操作系统的功能——内存管理、进程管理、文件系统、设备管理；讲述 Linux 下设备驱动程序的开发；结合 Linux 强大的网络功能，向读者介绍 Linux 通信开发的过程。

Linux 是目前应用最流行的嵌入式操作系统之一，其功能强大，提供了多种设备支持和良好的用户界面开发环境，以及支持强大的网络通信功能，尤其是它具有强大的网络通信功能，学好 Linux 对通信系统的开发来说有着十分重大的意义。

# 习　题

1. Linux 包括哪几部分？Linux 内核由哪几部分组成？
2. Linux 的内存管理机制是怎样的？
3. Linux 中的进程包括哪几种状态？各状态之间的变化关系如何？
4. 简述 Linux 下的虚拟文件系统的作用。
5. 简述 TCP 连接的建立过程。

# 第 13 章 嵌入式移动手机操作系统 Android

## 13.1 概 述

Android 的本义是指"机器人"，它是 Google 公司推出的一种基于 Linux 平台的开源操作系统，主要分为手机操作系统和平板计算机操作系统。Android 系统自诞生之日起就受到了广泛的关注，众多知名企业，例如 HTC、Motorola、LG、Samsung、Acer、联想、华硕等都推出了各自品牌的多款 Android 系统手机。Android 的市场占有率不断攀升，2013 年 5 月，它在中国的占有率为 71.5%，而在世界占有率亦近有 70%。本章将介绍 Android 系统的发展、核心功能模块以及其开发语言 Java。

### 13.1.1 初识 Android 系统

Android 系统早期由原名为 Android 的公司开发，Google 公司在 2005 年收购 Android 科技公司，继续对 Android 系统开发运营。借助 Google 的合作平台，Android 的发展引发了智能手机操作系统以及手机相关产业的革命性变革。

Android 系统采用了软件堆层（Software Stack）的架构，主要分为三部分。底层以 Linux 内核工作为基础，用 C 语言开发，只提供基本功能；中间层包括函数库 Library 和虚拟机 Virtual Machine，用 C++开发；最上层是各种应用软件。

Android 系统具有显著的开放性、丰富的硬件平台支持、自由的第三方软件以及无缝结合优秀的 Google 服务等明显优势。Android 最初主要支持手机，被谷歌注资后逐渐扩展到平板计算机等其他移动终端。而目前 Android 已是最流行的智能手机操作系统。

Android 自诞生后，发展十分迅速，目前已发展成为市场份额最大的手机操作系统。Android 的成功和流行与 Google 收购 Android 后采取的各种措施是分不开的。Google 作为以互联网搜索引擎著名的网络公司，其开发的 Android 系统内部集成了大量的 Google 应用，如 Gmail、Reader、Docs、Youtube 等，涵盖了生活中各个方面的网络应用，这对长期使用网络、信息依赖度比较高的人群十分适合。各种移动设备也正逐步从以桌面 PC 为中心转变到以互联网为中心。Android 具有以下优点：

① 开放性。Android 开放的平台允许任何移动终端厂商加入到 Android 联盟中，这样显著的开放性可以使其拥有更多的开发者。

② 网络接入自由。Android 系统的手机可以摆脱运营商的束缚，可随意接入任何一家运营商的网络。

③ 丰富硬件支持。由于 Android 的开放性，众多厂商推出了不会影响到数据同步的多种产品。甚至可以使用 Symbian 的优秀的应用软件，还可以方便地转移联系人等资料。

④ 开发方便。Android 平台给第三方开发商提供一个十分宽泛、自由的环境，因此不会受到各种限制和约束，这也促使更多新颖别致的软件及大量的 Android 应用程序诞生。

⑤ 无缝结合 Google 应用。如今叱咤互联网的 Google 已经走过数十年历史，从搜索巨人到全面的互联网应用，Google 服务从地图、邮件、搜索等已经成为连接用户与互联网的重要纽带，而 Android 平台手机将无缝结合这些优秀的 Google 服务。

## 13.1.2　Android 核心功能模块

### 1．界面框架

每个 Android 开发者都会关心 Android 到底能够打造怎样的用户界面( User Interface，UI )。Android 界面框架中最有特色的部分是资源（Resource）和布局（Layout）体系，通过完善的控件库和简明的接口设计，开发者可以尽快搭建自己需要的界面。

Android 的每个交互界面都由一棵控件树构成，控件树中的控件（Widget）对象皆派生自 android.view.View 类，而其中非子结点都派生自 android.view.ViewGroup 类，称之为容器控件。控件树中的控件受其父控件的管理，父控件会负责子控件的丈量和绘制，并向子控件分发交互事件。

Android 的每个控件都有焦点、可视性、可用性、标识、背景等诸多控件属性。而为了获取用户与控件的交互事件（UI Events），可以为控件添加各种交互事件监听对象（Events Listener），它的设计采用了观察者模式。

Android 中最有特色的控件为布局控件（Layout Widget）。这是一种自容器控件，其主要任务不是展示自己，而是按不同的方式排列其中的子控件。比如，线性布局控件（andriod.widget.LinearLayout）则会依照构造的行列结构摆放控件。

为了帮助开发者更简单地开发界面，Android 部署了完整的应用资源（Application Resources）体系。所谓完整，就是 Android 将所有和界面相关的元素，比如界面布局、文字信息、尺寸信息、颜色和图像等，都从代码中剥离出来，用应用资源来进行描述。Android 的应用资源由资源目录、XML 资源文件和数据资源文件共同构成。XML 文件比逻辑化的代码更适合描述界面这样的结构化概念，而 Android 用特殊的资源目录结构来针对移动设备的屏幕特征、语言环境和外围设备等特征部署资源文件，以此来解决设备的兼容性问题。

### 2．数据存储

对于很多应用而言，大到复杂的结构化数据，小到简单的设置信息，都有数据存储的需求。广义上看，应用数据存储方式有两种：一种是将数据存放在本地存储设备中；而另一种则是通过网络，将数据存储在远端服务器中，也就是常说的云存储。

Android 本地数据存储的最大特点是数据的私有化，每个应用的配置信息和数据库文件等数据，都是其私有的，其他应用的组件可以通过数据源组件的接口访问它所提供的数据；而另一个常用的策略是将数据放入扩展存储设备（通常是 SD 卡等扩展存储卡）中，在该存储设备中的数据，可以被所有应用共同访问。比如，Android 的多媒体数据文件通常存储在扩展存储设备中，以便各个图像、音乐播放等应用读/写。

Android 对本地数据的存储，可以有多种文件格式，比如普通数据文件、设置文件和数据库等。设置文件是专门针对存储应用设置信息而设计的，它依照键值对的形式进行保存，Android 对界面和存储都做了完整的支持。而 Android 的数据库依靠 Sqlite 软件的支持，在 android.database 包中提供了更为便捷的读/写类库支持，开发者可以使用 SQL 语言或者结构化的数据对象对数据库进行增、删、改、查等操作。

### 3．网络通信

如今的移动设备早就不再是一个信息孤岛，种类繁多的网络接入方式，使得它可以和其他设备互连互通、传递消息。

在 Android 中，系统会负责底层网络的连接和管理，开发者可以直接通过 HTTP 或 Socket 与远端服务器建立连接，而不需要关心是通过 GPRS、EDGE、3G 还是 Wi-Fi 来建立的。Android 不仅支持点到端的连接，同样还支持点到点的蓝牙连接、NFC 连接等。

### 4．地理信息

以手机为代表的移动设备，其最大的特征就是可以随身携带，人到哪里，设备就跟着到哪里。这使得通过移动设备获取用户当前位置的地理信息变得顺理成章，相关应用层出不穷。

地理信息的相关应用一直是 Android 系统中最热门的应用开发方向之一。这在很大程度上是因为 Android 对于地理信息获取的支持十分强大，不仅可以基于 GPS 定位，还可以通过网站利用基站信息进行定位。基站定位的精度要比 GPS 低一些，通常在数十米到数百米之间，但它的适应能力更强，只要有移动信号和网络连接，便可以进行定位，而不像 GPS 那样会受到周围建筑的影响。同时，基站定位能耗更低，绿色环保，并且可以帮助没有 GPS 设备的低端移动设备进行定位，使得 Android 设备真正做到定位无疆界。除了支持对地理信息的获取，Android 还内嵌了地理信息编码、Google 地图等服务，可以帮助更好地展示地理信息。

### 5．图形和多媒体处理

对于现今的移动设备而言，声、色、型都是必不可少的组成部分，Android 支持 MPEG4、H.264、MP3、AAC、AMR、JPG、PNG、GIF 等主流的图像和音频格式。Android 的音视频处理主要依托于开源的 OpenCORE 项目，这是一个基于 C/C++实现的音频、视频处理库，放在 Android 的核心类库层，可以进行多种格式文件的编解码及流媒体处理。在图像处理方面，主要是通过开源项目 Skia 来支持，它可以帮助读/写图像数据，进行位图到 PNG、JPG 格式图像的编解码。不过，在 Android 中处理大尺寸的图像数据需要十分小心谨慎，因为它往往需要将图像数据加载到内存中，而每个 Android 进程仅有 16 MB 的堆空间，一不小心内存溢出了，整个应用将会不可避免地崩溃。

### 6．外围设备

每个移动设备都会有形形色色的输入/输出设备，支持这些设备是 Android 义不容辞的职责。Android 可以兼容各类输入设备，包括各种键盘、触摸屏、轨迹球等。同时，Android 也可以支持各种摄像头，以完成自动聚焦、拍照、录像、预览等操作。

除了这些设备，Android 还支持各种类型的感应器，包括加速度传感器、压力传感器、温度传感器、光学传感器等。通过 android.hardware.SenorManager 对象，它可以获得设备上所有的传感器信息，并从中获取相关数据，开发出更具特色的应用。

除此之外，Google 还为 Android 植入了强大的语音服务，它将麦克风收集来的语音信息传输到远端服务器进行匹配，转换成对应的文本信息再传输回来。通过这样的架构模式，它可以有效地识别出最新最热门的词语和句子，为用户提供多种输入方式。

### 7．特色功能模块

除了上述功能，Android 还有一些比较有特色的功能设计，合理地使用它们，才能打造最地道的 Android 应用。

Android 有统一的账号管理系统，当用户将账号登录到 Android 系统中时，Android 中的其他应用便可以利用这些账号信息进行认证。统一的账号系统避免了用户注册和登录的麻烦，降低了他们使用的门槛，也为开发者提供了新的机会。

Android 还有全局的时间通知机制。当应用需要将消息及时推送给用户时，可以利用 Android 的 Android.app.NotificationManager 对象，将通知消息发送到系统的状态栏中，并利用声音、振动、图标等方式提醒用户。这种统一的事件通知模型，不仅降低了用户的学习成本，更使得开发者不再需要绞尽脑汁地去想如何具体实现。

## 13.2　Android 的开发工具

### 13.2.1　系统需求

学习 Android 应用程序设计，需要一套个人计算机，并安装有 Android 开发工具。目前市面上大多数的计算机（不包含上网本）都能满足 Android 应用程序开发的基本需求。

#### 1．操作系统

Android 应用程序可以在所有主流操作系统（Windows、Mac、Linux）上开发。

① Windows XP、Vista 或者 Windows 7/8/10。

② Mac OS X 10.4.8 或之后版本。

③ Linux 系统。

#### 2．必要的开发工具

需要安装一些 Android 开发环境所需的程序工具。这些工具都可以从网上免费取得。

① JDK 5 或者 JDK 6：Windows 环境下需要安装 Java 开发工具（JDK 5、JDK 6 或更高版本）。如果开发者想在 Mac 系统上开发，则 Mac 系统都已经预装好了 JDK。Linux 平台使用者需要注意的是 Android 与 Java Gnu 编译器（gcj）兼容性不好，需要使用官方版的 JDK。

② Eclipse IDE：一个多用途的开发工具平台。

③ ADT：基于 Eclipse 的 Android 开发工具扩展包（Android Development Tools plugin）。

④ Android SDK：Android 程序开发包（Software Development Kit），包含 Android 手机模拟器（Emulator）。

### 13.2.2　搭建 Android 开发环境

Android 开发环境的搭建可以分为以下 6 个步骤：

① 下载 JDK；

② 配置 JDK；

③ 下载 Eclipse；

④ 安装 Eclipse；

⑤ 下载和安装 Android SDK；

⑥ 配置 Android SDK。

**1．下载 JDK**

如果需要获得 JDK 最新版本，可以到 Oracle 公司的官方网站上进行下载，下载地址为：http://www.oracle.com/technetwork/java/javase/downloads/index.html。在下载中心页面浏览相关介绍和下载许可协议。下载好后，进行安装即可。

**2．配置 JDK**

在 Windows 7 系统中配置 JDK 环境变量的步骤如下：

① 右击"计算机"，选择"属性"命令。

② 在"系统"窗口中，选择"字级系统设置"，单击"高级"选项卡中的"环境变量"按钮。

③ 在"环境变量"窗口中，选择"系统变量"中变量名为 Path 的环境变量，双击该变量。

④ 把 JDK 安装路径中 bin 目录的绝对路径添加到 Path 变量的值中，并使用英文状态下的半角分号和已有的路径进行分隔。例如，JDK 的安装路径下的 bin 路径是 C:\Program Files\Java\jdk1.6.0_04\bin，则把该路径添加到 Path 值的起始位置。

⑤ 逐一单击"确定"按钮，退出设置。

配置完成以后，可以使用如下格式来测试配置是否成功：

① 打开"开始"→"所有程序"→"附件"→"命令提示符"。

② 在"命令提示符"窗口中，输入 javac，按【Enter】键执行。

如果输出的内容是使用说明，则说明配置成功。如果输出的内容是 javac，不是内部或外部命令，也不是可执行的程序或批处理文件，则说明配置错误，需要重新进行配置。

常见的配置错误如下：

① JDK 的安装和配置路径错误，路径应该类似 C:\Program Files\Java\jdk1.6.0_04\bin。

② 分隔的分号错误，例如错误的输入冒号或使用全角的分号。

**3．Eclipse 的下载及安装**

（1）Eclipse 的下载

可以从官方网站下载最新版本的 Eclipse，具体网址为 http：//www.eclipse.org。

单击页面中的超链接，进入 Eclipse 版本选择页面，该页面中可以选择 Eclipse 针对的操作系统平台及版本，进入相应的页面进行下载即可。

（2）Eclipse 的安装

Eclipse 集成开发环境（IDE）不需要安装即可执行。只要确认系统上已安装了 JDK，下载完 Eclipse 后，先将下载的 Eclipse 压缩文件压缩到适当目录下，会产生一个名为 eclipse 的文件夹。接着直接打开该文件夹，单击 eclipse.exe 图标，即可开始执行 Eclipse 集成开发环境。

4．下载和安装 Android 软件开发包（SDK）

开发者根据所用的操作系统，选择不同的包下载，下载下来的 SDK 文件需要先解压缩。解压缩后会出现一个文件夹，为了之后描述方便，这里将解压缩后的 Android SDK 文件统一命名为 android_sdk。将 android_sdk 放到解压缩后的 eclipse 的文件夹中。

打开 android_sdk 文件夹，双击文件夹中的 SDKSetup.exe，即可按照提示进行安装。

5．配置 Android SDK

Android SDK 安装好之后，需要为其配置 path 变量。

在环境变量窗口中，选择系统变量中变量名为 Path 的环境变量，把 Android SDK 安装路径中 tools 目录的绝对路径添加到 Path 变量的值中，并使用英文状态下的半角分号和已有的路径进行分隔。

# 13.3　Android 应用程序

## 13.3.1　简介

Android 应用程序是 Android 系统智能手机的主要构成部分，实现了智能手机的多样性、多功能性，结合了办公功能、娱乐功能、生活实用功能等，广受人们的喜爱。Android 应用程序有很多，用户可以根据自己的喜好选择下载相应的应用程序。

Android 应用程序的重要组成部分，包括活动（Activity）、广播接收器（Broadcast Receiver）、服务（Service）、内容提供者（Content Provider）。一个 Android 应用必定至少包含一个 Activity，其他的 3 个组成部分为可选部分。

## 13.3.2　Android 资源文件

在介绍 Android 应用程序时，有必要先掌握 Android 资源文件的相关知识。任何类型的程序都需要使用资源（包括文件、XML、数据库等），Android 应用程序也不例外。Android 应用程序使用的资源有很多都被封装在 apk 文件中，并随 apk 文件一起发布。

1．Android 资源文件

Android 资源文件主要包含字体、颜色、尺寸、图片、主题样式、菜单等。res 目录是资源目录，有 3 个子目录用来保存 Android 程序所有资源：

① drawable 目录用来保存图像文件。

② layout 目录用来保存与用户界面相关的布局文件。

③ values 目录保存文件颜色、风格、主题和字符串等。

（1）Android 图片资源

Android 中对图片资源的存储使用了分离的管理方式。图片资源的存储位于工程目录下的 res-drawable 文件夹下，同时按照不同的显示分辨率进行区分。

（2）Android 常量资源 String.xml

Android 中的常量资源使用 String.xml 的形式进行保存，该文件位于工程目录下的 res-values

文件夹中。这种设计方便项目中的常量数据的维护和修改。在的 res-values 目录下还能够创建 colors.xml、arrays.xml、styles.xml 等文件。

（3）Android 布局文件

Android 布局文件是对界面组件进行设计，并最终加载显示在手机屏幕中，整个界面中的布局设计都可以通过布局文件进行实现。该文件位于工程目录下 res-layout 文件夹下。

**2. 资源的使用方法**

Android 会为每一种资源在 R 类中生成一个唯一的 ID，这个 ID 是 int 类型的值。在一般情况下，开发人员并不需要管这个类，更不需要修改这个类，只需要直接使用 R 类中的 ID 即可。

ADT 为 res 目录中每一个子目录或标签（例如，<string>标签）都生成了一个静态的子类，不仅如此，还为 XML 布局文件中的每一个指定 id 属性的组件生成了唯一的 ID，并封装在 id 子类中。这就意味着在 Android 应用程序中可以通过 ID 使用这些组件。R 类虽然也属于 com.cstp.android 包，但在 Eclipse 工程中为了将 R 类与其他的 Java 类区分开，将 R 类放在 gen 目录中。

除了可以使用 Java 代码来访问资源外，在 XML 文件中也可以使用这些资源。例如，引用图像资源可以使用如下格式：

```
@drawable/icon
```

其中，icon 就是 res\drawable 目录中的一个图像文件的文件名。这个图像文件可以是任何 Android 支持的图像类型，如 gif、jpg 等。因此，在 drawable 目录中不能存在同名的图像文件，例如，icon.gif 和 icon.jpg 不能同时放在 drawable 目录中，这是因为在生成资源 ID 时并没有考虑文件的扩展名，所以会在同一个类中生成两个同名的变量，从而造成 Java 编译器无法成功编译 R.java 文件。

### 13.3.3　Android 应用程序构成

应用程序框架是 Android 开发者重点关心的内容，在开发应用时都是通过框架来与 Android 底层进行交互的。应用程序框架可以说是一个应用程序的核心，程序必须始终保持主体结构的一致性。其作用是让程序保持清晰，在满足不要停需求的同时又不相互影响。

Android 提供了 4 个通用的应用程序组件，分别是：

**1. Activity 组件**

Activity 是 Android 的核心类，该类的全名是 android.app.Activity 。Activity 相当于 C/S 程序中的窗体（Form）或 Web 程序的页面。在 Activity 类中有一个 onCreate 事件方法，一般在该方法中对 Activity 进行初始化。通过 setContentView 方法可以设置在 Activity 上显示的视图组件，setContentView 方法的参数一般为 XML 布局文件的资源 ID。

一个带界面的 Android 应用程序可以由一个或多个 Activity 组成。例如，一种典型的设计方案是使用一个 Activity 作为主 Activity（相当于主窗体，程序启动时会首先启动这个 Activity）。在这个 Activity 中通过菜单、按钮等方式启动其他的 Activity。在 Android 自带的程序中有很多都是这种类型的。每一个 Activity 都会有一个窗口，Activity 窗口中的可视化组件由 View 及其子类组成，这些组件按照 XML 布局文件中指定的位置在窗口上进行摆放。

嵌入式通信系统

### 2. 服务组件

服务（Service）没有可视化接口，但可以在后台运行。例如，当用户进行其他操作时，可以利用服务在后台播放音乐，或者当来电时，可以利用服务同时进行其他操作，甚至阻止接听指定的电话。

### 3. 广播接收者组件

广播接收者（Broadcast Receiver）组件的唯一功能就是接收广播消息，以及对广播消息做出响应。在很多时候，广播消息是由系统发出的，一个应用程序可以有多个广播接收者，所有的广播接收者类都需要继承 android.content. Broadcast– Receiver 类。

广播接收者与服务一样，都没有用户接口，但在广播接收者中可以启动一个 Activity 来响应广播消息，例如，通过显示一个 Activity 对用户进行提醒。当然，也可以采用其他的方法或几种方法的组合来提醒用户，例如，闪屏、震动、响铃、播放音乐等。

### 4. 内容提供者组件

内容提供者（Content Provider）可以为其他应用程序提供数据。这些数据可以保存在文件系统中，例如，SQLite 数据库或任何其他格式的文件。在 ContentProvider 类中定义了一系列的方法，在应用程序中不能直接调用这些方法，而需要通过 android.content.ContentResolver 类的方法来调用内容提供者类中提供的方法。

## 13.4　Android 程序的用户界面开发

用户界面（User Interface，UI）是系统和用户之间进行信息交换的媒介，它能够使用户方便有效地操作以达成双向交互，完成相应的工作。在 Android 应用中，用户界面由界面控件组合而成。

### 13.4.1　界面控件

Android 系统的界面控件分为定制控件和系统控件。定制控件是用户独立开发的控件，或通过继承并修改系统控件后所产生的新控件。它能够为用户提供特殊的功能或与众不同的显示需求方式。系统控件是 Android 系统提供给用户已经封装的界面控件，提供在应用程序开发过程中常见的功能控件。系统控件更有利于帮助用户进行快速开发，同时能够使 Android 系统中应用程序的界面保持一致性。

常见的系统控件包括 TextView、EditText、Button、ImageButton、Checkbox、RadioButton、Spinner、ListView 和 TabHost。

### 1. TextView 和 EditText

TextView 是一种用于显示字符串的控件；EditText 则是用来输入和编辑字符串的控件，它是一个具有编辑功能的 TextView。建立一个 TextViewDemo 的程序如以下代码所示，包含 TextView 和 EditText 两个控件。上方用户名部分使用的是 TextView。

（1）TextViewDemo 在 XML 文件中的代码

```
<TextView android:id="@+id/TextView01"
 android:layout_width="wrap_content"
 android:layout_height="wrap_content"
```

```
 android:text="TextView01" >
</TextView>
<EditText android:id="@+id/EditText01"
 android:layout_width="fill_parent"
 android:layout_height="wrap_content"
 android:text="EditText01" >
</EditText>
```

第 1 行 android:id 属性声明了 TextView 的 ID，这个 ID 主要用于在代码中引用这个 TextView 对象；"@+id/TextView01" 表示所设置的 ID 值；@表示后面的字符串是 ID 资源；加号（+）表示需要建立新资源名称，并添加到 R.java 文件中；斜杠后面的字符串（TextView01）表示新资源的名称；如果资源不是新添加的，或属于 Android 框架的 ID 资源，则不需要使用加号（+），但必须添加 Android 包的命名空间，例如 android:id="@android:id/empty"。

第 2 行的 android:layout_width 属性用来设置 TextView 的宽度，wrap_content 表示 TextView 的宽度只要能够包含所显示的字符串即可。

第 3 行的 android:layout_height 属性用来设置 TextView 的高度。

第 4 行表示 TextView 所显示的字符串，在后面将通过代码更改 TextView 的显示内容。

第 7 行中 fill_parent 表示 EditText 的宽度将等于父控件的宽度。

（2）TextViewDemo.java 文件中代码

TextViewDemo.java 文件中代码的修改如下：

```
TextView textView=(TextView)findViewById(R.id.TextView01);
EditText editText=(EditText)findViewById(R.id.EditText01);
textView.setText("用户名: ");
editText.setText("");
```

第 1 行代码的 findViewById() 函数能够通过 ID 引用界面上的任何控件，只要该控件在 XML 文件中定义过 ID 即可；第 3 行代码的 setText() 函数用来设置 TextView 所显示的内容。

2．Button 和 ImageButton

Button 是一种按钮控件，用户能够在该控件上点击，并引发相应的事件处理函数；ImageButton 用以实现能够显示图像功能的控件按钮。建立一个 ButtonDemo 的程序如以下代码所示，包含 Button 和 ImageButton 两个按钮，上方是"Button 按钮"，下方是一个 ImageButton 控件。

（1）ButtonDemo 在 XML 文件中的代码

```
<Button android:id="@+id/Button01"
 android:layout_width="wrap_content"
 android:layout_height="wrap_content"
 android:text="Button01" >
</Button>
<ImageButton android:id="@+id/ImageButton01"
 android:layout_width="wrap_content"
 android:layout_height="wrap_content">
</ImageButton>
```

此段代码仅定义 Button 控件的高度、宽度和内容，但是没定义显示的图像，在后面的代码中进行定义。

（2）引入资源

将 download.png 文件复制到/res/drawable 文件夹下；在/res 目录上选择 Refresh，这时，新添加的文件将显示在/res/drawable 文件夹下，同时 R.java 文件内容也得到了更新。

（3）更改 Button 和 ImageButton 内容

引入 android.widget.Button 和 android.widget.ImageButton，代码如下：

```
Button button=(Button)findViewById(R.id.Button01);
(ImageButton)findViewById(R.id.ImageButton01);
button.setText("Button 按钮");
imageButton.setImageResource(R.drawable.download);
```

第 1 行代码用于引用在 XML 文件中定义的 Button 控件；第 2 行代码用于引用在 XML 文件中定义的 ImageButton 控件；第 3 行代码将 Button 的显示内容更改为 "Button 按钮"；第 4 行代码利用 setImageResource()函数将新加入的 png 文件 R.drawable.download 传递给 ImageButton。

（4）添加点击事件的监听器

给按钮添加事件响应代码，如按钮响应点击事件，代码如下：

```
final TextView textView=(TextView)findViewById(R.id.TextView01);
button.setOnClickListener(new View.OnClickListener(){
public void onClick(View view){
   textView.setText("Button 按钮");
 }
});
imageButton.setOnClickListener(new View.OnClickListener(){
public void onClick(View view) {
   textView.setText("ImageButton 按钮");
 }
});
```

第 2 行代码中 button 对象通过调用 setOnClickListener()函数，注册一个点击（Click）事件的监听器 View.OnClickListener()；第 3 行代码是点击事件的回调函数；第 4 行代码将 TextView 的显示内容更改为 "Button 按钮"。

3．Spinner

Spinner 是一种能够从多个选项中选择一个选项的控件，类似于桌面程序的组合框（ComboBox），但没有组合框的下拉菜单，而是使用浮动菜单为用户提供选择建立一个程序 SpinnerDemo 如以下代码所示，包含 3 个子项 Spinner 控件。

```
SpinnerDemo 在 XML 文件中的代码
<TextView  android:id="@+id/TextView01"
    android:layout_width="fill_parent"
    android:layout_height="wrap_content"
    android:text="@string/hello"/>
```

```
<Spinner android:id="@+id/Spinner01"
 android:layout_width="300dip"
 android:layout_height="wrap_content">
</Spinner>
```

4．ListView

ListView 是一种用于垂直显示的列表控件，如果显示内容过多，则会出现垂直滚动条；ListView 能够通过适配器将数据和自身绑定，在有限的屏幕上提供大量内容供用户选择，所以是经常使用的用户界面控件；ListView 支持点击事件处理，用户可以用少量的代码实现复杂的选择功能。

建立一个 ListViewDemo 程序如以下代码所示，该程序包含 4 个控件，从上至下分别为 TextView01、ListView01、ListView02 和 ListView03。

```
ListViewDemo 在 XML 文件中的代码
  <TextView  android:id="@+id/TextView01"
  android:layout_width="fill_parent"
  android:layout_height="wrap_content"
  android:text="@string/hello" />
<ListView android:id="@+id/ListView01"
  android:layout_width="wrap_content"
  android:layout_height="wrap_content">
</ListView>
```

## 13.4.2　界面布局

界面布局（Layout）是用户界面结构的描述，定义了界面中所有的元素、结构和相互关系。声明 Android 程序的界面布局有两种方法：使用 XML 文件描述界面布局；在程序运行时动态添加或修改界面布局。用户既可以独立使用任何一种声明界面布局的方式，也可以同时使用两种方式。

使用 XML 文件声明界面布局的特点：

① 将程序的表现层和控制层分离。

② 在后期修改用户界面时，无须更改程序的源代码。

③ 用户还能够通过可视化工具直接看到所设计的用户界面，有利于加快界面设计的过程，并且为界面设计与开发带来极大的便利。

1．线性布局

线性布局（LinearLayout）是一种重要的界面布局，也是经常使用到的一种界面布局。在线性布局中，所有的子元素都按照垂直或水平的顺序在界面上排列，如果垂直排列，则每行仅包含一个界面元素；如果水平排列，则每列仅包含一个界面元素。

2．框架布局

框架布局（FrameLayout）是最简单的界面布局，是用来存放一个元素的空白空间，且子元素的位置是不能够指定的，只能够放置在空白空间的左上角。如果有多个子元素，后放置的子元素将遮挡先放置的子元素。

开发者可以通过使用 Android SDK 中提供的层级观察器（Hierarchy Viewer）分析和调试

界面布局。层级观察器能够以图形化的方式展示树形结构的界面布局，并且提供了一个精确的像素级观察器（Pixel Perfect View），以栅格的方式详细观察放大后的界面。

### 3．表格布局

表格布局（Table Layout）也是一种常用的界面布局，它将屏幕划分网格，通过指定行和列可以将界面元素添加到网格中，网格的边界对用户是不可见的。表格布局支持嵌套，可以将另一个表格布局放置在前一个表格布局的网格中，也可以在表格布局中添加其他界面布局，例如线性布局、相对布局等。

### 4．相对布局

相对布局（Relative Layout）是一种非常灵活的布局方式，能够通过指定界面元素与其他元素的相对位置关系，确定界面中所有元素的布局位置。它的特点是能够最大限度保证在各种屏幕类型的手机上正确显示界面布局。

### 5．绝对布局

绝对布局（Absolute Layout）能通过指定界面元素的坐标位置，来确定用户界面的整体布局。在绝对布局中，每一个界面控件都必须指定坐标（$X$，$Y$）。绝对布局是一种不推荐使用的界面布局，因为通过 $X$ 轴和 $Y$ 轴确定界面元素位置后，Android 系统不能够根据不同屏幕对界面元素的位置进行调整，降低了界面布局对不同类型和尺寸屏幕的适应能力。

# 13.5　Android 的网络通信开发

## 13.5.1　Android 的网络基础

Android 系统支持 JDK 本身的 TCP、UDP 网络通信 API，支持使用 ServerSocket 和 Socket 来建立 TCP/IP 协议的网络通信，也支持基于 UDP 协议的网络通信。此外，Android 还内置了 HttpClient，用来方便地发送和获取 HTTP 请求。

Android 系统继承了许多 Linux 系统 API 函数，对外通信便建立在 Socket（套接字）基础之上的。Android 系统的套接字设备也是常见操作系统（Windows、UNIX 和 Linux 等）中进行网络通信的核心设备，TCP、UDP 还是 HTTP 通信都使用套接字设备。

Android 系统有 3 种网络接口，包括 java.net.*（标准 Java 接口）、Org.apacheHttpComponents 接口和 Android.net.*（Android 网络接口），同时 Android 系统还可以使用浏览器 webkit 来进行网络访问。其中，前两个接口可以用来进行 HTTP、Socket 通信，后一个接口主要用来检测 Android 设备网络连接状况。

### 1．标准 Java 接口

java.net.*提供与联网有关的类，包括流、数据包套接字（Socket）、Internet 协议、常见 HTTP 处理等。比如，创建 URL 和 URLConnection/HttpURLConnection 对象、设置链接参数、链接到服务器、向服务器写数据、从服务器读取数据等通信。

### 2．Apache 接口

对于大部分应用程序而言当 JDK 本身提供的网络功能不够时，就需要 Android 提供的 Apache HttpClient。它是一个开源项目，功能更加完善，为客户端的 HTTP 编程提供高效、最新、功能丰富的工具包支持。

### 3．Android 网络接口

Android.net.*实际上是通过对 Apache HttpClient 的封装来实现一个 HTTP 编程接口，比 java.net.*API 更强大。Android.net.*除核心 java.net.*类以外，还包含额外的网络访问 Socket。该包包括 URI 类，频繁用于 Android 应用程序开发，而不仅仅局限于传统的联网功能。同时 Android.net.*还提供了 HTTP 请求队列管理、HTTP 连接池管理、网络状态监视等接口以及网络访问的 Socket、常用 URI 类和 Wi-Fi 相关类等。

下面代码可实现 Socket 连接功能：

```
try{
//IP 地址
InetAdress inetAdress= InetAdress.getByName("192.168.1.110");
//端口
Socket client=new Socket(inetAdress, 61203, true);
//取得数据
IputStream in=client.getInputStream();
OutputStream in=client.getOutputStream();
//处理数据
out.close();
in.close();
client.close();
}
catch (UnkownHostException e)
{}
catch (Exception e)
{}
```

## 13.5.2　HTTP 通信

超文本传输协议（Hypertext Transfer Protocol，HTTP）是 Web 联网的基础，也是手机联网常用的协议之一，HTTP 协议是建立在 TCP 协议之上的一种应用。HTTP 连接最显著的特点是客户端发送的每次请求都需要服务器回送响应，在请求结束后，会主动释放连接。从建立连接到关闭连接的过程称为"一次连接"。

由于 HTTP 在每次请求结束后都会主动释放连接，因此 HTTP 连接是一种"短连接""无状态"，要保持客户端程序的在线状态，需要不断地向服务器发起连接请求。通常的做法是即使不需要获得任何数据，客户端也保持每隔一段固定的时间向服务器发送一次"保持连接"的请求，服务器在收到该请求后对客户端进行回复，表明知道客户端"在线"。若服务器长时间无法收到客户端的请求，则认为客户端"下线"，若客户端长时间无法收到服务器的回复，则认为网络已经断开。Android 提供了 HttpURLConnection 和 HttpClient 接口来开发 HTTP 程序。

### 1．HttpURLConnection 接口

HTTP 通信中有两种请求方式：POST 和 GET。GET 可以获得静态页面，也可以把参数放在 URL 字符串后面，传递给服务器，而 POST 方法的参数是放在 HTTP 请求中的。因此，在编程之前，首先应当明确使用哪种请求方法，再选择相应的编程方式。

HttpURLConnection 继承于 URLConnection 类，两者都是抽象类。其对象主要通过 URL 的 openConnection 方法获得。创建方法如下：

```
URL url=new URL("HTTP://www.google.com");
HttpURLConnection urlConn=(HttpURLConnection)url.openConnection();
```

openConnection()方法只创建 URLConnection 或者 HttpURLConnection 实例，但是并不进行真正的连接操作，并且每次 openConnection()都将创建一个新的实例。因此，在连接之前可对其一些属性进行设置。对 HttpURLConnection 实例的属性进行设置的代码如下：

```
//设置输入(输出)流
connection.setDoOutput(true);
connection.setDoInput(true);
//设置方式为 POST
 connection.setRequestMethod("POST");
 //Post 请求不能使用缓存
connection.setUseCaches(false);
//关闭 HttpURLConnection 连接
urlConn.disconnect();
```

在开发 Android 应用程序过程中，如果应用程序需要访问网络权限，则需要在 AndroidManifest.xml 中配置：

```
<uses-permission android:name="android.permission.INTERNET" />
```

GET 方式需要将参数放在 URL 字符串后面，打开一个 HttpURLConnection 连接，便可以传递参数，然后取得流中的数据，完成之后要关闭这个连接。同时，GET 请求可用于获取静态网页。POET 与 GET 的不同之处在于，POST 的参数不是放在 URL 字符串里面的，而是放在 HTTP 请求的正文内。使用 POST 方式需要设置 setRequestMethod()，然后将要传递的参数通过 writeBytes()方法写入数据流。

2．HttpClient 接口

HttpClient 是 Apache Jakarta Common 下的子项目，用来提供高效、最新、功能丰富的支持 HTTP 协议的客户端编程工具包，并且它支持 HTTP 协议最新的版本。Android 系统支持 HttpClient，使开发者能运用更复杂的联网操作。

### 13.5.3　Socket 通信

Android 与服务器的通信方式主要有两种：一种是 HTTP 通信；另一种是 Socket 通信。两者最大的差异在于，HTTP 连接使用的是"请求—响应方式"，而 Socket 通信则是在双方建立连接后直接进行数据传输。套接字是一个通信链的句柄，用于描述 IP 地址和端口，它是通信的基石，是支持 TCP/IP 协议的网络通信的基本操作单元。它是网络通信过程中端点的抽象表示，包含进行网络通信必需的 5 种信息（全相关）：连接使用的协议，本地主机的 IP 地址，本地进程的协议端口，远地主机的 IP 地址，远地进程的协议端口。

套接字之间的连接过程分为 3 个步骤：服务器监听、客户端请求、连接确认。

① 服务器监听：服务器端套接字并不定位具体的客户端套接字，而是处于等待连接的状态，实时监控网络状态，等待客户端的连接请求。

② 客户端请求：指客户端的套接字提出连接请求，要连接的目标是服务器端的套接字。为此，客户端的套接字必须首先描述它要连接的服务器的套接字，指出服务器端套接字的地址和端口号，然后再向服务器端套接字提出连接请求。

③ 连接确认：当服务器端套接字监听到或者说接收到客户端套接字的连接请求时，就响应客户端套接字的请求，建立一个新的线程，把服务器端套接字的描述发给客户端，一旦客户端确认了此描述，双方就正式建立连接。而服务器端套接字继续处于监听状态，继续接收其他客户端套接字的连接请求。

1．创建 Socket

建立 Socket 连接至少需要一对套接字，其中一个运行于客户端，称为 ClientSocket；另一个运行于服务器端，称为 ServerSocket。它们都已封装成类，其构造方法如下：

① Socket（InetAddress addr, int port）。

② Socket（InetAddress addr, int port，boolean stream）;Socket（String host, int port）。

③ Socket（String host, int port，boolean stream）。

④ Socket（SocketImpl impl）。

⑤ Socket（String host, int port，InetAddress localAddr，int localPort）。

⑥ Socket（InetAddress addr, int port，InetAddress localAddr，int localPort）。

⑦ ServerSocket（int port）。

⑧ ServerSocket（int port,int backlog）。

⑨ ServerSocket（int port，int backlog，InetAddress bindAddr）。

2．输入/输出流

Socket 提供了 getInputStream()和 getOutputStream()来得到相应的输入（输出）流以进行读（写）操作，这两个方法分别返回 InputStream 和 OutputStream 类对象。为了便于读/写数据，可以在返回输入、输出流对象上建立过滤流，如 DataInputStream、DataOutputStream 或 PrintStream 类对象。对于文本方式流对象，可采用 InputStreamReader、OutputStreamWriter 和 PrintWriter 处理。

3．关闭 Socket 和流

在 Socket 使用完毕后需要将其关闭，以释放资源。在关闭 Socket 之前，应将与 Socket 相关的所有输入、输出流先关闭，以释放资源，代码如下：

```
os.close();          //输出流先关闭
is.close();          //输入流其次关闭
socket.close();      //最后关闭 Socket
```

## 13.5.4  Wi-Fi 通信

Wi-Fi（Wireless Fidelity）是一种能将个人计算机和手持设备（如 Pad、手机）等终端以无线方式互相连接的技术。它是一个无线网络通信技术的品牌，由 Wi-Fi 联盟所持有，其目的是改善基于 IEEE 802.11 标准的无线网络产品之间的互通性。使用 IEEE 802.11 系列协议的局域网就称为 Wi-Fi。

在 Android 系统中，Wi-Fi 网卡的状态是由一系列的整型常量来表示的：

① 0——WIFI_STATE_DISABLING。

② 1——WIFI_STATE_DISABLED。

③ 2——WIFI_STATE_ENABLING。

④ 3——WIFI_STATE_ENABLED。

⑤ 4——WIFI_STATE_UNKNOWN。

其中 0 表示网卡正在关闭；1 表示网卡不可用，2 表示网卡正在打开，3 表示网卡可用，4 表示未知网卡状态。下面将介绍一些常见的 Wi-Fi 操作，主要包括以下几个类和接口。

1．ScanResult

ScanResult 主要是通过 Wi-Fi 硬件的扫描来获取周边的 Wi-Fi 接入点信息，包括接入点的地址、名称、身份认证、频率和信号强度等。

2．WiFiConfiguration

Wi-Fi 网络的配置，包括安全配置等。

3．WiFiInfo

Wi-Fi 无线连接的描述，包括接入点、网络连接状态、隐藏的接入点、IP 地址、连接速度、MAC 地址、网络 ID 和信号强度等信息。

4．WiFiManager

WiFiManager 提供了管理 Wi-Fi 连接的大部分 API，它主要包括已经配置好的网络清单。对接入点的扫描结果包含足够的信息来决定需要与什么接入点建立连接。WiFiManager 还提供了一个内部的子类 WifiManagerLock，可以中断网络连接。解锁之后，就会恢复常态。

WiFiManager 常用的方法有：

① addNetwork：添加一个配置好的网络连接。

② calculateSignalLevel：计算信号强度。

③ compareSignalLevel：比较两个信号的强度。

④ createWifiLock：创建一个 Wi-Fi 锁。

⑤ disableNetwork：取消一个配置好的网络，即使其不可用。

⑥ disconnect：从接入点断开。

⑦ enableNetwork：允许指定的网络连接。

⑧ getConfiguredNetworks：得到客户端所有已经配置好的网络列表。

⑨ getConnectionInfo：得到正在使用的连接的动态信息。

⑩ getDhcpInfo：得到最后一次成功的 DHCP 请求的 DHCP 地址。

⑪ getScanResults：得到被扫描到的接入点。

⑫ getWifiState：得到可用 Wi-Fi 的状态。

⑬ isWifiEnabled：得到 Wi-Fi 是否可用。

⑭ pingSupplicant：检查客户端对请求的反应。

⑮ reassociate：从当前接入点重新连接。

⑯ removeNetwork：从已经配置好的网络列表中删除指定 ID 的网络。

⑰ saveConfiguration：保存当前配置好的网络列表。

⑱ setWifiEnabled：设置 Wi-Fi 是否可用。

⑲ startScan：扫描存在的接入点。

⑳ updateNetwork：更新已经配置好的网络。

AndroidManifest.xml 文件最后需要在此文件中对权限进行声明：

```
<uses-permission
    android:name="android.permission.ACCESS_WIFI_STATE"></uses-permission>
<uses-permission android:name="android.permission.ACCESS_CHECKIN_
    PROPERTIES"></uses-permission>
<uses-permission android:name="android.permission.WAKE_LOCK"></uses-
    permission>
<uses-permission android:name="android.permission.INTERNET"></uses-
    permission>
<uses-permission android:name="android.permission.CHANGE_WIFI_STATE">
    </uses-permission>
<uses-permission android:name="android.permission.MODIFY_PHONE_STATE">
    </uses-permission>
```

# 小　结

本章从不同的角度介绍了 Android 系统。Android 是目前市场上应用最广的手机操作系统，在 Android 系统上进行开发具有很大的市场需求。首先概要性地介绍了 Android 系统，然后讲述了 Android 的开发工具，让读者了解 Android 开发工具并掌握 Android 开发环境的搭建方法，接下来分别对 Android 系统中应用程序开发、用户界面开发以及网络通信开发进行介绍，目的是使读者对 Android 开发有基本的认识，为以后的开发之路打下扎实的基础。

# 习　题

1. 当前流行的手机操作系统有哪些？其中 Android 有哪些优点？
2. 简述搭建 Android 开发环境需要的步骤。
3. Java 语言有何特点？其与 C++语言的关系是怎样的？
4. Android 提供哪些应用程序通用组件？
5. Android 系统有哪些网络接口，各有什么作用？
6. Android 与服务器的通信方式有哪几种？简述这些通信方式之间的差异。

# 开 发 篇

## 第 **14** 章 嵌入式工业以太网

## 14.1 以太网综述

### 14.1.1 以太网及其特点

以太网是 IEEE 802.3 所支持的局域网标准，最早由 Xerox 公司开发，后经数字仪表公司、Intel 公司和 Xerox 公司联合扩展，成为以太网标准。随着 Internet 的迅猛发展，以太网已成为事实上的工业标准。由于它技术成熟，连接电缆和接口设备价格相对较低，带宽也在飞速增长（出现了千兆以太网甚至万兆以太网），特别是快速以太网与交换式以太网技术的出现，使人们转向希望以物美价廉的以太网设备代替控制网络中相对昂贵的专用总线设备。目前，许多大公司的工业控制系统都是采用以太网来统一管理层的通信，而且各种现场总线也大多开发出以太网接口，因此可以说以太网已经成为工业控制领域的主要通信标准。以太网已逐渐占据大部分商用计算机的通信领域和过程控制领域的信息交互，并可能进一步应用到工业现场。与目前的现场总线相比，以太网具有以下优点：

1. 应用广泛

以太网是目前应用最为广泛的计算机网络技术，受到广泛的技术支持。几乎所有的编程语言都支持以太网的应用开发，如 Java、Visual C++、Visual Basic 等。

2. 成本低廉

由于以太网应用最为广泛，因此受到硬件开发与生产厂商的高度重视与广泛支持，已有多种硬件产品可供用户选择，而且硬件价格也相对低廉。

3. 通信速率高

目前以太网的通信速率为 10 Mbit/s，100 Mbit/s、1000 Mbit/s 的快速以太网已广泛应用，10 Gbit/s 以太网技术也日趋成熟。

**4．软硬件资源丰富**

由于以太网已应用多年，人们对以太网的设计、应用等方面有很多经验，对其技术也十分熟悉，并大大加快系统的开发和推广速度。

**5．可持续发展潜力大**

由于以太网的广泛应用，使它的发展一直受到广泛的重视和大量的技术投入。信息技术与通信技术的发展将更加迅速，也更加成熟，由此保证了以太网技术不断地持续向前发展。

## 14.1.2　以太网络系统

**1．以太网系统构成**

以太网系统一般由4个要素组成，分别是帧、介质访问控制协议、信号部件和物理介质。帧是一系列标准化的数据位，用来在系统中传输数据；介质访问控制协议是由一整套内嵌于各个以太网接口中的规则组成，信号部件是一些标准化的电子设备，用来在以太网信道中发送和接收信号；物理介质由电缆和其他用来在连网的计算机之间传输数字式以太网信号的硬件部件组成。

（1）以太网的帧

以太网系统的核心概念是帧，网络硬件（如以太网接口、介质电缆等）仅仅是用来在计算机之间传输以太网帧的。以太网规范决定了帧的结构及何时允许站点发送一个帧。以太网介质访问控制的基础是具有冲突检测的载波侦听多路访问机制。

（2）介质访问控制协议（CMSA/CD）

以太网操作是基于介质访问控制协议的。介质访问控制协议是一套规则，这套规则用来协调和控制连接到共享信道上的一组计算机对信道的访问。CSMA/CD（Carrier Sense Multiple Access with Collision Detection）含有两方面的内容：载波侦听（CSMA）和冲突检测（CD）。

① 载波侦听（CSMA）。查看信道上是否有信号是 CSMA 系统的首要问题，各个站点都有一个"侦听器"，用来测试总线上有无其他工作站正在发送信息（也称为载波识别），如果信道已被占用，则此工作站等待一段时间然后再争取发送权；如果侦听总线是空闲的，没有其他工作站发送的信息就立即抢占总线进行信息发送。而多点访问指多个工作站共同使用一条线路。通常有两种方法决定如何发送数据：一是持续的载波侦听多点访问，即当某工作站检测到信道被占用后，继续侦听下去，一直等到发现信道空闲后，立即发送；二是非持续的载波侦听多点访问，即某工作站检测到信道被占用后，就延迟一个随机时间，然后再检测，不断重复上述过程，直到发现信道空闲后，开始发送信息。

② 冲突检测。因为以太网信号从网络一端传递到另一端所花费的时间是有限的一段时间，所以被传送的帧的前几位并不是同时到达网络的所有位置，因此就有可能两个接口侦听到网络是空闲的，并且同时开始传送各自的帧，这就在信道上产生冲突碰撞。另一种情况是某站点侦听到信道是空闲的，但这种空闲可能是较远站点已经发送了帧，但由于在传输介质上信号传送的延时，帧还未传送到此站点的缘故，如果此站点又发送帧，则也将产生冲突。发生冲突碰撞时，连接在共享信道上的以太网信号设备就会侦听到信号的"冲突"，就会告知以太网接口停止传送。接口将各自选择一个随机的重新发送时间，并重新发送帧。所以，站点在发送数据的同时应该进行冲突检测。冲突检测的方法有两种：比较法和编码违例判决法。

（3）信号部件

信号部件是一些标准化的电子设备，用来在以太网信道中发送和接收信号。以粗同轴电缆系统为例，它的信号部件就包括计算机中的以太网接口、收发器和收发器电缆。

（4）物理介质

物理介质由电缆和其他用来在连网的计算机之间传输数字式以太网信号的硬件部件组成。

2．以太网体系结构

以太网系统由硬件和软件两大部分组成，二者共同实现以太网系统各计算机之间传输信息和共享信息。以太网只有最低的两个层次：物理层和数据链路层。而数据链路层又划分为媒体接入控制或媒体访问控制（Medium Access Control，MAC）子层和逻辑链路控制（Logical Link Control，LLC）子层。

（1）物理层

物理层包括规范设备间和物理连接的一组规则，主要完成信号的编码与译码，同步通信时前同步码的产生与去除，位的传输与接收等功能。

（2）MAC 子层

MAC 子层负责检查信道在信道空闲时传输数据，检测冲突的发生，并检测冲突后执行一系列预定义的步骤，具体实现 CMSA/CD（具有冲突检测的载波侦听多路访问）。具体有四块功能分别为：发送数据操作；发送介质访问管理；接收数据操作；接收介质访问管理。

（3）逻辑链路控制层（LLC 子层）

生产和解释用于控制数据流的命令以及检测到传输错误时的恢复操作。主要完成建立和释放数据链路层的逻辑连接、与高层的接口、差错控制、给帧加上序号等功能。以太网对 LLC 子层是透明的，只有下到 MAC 子层才能看见所连接的是以太网。局域网 LLC 子层向上可提供 4 种操作类型。

① LLC1 不确认的无连接服务。不确认的无连接服务就是数据报服务。数据报不需要确认，实现起来最简单，因而在局域网中得到了最广泛的应用。而端到端的差控制和流量控制由高层（通常是协议层）协议来提供。这种服务可用于点对点通信、对所有用户所发送信息广播和只向部分用户发送信息的多播。不必担心这种不确认的无连接服务的可靠性，或者为了使这些确认信息在不同时间发送而产生许多额外开销。因此，这种不确认的无连接服务特别适合于广播和多播通信。

② LLC2 面向连接服务。面向连接服务相当于虚电路，它的开销较大，因为每次通信都要经过连接建立、数据传送和连接断开 3 个阶段。当主机是个很简单的终端时，由于没有复杂的高层软件，因此必须依靠 LLC 子层来提供端到端的控制，这就需要面向连接服务。采用这种方式时，用户和 LLC 子层商定的某些特性在连接断开以前一直有效。因此，这种方式特别适合于传送很长的数据文件。

③ 带确认的无连接服务。带确认的无连接服务用于传送某些非常重要的且时间性也很强的信息，如在一个过程控制或自动化控制环境中的报警信息或控制信号。这时如果不需要去确认信息，则不够可靠；如果先建立连接，则嫌太慢。因此，不必建立连接，而是直接发送数据。这种服务也就是"可靠的数据报"。

④ 高速传送服务。高速传送服务用于快速以太网。

### 14.1.3 以太网络协议

计算机之间所传递的实际数据位都包含在以太网帧的数据字段中，它们是按高级的网络协议组织起来的。每个以太网帧的数据字段中携带的高级网络协议信息是真正用于在连网的计算机所运行的应用程序之间建立通信的部分。以太网帧的数据字段还携带了在连网计算机上运行的应用程序之间传递的信息，需要明确的是所有这些高级协议都是独立于以太网系统的。目前存在的许多网络协议，都可以在以太网帧的数据字段中传送数据。网络协议如何工作的细节和以太网系统如何工作是完全不同的。安装以太网可以使得应用程序在计算机之间进行通信，并且应用程序可以使用网络协议进行通信。目前，关于以太网的网络传输协议有两种架构：OSI 的 7 层架构和 TCP/IP 的 4 层架构。

**1．OSI/ISO 开放系统互连 7 层架构**

开放系统互连（Open System Interconnection，OSI）是国际标准化组织（International Standards Organization，ISO）推荐的一个网络系统结构，将整个网络通信的功能划分为 7 个层次，由低到高分别是物理层、数据链路层、网络层、传输层、会话层、表示层、应用层，其中数据链路层的核心是介质访问控制层 MAC。每层完成一定的功能，都直接为上层提供服务，并且所有层次都相互支持。4~7 层主要负责互操作性，1~3 层则用于创造两个网络设备间的物理连接。

**2．TCP/IP 协议 4 层架构**

TCP/IP 是 Transmission Control Protocol/Internet Protocol 的简写，中文译名为传输控制协议/网际协议）协议，TCP/IP 是一种网络通信协议，它规范了网络上的所有通信设备，尤其是一个主机与另一个主机之间的数据往来格式以及传送方式。TCP/IP 是 Internet 的基础协议，也是一种计算机数据打包和寻址的标准方法。在数据传输中，可以形象地理解为有两个信封，TCP 和 IP 就像是信封，要传递的信息被划分成若干段，每一段塞入一个 TCP 信封，并在该信封面上记录有分段号的信息，再将 TCP 信封塞入 IP 大信封，发送上网。

（1）链路层

数据链路层是物理传输通道，可使用多种传输介质传输，可建立在任何物理传输网上。比如光纤、双绞线等

（2）网际层

其主要功能是完成网络中主机间"分组"（Packet）的传输。它包含有 4 个协议：

① 网际协议 IP：负责分组数据的传输，各个 IP 数据之间是相互独立的。

② 互联网控制报文协议（ICMP）：IP 层内特殊的报文机制，起控制作用，能发送报告差错或提供有关意外情况的信息。因为 ICMP 的数据报通过 IP 送出，因此功能上属于网络的第三层。

③ 反向地址转换协议（RARP）。RARP 用于特殊情况，当只有自己的物理地址没有 IP 地址时，可通过 RARP 获得 IP 地址，如果遇到断电或重启状态下，开机后还必须再使用 RARP 重新获取 IP 地址。广泛用于获取无盘工作站的 IP 地址。

（3）传输层

其主要任务是向上一层提供可靠的端到端（End-to-End）服务，确保"报文"无差错、

有序、不丢失、无重复地传输。它向高层屏蔽了下层数据通信的细节，是计算机通信体系结构中最关键的一层。包含以下 2 个重要协议：

① TCP：TCP 是 TCP/IP 体系中的传输层协议，处于第 4 层传输层，负责数据的可靠传输（"三次握手"——建立连接、数据传送、关闭连接）。

② UDP：与 TCP 相比，数据传输的可靠性低，适合少量的可靠性要求不高的数据传输。

（4）应用层

应用层负责实现一切与应用程序相关的功能，使用套接字和端口描述应用程序的通信路径。大多数应用层协议与一个或多个端口号相关联。常见的应用层协议有：HTTP、FTP、域名服务器 DNS、远程登录 Telnet、SMTP、NFS 等。

# 14.2　工业以太网及其关键技术

## 14.2.1　工业以太网及其特点

以太网以其普遍、易用和优良的技术性能，在工业控制领域得到了广泛应用，已经成为一种重要的现场总线技术和主要的工业控制网络。工业控制领域中的以太网，一般称为工业以太网。

### 1．性能的改进和增强

工业以太网，相对于传统的办公以太网，在性能和设备方面都有了很大的改进和增强：

① 性能方面：抗干扰能力、环境适应性、本质安全性、网络供电特性。

② 设备方面：网卡/适配器、集线器、交换机、路由器、网关、服务器等。

### 2．协议架构的简化

以太网引入工业现场总线，为提高传输效率，一般只定义了物理层、数据链路层和应用层。为与以太网融合，通常在数据包前加入 IP 地址，并通过 TCP 来进行数据传递。即在 OSI/ISO 的 7 层协议中，以太网只定义了物理层、数据链路层；其他高层控制协议，以太网使用了 TCP/IP 协议。IP 协议用来确定信息的传输路线，TCP 协议保证数据传输的可知性，常用的数据传输协议还有 UDP/FTP/SMTP 等。

### 3．存在的问题与对策

工业以太网通信，主要存在三方面的问题，也有相应的克服措施：

① 实时性：可以通过采用快速以太网、千兆以太网、万兆以太网、提高传输速度来解决。

② 不确定性：可以通过有效的网络管理及其一些抗干扰措施来加以解决。

③ 连接性：可以通过采用高性能的网络接口、通信介质等措施来加以解决。

汽车/列车控制系统、精密数控机床等特殊控制领域，由于工作条件恶劣，实时可靠性要求高，不适合采用工业以太网。这种场合，就要考虑采用更高性能的 CAN、LonWorks 等现场总线网络。

## 14.2.2　工业以太网关键技术分析

随着 Internet 的迅猛发展，以太网已成为事实上的工业标准，TCP/IP 的简单实用已为广大用户所受。但如何利用 COTS（Commercial Off-The Shelf）技术来满足工业控制需求，是目前迫切需要解决的问题，这些问题包括通信实时性、现场设备的总线供电、可互操作性、本质安全、远距离通信等，它们直接影响以太网在现场设备中的应用。

### 1．通信实时性

长期以来，以太网通信响应的不确定性是它在工业现场设备中应用的致命弱点和主要障碍之一。众所周知，以太网采用冲突检测载波监听多点访问（Carrier Sense Multiple Access with Collision Detection，CSMA/CD）机制解决通信介质层的竞争。以太网的这种机制导致了非确定性的产生。因为在一系列碰撞后，报文可能会丢失，结点与结点之间的通信将无法得到保障，从而使控制系统需要的通信确定性和实时性难以保证。随着互联网技术的发展和大面积推广应用，以太网也得到了迅速发展，使通信确定性和实时性得到了增强。

首先，在网络拓扑上，采用星形连接代替线性结构，使用网桥或路由器等设备将网络分割成多个网段。其次，使用以太网交换技术，将网络冲突域进一步细化。用交换式集线器代替共享式集线器，使交换机各端口之间可以同时形成多个数据通道，在以太网交换机组成的系统中，每个端口就是一个冲突域，各个冲突域通过交换机实现了隔离。

还可以采用全双工通信技术，可以使设备端口间两对双绞线（或两根光纤）上可以同时接收和发送报文帧，从而也不再受到 CSMA/CD 的约束。此外，通过降低网络负载和提高网络传输速率，可以使传统共享式以太网上的碰撞大大降低。由于工业控制网络与商业网不同，每个结点传送的实时数据量很少，一般仅为几个位或几个字节，而且突发性的大量数据传输也很少发生，因此完全可以通过限制每个网段站点的数目，降低网络信息、流量。同时，使用 UDP 通信协议，可以充分保证报文传输的有效载荷，避免不必要的填充域数据在网络上传输所占用的带宽，使网络保持在轻负荷工作条件下，就可以使网络传输的实时性进一步得到保证。

### 2．总线供电

所谓总线供电或总线馈电，是指连接到现场设备的线缆不仅传送数据信号，还能给现场设备提供工作电源。由于 Ethernet 以前主要用于商业计算机通信，一般的设备或工作站（如计算机）本身已具备电源供电，因此传输媒体只用于传输信息。对现场设备的总线供电可采用以下方法：

① 修改物理层的技术规范，将以太网的曼彻斯特信号调制到一个直流或低频交流电源上，在现场设备端再将这两路信号分离出来。

② 不改变目前以太网的物理层结构，即应用于工业现场的以太网仍然使用目前的物理层协议，而通过连接电缆中的空闲线缆为现场设备提供工作电源。

### 3．互可操作性

互可操作性是指连接到同一网络上不同厂家的设备之间通过统一的应用层协议进行通信与互用，性能类似的设备可以实现互换。由于以太网（IEEE 802.3）只映射到 ISO/OSI 参考模型中的物理层和数据链路层，TCP/IP 映射到网络层和传输层，而对较高的层次如会话层、表示层、应用层等没有作技术规定。目前，RFC（Request For Comment）组织文件中的一些应用层协议，如 FTP、HTTP、Telnet、SNMP、SMTP 等，仅仅规定了用户应用程序该如何操作，而以太网设备生产厂家还必须根据这些文件定制专用的应用程序。

要解决基于以太网的工业现场设备之间的互可操作性问题，唯一而有效的方法就是在以太网+TCP（UDP）/IP 协议的基础上，制定统一并适用于工业现场控制的应用层技术规范，同时可参考 IEC 有关标准，在应用层上增加用户层，并把它们组成为可在某个现场设备中执行的应用进程，便于实现不同制造商设备的混合组态与调用。

**4．网络生存性**

所谓网络生存性，是指以太网应用于工业现场控制时，必须具备较强的网络可用性。任何一个系统组件发生故障，不管它是否是硬件，都会导致操作系统、网络、控制器和应用程序以至于整个系统的瘫痪，则说明该系统的网络生存能力非常弱。工业以太网的生存性或高可用性包括以下几个方面的内容：

**（1）可靠性**

工业现场的机械、气候（包括温度、湿度）、尘埃等条件非常恶劣，因此对设备的可靠性提出了更高的要求。在基于以太网的控制系统中，网络成了相关装置的核心，从 I/O 功能模块到控制器中的任何一部分都是网络的一部分。网络硬件把内部系统总线和外部世界连成一体，同时网络软件驱动程序为程序的应用提供必要的逻辑通道。系统和网络的结合使得可靠性成了自动化设备制造商的设计重点。

**（2）可恢复性**

所谓可恢复性，是指当以太网系统中任一设备或网段发生故障而不能正常工作时，系统能依靠事先设计的自动恢复程序将断开的网络重新链接起来，并将故障进行隔离，以使任一局部故障不会影响整个系统的正常运行，也不会影响生产装置的正常生产。

**（3）可维护性**

可维护性是高可用性系统的最受关注的焦点之一。通过对系统和网络的在线管理，可以及时地发现紧急情况，并使得故障能够得到及时的处理。可管理性一般包括性能管理、配置管理、变化管理等内容。

**5．网络安全性**

目前，工业以太网已经把传统的 3 层网络系统（即信息管理层、过程监控层、现场设备层）合成一体，使数据的传输速率更快、实时性更高，同时它可以接入 Internet，实现了数据的共享，使工厂高效率地运作，但与此同时也引入了一系列的网络安全问题。可根据数据包的源地址、目的地址、所用的 TCP 端口与 TCP 链路状态等因素来确定是否允许数据包通过。只有完全满足包过滤逻辑要求的报文才能访问内部控制网络。此外，还可以通过引进防火墙机制，进一步实现对内部控制网络的访问进行限制，防止非授权用户得到网络的访问权，强制信息流量只能从特定的安全点流向外界、防止服务拒绝攻击，以及限制外部用户在其中的行为等效果。

# 14.3　嵌入式工业以太网应用实例

本节列举几个项目开发实例，综合说明如何实现具体的嵌入式工业以太网络通信的开发设计。

## 14.3.1　网口驱动及其直接通信应用

只是通过以太网进行数据的收发传输，而不进行复杂的 Web 服务操作，可以按照以太网物理数据帧的格式对数据进行"打包"或"解包",从而快速实现以太网通信。本节以89C52单片机与RTL8019AS构成的简易以太网数据传输系统为例说明具体的实现环节。

1．接口电路设计

整个以太网络通信系统用到的主要芯片有 80C52、RTL8019AS、93C46（EEPROM）、74HC573（8位锁存）、62256（32 KB的RAM）。地址空间的分配为：00H~03H的地址空间用于存储RTL8019AS内配置寄存器CONFIG1~4的上电初始值；地址 04H~11H 存储网络结点地址，即物理地址；地址 12H~7FH 存储即插即用的配置信息。采用对 93C46 进行读/写操作来设置 RTL8019AS 的端口 I/O 基地址和以太网物理地址。RTL8019AS 复位后读取 93C46 的内容并设置内部寄存器的值，需要先把配置好的数据烧录到 93C46，再焊入电路。

RTL8019AS 网络接口外接一个隔离 LPF 滤波器 0132, TPIN 为接收线, TPOUT 为发送线, 经隔离后分别与 RJ–45 接口的 RX、TX 端相连。LED0、LED1 分别连接一个发光二极管, 以反映通信状态: LED0 表示通信有冲突; LED1 表示接收到网上信息包。

2．直接以太网通信软件设计

直接以太网通信软件设计主要是对以太网控制器为核心的网口驱动程序进行设计,包括:

（1）以太网控制器芯片初始化

对 RTL8019AS 的初始化主要是对其控制寄存器进行初始化设置。RTL8019AS 的寄存器按照其地址及功能可大致分为 NE2000 兼容寄存器组和"即插即用"寄存器组两大类, NE2000 是基本的以太网通信网卡规范标准。NE2000 兼容寄存器组共有 64 个 8 位寄存器, 映射到 4 个页面。

具体的初始化过程: 首先进行复位操作, 18H~1FH 共 8 个地址为复位端口, 对该端口的读或写都会引起 RTL8019 的复位。

复位完成之后, 进行初始化, 设置工作参数。NE2000 基本应用, 相关的寄存器是 RTL8019AS 的 0 与 1 页的寄存器。CR 主要用于选择寄存器页、启动或停止远程 DMA 操作以及执行命令。基本寄存器举例如下:

① CR = 0x21, 选择页 0 的寄存器。

② TPSR = 0x45, 发送页的起始地址, 初始化为指向第一个发送缓冲区的页, 即 0x40。

③ PSTART = 0x4c, PSTOP = 0x80, 构造缓冲环: 0x4c~0x80。

④ BNRY = 0x4c, 设置指针。

⑤ RCR = 0xcc, 设置接收配置寄存器, 使用接收缓冲区, 仅接收自己地址的数据包和多点播送地址包, 小于 64 个字节的包丢弃, 校验错的数据包不接收。

⑥ TCR = 0xe0, 设置发送配置寄存器, 启用 CRC 自动生成和自动校验, 工作在正常模式。

⑦ DCR = 0xc8, 设置数据配置寄存器, 使用 FIFO 缓存, 普通模式, 8 位数据 DMA。

⑧ IMR = 0x00, 设置中断屏蔽寄存器, 屏蔽所有中断。

⑨ CR = 0x61, 选择页 1 的寄存器。

⑩ CURR = 0x4d, CURR 是 RTL8091AS 写内存的指针, 指向当前正在写的页的下一页, 初始化时指向 0x4c+1=0x4d。

⑪ 设置多址寄存器 MAR0~MAR5, 均设置为 0x00。

⑫ 设置网卡地址寄存器 PAR0~PAR5。

⑬ CR =0x22, 选择页 1 的寄存器, 进入正常工作状态。

初始化的软件编程代码如下：

```
8019_init ( )
{
    outportb(IO_ADDR+0x00, 0x21);
    outportb(IO_ADDR+0x01, 0x4c);
    outportb(IO_ADDR+0x02, 0x80);
    outportb(IO_ADDR+0x03, 0x4c);
    outportb(IO_ADDR+0x04, 0x40);
    outportb(IO_ADDR+0x0d, 0x4c);
    outportb(IO_ADDR+0x0e, 0xc8);        //使用 FIFO 缓存，普通模式，8 位数据 DMA
    outportb(IO_ADDR+0x0f, 0xff);        //清除所有中断标志位
    outportb(IO_ADDR+0x0f, 0x00);        //设置中断屏蔽寄存器，屏蔽所有中断
    page(1);                             //选择页 1 寄存器
    outportb(IO_ADDR+0x07, 0x4d);        //初始化当前页寄存器，指向当前页的下一页
    outportb(IO_ADDR+0x08, 0x00);        //设置多址寄存器 MAR0~5，均设置为 0x00
    outportb(IO_ADDR+0x09, 0x00);
    outportb(IO_ADDR+0x0a, 0x00);
    outportb(IO_ADDR+0x0b, 0x00);
    outportb(IO_ADDR+0x0c, 0x00);
    outportb(IO_ADDR+0x0d, 0x00);
    outportb(IO_ADDR+0x0e, 0x00);
    outportb(IO_ADDR+0x0f, 0x00);
    outportb(IO_ADDR+0x00, 0x21);        //选择页 0 寄存器，网卡执行行命令
}
```

（2）数据的收发

通过对地址及数据口的读/写来完成以太网帧的接收与发送。要接收和发送数据包都必须读/写 RTL8091AS 内部 16 KB 的 RAM，并通过 DMA 进行读和写。这里以数据的发送为例进行说明。

① 按照 PHY 数据帧规定的格式将数据封装好。

② 通过远程 DMA 将数据包送入 RTL8091 的数据发送缓冲区，相关程序代码如下：

```
outportb(IO_ADDR+0x00, 0x22);
outportb(IO_ADDR+0x07, 0x40);        //设置中断状态寄存器 ISR 为 40H，清除发送完成标志
outportb(IO_ADDR+0x09, 0x40);        //设置 DMA 发送开始地址为 4000H
outportb(IO_ADDR+0x08, 0x00);
outportb(IO_ADDR+0x0a, 0x50);        //设置 DMA 发送数据包长度为 80 字节
outportb(IO_ADDR+0x0b, 0x00);
outportb(IO_ADDR+0x00, 0x12);        //设置 CR 为 12H，实现远程 DMA 写
for (i=0;i<80;i++)
output (0x10<<1,*(buffer+i));        //向数据端口写入发送数据
temp = inportb(IO_ADDR+0x07);        //查询中断状态，等待远程 DMA 完成
outportb(IO_ADDR+0x0b, 0x00);
outportb(IO_ADDR+0x0a, 0x00);
outportb(IO_ADDR+0x00, 0x22);        //设置 CR 为 22H
outportb(IO_ADDR+0x07, 0x40);        //设置中断状态寄存器 ISR 为 40H，清除发送完成标志
```

③ 通过 RTL8091 的本地 DMA 将数据送入 FIFO 进而发送出去，相关程序代码如下：

```
outportb(IO_ADDR+0x06, 0x50);
outportb(IO_ADDR+0x05, 0x00);      //设置发送字节计数器为发送数据包的长度
outportb(IO_ADDR+0x04, 0x40);      //设置发送页面起始地址
outportb(IO_ADDR+0x00, 0x26);      //启动发送
```

在构建一个新的数据包前必须先等待前一数据包发送完成。为提高发送效率，设计将 20 页的发送缓存区分为 4 个 5 页的发送缓存区，两个用于数据包的发送，两个用于构造新的数据包，交替使用。

（3）软件的调试与验证

用 C51 语言编程，实现 TCP/IP 协议中 ARP 数据帧的收发。嵌入式设备首先构造一个 ARP 请求包发送给 PC，PC 发送一个 ARP 应答包给嵌入式设备，嵌入式设备收到该应答包后再发一个 ARP 请求包给 PC，如此不断循环，来测试系统的性能。在 PC 及上使用 TCP 监控软件来监视 PC 网络接口接收 ARP 包的情况。

## 14.3.2 嵌入式 TCP/IP 协议栈移植及应用

嵌入式以太网通信应用系统实现了 TCP/IP 协议栈，就可以使用最少的系统资源正常地进行 Web 信息浏览和传输。这里以 μIP 协议栈为例，说明 TCP/IP 协议栈的移植与应用。

μIP 协议栈可以简单地移植到多种嵌入式操作系统，适应多种嵌入式处理器。移植的时候主要对 up_arch.h、uipopt.h、tapdev.c 这 3 个文件进行修改。其中，up_arch.h 包含了用 C 语言实现的 32 位加法、校验和算法；uipopt.h 是 μIP 的配置文件，其中不仅包含了如 μIP 网点的 IP 地址和同时可连接的最大值等设置选项，而且还有系统结构和 C 编译器的特殊选项；tapdev.c 是为串口编写的驱动程序。

1．μIP 的设备驱动程序接口

μIP 内核中有两个函数直接需要底层设备驱动程序的支持：

（1）uni_input()

当设置驱动程序从网络层收到一个数据包时要调用这个函数，设备驱动程序必须事先将数据包存入到 uip_buf[]中，当函数返回时，如果 uip_len 不为 0，则表明有数据（如 SYN，ACK 等）要发送。示例如下：

```
#define BUF((struct uip_eth_hdr *)&uip_buf[0])
uip_len=ethernet_devicedriver_poll();        //接收以太网数据包
if(uip_len>0)//收到数据
{
  If(BUF->type==HTONS(UIP_ETHYPE_IP))         //是否为 IP 包
  {
    uip_arp_ipin();
    uip_input();                              //IP 包处理
    if(uip_len>0)
    {
      uip_arp_out();
      ethernet_devicedriver_send();           //ARP 请求
    }
```

```
    }
    else if(BUF->type==HTONS(UIP_ETHYPE_ARP))     //是否为 ARP 请求包
    {
    uip_arp_arpin();                              //ARP 回应，更新 ARP 表
      if(uip_len>0)//是 ARP 请求，要发送回应
         ethernet_devicedriver_send();            //发 ARP 回应道以太网上
    }
}
```

（2）uip_periodie（conn）

这个函数用于μIP 内核对各连接的定时轮询，因此需要一个硬件支持的定时程序周期性地用它轮询各个连接，一般用于检查主机是否有数据要发送，若有，则构造 IP 包。使用示例如下：

```
for(i=0;i<UIP_CONNS;i++)
{
  uip_periodic(i);
  if(uip_len>0)
  {
      uip_arp_out();
      ethernet_devicedriver_send();
  }

}
```

### 2. μIP 的应用程序接口

为了将用户的应用程序挂接到μIP 中，必须将宏 UIP_APPCALL()定义成实际的应用程序函数名。加入应用程序状态时必须将宏 UIP_APPSTATE_SIZE 定义成应用程序状态结构体的长度。在应用程序函数中，依靠μIP 事件检测函数来决定处理的方法，另外可以通过判断当前连接的端口号来区分处理不同的连接。下面的示例程序实现了一个 Web 服务器应用的框架。

```
#define UIP_APPCALL uip51_appcall
#difine UIP_APPSTATE_SIZE sizeof(struct uip51app_state)
struct uip51app_state
{
   unsigned char * dataptr;
   unsigned int dataleft;
}
void uip51_initapp                      //设置主机地址
{
u16_t ipaddr[2];
  uip_ipaddr(ipaddr,202,120,127,192);
  uip_sethostaddr(ipaddr);
  uip_listen(HTTP_PORT);                //HTTP Web 端口
}
void uip_appcall(void)
{
```

```
struct uip51app_state * s;
s=(struct uip51app_state *)uip_conn->appstate;    //获取当前连接状态指针
if(uip_connected())
{
    …                                    //有一个客户机连上
}
if(uip_newdat()||uip_rexmit())    //收到新的数据或者重发
{
if(uip_datalen()>0)
  {
  if(uip_conn->1port==80)          //收到 GET HTTP 请求
   {
    update_table_data();              //根据电平状态数据表动态生成网页
    s->dataptr=newpage;
    s->dataleft=2653;
    uip_send(s->dataptr, s->dataleft);    //发送长度为 2653B 的网页
   }
  }
}
if(uip_acked())                        //收到客户机的 ACK
{
  if(s->dataleft>uip_mss()&&uip_conn->1port==80)//发送长度大于最大段长度
{
  s->dataptr+=uip_conn->len;      //继续发送剩下的数据
  s->dataleft-=uip_conn->len;
  uip_send(s->dataptr, s->dataleft);

}
return;
}
if(uip_poll())
{
  …
    return;                          //将串口缓存的数据复制到电平状态数据表
}
if(uip_timedout()||uip_closed()||uip_aborted())
                                //重新确认超时，客户机关闭重连，客户机中断连接
return;
}
```

### 3. μIP 在电机远程监测系统中的应用

下面介绍一个嵌入式 Web 模块 UIPWEB51，用于将发电机射频监测仪串口输出的数据送入以太网，以实现对发电机工作状态的远程监测，该模块的硬件框图如图 14-1 所示。

单片机采用的是 Atmel 的 AT89C55WD，它内置 20 KB 程序 Flash，512 B RAM，3 个定时器/计数器，工作在 22.1184 MHz 时具有约 2MIPS 的处理速度。以太网控制器芯片同样采用低成本的 RTL8019AS。

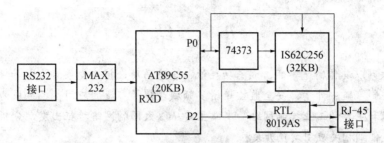

图 14-1　发电机工况远程监测的嵌入式 Web 模块硬件电路框图

UIPWEB51 的主程序采用"中断+查询"的方式，用中断触发的方式接收"发电机射频监测仪"发出的数据，并设置了一个接收队列暂存这些数据。在程序中查询有无网络数据包输入，若有，则调用μIP 的相关处理函数；若无，则检测定是查询中断是否发生。这里将定时器 T2 设为μIP 的定时查询计数器，在 T2 中断中设置查询标志，一旦主程序检测到这一标志就调用 uip_periodic()函数查询各个连接。UIPWEB51 模块的总体程序结构图如图 14-2 所示。

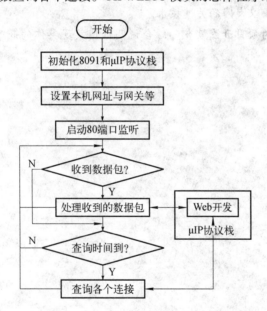

图 14-2　发电机远程监控 UPWEB51 模块的程序结构示意图

UIPWEB51 的应用程序如上述μIP 的应用程序接口代码所示，这个 Web 服务器首先打开 80 端口的监听，一旦有客户机要求连上，μIP 内部将会给它分配一个连接项，接着等待收到客户机 IE 浏览器发出的请求；之后，将发电机电平与状态数据队列中的数据填入网页模板，生成一幅新的网页发给客户机。在网页中添加了更新按钮，一旦浏览器用户点击了按钮，浏览器会自动发出 CGI 请求，UIPWEB51 收到后，立即发送包含最新数据的网页。在连接处于空闲时候，应用程序可以从串口队列中读出原始数据，经格式处理后再存到电机电平与状态数据队列中，而在这个队列中保存着当前 1 分钟的设备工作数据，以便下次更新网页时使用。如果μIP 接收 ACK 超时，它会自动设置重发标志，μIP 会自动检测用户关闭选项事件。

# 小　结

　　工业以太网以其传输速率高、成本功耗低、普遍易用、持续发展潜力大等特征而著称，在工业过程控制、监测计量、安全监控等诸多领域获得了广泛的应用，已经成为一种重要的现场总线技术和主要的工业控制网络。本章主要从以太网的网络特征出发，分析以太网的相关构成，并延伸到相关应用实例开发。

# 习　题

1. 简述以太网以及工业以太网的概念及其特点。
2. 简述以太网系统的主要构成以及各构成部分的主要功能。
3. 分析以太网的网络传输协议的网络架构并阐述各层的功能。
4. 请简单分析工业以太网的关键技术。
5. 根据本章列举的项目开发实例，综合说明如何实现具体的嵌入式工业以太网络通信的开发设计。

# 第 ⑮ 章 嵌入式 CAN 总线

# 网络通信

## 15.1 CAN 总线网络通信综述

CAN 总线的数据通信具有突出的可靠性、实时性和灵活性，其总线规范已经成为国际标准，被公认为几种最有前途的总线之一。本节在总结 CAN 总线特点的基础上，对其通信介质访问方式进行了详细的描述，介绍了它在应用中需要解决的技术问题以及目前的应用状况。

### 15.1.1 CAN 总线简介

CAN 网络（Controller Area Network）是现场总线技术的一种，它是一种架构开放、广播式的新一代网络通信协议，称为控制器局域网现场总线。CAN 早先是用于汽车内部测量和执行部件之间的数据通信。例如，汽车驾驶系统和制动系统等。对机动车辆总线和对现场总线的需求有许多相似之处，即能够以较低的成本、较高的实时处理能力在强电磁干扰环境下可靠地工作，可解决控制与测试之间的可靠和实时数据交换。

#### 1. 网络各结点之间有较强的实时性

CAN 控制器工作于多种方式，网络中的各结点都可根据总线访问优先权（取决于报文标识符）采用逐位仲裁的方式竞争向总线发送数据，CAN 协议直接对通信数据进行编码，使不同的结点同时接收到相同的数据，使得 CAN 总线构成的网络各结点之间的数据通信实时性强，并且容易构成冗余结构，提高系统的可靠性和系统的灵活性。而利用 RS-485 只能构成主从式结构系统，通信方式也只能以主站轮询的方式进行，系统的实时性、可靠性较差。

#### 2. 开发周期短

CAN 总线通过 CAN 收发器接口芯片 82C250 的两个输出端 CANH 和 CANL 与物理总线相连，而 CANH 端的状态只能是高电平或悬浮状态，CANL 端只能是低电平或悬浮状态。CAN 结点在错误严重的情况下具有自动关闭输出功能，以使总线上其他结点的操作不受影响。而且，CAN 具有的完善的通信协议可由 CAN 控制器芯片及其接口芯片来实现，从而大大降低系统开发难度，缩短了开发周期，这些都是 RS-485 所无法比拟的。

### 3．形成国际标准

与其他现场总线比较而言，CAN 总线是具有通信速率高、容易实现、且性价比高等诸多特点的一种已形成国际标准的现场总线。这些也使 CAN 总线应用于众多领域，具有强劲的市场竞争力。

## 15.1.2　CAN 总线发展概况

控制器局部网（Controller Area Network，CAN）是一种多主机局部网，由于其高性能、高可靠性、实时性等优点现已广泛应用于工业自动化、多种控制设备、交通工具、医疗仪器以及建筑、环境控制等众多部门。1991 年 9 月，出现了 CAN 技术规范（Version 2.0）。该技术规范包括 A 和 B 两部分。2.0A 给出了曾在 CAN 技术规范版本 1.2 中定义的 CAN 报文格式，能提供 11 位地址；而 2.0B 给出了标准的、扩展的两种报文格式，提供 29 位地址。为控制器局部网标准化、规范化推广铺平了道路。

CAN 总线开发系统廉价，OEM 用户容易操作，国际上大的半导体厂商已经推出不少 CAN 总线的专用芯片，其中有智能 CAN 芯片，也有非智能 CAN 控制器、收发器。例如，Philips 生产 82C200 CAN 控制器、82C150 即 CAN 串行链接 I/O 器件、82C250CAN 收发器、P8XCE598 带有集成 CAN 接口的电磁兼容微控制器。Intel 公司生产了 82527 独立 CAN 控制器，它可通过并行总线与各种微控制器连接，也可通过串口（SPI）与无并行总线控制器（如 M68HCO5）连接。

# 15.2　CAN 总线通信技术

## 15.2.1　CAN 总线协议

### 1．CAN 总线协议简介

控制器局域网（CAN）为串行通信协议，能有效地支持具有很高安全等级的分布实时控制。CAN 总线协议有如下基本特点：

（1）多主控制

在总线空闲时，所有的单元都可开始发送消息（多主控制）。最先访问总线的单元可获得发送权（CSMA/CA 方式*1）。多个单元同时开始发送时，发送高优先级 ID 消息的单元可获得发送权。

（2）消息的发送

在 CAN 协议中，所有的消息都以固定的格式发送。总线空闲时，所有与总线相连的单元都可以开始发送新消息。两个以上的单元同时开始发送消息时，根据标识符（Identifier 以下称为 ID）决定优先级。

（3）系统的柔软性

与总线相连的单元没有类似于"地址"的信息。因此在总线上增加单元时，连接在总线上的其他单元的软硬件及应用层都不需要改变。

（4）通信速度

根据整个网络的规模，可设置适合的通信速度。在同一网络中，所有单元必须设置成统一的通信速度。即使有一个单元的通信速度与其他的不一样，此单元也会输出错误信号，妨碍整个网络的通信。不同网络间则可以有不同的通信速度。

（5）远程数据请求

可通过发送"遥控帧"请求其他单元发送数据。

（6）错误检测通知、恢复功能

所有的单元都可以检测错误（错误检测功能）。检测出错误的单元会立即同时通知其他所有单元（错误通知功能）。正在发送消息的单元一旦检测出错误，会强制结束当前的发送。强制结束发送的单元会不断反复地重新发送此消息直到成功发送为止（错误恢复功能）。

2．CAN 总线通信介质访问控制方式

CAN 总线的系统结构如图 15-1 所示。CAN 采用了的 3 层模型：物理层、数据链路层和应用层。CAN 支持的拓扑结构为总线型。传输介质为双绞线、同轴电缆和光纤等。采用双绞线通信时，传输速率为 1 Mbit/s/40 m、50 kbit/s/10km，结点数可达 110 个。

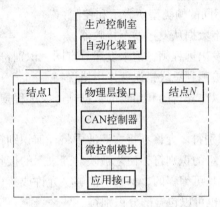

图 15-1　CAN 总线系统构成

CAN 的通信介质访问为带有优先级的 CSMA/CA。在发生冲突时，采用非破坏性总线优先仲裁技术：当几个结点同时向网络发送消息时，运用逐位仲裁原则，借助帧中开始部分的表示符，优先级低的结点主动停止发送数据，而优先级高的结点可不受影响地继续发送信息，从而有效地避免了总线冲突，使信息和时间均无损失。每个结点都是边发送信息边检测网络状态，当某一个结点发送 1 而检测到 0 时，此结点知道有更高优先级的信息在发送，它就停止发送信息，直到再一次检测到网络空闲。

3．CAN 总线协议通信过程

CAN 总线数据的通信过程中，信息通过不同的报文格式来传送，例如数据帧、远程帧等。这就类似于邮件中可以包含有不同的东西，如文件、衣物和书籍等。另外，通信介质的选取（包括光纤、双绞线等）、通信电缆的固有特性（如导线截面积、电阻等）、振荡器容差等也是影响 CAN 总线数据通信花费的时间的因素。CAN 有出错处理机制，当然如果 CAN 总线上传输的信息量过多，也会产生数据堆积和过载现象。

CAN 总线协议中标识符的结构和所包含的内容决定了该信息的去向，通过标识符命名就可以在总线上增加通信结点。总线上有多少结点，都可以通过报文滤波这种机制来确定是否对该消息予以响应。CAN 总线协议中这种多播和错误处理机制是信息能够连贯传输的保障基础，这个机制还可以确保报文同时被所有的结点接收或同时不被接收。

CAN 总线协议引入了仲裁机制。仲裁需要对 ID 的位逐个进行比较判定,当具有相同 ID 的数据帧和远程帧同时初始化时,数据帧优先级高于远程帧。总线上的电平在仲裁过程中要被发送器选取,发送器对电压值做减法运算,如果结果为 0 说明是等电平可发送;如果结果不为 0 说明发送和监控到的电平不同,那么该单元就是在仲裁中失利,必须退出发送状态。不同的 CAN 通信系统传输速率不同,但同一系统里,报文以相同且以一定的速率传送。

## 15.2.2  CAN 总线报文传输

CAN 总线协议中的报文指的是总线单元间传递的消息,消息的格式各有不同,总线上的单元想要发送新信息就要检测到总线空闲状态的位信息才可以发送,总线上的报文信息表示为几种固定的帧类型。

### 1.帧类型
报文传输由以下 4 个不同的帧类型所表示和控制:
① 数据帧:数据帧携带数据从发送器至接收器。
② 远程帧:总线单元发出远程帧,请求发送具有同一识别符的数据帧。
③ 错误帧:任何单元检测到总线错误就发出错误帧。
④ 过载帧:过载帧用以在先行的和后续的数据帧(或远程帧)之间提供一附加的延时。

### 2.报文滤波
报文滤波取决于整个识别符。允许在报文滤波中将任何识别符位设置为"不考虑"的可选屏蔽寄存器,可以选择多组的识别符,使之被映射到隶属的接收缓冲器里。如果使用屏蔽寄存器,它的每一个位必须是可编程的,即它们能够被允许或禁止报文滤波。屏蔽寄存器的长度可以包含整个识别符,也可以包含部分识别符。

### 3.报文校验
校验报文有效的时间点,发送器与接收器各不相同。在发送器(Transmitter)中,如果直到帧的末尾位均没有错误,则此报文对于发送器有效。如果报文破损,则报文会根据优先权自动重发。

在接收器(Receiver)中如果直到最后的位(除了帧末尾位)均没有错误,则报文对于接收器有效。帧末尾最后的位被置于"不重要"状态,如果是一个"显性"电平也不会引起格式错误。

### 4.编码
帧的部分,诸如帧起始、仲裁场、控制场、数据场以及 CRC 序列,均通过位填充的方法编码。无论何时,发送器只要检测到位流里有 5 个连续相同值的位,便自动在位流里插入一补充位。错误帧和过载帧的形式固定,但不通过位填充的方法进行编码。

### 5.错误检测
MAC 子层具有这样一些错误检测功能:监测、填充规则检验、帧检验、15 位循环冗余码校验和应答校验。有 5 种不同的错误类型(这 5 种错误不会相互排斥):位错误(Bit Error);填充错误(Struff Error);CRC 错误(CRC Error);形式错误(Form Error);应答错误(Acknowledgment Error)。

### 15.2.3 CAN 总线驱动分析

1．file operations s3c2410 fops 结构体

本节中所使用的系统内核版本为 Linux 2.4.18，CAN 总线驱动作为数据结构 file operations 中的重要组成部分，成员中主要包括 owner, read、write、ioctl、open 和 release，具体功能如下：

① owner：声明模块的拥有者。

② write：处理数据的发送方法。

③ read：处理数据的接收方法。

④ ioctl：负责数据的发送和接收外的工作，如工作模式和波特率的设置等。

⑤ open：为即将执行的 I/O 操作做必要的准备工作，如清空发送和接收缓冲区、CAN 的打开次数等。

⑥ releas：工作时负责关闭 CAN 设备，主要是 CAN 设备的打开次数和关闭中断等。

2．初始化

CAN 设备通过函数 static int– init s3c2410()、mcp2510 – init（void）对模块进行初始化，主要包括如下内容:

① 创建 CAN 设备结点设备文件。

② 初始化 MCP2510 工作。

③ 注册 CAN 设备的中断处理函数。

● register– chrdev 负责完成注册字符型设备驱动程序的工作。其定义为：

```
int register chrdev(unsigned int major, const char *name, struct file
operations *fops);
```

其中，major 是为设备驱动程序向系统申请的主设备号，name 是设备名，fops 是调用的入口点的说明。

● request_irq()负责完成驱动程序的注册中断的工作。其定义为：

```
int request irq(unsigned int irq,void (*handler)(int irq, void dev id,
struct pt regs*regs),
unsigned long flags,constchar*dev-ice,void *dev id);
```

其中，irq 表示请求的中断号，handler 为向系统登记的中断处理子程序。

● CONFIG DEVFS FS 判断是否使用设备文件系统。

3．CAN 驱动程序的配置和编译

① 在系统终端下，通过命令进入 Linux 内核所在目录，执行命令 make menuconfig 进入内核配置界面。

② 通过 Linux 内核配置主界面，进入 Main Menu / Character devices 菜单，选择 S3C2410 CAN BUS 为加载模块。

③ 分别执行命令 make dev、make 和 make modules 对内核模块进行编译，编译成功之后，即可在内核目录下的 driver/char 目录找到编译成功的 CAN 总线驱动程序 s3c2410-can-mcp2510.o，为了后面设计时使用方便，这里将 s3c2410-can-mcp2510.o 重命名为熟悉的 can.o。

# 15.3　基于 STM32 的 CAN 通信的软/硬件设计

## 15.3.1　CAN 总线拓扑结构

　　CAN 总线是一种分布式的控制总线，由于总线上的每一个结点都不复杂，所以可以使用 MCU 控制器处理 CAN 总线数据来完成特定的功能。只需较少的线缆就可以将各个结点通过 CAN 总线连接，同时可靠性也比较高。CAN 总线线性网络结构如图 15-2 所示。其中，网络的两端必须各有一个 120 Ω的终端电阻。

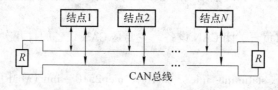

图 15-2　CAN 总线线性网络结构

## 15.3.2　CAN 总线结点的硬件构成

　　CAN 总线结点的硬件构成方案大致有以下两种：

　　第一种是 MCU 控制器连接独立的 CAN 控制器，再连接 CAN 收发器，构成挂接在 CAN 总线上的硬件结构。独立 CAN 控制器常见的有 MCP2515，SJA1000 等，其中 MCP2515 通过 SPI 总线接口和 MCU 连接，SJA1000 则通过数据总线接口和 MCU 单元相连接。本书的一个结点采用了该种构成模式。

　　第二种构成方式是将带有 CAN 控制器的 MCU 与 CAN 收发器相连接，挂接到 CAN 总线上。目前，市场上带有 CAN 控制器的 MCU 种类繁多，如 P87C591、LPC2294、C8051F340、STM32 等。本文的另一个结点采用了该种构成模式。

　　无论采用两种方案的哪一个，结点构成都需要通过 CAN 收发器同 CAN 总线相连，常用的 CAN 收发器有 PCA82C250、PCA82C251、TJA1050、TJA1040 等。

## 15.3.3　双结点 CAN 线通信

　　采用两块 CAN 总线模块，可以实现双结点 CAN 总线通信。A 结点主要负责产生发送数据，利用其定时器，每隔一段时间向 B 结点发送一帧数据；B 结点负责接收 CAN 总线数据。

### 1. STM32 控制器的介绍

　　RM 的 Cortex-M3 处理器属于最新一代的嵌入式 ARM 处理器，它为实现 MCU 的需求提供了低成本的平台，较少的引脚数目、较低的系统功耗，同时还提供卓越的计算性能以及先进的中断系统响应。STM32F103×× 增强型系列可以与所有的 ARM 工具和软件兼容。

2．STM32 的 CAN 通信模块

STM32 中的 CAN 通信模块具有 3 个工作模式，分别是 CAN 模块的初始化、CAN 模块的正常工作模式以及 CAN 模块的睡眠模式。当 CAN 通信模块处于初始化状态时，总线上的报文接收和发送都是禁止的。CANTX 引脚输出隐性位，即高电平。

3．CAN 控制器 MCP2515 介绍

MCP2515 是 Microchip 出品的一款控制器，支持 CAN 协议 V2.0B 技术规范，通信速率为 1Mbit/s，这种形式最突出的特点就是简化连接。MCP2515 的滤波报文的功能由 2 个验收屏蔽寄存器和 6 个验收滤波寄存器完成。

4．Arduino 微处理器介绍

Arduino 由一套为 Arduino 板编写程序的开发环境和简易的单片机组成，Arduino 有开放源码的平台。Arduino 可以读取大量的传感器信息，并且可以控制其他物理设备，如开关、小灯等。所以，Arduino 可以用来开发交互产品，开发的 Arduino 项目可以和计算机中运行的程序进行通信，实时性表现良好。Arduino 开源的 IDE 可以免费下载。Arduino 的编程语言就好比在对一个类似于物理的计算平台进行相应的连线，它基于处理多媒体的编程环境。

## 15.3.4　CAN 通信系统软件的设计

作为 CAN 网络中的结点，微控制器最重要的功能就是与系统中的其他结点进行通信。微控制单元 STM32 是系统进行 CAN 通信的核心元件，因此在主程序中，首先要对 STM32 进行初始化。涉及 CAN 总线的初始化，其过程主要有设置模式寄存器、设置波特率、设置中断方式等。

1．开发工具介绍

Keil 是常用嵌入式系统开发工具。由于 Keil 是目前市场上比较流行的 ARM 系统开发软件，各仿真器厂商全面支持 Keil 的使用。Keil 集成了 C 编译器、连接器、宏汇编、库管理以及一个仿真调试器于一个开发环境，软件开发者可以在一个环境下用编译器编写程序，然后调用编译器进行编译，连接完成后即直接运行。也就是说编辑、编译、连接、调试等各过程可以都集成在一个环境中完成。基于 STM32 的 CAN 总线通信选取 KeilμVision4 环境实现编译调试。KeilμVision4 是 Keil Software 公司为 ARM 及其兼容产品提供的专门开发工具，它支持在线系统调试。

2．系统程序流程

从图 15-3 所示的 CAN 总线通信主程序流程图可以看出：程序的主体框架首先对 STM32 开发板进行初始化，接下来对 CAN 模块进行初始化，并构造要发送的 CAN 消息，然后进入程序的主循环。程序进入主循环后，判断当前 CAN 模块是否能够发送消息，如果能，则发送消息；如果不能，则跳过发送消息阶段。然后判断当前 CAN 模块是否接收到的消息，如果接收到，则显示成功接收消息；如果没有接收到的消息，则结束。

3．CAN 初始化程序设计

CAN 模块初始化过程包括以下内容：使能并设置 CAN 模块时钟，将 CAN 模块的输入输出脚上拉，使能中断，关闭自动重传机制，清空数据寄存器，设置波特率，然后使能消息接收，最后设置寄存器的特定位，退出初始化模式。

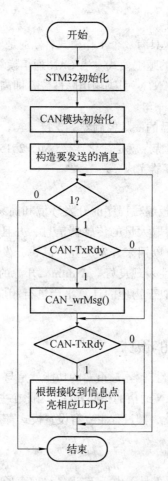

图 15-3　基于 STM32 的 CAN 总线通信主程序流程图

其中，CAN 模块初始化过程中所运用的部分代码如下：

```
初始化
RCC->APB1ENR |=RCC_APB1ENR_CANEN;              // 初始化 CAN 时钟
...
CAN->MCR=(CAN_MCR_NART | CAN_MCR_INRQ);
CAN->IER=(CAN_IER_FMPIE0 | CAN_IER_TMEIE);     // 清空数据寄存器
 brp=(brp / 18) / 500000;                      // 设置波特率 500k bit/s

...
///离开初始化模式
CAN->MCR &=~CAN_MCR_INRQ;       // 恢复正常模式，准备接收
while (CAN->MSR & CAN_MCR_INRQ);
```

4. 系统发送消息程序

发送报文的过程首先需要由程序选择一个空发送邮箱，对标识符、数据长度以及待发送的数据进行设置，接下来寄存器的发送位置 1，请求发送，TXRQ 置 1 后，表明邮箱有报文要发送，如果其他报文的优先级都低于此邮箱的报文，则不需要等待进入预发送状态，总线空闲开始时，发送该邮箱的报文。邮箱中的报文发送出去后，程序重置寄存器的发送成功确认

位以表明发送成功。如果消息发送失败，要看引起发送失败的原因，是仲裁失败还是错误引起的。发送过程可以简单归纳为：首先重置寄存器，设置消息的认证信息、类型信息和数据信息，并设置数据长度，并使能 TME 中断，然后发送消息。

其中，CAN 发送消息过程中所运用的部分代码如下：

```
CAN->sTxMailBox[0].TIR=(unsigned int)0;          // 重置 TIR 寄存器
CAN->sTxMailBox[0].TIR |=(unsigned int)(msg->id << 21)|CAN_ID_STD;
// 设置认证信息
CAN->sTxMailBox[0].TIR|=CAN_RTR_DATA;
...
CAN->IER|=CAN_IER_TMEIE;                          // 使能 TME 中断
CAN->sTxMailBox[0].TIR|=CAN_TIxR_TXRQ;            // 发送消息
```

### 5. 系统接收消息程序

接收程序过程：当结点接收到报文时，软件会访问接收 FIFO 的输出邮箱来读取它。程序读取 FIFO 输出邮箱，接收 FIFO 中最先到达的报文。根据 CAN 总线协议，如果报文被正确接收了，而且还通过了标识符过滤，那么这个报文就可以认定为有效报文。当软件处理了报文（比如把它读出来）时，软件就对 CAN_RFxR 寄存器 RFO 进行置 1 操作，来释放该报文，为后面收取其他报文空出存储空间。

系统接收程序的主要工作包括：将消息的认证信息，类型信息，数据长度读取出来，并提取消息的数据内容。

从 CAN 接口读取消息，并释放存储空间过程中所运用到的部分代码如下：

```
/// 提取认证消息
if ((CAN->sFIFOMailBox[0].RIR & CAN_ID_EXT)==0) {
msg->format=STANDARD_FORMAT;
msg->id=(u32)0x000007FF & (CAN->sFIFOMailBox[0].RIR>>21);
}
/// 提取类型信息
if ((CAN->sFIFOMailBox[0].RIR & CAN_RTR_REMOTE)==0) {
msg->type=DATA_FRAME;                      //数据帧
}
read_data();                               //提取数据
CAN->RF0R|=CAN_RF0R_RFOM0;                  //释放消息邮箱空间
```

## 15.4  基于 CAN 总线网络监控系统的软/硬件设计

CAN 总线是串行多主站控制器局域网总线，其安全性、可靠性较高，实时性很强；网络构成简单实用，硬件成本较低。CAN 总线的传输介质为双绞线，通信速率最高为 1 Mbit/s（此速率下最远传输 40 m），直接传输距离最远为 10 km（传输速率低于 5 kbit/s）。CAN 的信号传输采用短帧结构，每帧的有效字节数为 8 个，传输时间短，不易受干扰。

实际应用中该系统采用分布式设计：用 1 台工控机作为主控计算机，负责整个系统的管理和控制。采用单片机技术设计下位机，即智能控制结点，它接收上位机的控制命令，执行检测、控制等功能，并向上位机反馈被控对象的状态信息。上位机和下位机之间用 CAN 总线技术进行通信，主要的控制模块有前端模拟电路（VGA 板）、数据采集卡、符合处理单元，以及其他的监控单元。其系统结构如图 15-4 所示。

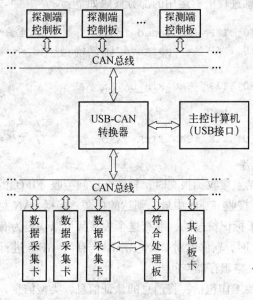

图 15-4　系统结构图

### 15.4.1　CAN 总线监控方案

如图 15-4 所示，整个控制系统包括两部分：数据采集卡、符合处理板组成的数字电路网络和探测器端控制板组成的模拟电路网络。CAN 控制系统监控整个设备的运行，上位机与各智能结点之间进行通信，控制各模块的工作状态，协调各个电子控制单元的正常工作，完成监测、报警、控制、显示、通信等基本功能。

**1．探测器端控制板 CAN 控制设计方案**

探测器端控制板单独组成一个控制网络。探测器端控制板放大器增益直接影响模拟信号质量，探测器端控制板单片机可采集数字电阻数据，发送到上位机。当放大器增益需要调节时，上位机可以通过 CAN 总线远程调节。每块控制板有 4 个数字电阻，每个数字电阻有 4 路输出。

**2．数据采集卡 CAN 控制设计方案**

数据采集卡进行数据采集并进行相关处理后供符合判选。在实际应用中，数据采集卡的控制信号和状态信息要通过 CAN 总线传输。

### 15.4.2　CAN 总线监控系统的硬件设计

**1．USB-CAN 转接器简介**

采用德国 SYSTEC-ELECTRONIC 公司研制的智能两通道 USB-CAN 转接器。该转接器基于 32 位 MCU 进行设计，拥有两个独立的 CAN-BUS 接口。CAN-BUS 传输速率最高支持 1Mbit/s。USB-CAN 模块带有数据缓存，CAN MESSAGE 首先会被暂时缓存在 USB-CAN 模块中，然后按照先入先出原则被传输，能让计算机方便地连接到 CAN 总线上实现 CAN2.0B 协议的连接通信。

2．CAN 总线智能结点硬件设计

CAN 总线智能结点主要完成对现场设备的监测和控制，监控命令由上位机经 CAN 总线传输到每个现场设备，现场设备的状态和一些重要数据可以经过 CAN 总线发送至上位机。根据各部分结点的控制功能，目前 CAN 总线接口电路的设计方法有如下两种：一种是带片内 CAN 控制器的微控制器；另一种是微控制器与独立的 CAN 控制器。

所设计 CAN 总线接口电路结构框图如图 15-5 所示。带片内 CAN 控制器的微控制器 DSP，外部电路的复杂性较低，可简化电路设计。这种微控制器在片内将 CAN 总线控制器作为内部的一个寄存器模块与微控制器集成在一起，并且在 CAN 接口协议规范上与独立地与 CAN 控制器完全相同。目前，带片内 CAN 控制器的微控制器有 Intel 公司的 80C196CA/CB，PHILIPS 公司的 P8XC592、P87C591，Motorola 公司的 68HC05X4，以及 Microchip 公司的 DSPIC30F 系列。

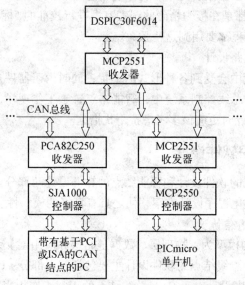

图 15-5　CAN 总线接口结构图

（1）微控制器 DSPIC30F6014 简介

DSPIC30F6014 数字信号控制器（DSC）是单片嵌入式控制器，它集成了单片机（MCU）的控制功能以及数字信号处理器（DSP）的计算能力和数据吞吐能力，运算速度可达 30 MIPS，配备自编程闪存，并能在工业级温度和扩展级温度范围内工作，可以寻址高达 4M×24 位的用户程序存储器空间。单周期指令预取机制用来帮助维持吞吐量并提供可预测的执行。配备 144 KB 增强型闪存及 8 KB 静态 RAM，8 KB EEPROM，能支持大型的复杂应用。DSPIC 系列产品与现有嵌入式系统不同，系统集成了振荡器、低电压检测、看门狗定时器，产品无须使用额外的元件，可降低主板面积和系统成本，为嵌入式系统提供了单一芯片解决方案。此外还具备一系列片上功能，包括 I/O 端口、定时器、输入捕捉、输出比较、UART、12 位 A/D 转换器、SPI 接口、I2C 接口及 CAN 通信等模块。

（2）单片机 CAN 模块

控制器局域网（Controller Area Network，CAN）模块是一个串行接口，用来与其他 CAN 模块或单片机之间进行通信。CAN 模块是一个通信控制器，实现了 CAN 2.0 A/B 协议。模块支持协议的 CAN 1.2、CAN 2.0A、CAN 2.0B Passive 以及 CAN2.0B Active 版本，实现的是完整的 CAN 系统。

（3）CAN 智能结点接口设计

CAN 接口主要完成 CAN 控制器与 CAN 总线之间的电气连接，根据 CAN 协议进行输入/输出信号的接收和发送。CAN 总线接口芯片为 Microchip 公司的 MCP2551。MCP2551 是一个可容错的高速 CAN 器件。可作为 CAN 协议控制器和物理总线接口。MCP2551 可为 CAN 协议控制器提供差分收发能力。

（4）外存储器的选择

目前选定的是 SST 公司的 8 MB Flash：SST39VF800A 作为外部存储器。

（5）温湿度测量电路

SHT15 是瑞士 Sensirion 公司推出的基于 CMOS 技术的新型温湿度传感器。该传感器将 CMOS 芯片技术与传感器技术结合起来，将温度传感器、信号调理、数字变换、串行数字通信接口集成。每个传感器都是在极为精确的湿度室中进行校准的，标准系统预先存在 OTP 内存中，在测量校准的全过程都要用到这些系数。

（6）电源及抗干扰电路设计

测控系统在工作环境中会受到各种形式的干扰，同时由于器件自身及线路的噪声影响，常会使系统失灵。在现场总线控制系统中，智能结点置于工作现场，受到影响的概率更大，在原理图设计和 PCB 设计时更应该多考虑抗干扰措施。

## 15.4.3　CAN 总线监控软件设计

软件设计包括上位机的软件设计和智能结点的软件设计两部分。在软件设计中，遵循模块化设计思想，采用结构化程序设计方案，使之具有良好的模块性、可修改性及可移植性。

1．控制系统应用层通信协议

CAN 总线的 3 层结构模型为：物理层、数据链路层和应用层。系统的开发重点主要在应用层软件的设计上，CAN 总线结点的软件设计主要包括三大部分：CAN 结点初始化、报文发送和报文接收。初始化程序设计对于 CAN 总线结点的正常工作相当重要。它主要包括工作方式的设置、接收屏蔽寄存器和接收代码寄存器的设置、总线定时器的设置和中断允许寄存器的设置。标识符的分配和定位也是较高层解决手段中一个主要的项目。当前较流行的 CAN 应用层协议有 CANOpen 协议 DeviceNet 协议。DeviceNet 协议适合于工厂自动化控制；CANOpen 协议适合于所有机械的嵌入式网络。对于小型网络 Modbus 协议是个不错的解决发案。

CAN2.0A/B 规范仅定义了 OSI 模型的数据链路层、物理层，而没有规定 OSI 模型的上层。当 CAN-bus 网络结点的数目不多，或者所有结点基本上都由用户自行设计，不需要与国际标准设备进行接口时，只需要规定一个应用层协议。本系统有许多不同结点与主控计算机通讯，同时有众多不同类型的信息传递，需要根据各种信息的类型分配相应级别的报文类型，还有包含供识别的信息。

（1）智能结点信息标识符分配原则

在 CAN 系统中，以 ID 来标识数据的含义，ID 决定了信息的优先权和等待时间；同时也影响信息滤波的适用性。信息标识符（ID）分配方案是充分发挥 CAN 总线性能的前提条件。依据 CAN 的仲裁机制，CAN 信息标识符分配应该遵循如下原则：

① 在同一系统内，每条信息必须标以唯一的信息标识符。因为 CAN 是以标识符来标识信息含义的，信息含义与标识符之间必须具有一一对应的关系。如果同一信息标识符标识多个信息帧或者是每个信息帧有多个标识符，都将导致信息不能被正确理解。

② 具有给定标识符且 DLC（数据长度码）不为 0 的数据帧仅可由一个结点启动。否则，在某时刻如果有几个结点同时发送，将造成仲裁失效。

③ 相同信息标识符不同 DLC 的远程帧不能同时发送，若相同信息标识符不同 DLC 的远程帧同时启动，由于它们的仲裁字节内容完全相同，CAN 仲裁机制无法确定总线的拥有权，将导致无法解决的冲突。

（2）智能结点标识符分配方案

在本项目所制定的协议中信息标识符采用静态分配的策略，采用 PELICAN 模式，标识符为 29 位，结构如表 15-1 所示。

表 15-1　标识符分配方案

| 信息功能码 | 数据场格式 | 结点号 | 备用位 |
| --- | --- | --- | --- |
| 3 位 | 3 位 | 8 位 | 15 位 |

① 信息功能码。信息功能码字段表征信息的含义如下：
- 001：网络传感器信息帧，该类信息的远程帧用于请求结点发送其传感器信息，数据帧用于发送结点的传感器信息。
- 010：广播复位信息帧，该类信息的数据帧用于发送结点的复位控制信息。
- 011：工作模式信息帧，该类信息的数据帧用于发送结点的工作模式信息。
- 100：点对点信息帧，该类信息主要用于结点参数的配置，发送位置表，能量表数据。
- 101：CAN 参数信息帧，该类信息的远程帧用于读 CAN 模块的工作参数，数据帧用于发送 CAN 模块参数数据。

② 数据场格式信息。

对于广播复位信息帧（信息功能码 010）：
- 001：复位。
- 其他编码备用。

对于工作模式信息帧（信息功能码 011）：
- 001：正常模式。
- 010：调试模式。
- 其他编码备用。

对于点对点信息帧（信息功能码 100）：
- 001：文件传输。
- 其他编码备用。

对于 CAN 参数信息帧（信息功能码 101）：
- 001：读、写通信波特率参数。
- 101：读、写输出控制寄存器。
- 其他编码备用。

③ 结点号。结点号字段共 8 位，表示源结点号，总线上最多可以接 256 个结点。

**注意**：由于信息标识符的高 7 位不能全位 1，所以在设置结点号时应该尽量避开；或者不用其作为具有管理功能的结点的编号。

综上所述，标识符分配采用面向结点的原则，系统总共可容纳 256 个结点，每个结点可以有 5 个不同类型的信息标识符：第一组用作传感器信息的传输；第二组用于复位信息的传输；第三组用于工作模式信息的传输；第四组用于文件信息的传输；第五组用于 CAN 参数的传输。

（3）信息优先权分配

按上述信息标识符（ID）分配方案，在 CAN 的仲裁机制作用下，信息优先权遵循以下原则：

① 发送网络传感器信息的帧具有最高的优先权，发送复位信号的优先权次之，其次是发送工作模式，点对点调节再次之，最后 CAN 参数设置的优先权最低。

② 在同类信息帧中，结点号小的帧具有较高的优先权。

③ 具有相同标识符的帧，数据帧优先权高于远程帧。

（4）应用层信息帧格式

应用层信息帧是应用层与 CAN 基本通信部分之间数据交换的纽带。应用层将信息帧解析后，输出给用户程序；应用层将对用户程序需要发送的信息通过应用层装配成帧后，供 CAN 基本通信部分发送。

**2．CAN 总线智能结点软件设计**

CAN 总线结点要有效、实时地完成通信任务，软件的设计是关键，也是难点。它主要包括结点的初始化、报文的发送程序和接收程序以及总线的出错、接收滤波等的处理。报文的接收主要采用两种方式：中断和查询接收方式。本系统根据报文接收和数据转发的需要，为增加实时性、防止接收缓冲器的溢出采用中断的接收方式。CPU 通过特殊功能寄存器访问 CAN 控制器。CAN 的通信工作模式有 BasicCAN 和 PeLiCAN 两种模式，作为扩展模式 PeLiCAN 的功能更多，程序设计也不一样，本系统中采用 PeLiCAN 模式。

系统每个结点的单片机采用 C 程序设计，软件结构如图 15-6 所示。

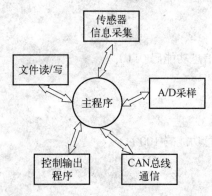

图 15-6　CAN 结点程序结构示意图

（1）CAN 结点的初始化程序

CAN 结点初始化子程序流程如图 15-7 所示。初始化程序主要是对 CAN 控制器进行初始化设置，包括工作模式的设置、报文验收滤波的设置、波特率的设置和中断允许寄存器的设置等。

（2）CAN 结点中断接收子程序设计

接收中断的子程序流程如图 15-8 所示，CAN 通信的接收子程序是在调用 CAN 中断服务程序时完成的，当在程序中打开 CAN 中断设置时，CAN 站点经过接收验证，接收数据后，便会进入 CAN 中断服务程序，通过判定 CAN 中断的类型，进而执行相应的中断程序。

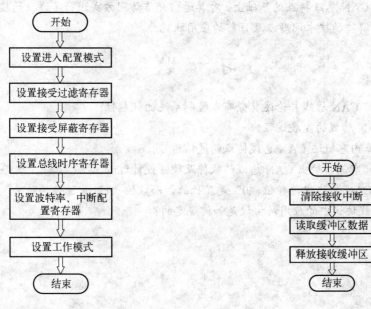

图 15-7　CAN 结点初始化子程序流程图　　　　图 15-8　接收中断子程序流程图

（3）CAN 结点发送子程序设计

CAN 结点发送程序如图 15-9 所示，首先检查控制器是否还在处理上一帧报文，如果已完成上一帧报文的发送，则向 CAN 模块发送缓冲区写入待发送的报文，并启动发送命令，将报文发送出去。

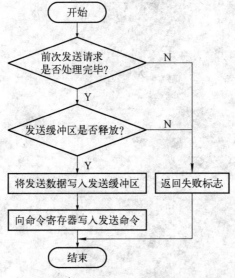

图 15-9　发送子程序流程图

# 小　结

　　CAN 总线的数据通信具有突出的可靠性、实时性和灵活性，其总线规范已经成为国际标准。本节在总结 CAN 总线特点的基础上，对其通信介质访问方式进行了详细的描述，介绍了它在应用中需要解决的技术问题以及目前的应用状况。

# 习　题

1. 简单介绍 CAN 总线并论述其分布式控制系统的优越性。
2. 描述 CAN 总线的发展过程。
3. 结合本章内容概述 CAN 总线协议的通信过程。
4. 试由本章实例归纳出 CAN 总线的软件及硬件设计过程。
5. 为什么 CAN 总线中，数位 "0" 是显性的，而数位 "1" 是隐性的？
6. CAN 总线协议中的应用层协议是如何规定的？

# 第 ⑯ 章 嵌入式 Bluetooth 无线网络通信

嵌入式计算机系统与无线通信应用正逐渐智能化与多媒体化，蓝牙（Bluetooth）这种短距离通信技术，在全球一体化通信中起着越来越重要的作用。蓝牙技术可以具备融合无线设备的潜力，可构建集信息、电子、通信技术于一体的嵌入式蓝牙应用系统，是目前与未来发展的重要通信技术之一。本章将阐述有关蓝牙技术的相关内容。

## 16.1　Bluetooth 传输协议

蓝牙技术是一种通用型无线信号传输接口及其操控软件的公开标准。它的目的就是建立一个全球统一的无线连接标准，使不同厂家生产的便携式硬件能够在无线连接的情况下，在近距离范围具有交互信息和交叉操作的可能性。从降低成本角度出发，选定了跳频扩频无线解决方案，基带传输选择了主/从结构，这是由该系统的自身性质决定的。本章描述传输协议组中的有关协议，这些协议包括从无线层到逻辑链路控制和适配协议（L2CAP）层等各层的内容。它们集中讲述了蓝牙系统的底层功能（包括空中传输协议和信息处理）和主机控制接口部分。

### 16.1.1　蓝牙无线层

开发蓝牙的主要目的是在全世界实现一个短距离无线通信的标准，所以选择一个能够为各个国家认可的频段是首要的问题。蓝牙使用了 ISM 频段，蓝牙的方便在于各个厂商生产的蓝牙要基于一个统一的标准规范，要能够实现互联和互操作。要实现互联，物理层的统一是基础。

#### 1．频段和信道安排

蓝牙目前为两种频段定义两种信道方案，大多数国家的频段定义为 2.400 ~ 2.4835 GHz，其中分配了 79 个跳频信道，每个频道为 1 MHz 带宽。对于法国等少数国家，这段频段为 2.4465 ~ 2.4835 GHz，分配 23 个 1 MHz 带宽跳频信道。

为了减少带外的辐射和干扰，系统留有保护带，对于 79 信道系统，下保护带是 2 MHz，上保护带是 3.5 MHz。

## 2．发射器特性

根据功率的电平值，可以把蓝牙设备分成 3 个级别，如表 16-1 所示。

表 16-1　功率级别

| 功率级别 | 最大输出功率 | 正常输出功率 | 最小输出功率 | 功率控制 |
|---|---|---|---|---|
| 1 | 100 mW（20 dBm） | N/A（不适用） | 1 mW（0 dBm） | $P_{min}<+4$ dBm 到 $P_{max}$ |
| 2 | 2.5 mW（4 dBm） | 1mW（0 dBm） | 1 mW（0 dBm） | $P_{min}$ 到 $P_{max}$ |
| 3 | 1 mW（0 dBm） | N/A（不适用） | N/A | $P_{min}$ 到 $P_{max}$ |

注：$10\lg（xmW）=ydBm$

功率级别 1 设备需要功率控制。功率控制用于限制发射功率，使之不超过 0 dBm，0 dBm 以下的功率控制是可选的，主要用于优化功率消耗和整体的干扰电平。功率调整步幅从 8 dBm 到 2 dBm，形成一个单调序列。一个具有 20 dBm 的功率级别为 1 的设备必须具有调整其功率到达 4dBm 以下的能力。

具有功率控制能力的设备使用链路管理协议（LMP）命令来优化链路的功率输出。功率控制通过测量接收信号强度指示（RSSI）来实现。

蓝牙使用的调制方式为 GFSK，BT=0.5（BT：高斯滤波器的 3dB 带宽 $B$ 和符号周期 $T$ 的乘积），调制指数在 0.25～0.35 之间，二进制的 1 用一个正的频率偏移表示，二进制的 0 用一个负的频率偏移表示。蓝牙带内和带外杂散辐射需要在一个频率上对跳频发射器进行测量，这意味着频率合成器必须在接收时隙和发送时隙之间变换频率，但是总是要输出同一个发射频频率。

## 3．接收器特性

为了测量比特率性能，设备必须具有回送功能，设备把解码的信息发送回来，该功能在测试模式规范中定义了真实灵敏度和干扰性能，如表 16-2 所示。

表 16-2　干扰性能

| 要　　求 | 信　噪　比 |
|---|---|
| 同信道干扰 | 11 dB |
| 1 MHz 邻信道干扰 | 0 dB |
| 2 MHz 邻信道干扰 | −30 dB |
| 3 MHz 邻信道干扰 | −40 dB |
| 镜像信道干扰 | −9 dB |
| 1 MHz 邻信道与镜像信道的干扰比 | −20 dB |

## 4．蓝牙跳频

蓝牙无线技术使用跳频方式来扩展频谱。跳频方式是发射机以一个特定的与伪随机码序列一致的跳变速率信号从一个频率跳到另一个。伪随机序列通过伪随机发生器控制发射机选择信号的跳频顺序。蓝牙技术标准中规定的速率为在 79 个频道内，每秒 1 600 跳。共享一个公共的信道的所有蓝牙单元形成一个微网。在一个微网中最多可以有 8 个蓝牙单元，其中一个是主单元，另外还可有最多 7 个从单元。

## 16.1.2 蓝牙基带层

无线层主要是处理空中数据的接收和发送。基带就是蓝牙的物理层，它负责管理物理信道和链路中除了错误纠正、数据处理、调频选择和蓝牙安全之外的所有业务。基带在蓝牙协议栈中位于蓝牙无线层之上，基本上起链路控制和链路管理作用。分组在指定的时隙、制定的频率上发送。在这一层上通过查询和寻呼过程使得不同的蓝牙设备的发送跳频频率和时钟达到同步。

### 1．物理链路

系统可以在主/从设备间建立不同形式的链路，共定义了两种方式：实时的同步面向连接（Synchronous Connection-Oriented，SCO）方式和非实时的异步非面向连接（Asynchronous Connection-Less，ACL）方式。对于 SCO 没有占用的时隙，主设备可以与任何从设备建立 ACL 链路，包括已经处于 SCO 链路的从设备。ACL 分组只适用于数据，而 SCO 分组适用于语音及语音和数据的组合，为所有的语音和数据分组都提供了不同级别的纠错，还可以加密以保证安全。对于 ACL 链路，为了保证数据的完整性和正确性，包可以被重传。

### 2．逻辑信道

在蓝牙系统中，定义了 5 种信道：LC（Link Control）控制信道、LM（Link Manager）控制信道、UA（User Asynchronous data）用户信道、UI（User Isochronous data）用户信道、US（User Synchronous data）用户信道。

控制信道 LC 和 LM 各自被用在链路控制和链路管理中。用户信道 UA、UI 和 US 分别被用来传递异步用户信息、等时用户信息和同步用户信息。LC 信道被用来传递包头，其他信道被用来传递有效载荷；US 信道只能用在 SCO 链路上，LM、UA 和 UI 信道通过有效载荷头中的 L_CH 标志来区分。UA 和 UI 信道一般用在 ACL 链路，但可以在 SCO 链路上传递 DV 包的数据部分，LM 信道可以被用在 SCO 或 ACL 链路上。

### 3．蓝牙数据包

蓝牙基带规范中分组和消息的位次序时使用 Little Endian 格式，即使用如下规则：

（1）最次要的位（LSB）对应 b0。

（2）LSB 最先发送。

（3）在用图例表示这种格式时，LSB 位于最左边。

标准包的总体格式如图 16-1 所示。每个包由三部分组成：接入码、分组头和净荷。每部分实体的比特长度也在图中给出。

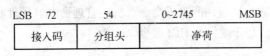

图 16-1　标准包格式

接入码（Access code）用于时序同步、偏移补偿、寻呼和查询。接入码分为：信道接入码（Channel Access Code, CAC）、设备接入码（Device Access Code, DAC）和查询接入码（Inquiry Access Code, IAC）。信道接入码表示微微网（对微微网唯一），而 DAC 则用于寻呼及其响应。IAC 用于查询。数据包包头包含了数据包确认、乱序数据包重排的数据包编号、流控、从单元地址和报头错误检查等信息。数据包的数据部分可以包含语音字段、数据字段或者两者皆有。数据包可以占据一个以上的时系（多时隙数据包），而且可以在下一个时隙中持续传输。数据部分还可以携带一个 16 位长的 CRC 码用于数据错误检测和错误纠正。SCO 数据包则不包括 CRC。

蓝牙规范定义了 5 种普通类型数据包、4 种 SCO 数据包和 7 种 ACL 数据包。链路控制将来自高层软件的第一个位作为 b0，即它最先发送到空中接口。而且，在基带级产生的数据字段，像包头字段和负载长度，也作为最低有效位首先发送。

### 4．蓝牙网络

使用蓝牙无线技术相互通信的设备必须是某个微微网的一部分。一个微微网包含一个共享的通信信道，微微网的成员通过这个信道进行通信。在蓝牙无线层工作的跳频扩频（Frequency Hopping Spread Spectrum，FHSS）空间中，这个通信信道由一个定义明确的跳频序列组成，微微网的成员以同步的方式跟踪跳频序列的连续跳变。当一些设备希望彼此之间能够进行通信时，微微网可以根据这些设备的请求而形成，它不依靠专门的支持实体提供的服务，例如不依靠类似于蜂窝网中或公司或家庭无线局域网（WLAN）中使用的基站。基带协议建立了一些规则，根据这些规则，能够创建某些特殊的连接，从而使设备之间能以一种同等且有效的方式进行通信。

正是由于微微网中跳频传输的这种特性，多个微微网可以在时间和空间上共存，并使彼此之间的干扰达到最小。多个微微网在时间和空间上的交叠（至少是部分交叠）被称作散射网（Scatternet），当同一个设备是多个微微网的成员时就使微微网之间的通信成为可能。一般情况下，规范都假定一个蓝牙设备既可以作为主控设备也可以作为从属设备，至于具体作为哪一种，取决于实际的应用。在散射网中，一个参与多个微微网通信的设备最多只可以作为其中一个微微网的主控设备，但是可以作为其他若干个微微网的从属设备。

微微网主控设备的主要作用是要解决如下问题：

① 这个微微网的成员应该跟随哪一个跳频序列。

② 跳频在什么时候发生，以便为微微网中与事件有关的时间能够确定计时基准。

③ 哪一个频率是"当前"频率。

④ 把信号发往哪一个从属设备以及下一次发送的从属设备的哪一个。

## 16.1.3　主机控制器接口

蓝牙作为一种短距离的无线网络技术，为设备之间的互连提供了方便。本节讨论关于蓝牙与主机系统之间接口规范的相关内容。主机控制器接口（HCI）提供了一种访问蓝牙硬件能力的通用接口。HCI 固件通过访问基带命令、链路管理命令、硬件状态寄存器、控制寄存器以及事件寄存器实现对蓝牙硬件的 HCI 命令。

### 1．HCI 接口类型

在主机系统的 HCI 驱动程序和蓝牙硬件 HCI 固件之间可能存在几个层次。这些中间层，又称为主机控制器传输层，提供传输数据的能力。在便携计算机中，该层是 PC 卡或通用串行总线（USB）。

主机会不定期地接收到 HCI 事件的通知，HCI 事件独立于使用的主机控制器传输层。当发生事件时，HCI 事件通知主机，当主机发现存在一个事件时它就分解接收的分组来决定发生了什么事件。

蓝牙设备可以使用多种物理总线接口连接蓝牙硬件。蓝牙主控制器最初支持 2 种物理总线结构：USB 和 PC 卡。

### 2．HCI 流控制

流控制用在主机到主机控制器的方向，在发送时，主机先把 ACL 数据发送到数据缓冲区，HCI 流控制的作用是避免发送到数据缓冲器的数据溢出，也就是说主机要对主机控制器的数据缓冲器进行管理。

在初始化时，主机将发布一个 Read_Buffer_Size 命令，该命令将返回两个参数，用这两个参数来控制从主机到主机控制器发送的 HCI ACL 和 SCO 数据分组的最大长度。还有另外两个参数，来指定主机控制器缓冲器中可以等待发送的 HCI ACL 和 SCO 数据分组总数。当其他结点至少存在一个连接或在本地回送模式时，主机控制器使用 Number of Completed Packets 事件来控制来自主机的数据流。该事件包含一个连接句柄的列表和自从前一个事件返回后已经完成的 HCI 数据分组的数目，已经发送完成的分组即已经发送、刷新或回送到主机的分组。在 HCI 每次发送数据分组之后，它就假设在主机控制器上该链路类的存储空间减少一个 HCI 数据分组的量。当主机收到一个新的 Number of Completed Packets 事件时，它就可以得到从上一次事件返回后缓冲器减少的信息，并可以计算当前缓冲器的使用量。

对于每个单独的连接句柄，数据必须使用 HCI 数据分组并按在主机中生成的顺序发送到主机控制器。主机控制器也必须按同样的顺序发送到通信信道。这意味着数据流的调度过程是基于连接句柄的。对于每个单独的连接句柄，数据发送过程必须与数据的生成过程一样，当主机收到断开连接完成事件时，主机就假设所有的发送到主机控制器的数据分组都已经发送出去，相应的数据缓冲区已经清空。主机控制器不一定要把这些通知主机。如果主机控制器到主机方向上的流量控制还处于打开状态，主机控制器可以假设主机在收到断开连接完成事件后，清除缓冲器中的数据，即主机将关闭流量控制。主机也不一定要把该信息通知主机控制器。

### 3．HCI 接口命令

完成一个 HCI 命令花费的时间是不同的，因此，必须以事件的形式向主机报告命令运行的结果。例如，对于大多数 HCI 命令，主机控制器在命令完成时将生成一个命令完成事件，该事件包含完成的 HCI 命令的返回参数。为了使主机能够检测在 HCI 传输层的错误，在主机发送命令和主机控制器的响应之间必须设置超时时限。由于最大响应超时对传输层的依赖性很强，所以推荐使用默认值，该超时计时器的默认值为 1s，另外，超时时间还依赖于命令对列未处理的命令数目。

主机控制器传输层提供 HCI 专用信息的透明交换。这些传输机制为主机提供向主机控制器发送 HCI 命令、ACL 数据和 SCO 数据的能力，同时还向主机提供从主机控制器接收 HCI 事件、ACL 数据和 SCO 数据的能力。

## 16.2　嵌入式 Bluetooth 点对点通信系统

下面通过在以两个蓝牙 ROK101 008 模块和两台 PC 为基本硬件设备而搭建的蓝牙点对点无线通信系统的基础上，结合具体的蓝牙应用剖面，以现有的蓝牙开发工具包提供的蓝牙参考栈为基础，通过在 VC++ 6.0 环境下的软件编程调用工具包中提供的蓝牙 API 函数，实现

PC 之间点对点的蓝牙无线通信系统，并具体搭建了实现的设备环境，同时给出了软件实现的方法和步骤。

### 16.2.1　Bluetooth 模块和开发工具包

#### 1．Bluetooth 模块说明

蓝牙系统由两部分组成：一是硬件部分，二是软件部分。蓝牙模块是蓝牙的硬件部分，它包括蓝牙协议栈的 3 个层次，即无线收发、基带和链路管理器（LMP）。无线层主要完成频率的合成、bit 到符号的转换和过滤，以及符号的收发操作；基带层主要完成编码/解码、加密/解密、分组处理和跳频频率的生成和选择；链路管理主要完成连接的建立和链路的管理。蓝牙模块还包括天线这一功能部件，该部件既可以集成到电路板上，也可以作为独立部件。全功能的蓝牙模块还能融入高级软件协议中，负责管理功能和其他模块的互操作。所有的蓝牙模块都有这些同样的功能块。

#### 2．蓝牙模块技术指标简介

（1）数据吞吐率/包类型：设备的使用方式决定了相应的使用模型。使用模型确定数据传输的类型，异步信道能支持非对称连接，一方向为 721 kbit/s 的最大速率，另一方向为 57.6 kbit/s 的速率，或者支持对称链路为 432.6 kbit/s 的速率。同步信道支持各方向为 64 kbit/s 的链路。同步链路用于同步语音连接，异步链路用于数据连接。

（2）工作范围：根据发送功率电平，蓝牙模块的发送距离为 10 cm ~ 100 m，功率级 1（最大功率+20 dBm，最大距离 100 m）；功率级 2（最大功率+4 dBm，最大距离 20 m）；功率级 3（最大功率 0 dBm，最大距离 10 m）。要保证被检查模块在超过要求的工作距离内能够工作。

（3）工作温度范围：模块及设备都可能会受到高温或低温的影响。根据模块不同的电特性（模拟或者数字设计），温度对其可能会有不同的影响。数字电路在高温和低温下偶尔会产生错误，在极端温度下甚至会停止工作。对于 RF 放大器和压控振荡器（VCO）这类模拟电路，温度会使其性能逐渐下降。

（4）尺寸大小：蓝牙模块显然必须适应主设备的物理尺寸，在设备设计和生产制造中对模块的调整应尽可能少。

#### 3．蓝牙开发工具包

为了满足蓝牙应用的初级研发和试验，实现蓝牙点对点无线通信系统，包含蓝牙 ROK101 008 模块的蓝牙应用和培训工具包（Bluetooth Application and Training Tool Kit）构成了本课题中蓝牙硬件的完整部分。硬件部分由两层的印制电路板构成，主要由蓝牙模块（ROK101 008）、跳线区域、UART 连接器、USB 连接器，以及复位开关组成。

### 16.2.2　点对点无线通信系统的组建

蓝牙系统的硬件部分实现的是蓝牙协议的无线、基带、链路控制部分和 HCI 接口，并通过串口与 PC 相连。采用现有的通过 SIG 认证的蓝牙模块，使硬件的开发工作和蓝牙协议 1.1 版本相符合。从而在硬件上实现了蓝牙协议 HCI 接口以下各层的协议规范，如图 16-2 所示。

对照蓝牙协议栈，在组建的点对点无线通信最简系统中所要实现的基本系统框架如下：

① 连接于两台点对点通信的 PC 之间，最大限度地利用 PC 现有的资源。

② 通信系统的设计不包括蓝牙语音的应用，系统中不包含 PCM 编码以及还原系统。

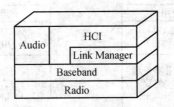

图 16-2　硬件部分实现的蓝牙协议栈

③ 使用 UART 连接器，分别将两台 PC 与两个蓝牙模块相连接，实现 100kbit/s 的数据传输速率。

④ 利用协议栈提供的 API 函数，通过软件编程，最终实现两台 PC 串口间点对点的无线通信。

根据以上的几条基本框架，整个系统的组成框图如图 16-3 所示。

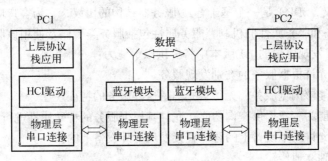

图 16-3　点对点系统框图

## 16.2.3　嵌入式 Bluetooth 通信系统软件设计

蓝牙点对点通信系统的软件设计包括根据蓝牙 PC 参考栈中提供的 API 函数以及具体的蓝牙应用剖面开发出一个可以为用户使用的可见的用户接口（UI），以便用户使用这个接口可以对蓝牙进行配置，实现通信通能。

### 1．蓝牙 PC 参考栈

对于数据应用至少需要到 RFCOMM 层以下的抽象，对于语音应用还需要其他高层的抽象。在现有的蓝牙协议栈中，对于 Linux 平台，Axis 和 IBMBluedrekar 提供了免费的协议栈；对于 Windows 平台，可以从 Cstack 得到免费的协议栈。

### 2．蓝牙点对点通信的应用剖面设计

可通过 RS-232 串口分别将两个蓝牙 ROK101 008 模块与两台 PC 相连接构成，其具体的蓝牙应用剖面协议模型如图 16-4 所示。

（1）串口仿真协议

SIG 在协议栈中定义了一层与传统串行接口十分相似的协议层，这个协议就是串口仿真协议（RFCOMM）。RFCOMM 为各种客户端提供了一个虚拟的串行接口。RFCOMM 使运行在两个不同设备上的应用的通信路径具有一个通信段，通过这样一条链路，RFCOMM 最大可以接收/发送 32 KB 大小的数据分组。RFCOMM 用于在两个蓝牙设备之间建立数据连接和传输数据。

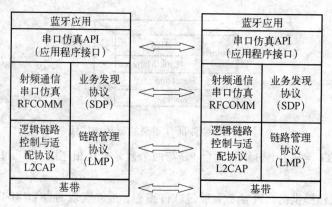

图 16-4 点对点通信应用剖面协议模型

（2）服务发现协议

服务发现协议（SDP）是一个基于客户/服务器结构的协议，它为客户应用提供一种发现服务器所提供服务和服务属性的机制，服务属性包括服务类型以及使用该服务所需的机制或协议信息。在服务发现协议的 1.1 版本中将提供以下能力：

① SDP 应该允许根据服务的类别发现服务。

② SDP 应该能够浏览服务，无须事先知道这些服务的特征。

③ SDP 应该能为客户提供查询功能，允许其根据服务的特殊属性进行所需的服务查询。

④ SDP 必须允许一个设备上的客户直接发现另外设备上的服务。

⑤ SDP 应该独立地传输。

⑥ SDP 必须对服务、服务类和服务属性提供唯一标识。

SDP 的客户（Client）/主机（Server）服务应用框图如图 16-5 所示。

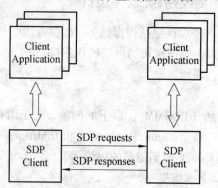

图 16-5 客户/主机服务应用框图

3. 蓝牙 API 概述

API 的全称为应用程序接口，蓝牙 API 函数是在 PC 参考栈中提供的。在蓝牙的协议栈中，层与层之间的通信与一般的协议之间的通信概念和机制相同，使用请求、确认、指示和响应 4 种原语实现。

层与层之间的通信通过调用正确的请求消息函数进行。函数的调用对每个层都是相同的。请求函数将为一个特定的请求消息分配内存，消息中可以添加函数的输入参数。在添加参数后，消息可以根据使用的要求送到另外一层。

蓝牙的每一个协议层几乎都对应着相应的蓝牙 API，比如 HCI 层，RFCOMM 层都对应着自己相应的 API 函数，蓝牙应用就是通过调用这些 API 函数从而实现了通信的功能。

蓝牙 API 能够在不同的应用环境中相对独立，并且灵活地被调用。蓝牙 API 允许蓝牙用户通过调用而实现如下功能：

① 建立或者断开数据/语音连接。

② 发送接收数据。

③ 执行具体的蓝牙功能，例如执行寻呼和查询功能、选择加密模式等。

④ 能够动态地载入一个剖面。

⑤ 用户可以根据自己的需要添加自己的 API 组件。

⑥ 可以跨越 L2CAP 层直接执行新的协议。

下面以一个 HCI 层的实现要求建立连接功能的 API 函数来举例说明函数结构：

```
HCI_ReqConnect
(unit16          uiSeqNr,
BT_Taddress      tBTAddress,
unit16           uiPacketType,
unit8            ucPscanReqMode,
unit16           uiClockoffet,
unit8            ucAcceptRoleSwitch);
```

**4．蓝牙点对点通信软件模块设计**

本软件系统将实现以下功能：主机对其他蓝牙设备的自动识别、串行端口的仿真和服务发现。软件系统的操作界面以及对蓝牙 API 函数的调用是通过在 VC++ 6.0 环境下制作编译的。

在 PC1 中调用蓝牙 API 函数的具体过程如下：

① 启动蓝牙设备，不断从蓝牙模块获得反馈信息。

② 检测有效范围内是否存在相应的蓝牙设备，若存在蓝牙设备，则获得蓝牙设备的BD_ADDR，并请求建立连接。

③ 请求被 PC2 应答后，建立点对点的蓝牙无线连接。

④ 封装所要发送的数据，请求蓝牙模块发送。

⑤ 检测蓝牙发送是否成功。

⑥ 断开连接。

总之，通过调用蓝牙 HCI 接口的 API 函数，以及一系列相应的动作就可以方便地在两台PC 之间实现蓝牙点对点无线数据的通信。

# 16.3　嵌入式 Bluetooth 信息共享系统

随着后 PC 时代的来临，嵌入式设备已逐渐融入人们的生活。同时由于信息社会的发展，嵌入式设备之间信息和资源的共享也越来越成为人们的诉求。与此同时，蓝牙技术以其低功耗、低成本、抗干扰性强、移动性高、组网灵活等优点在嵌入式设备上得到了越来越广泛的应用。因此，本节给出了一个基于嵌入式平台和蓝牙技术的信息共享系统。

### 16.3.1 系统硬件框架设计

本系统的硬件构成主要有：OK6410 开发板、USB 蓝牙适配器、USB 集线器、USB 鼠标、蓝牙 GPS 接收器、耳机。由于本系统的 GPS 信息共享功能只是在 3 台设备之间进行了试验，所以根据有无 GPS 功能，可把本系统的硬件框架划分为两种：一种是有 GPS 功能的框架；一种是无 GPS 功能的框架。

有 GPS 功能的硬件框架有：OK6410 开发板、USB 集线器、USB 蓝牙适配器 1 和 2、USB 鼠标、耳机和蓝牙 GPS 接收器共同构成了本系统中的一个设备。其中，OK6410 开发板是本系统中各个蓝牙设备的主要载体，程序的存储、运行，图形界面的显示、操作都是在其上进行的，其余构成部件都是配合其完成相应的功能；USB 蓝牙适配器 1 和蓝牙 GPS 接收器之间建立蓝牙连接，构成"蓝牙内网"，完成本地 GPS 数据的接收和更新；本地设备和远端设备的 USB 蓝牙适配器 2 之间建立蓝牙连接，构成"蓝牙外网"。

OK6410 开发板基于三星公司最新的 ARM11 处理器 S3C6410，它是一款低功耗、高性价比的 RSIC 处理器，基于 ARM11 内核（ARM1176JZF–S），可稳定运行在 667 MHz 主频上，已经被广泛地应用于网络通信和通用处理等领域；S3C6410 内置强大的硬件加速器：包括运动视频处理、音频处理、2D 加速、显示处理和缩放等。

蓝牙 GPS 接收器可选用台湾 HOLUX 公司的 M–1200E，该机型具备高度的信号追踪能力，最多可同时搜寻 66 颗卫星，于 $0.1\mu s$ 内重新取得卫星信号，并每秒更新 GPS 数据。它与蓝牙串口应用框架 SPP 相容，可通过蓝牙与其他装置连接，传递经度、纬度、高度和时间等卫星资讯，符合各种 GPS 定位应用的需求。

### 16.3.2 系统软件框架设计

#### 1. 模块设计

系统的软件操作平台建立在通用的嵌入式 Linux 操作系统，图 16–6 描述了有 GPS 功能的软件模块的划分和模块之间的相互关系。

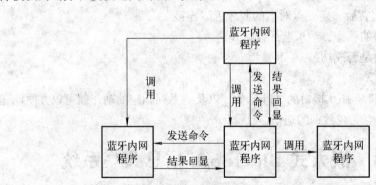

图 16–6　有 GPS 功能的软件模块划分

系统软件主要分为 4 个模块，蓝牙内网程序、蓝牙外网程序、图形界面程序和录音放音程序，每个模块各编译成一个可执行文件，运行时相互调用完成整体功能。其中蓝牙内网程序完成如下功能：

① 内网蓝牙模块和协议栈的初始化。

② 以多进程的方式调用蓝牙外网程序和图形界面程序。

③ GPS 数据的接收与处理。

④ 内网蓝牙模块与蓝牙 GPS 接收器之间链路的查询、建立与断开。

⑤ 响应图形界面程序的命令，并将 GPS 信息传递给图形界面程序。

图形界面程序给用户提供一个直观、方便的可视化操作界面，用户通过对界面上各种按钮的点击给蓝牙内网程序和外网程序发送各种不同的命令，并对它们的返回结果进行显示。在蓝牙语音短消息的建立和读取操作中调用录音、放音程序。图 16-7 描述了无 GPS 功能的软件模块的划分和模块之间的相互关系。

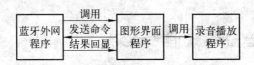

图 16-7 无 GPS 功能的软件模块划分

通过对比可以发现，该框架比有 GPS 功能的软件框架少了蓝牙内网程序。同时蓝牙外网程序中少了 GPS 信息共享的实现部分，多了对图形界面程序的多进程调用。

**2．进程间通信设计**

由于本系统的软件划分为不同的模块，每个模块分别编译成可执行程序，在运行时属于不同的进程，而各个模块之间又存在着各种不同的消息和数据需要进行相互传递，所以需要对各个不同进程之间的通信进行设计。本小节根据不同进程之间通信内容的不同分别进行设计。

**（1）消息队列**

图形界面和蓝牙内网程序、蓝牙外网程序之间命令的发送与接收通过消息队列来进行。消息队列是一个消息的链接表，放在内核中，由内核来维护，由各进程通过消息队列标识符来引用的一种数据传送方式。消息队列具有很强的数据操作性，在消息队列中可以随意根据特定的数据类型值来检索消息。图 16-8 所示为消息队列在多进程间通信示意图。

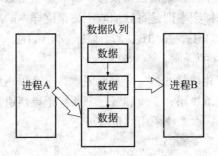

图 16-8 消息队列示意图

**（2）共享内存**

GPS 信息、网内设备之间的连接状态和 GPS 连接状态、发送文件时的实时速率、发送进度和平均速率及是否接收到新文件及文件的文件名，这些信息的传递通过共享内存来进行。

① 蓝牙内网程序中进行 GPS 信息的更新，外网程序中接收来自网内其他设备的 GPS 信息，蓝牙内网和外网程序需要将这些信息传递给图形界面程序进行实时显示更新。

② 蓝牙外网程序中监测本地设备与网内其他远端设备之间的 SPP 连接状态，蓝牙内网程序中监测本地设备与 GPS 接收器之间的连接状态，所以当 SPP 连接状态发生变化时，比如断开或进入休眠模式，蓝牙内外网程序要将这一信息传递给图形界面程序，进行图形界面上的状态显示更新。

③ 蓝牙外网程序接收到新文件后，需要将"接收到新文件"这一信息和接收到的文件的文件名传递给图形界面程序进行显示。

④ 在进行文件的发送操作时，在发送过程中，蓝牙外网程序会计算发送的实时速率、发送进度，发送完成后计算本次文件发送的平均速率，蓝牙外网程序要将这些信息传递给图形界面程序进行实时显示。

### 16.3.3　Bluetooth 语音短消息功能设计实现

蓝牙语音短消息功能包括语音短消息的建立、读取、发送和接收。其中，短消息的发送和接收通过文件的发送和接收来实现，包括群发功能。下面主要对其建立和读取进行设计实现。

嵌入式通信系统

语音短消息的建立和读取实际上是 Linux 下的音频编程问题。由于 Linux 下的声卡驱动程序是运行在 Linux 内核空间中的，应用程序要想访问声卡这一硬件设备，必须借助于 Linux 内核所提供的系统调用。首先使用 open 系统调用建立起与硬件间的联系，此时返回的文件描述符将作为随后操作的标识；接着使用 read 系统调用从设备接收数据，或者使用 write 系统调用向设备写入数据，而其他所有不符合读/写这一基本模式的操作都可以由 ioctl 系统调用来完成；最后，使用 close 系统调用告诉 Linux 内核不会再对该设备做进一步的处理。

/dev/dsp 是声卡驱动程序提供的用于数字采样和数字录音的设备文件，它对于 Linux 下的音频编程非常重要：向该设备写数据即意味着激活声卡上的 D/A 转换器进行放音，而向该设备读数据则意味着激活声卡上的 A/D 转换器进行录音。本文使用的声卡设备即是该设备。

使用声卡设备前，要对其进行设置，设置项主要有采样频率、量化位数和声道数。

采样是一种时间上的数字化，是指在将模拟声音波形进行数字化时，每隔一定时间读取一次声音信号的幅度，而采样频率则是每秒抽取声波幅度样本的次数。常用的音频采样频率有 8 kHz、11.025 kHz、22.05 kHz、16 kHz、37.8 kHz、44.1 kHz、48 kHz 等，如果采用更高的采样频率，还可以达到 DVD 的音质。

声道数是反映音频数字化质量的另一个重要因素，它有单声道和双声道之分。双声道又称为立体声，在硬件中有两条线路，音质和音色都要优于单声道，但数字化后占据的存储空间的大小要比单声道多一倍。本系统采用的是双声道。

#### 1. 语音短消息的建立

要新建一个语音短消息，可单击文件浏览页面下的"新建语音"按钮，进入新建语音消息页面，在该页面的文本框中输入要建立的语音消息的名字，如果没有输入则采用默认名字，单击该页面下的"开始"按钮，图形界面程序会通过创建一个 QProcess 类型的对象来实现创建一个进程，同时用该类中的 start() 函数来调用录音程序。当执行 start() 函数后，调用 waitForStarted() 函数来等待进程启动，当进程启动成功的时候会返回 true，否则返回 false，

首先创建或打开音频文件，用 fopen() 函数的 w 模式来完成。该模式的意思是如果文件存在，则将该文件清 0；如果不存在，则建立该文件。

如果音频文件创建或打开失败了，直接退出录音过程；如果成功了，则用系统调用open()以只读的方式打开 Linux 声卡设备，获得对声卡的访问权，同时为随后的系统调用做好准备。

如果 dsp 声卡打开失败，直接退出录音过程，否则对声卡进行设置。设置值即采用上述的 8 kHz 采样，16 位量化，双声道。

设置声卡时如果有一项设置失败即退出录音过程。设置成功后，则开始从声卡中读取一定数据，并将该数据写入到前面打开的音频文件中，循环执行该过程直到图形界面程序发出进程终止命令终止该进程。录音流程如图 16-9 所示。

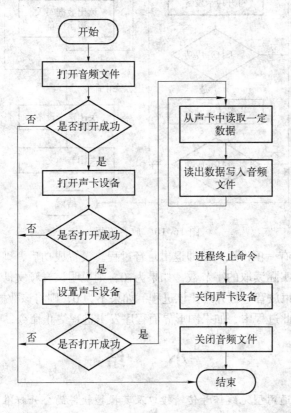

图 16-9　录音流程

### 2．语音短消息的读取

要读取自己建立的或者是其他设备发来的语音短消息，可单击文件浏览页面下的"读取语音"按钮，进入读取语音消息页面，在该页面的文件列表中选择要读取的语音消息，单击该页面下的"开始"按钮，图形界面程序会通过创建一个 QProcess 类型的对象来实现创建一个进程，同时用该类中的 start()函数来调用放音程序。当执行 start()函数后，调用 waitForStarted()函数来等待进程启动，当进程启动成功的时候会返回 true，否则返回 false，这是为了确认进程是否成功启动。放音程序启动后可以使用 pid()函数来获取该进程的进程号，该语音消息播放完后放音进程会自动结束。如果该语音消息还没有播放完而想要结束放音时，单击"结束"按钮，图形界面程序会调用 Qprocess 类中的 close()函数来结束录音进程。放音流程如图 16-10 所示。

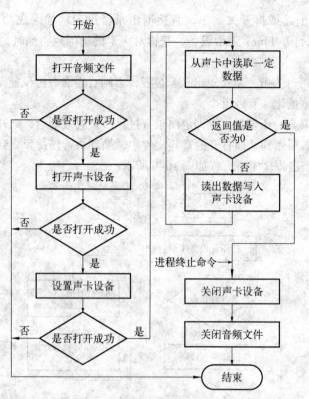

图 16-10　放音流程

　　设置声卡时如果有一项设置失败即退出录音过程。设置成功后，则开始从音频文件中读取一定数据，并判断实际读取的字节数，如果为 0，则说明该音频文件已经读完，关闭音频文件和声卡设备，结束放音过程并终止该进程。如果不为 0，则将该数据写入到声卡设备中，循环执行该过程。在此过程中，如果图形界面程序发出进程终止命令，则终止该进程。

# 小　　结

　　蓝牙技术是一种通用型无线信号传输接口及其操控软件的公开标准。它的目的就是建立一个全球统一的无线连接标准，使不同厂家生产的便携式硬件能够在无线连接的情况下，在近距离范围具有交互信息和交叉操作的可能性。实现不同电子设备之间短距离无线连接和通信的技术。本章介绍了蓝牙的相关技术，然后讲解了蓝牙的通信协议，最后着重阐述了嵌入式蓝牙无线网络的一些应用。

# 习　　题

1. 归纳蓝牙规范的整体构架和蓝牙底层协议栈。
2. 传输协议组中关于蓝牙无线层的具体要求是什么？
3. 简述在蓝牙基带层上如何使得不同的蓝牙设备的发送跳频频率和时钟达到同步。
4. 结合本章论述 Bluetooth 无线网络通信其规范的协议标准是如何通过软硬件实现的。
5. 如何选择 Bluetooth 无线通信部件，实现高性价比的嵌入式 Bluetooth 通信应用体系？

# 第 ❶❼ 章 Linux 的 ZigBee 网关设计

## 17.1 ZigBee 标准介绍

### 17.1.1 ZigBee 技术的概念和发展

ZigBee 是一种短距离、低功耗、低成本的无线通信技术，它适用于通信数据量不大、数据传输速率相对较低、分布范围较小、要求安装成本和功耗非常低，并容易安装使用的场合。ZigBee 的命名起源于蜜蜂之间的信息传递方式。蜜蜂通过肢体的移动形成一个 Zigzag 结构来互相交换信息，从而告知同伴食物来源的方向、位置和距离等重要信息。借此意义，将 ZigBee 作为新一代无线通信技术的名称。ZigBee 协议的底层规范采用的是 IEEE 802.15.4 协议的物理层（PHY）和媒体介质访问层（MAC）。在此基础上，ZigBee 联盟定义了网络层（NWK）和应用层（APL）等层次规范。这个标准定义了在 IEEE 802.15.4—2003 标准媒体访问控制层（MAC）以及物理层（PHY）的网络层以及支持应用方面的服务。

### 17.1.2 ZigBee 技术的特点

ZigBee 是一种新兴的近距离、低复杂度、低功耗、低数据传输速率、低成本的无线网络技术。它基于 IEEE 802.15.4 协议，因此，它继承了 IEEE 802.15.4 规范经济、高效、低数据传输速率的特点。作为一种介于无线标记技术和蓝牙之间的技术提案，ZigBee 技术主要具有以下几个特点：

#### 1．免执照的工作频段

ZigBee 采用免执照的工业科学医疗（ISMI）频段，可工作在 915 MHz（美国）、868 MHz（欧洲）以及 2.4 GHz（全球）3 个频段上。由于 3 个频段物理层不相同，其各自信道带宽以及调制方式不同，因此可以使各 ZigBee 网络在同一个地点互不干涉地运行，并可以选择不同的信道运行，增加了 ZigBee 设备的自由度。

### 2．低成本

由于 ZigBee 与其他的网络技术相比，具有较简单的协议，降低了对通信控制器的要求，因此能够在计算能力和存储能力有限的 MCU 上运行，大幅降低了硬件成本，非常适用于低成本的场合。现有的 ZigBee 芯片一般都是基于 8051 微处理器，成本较低，而且 ZigBee 免协议专利费，可以进一步降低芯片的价格，这对于一些需要布置大量无线传感器网络结点的应用至关重要。

### 3．低功耗

ZigBee 最显著的特性就是其低功耗的特点，这得益于采用的几种低功耗数据处理方法。ZigBee 芯片包括多种电源管理模式，这些管理模式可以有效地对结点进行休眠调度，从而极大地降低系统的功耗。在数据传输的过程中不是通过主结点轮询数据的，而是通过终端结点主动将数据发送出去。这样就可以使终端结点进入休眠状态，在结点没有数据发送的情况下，可以让他进入低功耗的模式，从而节省了大量的电能。

### 4．安全可靠的数据传输

由于无线通信信道是共享的，因此需要解决网络内设备之间数据传输的冲突，即媒体访问控制。ZigBee 协议在物理层和 MAC 层采用 IEEE 802.15.4 协议，通过使用时隙或不带时隙的载波检测多地址访问与冲突避免（CSMA-CA）的数据传输方法。

对于数据传输的安全性，ZigBee 在安全性方面提高了灵活性，支持 3 种安全模式。最低级别的是全开放的模式，没有任何加密措施。最高级别的安全模式采用属于高级加密标准（AES）的对称加密和公开密钥方式，从而大大提高了数据传输的安全性。

### 5．较短的时延

ZigBee 针对时延敏感做了优化，响应速度非常快，通信时延和从休眠状态激活的时延都非常短，一般从睡眠转入工作状态只需 15 ms，结点连接进入网络只需 30 ms，进一步节省了电能。

## 17.1.3　ZigBee 网络结构

ZigBee 技术是一种低数据传输速率的无线个域网，网络的基本成员称为网络结点。网络中的结点按照功能的不同分为三部分，即终端结点，路由器结点和协调器结点。

① 协调器结点：协调器结点是整个网络的中心，它的功能主要包括建立、维持和管理整个网络，分配网络地址，向其他结点下发指令，收集其他结点的数据等。

② 路由器结点：路由器在网络中充当了一个中介设备的功能，主要负责路由发现、数据中继、允许其他结点通过它接入到网络。

③ 终端结点：终端结点主要负责进行数据的收集，例如，温度、湿度、加速度等。终端结点可以直接接入协调器结点或通过路由器结点接入网络，但不允许其他结点通过终端结点加入网络。

## 17.1.4　ZigBee 协议栈

常见的 ZigBee 协议栈主要分为以下 3 种：开源的协议栈、半开源的协议栈、非开源的协议栈。

1．开源协议栈

Freakz 是一个完全开源的 ZigBee 协议栈，需要配合 Contiki 操作系统运行。Contiki 也是一个开源可移植的操作系统，是针对存储空间受限的网络化嵌入式系统和无线传感器网络的多任务操作系统，非常适用于 ZigBee 的应用场景。而且 Contiki 的代码完全用 C 语言编写，对于初学者容易上手。

2．半开源协议栈

2007 年 4 月，得州仪器（TI）推出了业界领先的 ZigBee 协议栈，并开放了部分源代码。Z-Stack 是一款免费的 ZigBee 协议，支持 ZigBee 和 ZigBeePRO，并向后兼容 ZigBee 2006 和 ZigBee 2004 规范，支持多种平台，包括基于 CC2420 收发器以及 TI MSP430 超低功耗单片机的平台，CC2430 SOC 平台 C51RF-3-PK 等。Z-Stack 内嵌了 OSAL（Operating System Abstraction Layer）操作系统，它可以看作是一种机制，一种任务分配资源的机制，从而形成了一个简单多任务的操作系统。由于 Z-Stack 包含了网状网络拓扑的几乎近于全功能的协议栈，在竞争激烈的 ZigBee 领域占有很重要的地位。

3．非开源协议栈

常见的非开源 ZigBee 协议栈包括 Freescale 公司的 SMAC 协议和 Microchip 公司的 ZigBee® RF4CE 和 ZigBee® PRO 协议。SMAC 协议主要面对简单的点对点应用，不涉及网络的概念。Freescale 公司完整的 ZigBee 协议栈为 BeeStack 协议栈，也是目前最复杂的协议栈，看不到具体的源代码，只是提供一些封装好的函数供直接调用。而 Microchip 公司的 ZigBee® PRO 以及 ZigBee® RF4CE 都是完整的协议栈，但是收费偏高。

# 17.2　ZigBee 网关硬件结构

网关是无线传感网络与互联网之间的一个枢纽，应该具有协议转换的功能。与感知层交互，网关使用 ZigBee 无线协议。与应用层交互，网关使用 TCP 协议。本节首先介绍整个网络的设计框图以及网关的硬件框架，然后根据总体结构设计无线传感器网络网关的硬件部分，主要包括 ZigBee 芯片选型、ARM 核心板、网络模块设计、电源设计以及 ZigBee 通信模块设计等。

## 17.2.1　网络的整体框图

在介绍嵌入式网关设计之前，先了解一下本章的无线传感器网络的体系结构。无线传感器网络的总体框图如图 17-1 所示。用户通过 PC 端的浏览器登录嵌入式 Web 服务器上的管理系统，通过局域网访问无线传感网络的嵌入式网关，嵌入式 Web 服务器会根据用户的需求通过串口向 ZigBee 无线传感器网络的协调器发送请求，从而实现网络数据的获取以及对传感器结点的控制。

从图 17-1 可以看出，网络的整体结构包括 3 个组成部分：PC 端、嵌入式网关和 ZigBee 无线传感器网络。在这个设计中，ZigBee 无线传感器网络由低功耗的 ZigBee 无线芯片模块组成，一方面能有效地降低网络结点的能耗，另一方面网络采用自组织的形式构建网络结构。

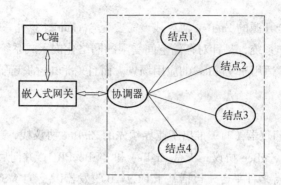

图 17-1　网络整体结构

## 17.2.2　网关的硬件框架

网关的硬件实现基于硬件框架的设计,根据 Zigbee 网关要实现的功能,硬件框架分为中央处理模块、ZigBee 通信模块以及网络模块。网关的硬件框架如图 17-2 所示。

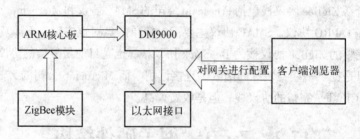

图 17-2　网关硬件架构

ARM 核心模块的处理器基于 ARM9 嵌入式平台,选择 ARM9 平台的原因是考虑到兼容性、成本和性价比等因素。存储器负责软件的存储,还有电源和指示灯等。ARM 核心模块是无线传感器网络网关的核心模块,负责运算、处理数据、控制各模块工作等。

ZigBee 模块包括 ZigBee 模块和通用串口。ZigBee 模块采用直插式,这样便于更换。ZigBee 模块由 ZigBee 协议栈和收发器组成,将接收的数据通过串口传给网关。网络模块包括以太网接口和 USB 接口,负责通过互联网与应用层通信。

## 17.2.3　ZigBee 通信模块

随着 IEEE 802.15.4 标准的发布,世界各大无线芯片生产厂商陆续推出了支持 IEEE 802.15.4 的无线收发芯片。目前常见的 ZigBee 芯片主要有 CC243X 系列、CC253X 系列和 MC1322X 系列。CC253X 系列芯片的模块大致可以分为 3 种类型:CPU 和内存相关的模块,外设、时钟和电源管理相关的模块,无线电相关模块。

### 1．CPU 和内存模块

CC253X 系列设备使用的 8051 CPU 内核是一个单周期的 8051 兼容内核。它有 3 个不同的存储器访问总线(SFR、DATA 和 CODE/XDATA),以单周期访问 SFR、DATA 和主 SRAM。它还包括一个调试接口和一个 18 输入的扩展中断单元。

嵌入式通信系统

内存仲裁器位于系统中心，因为它通过 SFR 总线把 CPU 和 DMA 控制器和物理存储器和所有外设连接在一起。内存仲裁器有 4 个存取访问点，访问每一个可以映射到 3 个物理存储器之一：一个 8 KB SRAM、一个闪速存储器和一个 XREG/SFR 寄存器。它负责执行仲裁，并确定同时到同一个物理存储器的内存访问的顺序。

**2．时钟和电源管理模块**

CC253X 系列芯片内置了一个 16 MHz 的 RC 振荡器，外部可连接 32 MHz 的外部晶振。数字内核和外设由一个 1.8 V 的低差稳压器供电。另外，CC253x 包括 5 种不同的复位源来复位设备，可以实现不同供电模式的电池低功耗运行。

**3．外设**

CC2530 包括许多不同的外设，允许应用程序设计者开发先进的应用程序。这些外设包括调试接口、I/O 控制器、DMA 控制器、两个 8 位定时器、一个 16 位定时器、一个 MAC 定时器、一个睡眠定时器、ADC 和 AES 协处理器、看门狗定时器、两个串口 USART0 和 USART1 和 USB 2.0 全速控制器（仅 CC2531 可用）。

**4．无线收发器**

CC253X 系列设备提供了一个兼容 IEEE 802.15.4 的无线收发器。在 CC253X 内部主要由 RF 内核组成，RF 内核控制模拟无线模块。另外，它提供了 MCU 和无线设备之间的一个接口，可以发出命令、读取状态、自动操作和确定无线设备事件的顺序。无线设备还包括一个数据包过滤和地址识别模块。

对于协调器来说，协调器在每个 ZigBee 域网内都有唯一一个，主要作用是使能和组织一个域网，协调器在工作时必须保持充足的电量。路由器主要是转发数据、增加传输距离和终端结点的数量，在工作时将要保持充足的电量；而终端则主要是用来采集数据的，在一个域网内可以有若干个，但要小于 65 535。

ZigBee 模块支持 16 个信道，并可以选择在哪个信道上运行。在 ZigBee 网络中运行的设备，每个设备都有一个 16 位和 64 位的网络地址。64 位网络地址也称为扩展地址，都有唯一一个地址被分配。每当一个终端加入一个 ZigBee 网络时就会为它分配一个 16 位网络地址，因此 16 位地址也叫网络地址，16 位网络地址为 0 时，此设备为协调器，其他的 16 位网络地址将会被随机分配。

## 17.2.4 ARM 核心板

结合 ARM9 的优点，本节采用三星公司出品的以 ARM920T 为核心的 S3C2440A 处理器。S3C2440A 的突出特点是其处理器核心是一个由 Advanced RISC Machines（ARM）公司设计的 16/32 位 ARM920T 的 RISC 处理器。ARM920T 实现了 MMU、AMBA 总线和哈佛结构高速缓冲体系结构。这一结构具有独立的 16 KB 指令高速缓存和 16 KB 数据高速缓存。每个都是由具有 8 字长的行组成。通过提供一套完整的通用系统外设，S3C2440A 减少了整体系统成本且无须配置额外的组件。

ARM 核心板是网关的核心模块，ARM 核心板包括 ARM9 中央处理器、存储设备 NAND FLASH 等。在嵌入式处理器体系中，ARM9 系列的处理器具有低功耗、高效率，以及丰富的外围接口资源等优势，其稳定性、通用性、功能完备性、可扩展性等也都具有非常大的优势。

ARM 微处理器的运行模式可以通过软件改变，也可以通过外部中断或异常处理改变。大多数的应用程序运行在用户模式下。当处理器运行在用户模式下时，某些被保护的系统资源是不能被访问的。除用户模式以外，其余的 6 种模式称为特权模式；其中除去用户模式和系统模式以外的 5 种模式又称为异常模式，常用于处理中断或异常，以及访问受保护的系统资源等情况。

## 17.2.5　网络模块

用户通过 PC 端与网关通信获取无线传感器网络收集的数据，但是 S3C2440 没有集成以太网接口，所以要想使 S3C2440 具备以太网的功能，就必须扩展网卡接口。这里外接 DM9000，使其可以与以太网相连接。

DM9000 是一款完全集成的、符合成本效益单芯片快速以太网 MAC 控制器与一般处理接口，一个 10/100 Mbit/s 自适应的 PHY 和 4K DWORD 值的 SRAM。它的目的是支持 3.3V 与 5V 低功耗和高性能进程。DM9000 还提供了介质无关的接口，来连接所有提供支持介质无关接口功能的家用电话线网络设备或其他收发器。该 DM9000 支持 8 位、16 位和 32 位接口访问内部存储器，以支持不同的处理器。DM9000 物理协议层接口完全支持 10 Mbit/s 下 3 类、4 类、5 类非屏蔽双绞线和 100 Mbit/s 下 5 类非屏蔽双绞线。

DM9000 提供 DMA（直接存取技术）来简化对内部存储器的访问。在对内部存储器起始地址完成编程后，发出伪读/写命令就可以加载当期数据到内部数据缓冲区，可以通过读/写命令寄存器来定位内部存储区地址。根据当前总线模式的字长使存储地址自动加 1，下一个地址数据将会自动加载到内部数据缓冲区。

内部存储器空间大小为 16 KB。低 3 KB 单元用作发送包的缓冲区，其他 13 KB 用作接收包的缓冲区。所以在写发送包存储区的时候，当存储器地址越界后，自动跳回 0 地址并置位 IMR 第 7 位。同样在读接收包存储器时，当存储器地址越界后，自动跳回起始地址 0x0c00。

## 17.2.6　电源模块

LM2734 是一款低功耗降压开关稳压器，采用 SOT 封装的稳压器拥有业内最高的功率密度。高电流的输出，芯片能够将 3 ~ 20 V 电压将至 0.8 V，输出的电流仍然可以达到 1 A，并且开关工作频率可以达到 3 MHz。由于稳压器的功率密度极高，所以最适于需要高电流进行的开关系统。

芯片的制造方式采用的是 PVIP050 工艺制造技术，由于是一种亚米级的制造工艺，所以将其芯片的功率密度提高到业界先进的水平，并且为了进一步提高功率密度，采用的是具有更高散热能力的 OT 封装。对于产品的电源与设计，要求体积尽量缩小，还需要先进的电源管理技术。设计如图 17–3 所示，网关的电源输入是 5 V 的适配器，所以输入 $V_{IN}$ 为 5 V 电压，经过 LM2734 芯片后在 FB 输出端的输出电压就是为 0.8 V，在输入电压为 1.8 ~ 5V 电压时，按照下图所示电路时，输出的 FB 参考电压就为 0.8V。根据公式 $V_{out}$ =（3000+120）*（0.8/1000）V=3.296V≈3.3V，满足设计的要求。

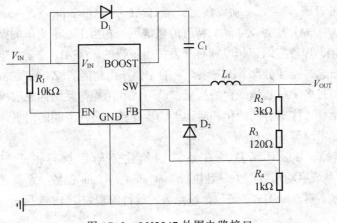

图 17-3　LM2347 外围电路接口

# 17.3　ZigBee 网关软件结构

嵌入式网关在本设计中主要完成两个功能：一方面实现用户端与网关之间的通信，允许用户访问它；另一方面实现网关和 ZigBee 之间的网络通信，例如，网络协议转换、路由等功能。嵌入式网关设计中，无线传感器网络以及系统开发平台的搭建是网关开发的基础，首先根据 ZigBee 芯片的选型以及采用的协议栈搭建无线传感器网络，然后根据所选网关处理器的类型和操作系统来搭建网关系统平台。

## 17.3.1　Z-Stack 协议栈

Z-Stack 协议栈是一款免费的 ZigBee 协议，支持 ZigBee 和 ZigBee PRO，并向后兼容 ZigBee 2006 和 ZigBee 2004 规范，支持多种平台。

Z-Stack 的层次结构如图 17-4 所示，完整的 Z-Stack 协议栈由 14 个目录文件组成，从上到下依次为应用层目录、硬件抽象层目录、MAC 层目录、监制调试层目录、网络层目录、操作系统抽象层目录、AF 层目录、安全层目录、地址处理函数目录、工程配置目录、设备对象层目录、ZMac 层目录、主函数目录、输出文件目录，其中 Output 输出文件目录是 IAR 编译环境自动生成的输出文件目录。

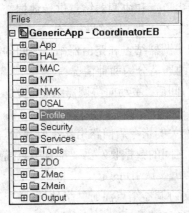

图 17-4　协议栈目录结构

为了方便任务管理，Z-Stack 协议栈定义了 OSAL 层（Operation System Abstraction Layer，操作系统抽象层）。OSAL 层是 Z-Stack 特有的系统层，相当于一个简单的操作系统，便于对各层次任务的管理，理解它的工作原理对开发是很重要的。OSAL 完全构建在应用层上，主要采用了轮询的概念，并且引入了优先级。它的主要作用是隔离 Z-Stack 协议栈和特定的硬件系统，用户无须过多了解具体平台的底层，就可以利用操作系统抽象层提供的丰富工具实现各种功能，包括任务注册、初始化和启动、同步任务、多任务间的消息传递、中断处理、定时器控制、内存定位等。

OSAL 任务轮询主循环函数是在系统初始化完毕后执行的，该程序的入口在 osal_start_system()系统启动函数中。一旦执行 osal_start_system()函数，系统就进入轮询机制对任务进行管理，且不再返回 Main()函数，该函数的运行流程如图 17-5 所示。

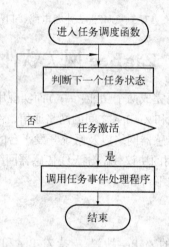

图 17-5　OSAL 任务调度流程图

## 17.3.2　无线传感器网络

无线传感网络负责采集环境数据，数据采集的整体设计方案分为三部分，即数据采集、数据传输和网络控制，其中涉及的 ZigBee 设备类型有协调器结点、路由器结点和终端设备结点。为了方便管理网络中的数据，ZigBee 采用组播的方式进行组网。将无线传感器网络分为几个组，每一个组分配一个组头负责和协调器结点进行数据交互。程序的编写包括两部分：协调器程序的编写和路由器/终端结点的程序编写。

在编写程序之前需要制定协调器结点和路由器结点之间的通信协议，根据应用的需求，协调器结点和路由器结点之间的通信分为两种情况：

① 路由器结点每过一段时间后，主动向协调器结点发送数据，然后协调器将数据发送至网关。

② 协调器通过串口接收网关的指令后向路由器索要数据。

协调器结点与路由器结点之间的数据收发需要配置端点描述符的输入/输出簇，通过描述符的簇 ID 来判断接收数据的类型。簇 ID 的定义如下：

- ADDRID：路由器结点向协调器结点注册网络地址。
- DATAID：发送和接收采集数据信息。

- OPENID：控制指令——开。
- COSEID：控制指令——关。

### 1．协调器结点

在无线传感器网络中，协调器的主要功能包括网络的建立、数据的接收和发送、串口控制。协调器负责通过网关的串口接收用户端下达的指令，接收到指令后，启动数据采集过程，即向网络中广播指令，命令网络中的设备向协调器发送数据。具体流程如下：

① PC 向网关发送 DATA 指令。

② 网关收到指令后通过串口将指令传送给协调器。

③ 协调器接收到指令后向网络中广播一条指令。

根据上述需求可知，协调器结点通过串口与网关相连，负责与网关之间的交互。协调器结点作为网络的控制中心，需要一直处于活跃状态，时刻监听串口数据。协调器结点需要接收处理网络中的数据。当网络中的组头将采集到的本组数据发送至协调器结点时，协调器结点将把数据传送给网关，网关通过以太网协议传输给用户。

### 2．路由器结点/终端结点

路由器结点和终端设备在应用层采用同一个程序，根据编译条件的不同来决定该程序是路由器程序还是终端设备程序。根据路由器功能的设计，路由器程序包含以下功能：

① 在路由器结点加入网络后，路由器结点将获取本身的网络地址信息，发送给协调器结点。

② 将子结点的数据发送给下一跳路由或协调器结点，同时本身也需要承担数据采集的任务。

## 17.3.3 Linux 开发平台的搭建

嵌入式网关设计中，系统开发平台的搭建是网关开发的基础。嵌入式操作系统是嵌入式系统的一个重要组成部分，是嵌入式软件运行的平台。嵌入式操作系统一般有以下几方面的特点：实时性、可裁减性、支持网络和图形功能、功能可扩展等。

### 1．宿主机和目标机

由于嵌入式 Linux 的开发板资源有限，不可能在开发板上运行开发和调试工具，通常需要交叉编译调试的方法，即"宿主机+目标板（开发板）"的形式。目标机和宿主机一般采用串口连接，亦可同时通过网口连接宿主机时运行 Linux 的 PC，可以使用安装了 Linux 操作系统的本地机，也可以是 Linux 服务器。

宿主机和目标机的处理器通常情况下都不会相同。宿主机需要建立适合于目标机的交叉编译环境。程序在宿主机上编译—连接—定位，得到的可执行文件在目标机上运行。在宿主机上一般需要运行两个窗口：宿主机本级操作窗口和串口终端窗口。

① 宿主机操作窗口可以是本机的操作终端（安装 Linux 的本地机），也可以是 Windows 下通过远程登录软件如 Telnet 登录到 Linux 服务器的操作界面。宿主机只能编译、连接程序，不能运行可执行文件。

② 串口终端可以使用 Linux 的 minicom，也可以使用 Windows 的超级终端。目标机可以看成是一台计算机，串口终端就相当于这台计算机的显示器，作为人机交互界面。将在宿主机上进行编译、连接后得到的可执行文件，下载到目标机上运行。

## 2．建立 Linux 交叉编译环境

交叉编译就是在一个平台上生成另一个平台上的可执行代码。需要注意的是，这里的平台包括两个：一个是宿主机，通常就是安装了 Linux 系统的 PC；另一个就是目标板。通过 PC 完成编译来完成，例如内核的编译、根文件系统的制作、应用软件的开发等。宿主机和目标板之间的数据传输可以通过 NFS、TFTP、USB 等来完成。

建立 Linux 交叉编译环境的步骤如下：

① 将下载好的 arm-linux-gcc-4.3.2.tgz 文件复制到宿主机系统的/root/arm-linux-gcc/目录下，进入该目录，执行解压命令：

```
#cd /root/arm-linux-gcc
#tar zxvf ami-linux-gcc-4.3.2.tgz /usr/local/arm/4.3.2/
执行该命令以后把arm-linux-gcc安装到/usr/local/arm/4.3.2/
```

② 把编译器路径加入环境变量，执行命令：

```
#gedit /etc/profile
```

打开/etc/profile 文件，在最下边添加系统环境变量：

```
export PATH=$PATH:/usr/local/arm/4.3.2/bin
```

然后保存退出。

③ 重启系统或者 Logout 系统，在终端输入 arm-linux-gcc -v 查看交叉编译版本。

## 3．目标板文件系统映像的制作

Linux 文件系统中的文件是数据的集合，文件系统不仅包含着文件中的数据而且还有文件系统的结构，所有 Linux 用户和程序看到的文件、目录、软连接及文件保护信息等都存储在其中。

文件系统（File System）是 Linux 系统中必不可少的一个组成部分，它主要用来保存应用文件和系统文件，但相对于 PC 中的文件系统而言，通常体积很大（一般有 100 MB 以上），而且功能相对较多，PC 上的文件系统无法直接应用于嵌入式环境中，因此，应用于嵌入式系统的文件系统是一个精简版（体积小）。为了完成嵌入式系统所需的一些功能，只需包括相关的一些文件和目录即可。文件系统的目录主要包括：

① /root：存放 root 用户的相关文件。

② /home：存放普通用户的相关文件。

③ /bin：存放一些常用命令的目录，如 vi、su。

④ /sbin：要具有一定权限才可以使用的命令。

⑤ /mnt：默认挂载光驱和软驱的目录，通常是一个空的目录。

⑥ /etc：存放配置的相关文件。

⑦ /var：存放经常变化的文件，如网络连接的 sock 文件。

⑧ /boot：存放引导系统启动的相关文件。

⑨ /usr：安装一个软件的默认目录。

⑩ /lib：存放系统所需要的库文件。

⑪ /proc：包括系统启动的一些信息。

嵌入式通信系统

⑫ /dev：存放系统中的所有设备文件。

制作系统映像文件系统通常采用 mkyaffs2image 工具，在 PC 中的 Linux 系统中使用这个工具将主机上面的文件系统制作成一个可以烧写到目标机（开发板）的映像文件。下面介绍制作目标板映像文件的过程：

① 把 mkyaffs2image.tgz 复制到宿主机的工作目录并解压，在终端中执行以下命令：

```
#cd /root/yafifs2
#tar zxvf inkyaffs2image.tgz -C /
```

按照上面的命令解压后它会被安装到/usr/sbin 目录下，并产生 2 个文件：mkyaffs2iinage 和 mkyaffs2image−128M。

② 把 root_qtopia.tar.gz 文件复制至工作目录/root/mkyaffs2image 中，然后解压，执行命令：

```
#cd /root/yaffs2
#tar zxvf root_qtopia.tar.gz
#mkyaffs2image root_qtopia root_qtopia.img
```

最后在 mkyaffs2image 目录下生成了 root_qtopia.img 映像文件。用 USB 数据线连接 PC 和开发板，把内核编译生成的文件 zImage 和 root_qtopia.img 通过 DNW 工具烧写到开发板中。

## 17.3.4　嵌入式 Web 服务器搭建

嵌入式 Web 服务器的各个组成模块，包括嵌入式服务器的选型、BOA 服务器的分析以及移植、CGI 的工作原理、CGI 的传输方式等，本节简单介绍各组成模块的设计。

### 1．嵌入式 Web 服务器概述

Web 服务器类似于计算机的一些程序，通常用于因特网。当客户端（Web 浏览器）向服务器请求文件的时候，服务器接受其请求并且将所需的文件返回给客户端。服务器在信息交流时采用的是超文本传输协议（HTTP）。Web 服务器不但能够存储大量的信息，而且还能够运行一些脚本程序，这一功能是建立在用户借助于 Web 浏览器呈现的信息的前提上实现的。

嵌入式 Web 服务器通常由以下五部分组成：应用程序接口模块、虚拟文件系统、安全模块、配置模块，HTTP 引擎，如图 17-6 所示。

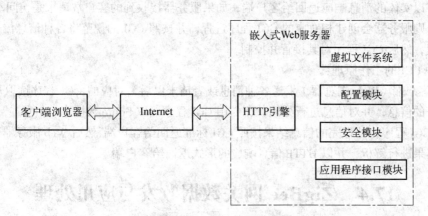

图 17-6　嵌入式 Web 服务器的组成

客户端访问 Web 浏览器，当 HTTP 引擎收到 Web 浏览器的请求信息后，HTTP 引擎会调用系统安全模块来验证用户。若用户验证不通过，HTTP 引擎则不会响应客户端的信息。若验证通过，HTTP 引擎则接受客户端的请求，然后调用虚拟文件系统，处理完客户端的请求将结果以网页的形式返回给客户端的浏览器。

**2. 嵌入式 Web 服务器的工作原理**

用户通过客户端浏览器访问嵌入式 Web 服务器，Web 服务器响应客户端请求将结果返回，其原理如图 17-7 所示。

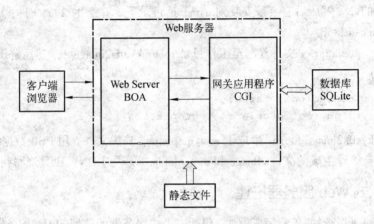

图 17-7    Web 服务器的工作原理

① 服务器（BOA）一直在 HTTP 端口等待着客户端的请求，当客户端（Web 浏览器）向服务器发送连续的请求时，从而服务器与客户端之间建立连接，这种连接方式采用三步握手的方式。

② 首先服务器接收到客户端的消息请求，然后服务器对接收的消息进行解析，其中包括：区分请求是动态 CGI 程序还是静态页面；读取客户端请求的 URL、物理文件相对应的映射等。

③ 如果服务器接收到客户端的请求是访问静态文件请求，则服务器读取相对应的磁盘文件，并将以实体的消息响应返回给客户端；如果服务器接收到的客户端请求是访问动态 CGI 程序时，则服务器会创建相对应的 CGI 程序进程，并按照 CGI 的规范将各种信息传递给 CGI 程序进程，然后 CGI 程序对其接管并控制。

其中 CGI 的工作原理：

① 客户端（Web 浏览器）发送各种消息或者请求以后，对应的 CGI 程序读取从客户端发送过来的信息，并对信息进行处理，比如用 CGI 程序读取 Sqlite 数据库的信息。

② CGI 程序将处理完的信息结果按照 CGI 标准返回给客户端，然后 Web 服务器会将 CGI 处理的结果进行解析，并以 HTTP 信息响应的形式返回给客户端。

## 17.4    ZigBee 网关数据收发与应用处理

通过前面几个小节的步骤搭建了嵌入式网关平台，实现了无线传感器网络环境数据的实时采集。这一小节主要实现将 ZigBee 采集的数据通过串口发送到嵌入式网关（ARM9），实现环境信息在用户 PC 端的显示，然后将实时采集的数据通过 Web 服务器以 HTML 的形式动态显示，通过网页的形式反向控制传感器结点。

## 17.4.1　嵌入式数据库在网关中的应用

在本设计中，PC 端用户可以通过浏览器输入嵌入式网关的 IP 地址进入到系统的登录界面，用户输入用户名和密码得到认证以后登录到管理系统。通过管理系统，用户可以通过获取结点信息实现温度的实时显示，并通过输入指令实现对每个结点的控制。系统的基本结构图如图 17-8 所示。

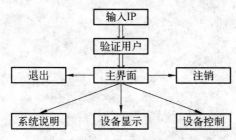

图 17-8　系统基本结构

用户在浏览器输入 IP 地址以后，首先进入的是嵌入式网关中 Web 服务器配置的默认网页，也就是嵌入式服务器 boa.conf 配置中默认的主页 index.html。而在这里，默认主页就是登录界面。登录界面网页中，主要是通过 Form 提交表单的形式将用户名和密码传给 main.cgi 程序，其代码如下：

```
<form name="loginform" method="post" action="main.cgi">
    <table width="400" border="0" align="center" cellpadding="0"
        cellspacing="0">
        <tr>
            <td height="60" colspan="2" align="center" bgcolor="#00CCFF">
            <img src="images/button_logo.png" width="340" height="32" /></td>
            …
            <td height="60" colspan="2" align="center" bgcolor="#00CCFF">
            <input type="submit" value="登 录">
            <input type="reset" value="取 消">
            </td>
        </tr>
    </table>
</form>
```

main.cgi 程序将接收到的用户名和密码与 Sqlite 数据库中的数据进行验证，如果验证不通过则返回错误信息，如果验证通过，则以 CGI 的形式将管理主界面以网页打印出来。其部分代码如下：

```
char* getcgidata(FILE* fp, char* requestmethod);
int main()
{
    char *input;
```

```
            char *reqLniethod;
            char namein[16];
            char pass[16];
            char passtemp[16];
            int i=0;
            int j=0;
            printf("Content-type: text/html\n\n");
            req_method=getenv("REQUEST_METHOD");
            input=getcgidata(stdin, req_method);
            for (i=9; i<(int)strlen(input); i++)
            {
            if (input[i]=='&')
                {
                    namein[j]='\0';
                    break;
                }
                namein[j++]=input[i];
            }
            for(i=19+strlen(namein), j=0; i<(int)strlen(input); i++)
            {
                pass[j++]=input[i];
            }
            …
            char *zErrMsg=0 ;
            int op;
            op=Sqlite3_open("login.db", &db);
            int t=0;
            sql="SELECT passwd FROM user WHERE name=?";
            ret=Sqlite3_prepare(db, sql, strlen(sql), &stmt, NULL);
            Sqlite3_bind_text(stmt, 1, namein, strlen(namein), SQLITE_STATIC);
            while(Sqlite3_step(stmt)==SQLITE_ROW)
            {
                strcpy(passtemp, Sqlite3_column_text(stmt, 0));
                if(strcmp(passtemp, pass)==0)
                {
                }
            }
        }
```

## 17.4.2　网页动态显示传感器数据

在嵌入式网关中，通过串口采集传感器数据，每个温度信息前面都带有设备号字符，根据不同的设备号对环境信息分别存储在 txt 文档中，然后将 txt 文档中的信息动态显示在网页上面。这里采用 txt 文档存储的目的一方面可以使用户直接从 SD 卡中取出信息，直接能在计算机上读取数据；另一方面，在编程过程中易于对 txt 文档的读/写，简化了编程的复杂性。

1. Ajax 简介

Ajax 的全称是 Asynchronous JavaScript And XML（异步 JavaScript 与 XML）。它并不是一项

新发明的技术，而是很多已成熟技术的一个集合体，包括：XMLHttpRequest 对象、DOM、JavaScript、XML 等。每一项内容分工合作，完成 Web 页面动态显示并且交互任务由 DOM 来实现，XML 负责服务器端与客户端的数据传输处理，只有当读取异步数据的时候才需要调用 XMLHttpRequest 对象。最后，Web 页面中的 JavaScript 程序来完成处理和绑定所有的数据。

2．JavaScript 介绍

JavaScript 是一种基于对象和事件驱动并具有安全性能的脚本语言，语言核心已经嵌入了浏览器中。JavaScript 在语法结构上和 C 语言、Java、C++类似，同样也具有如 for 语句、while 语句、if 语句的程序结构。它是弱类型语言，仅仅在语法上有些类同，而其定义的一些变量不需要明确的类型。

在网页（HTML）文件中加入 JavaScript 脚本来实现用户所需要的一些功能，脚本程序与 HTML 能够形成互补的优势。JavaScript 脚本程序语言具有以下特点：

① 简单性，设计非常简单而且紧凑。

② 它是脚本语言，用户在开发与使用的过程中易于使用。省略了繁重的编译过程，只有在程序运行时，才被逐一的解释。JavaScript 与 HTML 标签结合在一起，在使用过程中方便了用户。

③ 跨平台性。JavaScript 无论是在哪种类型的操作环境上都可以使用，仅局限于浏览器。

④ 它是一种基于对象的语言。在脚本环境中，它可以通过对象的方法和脚本之间产生作用，实现许多功能。

⑤ 安全性非常高。JavaScript 脚本语言编写出的程序不能删除或者更新网络上的文档，也不能够浏览本地的数据信息及把数据存到服务器的功能，只能够完成查看信息、动态交互功能。

结合以上特点，JavaScript 可以在 HTML 文档中使用，而且省去了在网上重复响应传送数据的过程，很好地利用了客户端丰富的资源以及空闲时间，达到了对表单数据正确处理的功能。

3．读取串口数据

设置 ZigBee 数据采集的时间为每两秒钟采集一次，然后将采集的数据发往 ARM 开发板。而在实际的应用过程中，可以根据不同的需要来调整采集的时间，传感器数据信息通过串口传送到 ARM 开发板。首先，在串口程序中设置好波特率、数据位等。其主体程序如下：

```
int uart_init(int arg, int baud)          //初始化串口
{
    int fd;
    char port[30];
    struct termios Opt;
    int uartbit[50]={ B115200, B38400, B9600, B19200, B4800, B2400,
      B1200};
    sprintf(port, "/dev/ttySAC%d", arg);
    fd=open(port, O_RDWR);                 //打开串口
    if(fd<0)
    {
        return -1;                         //没有打开返回
    }
```

```
        tcgetattr(fd, &Opt) ;                          //初始化
        tcflush(fd, TCIFLUSH);
        cfsetispeed(&Opt, uartbiit[baud]);              //设置波特率
        cfsetospeed(&Opt, uartbiit[baud]);
        Opt.c_cflag|=CS8;    //设置数据位 Opt.c_cflag &=~PARENB;
        Opt.c_oflag &=~(OPOST);
        …
        Opt.c_cc[VTIME]=1;
        if(tcsetattr(fd, TCSANOW, &Opt)!=0)             //装载初始化参数
    {
        perror("ERROR!\n");
        close(fd);
        return -1 ;
    }
        return(fd);
}
```

上段程序设计当中，对整个串口进行了定义，在主体函数中定义 buf[]，将采集的数据传到 buf 后，只要 buf 里面有数据，数据就自动存储到 txt 文档，从而实现了数据的实时存储，主体函数部分程序如下：

```
int main()
{
    int fd, len=0, i=0;
    char buf[64];
    char *kl="0x796F";  //定义 3 个传感器设备号
    char *k2="0x7970";
    char *k3="0x7971";
    if((fd=uart_init(l, 1))<0)//打开串口，波特率为 115200
    {
        printf("Open uart error ! \n");
        return -1;
    }
    …
                //将数据保存到 2.txt 文档
            }
            if (strstr(buf,k3))
            {
                //将数据保存到 3.txt 文档
        }
        }
    }
    return 0;
}
```

上段程序中定义了 3 个传感器的编号，然后调用 strstr（strl,str2）对数据进行筛选，strstr()
函数的功能是找出 str2 字符串在 strl 字符串中第一次出现的位置。如果 strl 中包含 str2，则将
数据写入到 txt 文档并保存。运行串口程序，则生成 3 个 txt 文档，分别为：l.txt、2.txt 和 3.txt。

# 小　结

本章简单介绍了基本概念和技术特点，重点讲解了基于 Zigbee 协议的嵌入式网关的设计与实现，包括硬件架构和软件结构；介绍了整个网络的设计框图以及网关的硬件框架，然后根据总体结构设计无线传感器网络网关的硬件部分，主要包括 ZigBee 芯片选型、ARM 核心板、网络模块设计、电源设计以及 ZigBee 通信模块设计等。根据 ZigBee 芯片的选型以及采用的协议栈搭建数据采集的无线传感器网络，然后根据所选网关处理器的类型和操作系统来搭建网关系统平台；介绍了环境数据的动态显示过程，采用 BOA 和 Ajax 技术来实现数据的动态显示，并给出了核心部分的程序设计。

# 习　题

1. 简述 Zigbee 的定义。
2. 列举常用的 Zigbee 协议和 Zigbee 协议栈
3. 简述无线传感器网络与 ZigBee 之间的关系。
4. 简述嵌入式 Web 服务器的工作原理。
5. 试通过网页动态实时显示传感器结点数据。

# 第 **18** 章 Windows CE 网络服务器

# 开发

Windows CE（Windows Compact Edition，Windows CE）是微软公司的嵌入式移动计算平台的基础，同时也是一个开放的、可升级的 32 位嵌入式操作系统，面向资源有限的嵌入式设备，具有模块化、结构化、基于 Win32 应用程序接口和与处理器无关等特点，拥有多线程、多任务、确定性的实时完全抢先式优先级的操作系统环境，可以使开发人员很容易地根据产品的特性进行定制。本章主要介绍 Windows CE 嵌入式操作系统以及基于 Windows CE 的嵌入式 Web 服务器的设计与实现。

## 18.1 Windows CE 网络服务器通信架构

网络通信架构处于整个网络系统的最基础位置，合理的网络通信架构对系统运行效率和可维护性具有至关重要的作用。在 Web 服务器的实现过程中，需要设计良好的网络通信架构，下面对架构使用的主要技术和协议作简要介绍。

### 1．通信架构分析

网络通信系统应用的架构种类繁多，其构成主要分为两大类：C/S 架构和 B/S 架构。C/S 架构（即客户机/服务器结构），该架构采用双层设计模式：客户应用层和服务器层。客户应用层提供管理员或终端用户与系统进行交互的通信界面，而服务器层则提供管理员所需的数据存储和处理操作，客户端和服务器端之间通过网络相连。

B/S 架构（即浏览器/服务器结构），是指用户端直接使用 Web 浏览器请求网络服务，所以请求服务以及解析响应结果的操作全部在浏览器中实现。这种结构的优点是显而易见的，它可以随时随地要求服务器提供服务，突破了传统时间和空间的限制。它是随着计算机网络技术的发展，将 Internet 技术应用于 C/S 架构的一种改进。

### 2．HTTP 协议

HTTP（超文本传输协议）是用来构建分布式、协同超媒体信息系统的应用层协议，是一种通用的、无状态的协议。作为一个 Web 服务器，它主要就是处理特定资源的 HTTP 请求的程序。因此，嵌入式 Web 服务器技术的核心就是 HTTP 引擎。

HTTP 协议用于 Web 服务器和 Web 浏览器之间的通信，用来交互具有 MIME 格式的请求和响应报文。由于它规定了发送和处理请求的标准方式，规定了浏览器和服务器之间传输的报文格式及各种控制信息，允许不同种类的客户端相互通信而不存在兼容性问题，从而定义了所有 Web 服务器通信的基本框架。HTTP 协议分为两个版本：使用非持久连接的 HTTP 1.0 和默认使用持久连接的 HTTP 1.1。基于 HTTP 协议的客户服务器模式的信息交换分 4 个过程：建立连接、发送请求信息、发送响应信息以及关闭连接。

在 HTTP 协议中，通过消息来进行通信。为此 HTTP 协议定义了两组消息：来自客户端的"请求"消息和来自服务器的"应答"消息。HTTP 协议在工作时 Web 浏览器通常充当客户端的角色，当用户向浏览器提交命令后，浏览器打开与远端服务器 TCP 连接的 80 端口（HTTP 协议的默认端口），然后在此连接上发送相应的请求命令。服务器在收到请求命令并对其做出处理后，将处理的结果以应答消息的形式返回到客户端并关闭此次 TCP 连接。HTTP 通信过程如图 18-1 所示。

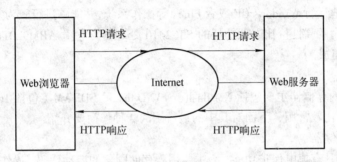

图 18-1　HTTP 通信过程

## 18.2　系统硬件结构及平台搭建

### 18.2.1　嵌入式 Web 服务器的系统结构

嵌入式 Web 服务器是一个典型的嵌入式系统，由硬件系统和软件系统两部分组成，二者紧密结合，相互协调。嵌入式 Web 服务器的系统层次结构如图 18-2 所示。

图 18-2　嵌入式 Web 服务器的系统层次结构

上述嵌入式 Web 服务器的各组件之间相互依赖，数据单向传输，底层组件为上层组件提供服务。当用户通过 Web 浏览器向服务器发送资源访问请求后，服务器根据浏览器的请求信息生成响应数据，继而通过网络传输到用户浏览器，浏览器解析和呈现服务器的响应信息，从而完成一次数据交互。

### 18.2.2　系统硬件结构

为了实现上述功能，系统除了基本的接口单元，还需要一些必要的存储空间扩展以及辅助的调试接口。概括说来，系统需要包括 CPU、存储单元、网络接口等单元。

**1．嵌入式 CPU**

由于系统的外围设备比较多（网络接口、LCD 接口、USB 接口等）、通信复杂，如果完全自己开发各种驱动程序并管理其通信是一件庞大的工作，开发周期过长。因此，需要考虑选择一款操作系统来管理协调系统各软件模块。ARM 处理器的寻址空间有 4 GB，完全可以满足加载操作系统所需要的存储空间，而且其 32 位 RISC 特性也能满足系统速度要求。另一方面，ARM 处理器资源丰富，自带一些主要的接口控制器，构成系统比较方便。

ARM 微处理器广泛应用于便携式通信产品、手持运算、多媒体和嵌入式解决方案等领域，已成为 RISC 标准。考虑到整个系统的实时性要求，可选择速度较快的 ARM9 处理器，ARM9 处理器可以轻松地运行 Windows CE 或者 Linux 等操作系统，并能够进行较为复杂的信息处理，因此选择三星公司的高性价比、低功耗的 S3C2410 处理器。它由 ARM920TDMI、MMU 和高速 Cache 三部分组成。

**2．存储器**

嵌入式系统的存储器主要包括 Nor flash、NAND flash、SDRAM（包括 16M 显存）、SD 卡存储器。SDRAM 比较常用，下面对其中的最常用的 2 种作简要介绍。

（1）Flash 存储器

Flash 存储器具有掉电保护功能，它主要用于存储固化的启动代码，操作系统以及初始化代码。目前市场上的 Flash 从结构上大致可以分为 AND、NAND、NOR 和 DiNOR 等几种。其中 NOR 和 DiNOR Flash 具有相对电压低、随机读取快、功耗低、稳定性高等特点，NAND 和 AND Flash 具有容量大、回写速度快、芯片面积小等优点。

S3C2410 具有独特的 NAND 启动功能，用户可以将引导代码和操作系统镜像存放在外部的 NAND Flash 中，并从 NAND Flash 启动。当处理器在这种模式下复位时，内置的 NAND Flash 会将引导代码自动加载到内部 SDRAM 运行。之后，SDRAM 中的引导程序将操作系统镜像 NK.bin 加载到 SDRAM 中，操作系统就开始运行了。因此，系统的 Flash 存储空间全部选取了 NAND Flash，用以存放 Bootloader、系统参数、操作系统镜像，这样就能够节约成本。

（2）SDRAM 存储器

与 Flash 存储器相比，SDRAM 不具有掉电保持数据的特性，但其存取速度远远高于 Flash 存储器，且具有读/写的属性。因此，SDRAM 在系统中主要用作程序的运行空间、数据区以及堆栈区。当系统启动时，CPU 首先从复位地址处读取启动代码，在完成系统的初始化之后，程序代码一般会调入 SDRAM 中运行，以提高系统的运行速度。同时，系统及用户堆栈、远行数据也都放在 SDRAM 中。SDRAM 的存储单元可以理解为一个电容，总是倾向于放电，为了避免数据丢失，必须定时刷新（充电）。而在 S3C2410 在片内具有独立的 SDRAM 刷新控制逻辑，可方便地与 SDRAM 连接。

**3．网络接口**

作为 Web 服务器，最重要的一点就是 Internet 的接入，因此网络接口电路是不可或缺的。从硬件的角度来看，以太网接口电路主要由 MAC 控制器和物理层接口两大部分组成。目前常见的以太网接口芯片有 RTL8019、RTL8029、CS8900 和 DM9000 等，其内部也主要包含这两部分。S3C2410 芯片内嵌一个以太网控制器，支持媒体独立接口和带缓冲 DMA 接口，可以在半双工或全双工模式下提供 10/100 Mbit/s 的以太网接入。

S3C2410 内部已经包含了以太网 MAC 控制，但并未提供物理接口，因此需要一片外接的物理芯片来提供以太网的接入通道。常用的高速以太网物理层接口器件主要有 RTL820BL、CS8900A 等，均提供传统 7 线 SNI（Serial Network Interface）接口，可方便地与 S3C2410 连接。平台选用 CS8900A 作为以太网的物理层接口，该芯片的特点就是使用灵活，其物理接口、数据传输模式和工作模式等都能根据需要动态调整，通过内部寄存器的设置来适应不同的应用环境。由于 S3C2410 片内已经有带 MII 接口的 MAC 控制器，而 CS8900A 也提供 MII 接口，各种信号的定义也很明确，因此 CS8900A 与 S3C2410 的连接比较简单，如图 18-3 所示。

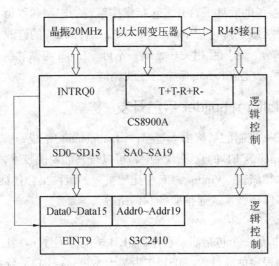

图 18-3　CS8900A 与 CPU 连接示意图

## 18.2.3　Web 服务器的软件总体设计

明确了研究目标，定制了功能框图并完成了硬件选型之后，就可以开始具体的设计工作。一般来说，嵌入式系统首先需要在主机平台上进行开发，而且系统开发的绝大部分工作也是在该主机平台上完成的。总体而言，嵌入式 Web 服务器的软件系统大致包含以下主要模块：

**1．软件系统平台的核心（系统引导程序）**

操作系统引导程序作为嵌入式操作系统内核运行前的引导下载程序，主要是为操作系统动态地创建数据段、堆栈、页表等软件环境，并将操作系统内核的可执行镜像从 Flash 存储器复制到 RAM 中，然后再从 RAM 中执行操作系统的内核。

**2．嵌入式操作系统开发**

嵌入式操作系统通过硬件设备驱动程序屏蔽了具体硬件的细节，使得应用软件开发人员能够通过操作统一格式的设备文件的方式开发与底层硬件设备相关的应用程序。因此，嵌入式系统的开发工作主要是底层设备驱动的开发，从而为上层软件访问底层硬件设备提供统一的接口。

# 18.3 Windows CE 操作系统移植与软件平台开发

Windows CE 作为微软发布的嵌入式实时操作系统，具有良好的人机界面、可靠性高、开发周期短、开放性好且便于与各种设备进行快速连接等优点。Windows CE 具有一个操作系统所需要的各种功能元素，在 Platform Builder（简称 PB）下可以根据具体的应用目标来裁剪各种功能元素，得到满足不同需求的平台。通过在主机上安装 PB，使开发主机与目标设备间的集成性与连通性得到增强。

## 18.3.1 概述

Windows CE 操作系统的软件平台开发包括操作系统的定制和移植。移植 Windows CE 操作系统的主要工作是对板级支持包（Broad Support Packet, BSP）的修改，BSP 包含 Bootloader、OAL 和驱动程序三大部分，它们互相关联，缺一不可。Eboot 与微软的 PB 有很好的兼容性。如果支持 Eboot，用户可以完成 debug 版本的在线调试。

## 18.3.2 Microsoft Platform Builder 平台开发

通过 Platform Builder 定制的系统由大量组件（Component）组成，这些组件构成了 Windows CE 的基本要素。在 Windows CE 的众多组件中，可以按其涉及的技术领域进行划分，一些组件的集合构成一个技术领域。在 Windows CE 中比较重要的组件集合包括 BSP、Core OS Service、对象存储和注册表、多媒体技术、通信服务和网络等。

### 1．板级支持包

板级支持包（BSP）是一个包括启动程序、OEM 适配层程序（OAL）、标准开发板（SDB）和相关硬件设备的驱动程序的软件包。BSP 作为基于 Windows CE 平台系统的主要组成部分，它主要由一些源文件和二进制文件组成。图 18-4 所示为 BSP、SDB、OAL、启动程序、设备驱动程序以及系统配置文件之间的组成关系。

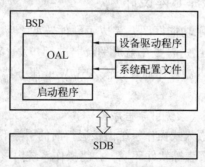

图 18-4 BSP 板级支持包

**注意**：BSP 是相对于操作系统而言的，不同的操作系统对应于不同定义形式的 BSP，写法和接口定义完全不同。

### 2．定制操作系统

PB 平台已经为系统的定制准备好可用的配置（Available Configuration），设置中有包含 Windows CE 已经设置的基本配置结构供开发人员选择。如果所需设计的产品和列表中保存的基本配置相同，只要直接选择该选项就可以完成基本的设置。系统定制了 Custom Device with Shell and Graphical User Interface 选项，该选项可以选择多种操作系统特性并且包括图形显示功能。

对生成的操作系统镜像所支持的文件系统进行设置。对于嵌入式系统来说，内存里的信息一掉电就会丢失，掉电后注册表内容又会恢复到刚刚下载时的状态。因此，需要将系统的注册表保存到永久存储设备中。目前主流的做法就是通过建立 Windows CE 系统的 HIVE 将信息（比如注册表的触摸屏的调整信息）保存到 NAND Flash 中。保存到 Flash 中的信息即使在系统重启后，注册表中的信息仍会被保存下来而不会丢失。

3．生成操作系统镜像

Platform Builder 可以生成两种镜像：一种是用于发布给用户的 Release 版，其生成后的文件存放在 C:\WINDOWS CE400\PUBLIC\Test\RelDir\SAMSUNG UT2410X:ARMV4Release 目录下；另一种是用于调试的 Debug 版本，其生成后的文件存放于 C:\WINDOWS CE400\PUBLIC\Test\RelDir\SAMSUNG UT2410X:ARMV4Debug 目录下。为了便于在 PC 端更好地调试系统，在 Project.reg 文件中修改 IP 地址配置使之与调试所用的 PC 处于同一网段。完成以上的选项配置之后，就可以选择 Build Platform，操作系统的生成过程主要经历以下 4 个阶段：

（1）CESYSGEM 阶段

这一阶段主要将在生成过程中使用的所有头文件、用于生成 DLL 的 DEF 文件以及其他文件挑选出来。该过程删除没有在操作系统镜像工程中选择的系统部件，经过处理的头文件和库文件随后用于生成特定平台的 SDK。这是生成过程的第一阶段，该步骤将处理整个系统的头文件和 lib 文件。

（2）BSP 阶段

BSP 阶段将编译和连接图形、窗口和事件子系统（GWES）、内核、OEM 适配层（OAL）及设备驱动程序等。所有这些部件都非常依赖于目标设备的硬件规格。内核链接到 OAL 生成 nk.exe，GWES 则与某些本机驱动程序库（电源和通知）连接，并编译和连接其他驱动程序创建 DLL。

（3）BUILDREL 阶段

该阶段从多个位置取得文件、数据、配置和可执行文件模块，并将这些文件复制到映像阶段的发布目录。使用集成开发环境生成工作环境中的项目并将 EXE 文件或 DLL 复制到发布目录。

该阶段主要从各种生成部件那里收集文件，并将它们全部复制到一个平面发布目录。来自 BSP 的文件和目标文件夹内容被复制进来，以便连同来自 BSP 的 File 目录中、特定于 BSP 的配置设置在 BSP 阶段中生成模块。

（4）MAKEIMG 阶段

操作系统镜像生成以后，其工程目录下会有很多文件，其中就有上面提到的 NK.bin 文件，该文件即为适用于所选用的硬件设备的操作系统镜像文件，也就是最终的 Windows CE .net 内核，用 Bootloader 程序加载这个文件就可以启动 Windows CE .net 操作系统。

4．移植 Bootloader

Bootloader 是操作系统内核运行之前运行的一段单独的程序代码，它存放于目标平台的非易失存储介质中，如 ROM 或者 Flash。通过这段程序可以完成硬件设备的初始化、建立内存空间映射图以及为内核镜像建立通信通道和调试通道等工作，从而将系统的软硬件环境带到一个合适的状态，以便为最终调用操作系统内核准备好正确的环境。

① 启动加载（BootLoading）模式：即 Bootloader 自动加载系统的过程，整个过程不需要开发者或用户的介入。正常条件下，必须保证这种启动方式有效，特别是在嵌入式产品发布的时候。

② 下载（Downloading）模式：这种模式下，目标板上的 Bootloader 将通过串口或者网口从主机（Host）下载文件，如内核映像、根文件系统映像等。从主机上下载的文件通常先被 Bootloader 保存到目标板的 RAM 中，然后再被 Bootloader 写到目标板上的 Flash 等存储设备中。Bootloader 的这种模式通常在第一次安装内核以及后期系统更新时使用。S3C2410 上启动 Windows CE 所需要的 Bootloader 分成两级来实现，分别用来启动加载模式和下载操作系统。

- Nboot：Nboot（NAND Flash Bootloader）是 S3C2410 上 Windows CE 的 Bootloader 第一级，位于 NAND Flash 的 Block 0。主要负责初始化 Flash，读取 TOC 等工作，最后将 Eboot 内容复制到 RAM 中，把 CPU 执行权交给 Eboot 接管。它就是用来启动加载模式的。
- TOC：TOC（Table of Content）是整个 NAND Flash 存储内容的一个列表，这里面存储了有关启动和系统内核的一些相关存储信息，需要写在 NAND Flash 的 block1 中，由 Nboot 里的函数读取，读取之后 Nboot 会按照读取的内容进行配置并跳转到不同的地址。
- Eboot：Eboot（Ethernet Bootloader）是 Bootloader 的第二级，可以把它理解为一个伪 Kernel Image，位于从 NAND Flash 的 Block 2 开始的部分空间。它主要负责各个设备的初始化、内存地址映射、文件系统、网络系统驱动和加载内核镜像的相关准备工作，作为下载模式来使用。

5. 移植 Windows CE 操作系统

用网线连接开发板和 PC，并将操作系统镜像下载到目标板上。在开始连接、下载操作系统镜像时，要确定当前开发的 PC 与目标板在同一子网内。主要步骤如下：

① 在 Platform Builder 中打开 Target 菜单，选择 configure Remote Connection 命令。

② 选择 Services 选项卡。

③ 从 Download 下面的组合框中选择 Ethernet。

④ 单击右边的"Config"按钮，弹出一个新的对话框。

⑤ 从 Available Devices 处选择设备名，单击 OK 按钮。

⑥ 选择 Kernel 处的 Ethernet。

⑦ 打开 Target 菜单，选择 Download/Initialize 命令。

⑧ 等待操作系统镜像下载完毕。

### 18.3.3　OAL 层开发

OAL 层位于系统硬件设备与操作系统内核之间，BSP 通过 OAL 连接到系统内核，下面具体结合 S3C2410 板级支持包中的 OAL 层对代码进行分析。OAL 层提供了许多直接对硬件的操作，因此需要用户对硬件知识有一定的了解。

1. 系统初始化

加载内核是 OAL 层的首要任务，内核的启动中涉及的函数集合构成最小的 OAL 层。下述步骤为操作系统的启动顺序：

① CPU 执行引导向量，跳转到硬件初始化代码，即 Startup()函数。

② 在 Startup()函数完成最小硬件环境初始化后跳转到 KernelStart()函数（当 CPU 为 x86 架构时跳转到 Kernel Initialize()函数）对系统内核进行初始化。

③ KernelStart()函数调用 OEMIntDebugSerial 完成对调试串口的初始化，调用 OEMInit()函数来完成硬件初始化工作以及设置时钟、中断，调用 OEMGetExtensionDRAM()函数来判断是否还有另一块 DRAM。

④ 至此，内核加载完毕。由此可见，操作系统启动的重中之中是 Startup()函数的正确加载。

**2．系统时钟**

在任何一个硬件系统中，时钟是必不可少的。目前，嵌入式芯片的主流设计思路是 CPU 外接晶振，内部通过 PLL（锁相环）进行倍频，以达到高速的目的。典型的系统总线频率为 133 MHz。通过进一步的分频，这些频率可以供给外设，如 USB、串口、IIC、IIS、LCD、SPI、Camera、SD 等设备。这些频率的设置都需要设置具体的寄存器。

**3．系统 I/O**

Windows CE 提供了一种内核与硬件通信的方式，通过这种机制，内核可以通过传递参数的方式直接操作系统的硬件。这项功能也是在 OAL 层完成的，具体要执行 OEMIOControl()函数，OEMIOControl()函数在 OAL 层起到至关重要的作用。OEMIOControl()还是用户模式应用代码到内核模式 OAL 代码之间的转换入口。这就是说，在用户模式下通过调用 OEMIOControl 可以获得内核模式的权力。

**4．系统调试串口**

Windows CE 设置了一个默认的串口作为调试信息的输出，用户通过调试命令打印调试信息的时候，系统将打印信息从默认的调试串口输出。Windows CE 的默认调试串口的初始化也是通过 OAL 层来实现的。串口调试函数是调试 OAL 层重要工具。这个函数组由 4 个函数组成，分别是 OEMInitDebugSerial()、OEMReadDebugByte()、OEMWriteDebugByte()和 OEMWriteDebug String()。OEMInitDebugSerial()函数起到配置串口的作用，OEMReadDebugByte()函数和 OEMWriteDebugByte()用于向串口读/写一个字节，OEMWriteDebugString()用于向串口写调试用的字符串。

## 18.3.4　S3C2410 平台驱动开发

驱动程序开发是 Windows CE 系统 BSP 开发重要的一个环节。其驱动模型主要包括流接口和本机驱动程序两种。本机设备驱动程序通常用 Windows CE 软件平台提供的特定接口，因此本机设备驱动程序都有明确和专一的目的。本机设备指集成到目标平台的设备，这类设备包括显示器、触摸屏、串口和键盘鼠标等。流接口驱动程序使用同一个接口并调用同一个流接口函数集。流接口驱动程序与系统其他部件间的关系如图 18-5 所示。

对每个流接口驱动程序来说，其所要求的入口点用来实现标准文件 I/O 函数，这些函数由 Windows CE 操作系统的内核使用。在各种驱动模型中，代码组织主要有单片和分层两种。单片式驱动程序主要适用于功能简单的设备或模块。实际系统以分层模型居多，由上层的 MDD（Model Device Driver）和下层的 PDD（Platform Depedent Driver）组成。下文主要分析串口和 NAND Flash 两种接口驱动程序。

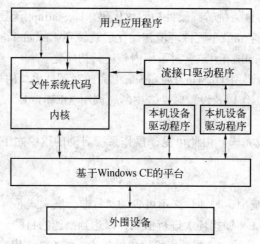

图 18-5　流接口驱动与系统间的关系图

### 1. 串口驱动程序

串行通信接口主要是指 UART（通用串行）和 IRDA（Infrared Data Association）两种。硬件电路上，通常在串行接口控制器中会有两个 FIFO 用作接收和发送的缓冲，当接收到数据后会直接将接收到的数据置入该缓冲器，并同时由控制电路向本地总线发出通知，以便让本地总线将缓冲器内的数据取走，这样在响应（等待和读取）的过程中仍然能通过缓冲器来接收数据。

（1）串口驱动程序结构

在 Windows CE 提供的驱动程序中，串口驱动采程序用分层结构设计，MDD 提供框架性的实现，负责提供操作系统所需的基本实现方法，并将代码设计与具体的硬件分离。而 PDD 提供了对硬件操作的相应代码。MDD 和 PDD 两者结合实现了设备驱动的目的。从整体上来看，该串口驱动程序属于流接口模式。

HWOBJ 是相应的硬件设备操作的抽象集合。该结构定义了硬件操作的各种行为函数的指针，MDD 正是通过这些函数来访问具体的 PDD 操作的。HW_VTBL 代表具体硬件操作函数指针的集合，该结构所指向的函数包括了初始化、打开、关闭、接收、发送、设置波特率等一系列操作，它连接着 PDD 中的具体实现和 MDD 中的抽象操作。PDD 的实现必须遵循 HW_VTBL 中所描述的函数形式，并构造出相应的 HW_VTBL 实例。编写驱动程序实际上就是一一实现这些函数。

```
typedef struct HW_VTBL{
PVOID   (*HWInit)(ULONG Identifier, PVOID pMDDContext, PHWOBJ pHWObj)
BOOL    (*HWPostInit)(PVOID pHead)
ULONG   (*HWDeinit)(PVOID gHead);
…
    VOID    (*HWPurgeComm)(PVOID pHead, DWORD fdwAction);
    BOOL    (*HWSetDCB)(PVOID pHead, LPDCB pDCB);
    BOOL    (*HWIoctl)(PVOID pHead, DWORD dwCode, PBYTE pBufIn, DWORD
wLenIn, PBYTE gBufOut, DWORD dwLenOut, PDWORD pdwActualOut);
} HW_VTBL, *PHW_VTBL;
```

（2）串口驱动相关函数

在 Windows CE 中，串口驱动程序的开发模型是以分层的形式给出的，在驱动程序中实现了流接口函数集中的全部函数，具体函数及其功能如表 18-1 所示。

表 18-1　串口驱动程序函数集

| 函 数 名 | 功 能 描 述 |
|---|---|
| COM_Close | 关闭设备，应用程序通过 CloseHandle()函数调用此函数 |
| COM_Open | 打开设备进行读/写，对应的文件系统 API 为 CreateFile()函数 |
| COM_Init | 进行驱动初始化 |
| COM_Deinit | 卸载驱动程序 |
| COM_Write | 应用程序在设备驱动处于打开状态时，通过 WriteFile()调用 |
| COM_Read | 应用程序在设备驱动处于打开状态时，通过 ReadFile()调用 |
| COM_IOControl | 上层软件通过 DeviceIoControl()调用 |
| COM_seek | 对设备的数据指针进行操作，由应用程序通过 SetFilePointer()调用 |
| COM_PowerUp | 在系统挂起前调用 |
| COM_PowerDown | 在系统重新启动前调用 |

2．NAND Flash 驱动

NAND Flash 具有存取速度快、体积小、成本低特点，很适合作为海量数据的存储设备。在嵌入式 Web 服务系统中，使用大容量的 NAND Flash 存储器，可用来存储 Web 服务器的信息文件，扩大系统信息的存储容量。在 Windows CE 系统中，将 Flash 驱动分为 FAL（Flash Abstraction Layer）层和 FMD（Flash Media Driver）层。图 18-6 所示为 Flash 驱动程序的软件结构图。

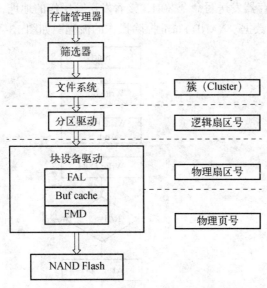

图 18-6　Flash 驱动的软件结构

在开始 NAND Flash 驱动的编写前，首先需要确定它的地址空间。结合硬件的连接方式，可以根据片选信号 CS 确定对应的物理地址。在 Windows CE 下驱动程序只能访问经过 MMU转换后的虚拟地址，并且此虚拟地址必须是位于 0xA0000000 ~ 0xBFFFFFFF 的非 Cache 非Buffer 段。由于 NAND Flash 在读/写过程中可能产生位翻转的错误，所以读/写时需要对数据进行校验。目前，一般采用 ECC 算法来校验和纠错。对于读操作，NAND Flash 每次读取 528B，其中包括 512B 的基本数据和 16B 的附加信息。每读完一个扇区的数据，就需要计算 ECC 校验和，再和存放在附加字节区里的校验和比较，如果两者不一致，说明出现错误，需要进行数据修复。图 18-7 所示为 NAND Flash 读操作流程。

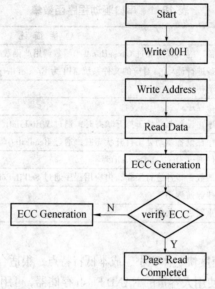

图 18-7　NAND FLSAH 读操作流程图

NAND Flash 的写操作流程与读操作基本类似。在写操作中，当命令锁存使能信号有效时，通过 I/O 接口向命令寄存器发送写命令 80H，接着发送写操作的地址，地址信息输入完成后，等待芯片就绪后再发送数据。NAND Flash 擦除操作的流程图如图 18-8 所示。

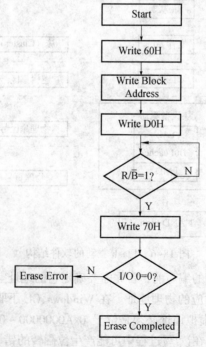

图 18-8　NAND Flash 擦除操作流程图

### 3. 基于 NAND Flash 的 Fat 文件系统建立

NAND Flash 可存储大量数据，为了方便数据管理和提高数据访问速度，可以使用文件系统对数据进行管理，这里选择 Fat 文件系统。Fat 文件系统是一个很优秀的文件系统，很适合在嵌入式设备中使用。Windows CE 也把 Fat 作为外部存储设备的通用文件系统。

Windows CE 利用存储管理器管理外围存储设备以及用于访问它们的文件系统。存储管理器包括块设备驱动管理器、分区驱动管理器、文件系统驱动管理器和文件系统筛选器。Windows CE 的平台定制工具 Platform Builder 提供了相关组件，利用开发工具和存储管理器可轻松实现 NAND Flash 上 Fat 文件系统的建立。

## 18.4 嵌入式 Web 服务器软件实现

### 18.4.1 Web 服务端应用软件实现

嵌入式 Web 服务器端软件主要包括主监控进程、HTTP 报文解析、各分支处理及相关页面的设计等模块。Web 服务器端的主程序实际是一个 HTTP 的套接字服务器。服务器在 TCP 的 80 端口（也可以自行定义，这里定义为 80）进行监听，当客户端（Web 浏览器）有请求时，建立连接进行通信，处理用户请求，并将结果返回给用户。

#### 1. Web 服务器主程序

首先创建一个主进程 StartServer()，用来进行一系列网络参数的初始化。其主要代码如下：

```
SOCKET sd_listen;
int err;
struct sockaddr_in add_srv;
sd_listen=socket(PF_INET SOCK_STREAM, 0);
add_srv.sin_family=PF_INET;
add_srv.sin_addr.s_addr=htonl(INADDR_ANY);
add_srv.sin_port=htons(80);
err=bind(sd_listen, (const struct sockaddr *)&add_srv, sizeof(add_srv));
err=listen(sd_listen, 10);
for(;;)
{
  nSize=sizeof(add_client)
  confd=accept(listenfd, (const struct sockaddr *)&addr_client, &nSize);
  int nNetTimeout=30*1000;      //秒
  //发送时限
  setsockopt(sd_accept, SOL_SOCKET, SO_SNDTIMEO, (char *)&nNetTimeout,
  sizeof(int));
  //接收时限
  setsockopt(sd_accept, SOL_SOCKET, SO_RCVTIMEO, (char *)&nNetTimeout,
  sizeof(int));
  handleConncetion(connfd);
  close(connfd);
}
```

在 listen（listenfd, 10）中，通过指定值 10 来限定最多可以同时有 10 个用户请求。当监听到用户请求并建立连接之后，程序通过 handlConnection（connfd）函数来检测、接入客户端以及分析 HTTP 报文请求，处理用户请求。

2．HTTP 请求报文分析

HTTP 报文协议可以实现很多功能，这里只需要实现系统中所要用到的 Get 和 POST 功能。请求报文分析是 HTTP 报文协议的主要项目，所有的请求报文都由这个功能处理。一旦分析成功，可以进入相应的应答路径，这个功能由函数 handleConnection()完成。Web 服务器流程如图 18-9 所示。

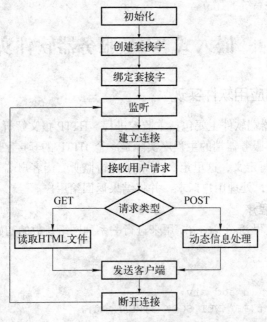

图 18-9　Web 服务器流程

首先，handleConnection 从 HTTP 请求报文中进行读取，查找 Content-Length 报头，确定报文报体的大小。如果请求是 POST 方法，则简单地查找 QUERY 文本。如果找到就把请求的文件返回给用户，否则就向用户发送出错信息（HTTP404 状态码）。如果是 POST 请求，也要调用 getFilename()函数进行文件名分析，然后调用 callDynamicHandler()函数进行动态信息的处理。

3．文件名分析

文件名存储在输入缓冲区中的指定位置，并以空格结束。读出的文件名存储在输出缓冲区中。如果文件名只是符号"/"，则默认用户申请的是当前目录下的 index.html 文件。文件名分析由函数 getFilename()完成。

## 18.4.2　客户端 ActiveX 控件的实现

ActiveX 是 Microsoft 提出的采用 COM（Component Object Model）和 DCOM（Distributed Component Object Model）使软件组件在网络环境中进行交互的一组技术集，ActiveX 控件由三大要素组成：属性、方法和事件。属性是控件的基本特性，是控件的一部分，在控件装入时或控件正在运行时可以改变；方法是控件提供给外界的一个接口，类似于一个函数调用接口，用户可通过方法来设置控件的某些性质、执行某项动作或者进行某些运算以实现一定的功能；

事件是控件对外部操作或控件内部处于某种状态时所发出的通知，它由控件本身所触发，并与容器进行通信。

从外界看，ActiveX 控件就像一个黑盒，用户只能看到它的三大要素。本文中实现的 ActivcX 控件程序是用 VC++6.0 的 MFC 来开发的，控件的基本框架由 VC 内置的 wizard 创建，根据系统的具体需要在其中添加相应功能。主要用来解决界面复杂性要求、报表数据更新及显示等。它是在 COM 之上建立的一种理论和概念，与具体的编程语言无关，包括 ActiveXDll 组件和 ActiveX 控件。

# 小　　结

本章主要介绍了基于 Windows CE 的嵌入式 Web 服务器的软硬件设计与实现，详细介绍了系统的硬件结构、服务器端软件结构和实现以及客户端 ActiveX 控件的具体设计与实现。在硬件结构以及芯片选型的基础上，介绍了 Windows CE 系统的驱动模型以及工作结构，重点介绍了 Windows CE 下驱动程序的开发。在网络服务和软件结构的基础上，详细介绍了嵌入式 Web 服务的技术基础，包括网络传输协议分析、套接字技术以及 ActiveX 控件技术。最后，给出了简单监控界面的开发以及具体控件的开发。

# 习　　题

1. 简单描述 OSI 及 TCP/IP 的概念和区别。
2. 简单分析 C/S 架构和 B/S 架构的区别和优缺点。
3. 简单描述嵌入式 Web 服务器的硬件结构以及软件系统总体设计过程。
4. 试由本章实例归纳出 Windows CE 网络服务器开发的步骤。
5. NAND Flash 的特点有哪些？举例说明它的接口电路如何设计。
6. ActiveX 控件同其他的 COM 组件相比有哪些特点？

# 第 ⑲ 章　Android 系统 LBS 定位应用开发

## 19.1　概　　述

位置服务（Location Based Services，LBS）是一种能够提供给用户当前位置的服务，由运营商提供网络和 GPS 定位相结合，再通过手机平台的 LBS 应用软件来取得手机用户当前位置信息的技术。LBS 的服务类型有很多，可以归纳为三大类：第一类是位置信息服务，如大众点评网、移动 QQ、美食搜索等；第二类是位置游戏服务，如摩天轮、魔力城市等；第三类是位置签到服务，如网易八方等。

位置信息服务的关键在于如何准确、高效、低成本地获取用户的位置信息。目前 GPS 定位的精度在不断提高，而相关的软硬件费用在不断降低。手机定位技术是指利用 GPS 定位技术或者基站定位技术对手机进行定位的一种技术。基于 GPS 的定位方式是利用手机上的 GPS 定位模块将自己的位置信号发送到定位后台来实现手机定位的；基站定位则是利用基站对手机距离的测算距离来确定手机位置的。后者不需要手机具有 GPS 定位能力，但是精度很大程度依赖于基站的密度，有时误差会超过 1 km。前者定位精度较高。此外还有利用 Wi-Fi 在小范围内定位的方式。GPS 定位的耗电量也是 A-GPS 的 5 ~ 8 倍，不适用于对手机这类对耗电量敏感的硬件设备，所以需要对 GPS 定位方法进行优化。

## 19.2　手机定位技术

### 19.2.1　卫星定位技术

GPS（Global Positioning System，全球定位系统）来源于美国军队的一个军事项目。

GPS 定位原理和数学模型：GPS 的定位原理是测量 GPS 接收机和已知卫星的距离，在具体测量中为了精确性要求，需要引入 4 颗已知卫星来精确求解，所以需要引入 4 颗卫星条件下的数学模型，如图 19-1 所示。

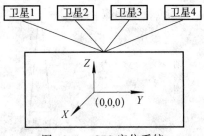

图 19-1 GPS 定位系统

图 19-1 中卫星 1、卫星 2、卫星 3、卫星 4 为已知卫星，数学计算模型的公式如下：

$$\left[ (x_1 - x)^2 + (y_1 - y)^2 + (z_1 - z)^2 \right]^{1/2} + c(v_{t1} - v_{t0}) = d_1$$

$$\left[ (x_2 - x)^2 + (y_2 - y)^2 + (z_2 - z)^2 \right]^{1/2} + c(v_{t2} - v_{t0}) = d_2$$

$$\left[ (x_3 - x)^2 + (y_3 - y)^2 + (z_3 - z)^2 \right]^{1/2} + c(v_{t3} - v_{t0}) = d_3$$

$$\left[ (x_4 - x)^2 + (y_4 - y)^2 + (z_4 - z)^2 \right]^{1/2} + c(v_{t4} - v_{t0}) = d_4$$

式中，$d_i = c\Delta t_i$（$i=1,2,3,4$）分别为卫星 1、卫星 2、卫星 3、卫星 4 到接收机之间的距离；$c$ 为 GPS 信号的传播速度（光速）；$x_i$、$y_i$、$z_i$（$i=1,2,3,4$）分别为卫星 1、卫星 2、卫星 3、卫星 4 在 $t_i$ 时刻的空间直角坐标。

GPS 由空间、控制、用户三部分组成。空间部分构成：注入站和 24 颗卫星（21 颗常用，3 颗备用）。24 颗卫星在 6 个轨道上工作，注入站的作用是收集数据以及向卫星发送命令等。控制部分在地面由 1 个主控站和 5 个监控站组成，主控站和监控站对卫星进行监视、遥控等。用户部分由 GPS 接收机和相关的设备组成，汽车导航仪、手机导航仪等都包含接收机。GPS 定位是目前最精确、应用最广泛的定位导航技术，已经成为现有智能移动设备的标配之一。那么针对 GPS 定位的开发技术也将成为一项主流常规技术。GPS 可以实现的功能有：跟踪记位、轨迹回放、报警、地图制作、车辆远程控制、车辆调度等。

## 19.2.2 蜂窝网定位技术

所谓蜂窝网定位就是基于基站的手机定位技术，手机中 SIM 卡的作用是提供接入网络的信息，网络供应商也是用 SIM 卡来对用户进行计费，其中和基站通信的模块还是手机的无线发射和接收器，当用户进入一个小区后，手机会自动注册到小区的基站。蜂窝网的定位方法有很多，利用蜂窝网对移动台进行定位的方法主要有 5 类：小区定位（Cell-ID）、场强定位（Signal Strength）、时间传输差（Timing Measurements）、到达交汇角（AOA）和混合定位。

1．小区定位（Cell-ID）

小区定位方法如图 19-2 所示，图中移动终端通过注册小区进行定位，其定位精度小于或等于小区的半径。

最简单的方法是用于估算位置的测量信息只包含注册小区的标志信息 Cell-ID 或者 WLAN 网络里接入的信息 AP（Access Point）。然后，根据注册小区所对应的位置信息来估算移动终端的位置，这种定位方式的精度取决于蜂窝网小区的大小，因此这种定位方式性能并非最好。所以，出现了很多复杂但定位精度高的定位方式，小区定位的优点是响应时间很快。

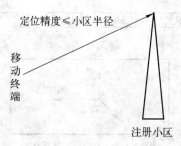

图 19-2　小区定位方法

**2．场强定位（Signal Strength）**

提高定位精度的另一种方法就是利用信号强度。在网络中移动终端可以监听到几个信号源的信息，如在 GSM 网络中，手机可以监听到一个注册小区信息还有至少 6 个邻居小区的信息。按照模型传输可以按照几何的方法计算移动终端的位置，但是有时候有干扰物，因此信号不是获取了 3 个小区的信息后就可以计算出移动终端的位置，理论上小区越多精度越高。计算公式如下：

$$X_{\text{MT}} = \frac{\sum_{i=0}^{n} k_{\text{BSi}} x_{\text{BSi}}}{\sum_{i=0}^{n} k_{\text{BSi}}}$$

式中，$X_{\text{MT}}$ 是移动终端的位置；$n$ 代表小区的数目；$k_{\text{BSi}}$ 代表小区信号强度；$x_{\text{BSi}}$ 代表小区位置。

**3．时间传输差（Timing Measurements）**

利用信号强度，时间也可以提高精度，需要用的三角测量，所以必须要至少 3 个小区。

**4．到达交汇角（AOA）**

该定位技术通过在两个以上的位置点设置方向性天线或者阵列天线，获取终端发射的无线电波信号角度的信息，然后计算位置信息。因此，只需两个天线阵列就能够完成终端的定位。和 TDOA 相比相对简单，但是对天线的要求高，建筑物，地形等对 AOA 的影响很大，在室内的定位为 360°，在城区为 20°，在乡村为 1°，另外基站和终端越多，AOA 的定位精度降低。误差主要由多径传播和系统误差造成，可以预先校正，AOA 技术简单，但是在城市的环境中不好使用。

**5．混合定位**

TDOA（Time Difference Of Arrival）虽然不需要对手机终端进行改造，而且相对于 Cell-ID 等定位技术具有精度较高等优点，但是也避免不了由于射频信号的非视线传输和多径效应带来的定位误差。尤其当定位用户在高速公路上行驶时由于基站沿直线放置，很难同时获取 3 个基站的信号，对定位精度有很大的影响。同样，A-GPS 定位的精度的确很高，其第一次捕获 GPS 信号的时间很短。然而它必须在定位中经过多次网络传输，这对运营商来说占用了很大的网络资源。考虑到这两种方法的优点，采用 TDOA/A-GPS 混合定位的算法。具体来说就是在网络覆盖比较差的野外，手机接收不到 TDOA 准确定位所必需的 3 ~ 4 个基站的时候，或者基站位置不能在手机构成位置测量所需的最佳角度（如高速公路上），即影响到准确测量所需的精度时，可以用 GPS 定位提供高精度的位置信息。同时网络侧可以提供辅助信息来缩短定位时间和提高定位精度。

# 19.3　开发环境及关键技术

2007 年 11 月 5 日，Google 公司对外正式发布了 Android 智能移动操作系统，这是一款开放源代码的手机操作系统，在 Linux 2.6 版内核的基础上修改构建。系统现在主要由开放手持设备联盟（Open Handset Alliance，OHA）负责。Android 系统的总体架构主要分为三部分，分别为基于 Linux 内核的底层驱动，用于协助应用程序操作设备硬件、Library 本地函数库和 Dalvik 虚拟机组成的中间件，该层为应用程序的运行提供了必要的环境、源代码中包含的一些应用程序，以及用户安装的应用程序组成了系统的应用层，该层是系统与用户交互的桥梁。

## 19.3.1　Android 平台概述

Android 是一款面向手持设备开发的移动操作系统，为移动终端设备提供了一套完整的软件支持，包括操作系统的核心、系统的中间件以及应用层的关键程序。

### 1．Android 体系结构

Android 系统的整体架构可以被看作不同层的软件堆栈，每一层由几个程序组建而成。Android 系统的整体架构可以细分为 5 个主要部分，分别为 Linux 内核、Library 本地类库、Android 系统运行层、应用程序框架层以及用户应用程序所在的应用层。

### 2．Android 内核

Linux 内核是位于 Android 系统的最底层，是整体架构中最基本的一层，整个 Android 系统都是基于 Linux 2.6 版内核构建。Google 对 Linux 2.6 内核进行了一些改进，优化了电源管理和内存管理，修改了系统的运行时环境。内核直接与设备硬件交互，是硬件设备与内核之上的应用程序之间的一个抽象层，其中包含了所有重要的硬件驱动程序。

### 3．Android 本地类库层

由于 Android 系统主要运行在手持设备上，而手持设备的内存较小，电源电量有限。因此，针对 CPU 和 GPU 的优化代码被编译存放在本地类库。其中比较重要的本地库包括：

① Surface Manager：用于整合程序中的 2D 和 3D 图形，对显示子系统的访问权限进行管理。

② Media Framework（媒体库）：媒体库提供了不同的媒体解码器，允许录制和播放不同的媒体格式。

③ SQLite：Android 系统集成了 SQLite 数据库，用于存储用户数据。

④ Webkit：开源的浏览器引擎，在用户浏览网页时用于显示网页信息。

⑤ OpenGL：图像引擎，用于 2D、3D 图像处理。

### 4．Android 运行层

Android 运行层包含 Dalvik 虚拟机和 Java 核心类库两个部分。Dalvik 虚拟机被编译为本地库，用于解释字节码。Dalvik 虚拟机本质上是一个移动端的 Java 虚拟机，Google 公司对桌面操作系统的 Java 虚拟机进行了优化，使其适合运行于低数据处理能力和低内存硬件环境的移动设备。Java 核心类库使用 Java 语言编写，并且通过 Dalvik 虚拟机解释。Java 核心库不同于 Java SE 和 Java ME 库，但是它提供了 Java SE 库的大多数功能。图 19-3 所示为 Android 系统整体架构。

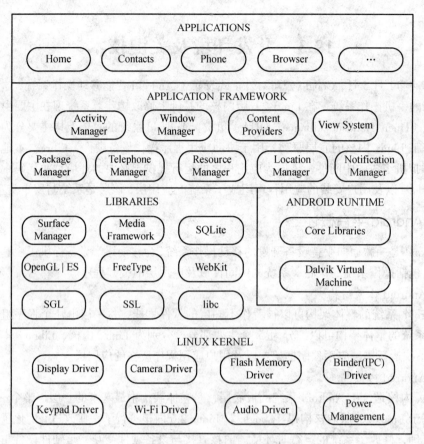

图 19-3　Android 系统整体架构

5. 应用程序框架层

应用程序框架使用 Java 语言编写，为应用程序开发提供了调用本地库和 Dalvik 的接口。这一层的程序为手机提供了基本的功能，包括资源管理、语音呼叫管理等。用户在开发程序的过程中可以根据需要修改其中的相关模块。这一层主要包括以下几个功能模块：

① Activity Manager：用于管理应用程序的组件，为子组件返回父组件提供后退功能。

② Content Providers：用于为应用程序之间的数据传递提供存储空间。

③ Telephone Manager：管理所有的语音呼叫，如果程序要使用语音呼叫功能，可以调用这个功能模块。

④ Location Manager：提供了使用 GPS 和蜂窝网进行定位的功能。

⑤ Resource Manager：应用程序中的资源管理模块，调用该模块可以对程序中的资源进行管理。

⑥ View System：应用程序视图，通过视图可以与用户进行交互。

6. 应用层

应用层构建在应用程序的框架层上，处于 Android 系统的最高层，开发的应用程序主要运行于这一层。Google 开发者网站提供的源代码中自带了几个基本的用户应用程序。应用层开发只需要利用应用程序框架层中的 API，使用系统提供的通信方法，即可完成应用程序的开发。

## 19.3.2 位置服务

位置服务也称为定位服务，通过位置服务可以获取精度较高的物理经纬度信息，甚至海拔信息，这一切都是通过使用定位系统、通信网络或两者结合来完成的。从上述定位技术可知，位置服务主要分为 3 类：网络定位、终端定位和混合定位。随着定位速度、精度的进一步提高，扩展服务的增多，第三种位置服务技术，即混合定位技术，将成为未来该类技术发展的方向。

Android 系统通过混合定位技术来提供地理位置信息。Android 提供位置服务的相关类的关系如图 19-4 所示，调用 android.location 包就可以获得位置服务的相关信息。其中，LocationManager 主要是提供定位服务的功能，确定当前位置，并管理 LocationProvider 类，同时控制位置更新；定位技术中最经常用到的两个类是 LocationManager 类和 LocationProvider 类。

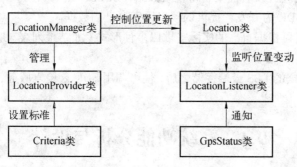

图 19-4　位置服务相关类

## 19.3.3 百度地图 Android SDK

### 1．SDK 概述

百度地图 Android SDK 是基于 Android 操作系统移动设备应用程序接口。可以使用该套 SDK 开发适用于 Android 系统移动设备的地图应用程序。通过调用百度地图 Android SDK，可以使用百度地图上的相关功能，并且还能使用定位服务、搜索服务和路线规划等。需申请密钥（key）后，才可使用百度地图 Android SDK。

### 2．地图图层

地图上的兴趣点、图书馆、公交站、流量监控等都是通过地图图层展现的，地图包含几个地图图层，每个级别的地图图层都是由若干张图块组成的，它分布在整个地球表面。地图图层包括底图、实时交通信息图、卫星图。底图：基本地图图层，会显示基本地图信息，包括道路、医院、图书馆等的位置信息。实时交通信息图：显示实时的交通信息。卫星图：卫星地图是卫星拍摄的真实的地理面貌，所以卫星地图可用来检测地面的信息，通过卫星地图用户可以了解地理位置、地形等。

### 3．检索服务

（1）搜索服务

百度地图 SDK 集成的搜索服务包括：位置检索、周边检索、范围检索、公交检索、驾乘检索、步行检索、短串分享。

（2）兴趣点（POI）搜索

① 范围检索：指在给定的一个矩形区域内，根据开发者设置的指定关键字搜索兴趣点信息。

② 城市检索：城市检索，即在某一城市内搜索兴趣点信息。

③ 周边检索：周边检索指的是以指定坐标点为圆心，根据给定关键字查询一定半径范围内的全部兴趣点。

4．LBS 云

百度地图 LBS 云是百度地图针对 LBS 开发者全新推出的平台级服务，不仅适用 PC 应用开发，同时适用移动设备应用的开发。使用 LBS 云，可以实现移动开发者零成本存储海量位置数据的服务器及维护压力，且支持高效检索用户数据，实现地图展现。

通过以下步骤可以检索开发者自己的数据：

① 数据存储：首先开发者需要将待检索数据存入 LBS 云。

② 检索：利用 SDK 为开发者提供的接口检索自己的数据。

③ 展示：开发者可根据自己的实际需求以多种形式（如结果列表、地图模式等）展现自己的数据。

开发者在完成数据的 LBS 云端存储之后，便可调用 SDK 云检索服务，检索自己存储在云端的数据。

# 19.4　系统功能分析与设计

## 19.4.1　需求分析

1．功能分析

语言文字和视图是手机地图应用为用户提供地图服务最直观的表现形式，其目的是为用户提供简洁、高效的操作体验，在与用户交互并提供服务中占有重要地位。主要包括以下六方面的内容：地图浏览控制、视觉模式选择、用户定位、地点搜索、周边搜索和路径查询。

（1）地图浏览控制

查询所在城市的地图，可以对地图进行移动放大、缩小等操作，并可以确定用户目前在城市中所处的地理位置，将位置显示在地图上。并且，提供了卫星、交通和街景 3 种浏览模式供用户进行选择。为了节约用户流量，在用户手机系统内安装地图数据包，同时也可以根据用户的位置和需要，与互联网相连接，实时动态更新所需地图，缩短了地图下载时间。

（2）视觉模式选择

它主要提供了 3 种视图模式，即街景模式、交通信息和卫星信息。街景模式是默认的视图方式，用户可以根据不同的应用情况选择对应的视图模式。

（3）用户定位

打开 GPS 定位功能能够将了解用户当前所在地图中的位置并在地图上标注出来，随着用户的移动而实时更新。

（4）地点搜索

用户想要去往某个地点时，在地点搜索页面的文本框输入具体的地点名称，能够根据地点的名称查询出与该地点相关的方位信息。

（5）周边搜索

用户双击地图某处，还会在地图上标识出来并清晰直观地显示搜索地点所处的位置周边的相关地标或者用户感兴趣的内容。用户可继续点击周边的地标或建筑，会罗列出更详细的地理信息。

（6）路径查询

能够根据用户输入的出发点与目的地，查询两个地点之间的线路信息，在地图上显示用户的行驶路线，为用户规划步行、公交、驾车三种出行方式的路径，进行路径引导。

2．非功能性需求分析

（1）性能需求

当 UI 线程阻塞 5 s 以上时，Android 系统就会提示用户程序没有响应，如此便对用户的体验带来较差的影响，因此需将所有 UI 线程的阻塞控制在 5s 以内。另外，手机的内存空间有限，且无法拥有 PC 那样强大的处理功能，所以实现系统时需要优化数据结构，并使用缓存技术，以此提高系统性能。

（2）健壮性需求

在系统运行过程中，手持设备可能会出现来电、网络中断、电池没电等异常状况，所以一个足够健壮的系统应该具有较强的容错机制，确保系统不会因异常退出，不产生破坏性数据。

（3）安全性需求

由于系统中涉及基于位置的服务，需要定位用户的位置。为了确保用户的位置信息不被他人设置修改或进行有关统计，同时为了确保定位的精确性，系统使用 GPS 定位技术。

（4）可移植性需求

为了确保程序可以在不同的硬件环境中运行，即软件可方便移植到任何使用 Android 系统的手持设备上。

## 19.4.2　Android 开发环境的搭建

1．概述

Android 程序开发环境有很多，本文介绍 Google 官方已经配置好了调试工具的 Eclipse 开发平台，Google 开发者网站提供了此开发工具的下载。Google 之所以采用 Eclipse 作为官方推荐的 Android 程序开发平台一定意义上是因为 Eclipse 平台的开放性与 Android 系统的开放性相符，开发者可以通过添加插件的形式来扩展 Eclipse 平台的功能。Eclipse 作为为数不多的开放源代码的应用程序开发平台之一，其最终目标是简化应用程序的开发过程，提高开发工具的性能和易用性。从 Google 开发者网站下载的开发工具包中已经包含了 Eclipse 程序，并且已经安装好了 Android 程序开发调试工具，开发者只要解压工具包就可以进行 Android 程序的开发，节省了开发者配置开发环境的时间，提高了程序的开发效率。

2．搭建开发环境

（1）配置 Java 环境变量

Java 程序的运行和开发必须先安装好 Java 开发环境并配置好 Java 环境变量。下载并安装好 JDK 后，进入系统属性中设置环境变量，在系统变量中新建环境变量，变量名为：JAVA_HOME，值为 JDK 的安装目录，然后再新建一个系统环境变量 CLASSPATH，值为".;"，表示运行编译出的类文件时，默认的查找路径为当前文件夹。最后，在系统变量中的 path 环境变量末尾加入 C:\Program Files\java\jdk1.7.0_09\bin;。

（2）从 Google 开发者网站下载 Android ADT Bundle 工具包

该程序开发工具包中包含了 Android SDK 的 API 库和 Eclipse 开发平台。并且，Google 已经为 Eclipse 平台安装好了 Android 程序开发过程中需要用到的 ADT 开发调试工具包。下载工具包到本地后，解压后进行下一步的配置，如图 19-5 所示。

图 19-5    配置 Java 环境变量

（3）配置 Android SDK

① 选择 Eclipse ADT→Preferences，单击 Android 选项卡，配置 SDK Location 的存放路径为 SDK 解压后的目录。

② 安装目标 Android SDK 版本，由于目标设备的不同，需要安装不同版本的 Android SDK，选择 Windows→Android SDK Manager 命令或单击工具栏中的 Android SDK Manager，选择需要的版本进行安装，如图 19-6 所示。

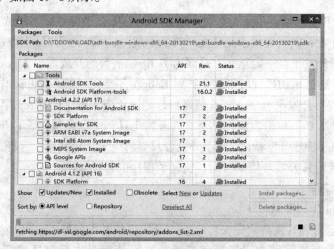

图 19-6    安装和更新 SDK

（4）创建 Android 虚拟机

选择 Windows→Android Virtual Device Manager→Android Virtual Devices，单击 New 按钮进入新建模拟器界面，选择不同的模拟硬件创建新的虚拟机，如图 19-7 所示。

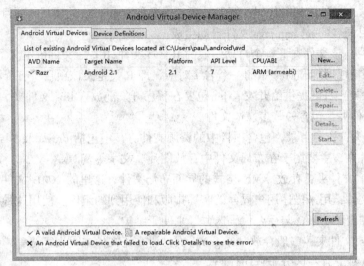

图 19-7　创建虚拟机

（5）测试开发环境是否配置正确

打开或导入一个 Android 应用程序工程，以 Android 程序的形式运行这个工程，这时会出现选择模拟器的界面，选择刚才创建的虚拟机，如果正常启动运行，表示 Android 开发环境搭建成功。

3. 使用 Eclipse 开发 Android 应用

利用 Eclipse 开发 Android 项目的步骤如下：首先，新建一个 Android 工程，根据具体需求选择合适的工程结构；其次，正确设置启动配置，再次，根据模块功能编写代码；最后，运行并调试程序。具体操作流程如下：

① 选择 File→New→Project 命令，选择 Android Project 创新的项目工程，根据需要合理填写相关参数。相关参数的说明如下：

- Project Name：在计算机中存储工程的目录名。
- Package Name：包名，遵循 Java 规范。
- Activity Name：UI 界面窗口的类名。Activity 是父类，能够实现启动和控制简单的程序；这个类是一个子类，继承了 Activity 类的属性。
- Application Name：应用的标题名字。
- Use default location：允许选择一个已存在的项目。

② 单击 Finish 按钮，选择 Run→Run Configurations→Android Application 命令，单击在左上角"+"号或者双击 Android Application，出现 New_configuration 选项（可以改为自己定义的名字）。

③ 在右侧 Android 面板中单击 Browse 按钮，选择 HelloWorld。

在 Target 面板的 Automatic 中勾选相应的 AVD（Android Virtud Device，安卓虚拟设备），如果没有可用的 AVD，单击右下角的 Manager 按钮，新建相应的 AVD。

④ 单击 Run 按钮，如果运行成功，会出现 Android 的模拟器界面。

Android 工程结构目录由以下几个文件组成：

- src 文件夹：存放源代码的地方，建完项目后会自动生成一个与项目名相同的 Java 文件，在这个文件内编写代码。例如，新建一个名为 mymap 的项目，项目文件中会有一个与项目同名的 mymap.java 文件自动生成。
- gen 文件夹：该文件夹下有个自动生成的 R.java 文件，R.java 文件中定义了一个 R class，包含很多静态类且与 res 中的一个名字对应，即 R 类定义该项目所有资源的索引。
- libs 文件夹：百度提供给开发者 jar 包要在程序开发前放入 libs 文件夹。
- assets 文件夹：包含一些多媒体文件。
- res 文件夹：资源目录，包含项目中的资源文件。其中包括 drawable、layout 和 values 几个文件夹，主要用于在布局文件中存放图片、文字等资源。
- res/layout 文件夹：存放 XML 格式的界面布局文件，这里的 XML 文件就如网页中的 HTML 文件，用来描述用户界面的布局排版和使用到的组件。使用这种方式建立界面相对更加简单清晰，与后台代码区分开来便于维护。
- res/values 文件夹：一般存放 string.xml 文件，在该文件中写入字符串、颜色等常量数据资源，独立存在区分于程序代码。
- AndroidManifest.xml 文件：应用程序的配置文件，在该文件中可以查看到项目所使用的 Activity，是 Android 程序的功能清单。当新增一个页面活动时，要先将这个 Activity 注册到 AndmidManifest.xml 中，程序才能顺利调通。

# 19.5　系统功能实现

## 19.5.1　地图浏览功能的实现

为了能扩展其他功能，在地图浏览界面加入地图模式和定位功能。单击"地图模式"，弹出地图模式选择对话框，选择显示的地图形式，单击<定位>显示当前用户的位置。

利用 cityMap 类来控制地图显示界面，其实现流程主要包括以下 3 个步骤：

① 打开操作界面，cityMap 通过调用 setContentView（R.layout. map_city）来实现。参数 map_city 是地图显示界面的布局，可以在项目资源文件夹中对每一个 Android 应用程序为每一个用户定义一个布局文件，要想实现界面打开的效果只要调用 setContentView()函数。采用线性布局方式编写 phenemaPservice.xml 文件。ImageView 是一个图片视图，可以通过[android:src]属性设置图片属性。res/drawable 用于存储系统所有的图片资源。

② 编写 cityMap 类。在 onCreateoPtionsMenu()中添加"地图模式"和"定位"两个菜单。代码如下：

```
menu. add(0, menuMode, 0, "地图模式");
menu.add(0, menuLocation, 1, "定位");
```

③ 菜单是否被选中可以通过 onOptionsItemSelected 方法来监听，实现具体功能。其中跳转到"定位"功能实现代码如下：

```
Intent intent=new Intent (cityMap.this, loc.class);
startActivity(intent);
//loc.class 是为帮助模块定义的 Activity 类
```

"地图模式"功能实现的代码与"定位"相类似，只要将类名改为 selectViewMode 即可。

## 19.5.2　地图模式选择功能的实现

当用户想观察所处位置的交通情况、街道情况或者卫星图情况时，单击"地图显示"界面中的"地图模式"菜单来选择"交通模式""街景模式""卫星模式"选项来进行查看相应的地图模式。地图模式选择被设计成 selectViewMode 类，具体实现流程如下：

① 首先用 AlertDialog 创建对话框，代码如下；

```
String[] menu={"街景模式", "交通模式", "卫星模式"};
new AlertDialog.Builder(citymap.this).setTitle
("请选择地图模式").setItems(menu, listener). Show();
```

② 用 onClick 方法来监听选项是否被选中。有 3 种地图模式可供选择，故由 switch 语句实现：

```
switch(mode){
//街景模式
case 0:
mapView.setTraffic(false);
mapView.setSatellite(false);
break;
//交通模式
case 1:
…
//卫星模式
case 2:
mapView.setTraffic(false);
mapView.setSatellite(true);
break;
}
```

## 19.5.3　用户定位功能的实现

在"地图显示"界面中，选择"定位"菜单，系统便自动跳转到"自我定位服务"界面，蓝色的圆圈为用户所在的当前位置。通过 DDMS 模拟器设置经纬度为（121.640299，31.207921），单击蓝色的圆圈，会出现该位置的详细信息。

设置定位模块为 Location 类的步骤如下：

① 调整权限级别。使用 Android 基于位置的 API 并不需要设置权限，但是想要获取全球定位系统中的位置信息，必须调整权限级别，合理设置特定的权限。给 Activity 赋予权限值可以通过修改 AndroidManifest.xml 文件来实现。具体代码如下：

```
<uses-permission
android: name="android, permission. ACCESS_FINE_L OCA TION">
```

```
</uses-permission >
```

② 要使用地理定位,首先需要取得 MKLocationManager 的实例,通过使用 LocationManager 可以获得一个位置提供者的列表。不同的设备定位技术和方法是不同的,Android 可以使用多种技术进行地理定位。每种定位技术能够测量的速度、海拔和方向信息有差异,其性能指标,如精度、能耗、花费也是不同的,这就需要获取一个合适的 Location Provider。代码如下:

```
MKLocationManager mLocationManager=null;
mLocationManager=mapManager. getLocationManager();
//注册位置更新事件
mLocationManager. requestLocationUpdates(this);
//使用 GPS 定位
mLocationManager.enableProvider((int)MKLocationManager.MK_GPS_PROVIDER
);
```

③ 在 Location 类中,首先通过 GPS 获取用户当前的经纬度信息 GeoPoint,并显示用户当前位置的地图,地图覆盖专门设计了 MyLocationOverlay 类来描述,当前位置和方向以使用 MyLocationOverlay 在 MapView 中显示出来。用户位置在地图上“显示”可以通过调用 MyLocationOverlay 中的 enableMyLocation()方法。用户位置在地图上“隐藏”可以通过调用 MyLocationOverlay 中的 disableMyLocation()方法。相关代码如下:

```
myLocationOverlay=new MyLocationOverlay (this, mapView);
myLocationOverlay. enableMyLocation();
mapView.getOverlays().add(myLocationOverlay);
```

### 19.5.4  地点搜索功能的实现

进入定位界面后,单击“搜索”菜单,进入“地点搜索界面”,就可以在文本框中输入要查询的城市和地点,输入地址后按下“搜索”按钮,将在地图界面中显示出要查询的地点,并以灰色图案的形式提示这个地方。

搜索模块被设置成 Search 类,具体实现过程如下:

① Search 类首先调用 setContentView(R.layout, search)打开地点搜索的操作界面。为了接收用户输入的城市名称和地名,需要在布局文件 search.xml 中定义两个文本编辑框。此外,还需要定义一个用于确认信息的 Botton 按钮和显示地图的 MapView 组件。

② 创建好布局后就开始对这个活动进行编码,初始化搜索模块,注册监听事件,实现异步搜索服务,代码如下:

```
mSearch=new MKSearch();
mMKSearch.init(mBMapMan, new MySearchListener());
```

③ 实现 MySearchListener 的 onGetPoiResult 展示检索结果,并在地图上做标记,代码如下:

```
public void onGetPoiResult(MKPoiResult result, int type, int iError) {
if (result==null) {
   return; }
```

```
PoiOverlay poioverlay=new PoiOverlay(MyMapActivity.this, mMapView);
    …
}
```

④ 查询出地点后，在该页面设计一个 Meau 菜单能够把当前位置保存到收藏夹，方便用户再次浏览查看。

### 19.5.5　周边查询功能的实现

进入定位功能后，可进入周边查询功能。然后，就可以在文本框中输入要查询的中心点和目标场所。

周边查询设置成 poiSearch 类，具体实现过程如下：

① poiSearch 类首先调用 setContentView（R.layout, poi_search）打开相关地点搜索的操作界面。为了接收用户输入的查询中心点和目标场所，需要在布局文件 poi_search.xml 中定义两个文本编辑框。此外，还需要定义一个用于确认信息的 Botton 按钮和显示地图的 MapView 组件。

② 将输入的地点通过 getGeoByAddress()方法解析成为地点的经纬度。关键代码如下：

```
double geoLatitude=adsLocation.getLatitude()*1E6;
double geoLongitude=adsLocation.getLongitude()*1E6;
gp=new GeoPoint((int) geoLatitude, (int) geoLongitude);
```

③ 实现 MySearchListener 的 onGetPoiResult()方法，在地图上标注出搜索到的兴趣点。部分代码如下：

```
for (MKPoiInfo poiInfo : result.getAllPoi()){
sb.append("名称:").append(poiInfo.name).append("\n");
…
sb.append("炜度").append(poiInfo.pt.getLatitudeE6() / 1000000.0f).append("\n");
}
```

### 19.5.6　路径服务功能的实现

路径规划实际上是一种特殊的检索服务，因此，在使用路径规划服务之前首先要对检索相关的方法进行初始化。百度地图 SDK 集成搜索服务包括：位置检索、周边检索、范围检索、公交检索、驾乘检索、步行检索，通过初始化 MKSearch 类，注册搜索结果的监听对象 MKSearchListener，实现异步搜索服务。首先自定义 MySearchListener 实现 MKSearchListener 接口，通过不同的回调方法，获得搜索结果。上节实现了周边检索功能，因此不再赘述。

在使用检索服务时，要明确唯一的起点和终点，否则将不能搜到所需结果。当起点或终点信息不唯一时，SDK 会为返回一个起点/终点列表，可通过选择列表中的信息来完成起点/终点的唯一选择，然后再进行路径搜索。例如，检索从新华书店到长城大厦的驾车路线，其核心代码如下：

```
MKPlanNode start=new MKPlanNode();
start.pt=new GeoPoint((int) (39.915 * 1E6), (int) (116.404 * 1E6));
MKPlanNode end=new MKPlanNode();
```

```
end.pt=new GeoPoint(40057031, 116307852);
mMKSearch.setDrivingPolicy(MKSearch.ECAR_TIME_FIRST);
mMKSearch.drivingSearch(null, start, null, end);

 @Override
public void onGetDrivingRouteResult(MKDrivingRouteResult result, int
   iError) {
   if (result==null) {
    return;
   }
…
   RouteOverlay routeOverlay=new RouteOverlay(MyMapActivity.this,
     mMapView);
   routeOverlay.setData(result.getPlan(0).getRoute(0));
   mMapView.getOverlays().add(routeOverlay);
   mMapView.refresh();
}
```

步行线路搜索与驾车路线搜索类似，只需将 mMKSearch.drivingSearch( null, start, null, end )修改为 mMKSearch.walkingSearch（ null, start, null, end ），获取结果的方法改为重写 onGetWalkingRouteResult 即可，此处不再赘述。

公交线路搜索的方法为 transitSearch( String city, MKPlanNode start, MKPlanNode end )，city：为待查公交线路所在城市，start 和 end 分别是起点和终点。获取结果的方法改为重写 onGetTransitRouteResult 方法（核心代码与驾车及步行路线搜索类似）。

此外，公交方面还可根据公交线路的 id 对公交的详细信息进行搜索，具体步骤如下：

① 利用兴趣点搜索的方法获取待查公交线路的信息：

```
mMKSearch.poiSearchInCity("北京", "717");
```

② 获取公交线路的详细信息，并展示：

```
public void onGetBusDetailResult(MKBusLineResult result, int iError){
   if (iError!=0||result==null){
    Toast.makeText(MyMapActivity.this, "抱歉，未找到结果",
    Toast.LENGTH_LONG).show();
    return;
   }
…
   RouteOverlay routeOverlay=new RouteOverlay(MyMapActivity.this,
     mMapView);
   routeOverlay.setData(result.getBusRoute());
   mMapView.getOverlays().clear();
   mMapView.getOverlays().add(routeOverlay);
   mMapView.refresh();
mMapView.getController().animateTo(result.getBusRoute().getStart());
}
```

# 小　　结

　　本章主要对 Android 系统平台以及应用结构进行了分析，详述了现有的各种定位技术的优劣性。在此基础上，介绍了一个基于百度地图 SDK 的一个简单的基于位置服务的系统。系统主要包括 6 个功能模块：地图控制、视觉模式选择、用户定位、地点搜索、周边搜索和路径查询。对于每一个具体的模块给出了程序的界面布局、简单的实现原理和部分核心代码。

# 习　　题

1. LBS 的服务类型主要有哪些？
2. 什么是手机定位技术？主要的手机定位技术有哪些？
3. 结合本章内容简述采用 Android 进行 LBS 定位应用开发的原因。
4. 简述 Android 系统如何提供地理位置信息。
5. 试由本章实例归纳出采用 Android 进行 LBS 定位应用开发的具体步骤。
6. 综合论述在实际开发过程中，如何搭建 Android 开发环境，并尝试在搭建的开发环境中实现简单的系统功能。

# 参 考 文 献

[1] 徐成，凌纯清，刘彦. 嵌入式系统导论[M]. 北京：中国铁道出版社，2011.

[2] 熊伟平. 浅析计算机嵌入式系统[J]. 计算机光盘软件与应用，2010（9）：97.

[3] 汤云波. 嵌入式通信系统性能分析及测试的研究[D]. 华中科技大学，2005.

[4] 赵悦. 嵌入式系统概论[M]. 北京：中央民族大学出版社，2011.

[5] 金敏，金梁. 嵌入式系统：组成、原理与设计编程[M]. 北京：人民邮电出版社，2006.

[6] 沈连丰. 嵌入式系统及其开发应用[M]. 北京：电子工业出版社，2010.

[7] 陈文智. 嵌入式系统原理与设计[M]. 北京：清华大学出版社，2011.

[8] 怯肇乾. 嵌入式网络通信开发应用[M]. 北京：北京航空航天大学出版社，2010.

[9] 王云，周伯生. 标准建模语言 UML 简介[J]. 北京：计算机应用研究，1999（12）：44-49.

[10] 王田苗. 嵌入式系统设计与实例开发[M]. 北京：清华大学出版社，2008.

[11] 李宥谋. 嵌入式系统开发[M]. 北京：清华大学出版社，2011.

[12] 卞正才. 嵌入式系统原理、设计与应用[M]. 北京：清华大学出版社，2012.

[13] 张荣. 嵌入式系统调试方法的研究与改进[D]. 北京：吉林大学，2009.

[14] 黄智伟. ARM9 嵌入式系统设计基础教程[M]. 北京：北京航空航天大学出版社，2013.

[15] 王航. 嵌入式通信平台的硬件设计与实现[D]. 北京：国防科学技术大学，2002.

[16] 任晖. 基于 ARM7 嵌入式系统的无线通信平台设计[D]. 武汉：武汉理工大学，2006.

[17] 夏靖波，王航，陈雅蓉. 嵌入式系统原理与开发[M]. 西安：西安电子科技大学出版社，2006.

[18] 宋明权. 基于 ARM 的嵌入式人机界面硬件平台的开发[D]. 华中科技大学，2005.

[19] 甘瑟尔（GANSSLE J.）. 嵌入式硬件[M]. 北京：电子工业出版社，2010.

[20] 邬宽明. CAN 总线原理和应用系统设计[M]. 北京：北京航空航天大学出版社，1996.

[21] 郝记生. 嵌入式系统中无线通信技术的应用研究[D]. 江南大学，2008.

[22] 魏伟，胡玮，王永清. 嵌入式硬件系统接口电路设计[M]. 北京：化学工业出版社，2010.

[23] 张大波. 新编嵌入式系统原理·设计与应用[M]. 北京：清华大学出版社，2010.

[24] 杨刚. 32 位嵌入式系统与 SoC 设计导论[M]. 北京：电子工业出版社，2006.

[25] 张茹，孙松林，于晓刚. 嵌入式系统技术基础[M]. 北京：北京邮电大学出版社，2006.

[26] 任哲. 嵌入式操作系统基础µC/OS-II 和 Linux[M]. 北京：北京航空航天大学出版社，2011.

[27] 王志英. 嵌入式系统原理与设计[M]. 北京：高等教育出版社，2007.

[28] 黄斌. 嵌入式操作系统的内核剖析及基于 ARM 的移植[D]. 武汉：武汉理工大学，2004.

[29] 徐晨辉. 嵌入式 Linux 内核裁剪及移植的研究与实现[D]. 东华大学，2009.

[30] 胡海. 嵌入式 TCP/IP 协议栈研究与实现[D]. 西南交通大学，2005.

[31] 刘烨. OSI 参考模型与 TCP/IP 参考模型的比较研究[J]. 信息技术，2009（11）：127-128.

[32] 张毅，赵国锋. 嵌入式 Internet 的几种接入方式比较[J]. 重庆邮电大学学报（自然科学版），2002，14（4）：83–86.

[33] 刘基. 基于 TCP/IP 协议的嵌入式 Internet 技术的应用与研究[D]. 西南交通大学，2004.

[34] 杨克俊. 电磁兼容原理与设计技术[M]. 北京：人民邮电大学出版社，2004.

[35] 周香. 混波室设计及其在电磁兼容测试中的应用[D]. 东南大学，2005.

[36] 姜付鹏. 电磁兼容的电路板设计[M]. 北京：机械工业出版社，2011.

[37] 刘尚合，刘卫东. 电磁兼容与电磁防护相关研究进展[J]. 高电压技术，2014，40（6）：1605–1613.

[38] 陈广文，常天海. 静电防护的有效方法：接地设计[J]. 现代电子技术，2005，28（4）：111–113.

[39] 陈炜峰，刘伟莲，周香. 电磁兼容及其测试技术[J]. 电子测量技术，2008，31（1）：101–104.

[40] 张林昌. 电磁干扰的危害[J]. 安全与电磁兼容，2001（1）：2–5.

[41] 逯贵祯. 通信系统中的电磁兼容理论与技术[M]. 北京：北京广播学院出版社，2000.

[42] 黄勤. 单片机原理及应用[M]. 北京：清华大学出版社，2010.

[43] 杨旭辉. 八位微控制器 IP 核的研究与设计[D]. 华北电力大学，2007.

[44] 胡汉才. 单片机原理及其接口技术[M]. 北京：清华大学出版社，1996.

[45] 于红旗，田苗苗，张琨，等. MCS–51 单片机原理与应用[M]. 北京：清华大学出版社，2015.

[46] 李华. MCS–51 系列单片机实用接口技术[M]. 北京：北京航空航天大学出版社，1993.

[47] 张毅刚，彭喜元，姜守达. 新编 MCS–51 单片机应用设计[M]. 2 版. 哈尔滨：哈尔滨工业大学出版社，2006.

[48] 马忠梅. 单片机的 C 语言应用程序设计[J]. 2 版. 单片机与嵌入式系统应用，2003（10）：46.

[49] 王海霞，尚凤军，周蓉生. PC104 串行通信的应用[J]. 物探化探计算技术，2001，23（2）：187–191.

[50] 刘彤，王美玲，付梦印. 基于 PC104 的通信控制器[J]. 电测与仪表，2002，39（5）：37–38.

[51] 林森. 基于 PC104 的 A/D 采集系统[D]. 沈阳工业大学，2007.

[52] 屈汝祥，刘成强，胡乔朋，等. PC104 总线在测试设备中的应用[J]. 测控技术，2014，33（4）：107–109.

[53] 朱欣颖，袁焕丽. 基于 PC104 总线的性能检测系统[J]. 电子设计工程，2014，22（8）：186–188.

[54] 徐昀. 基于嵌入式实时操作系统的通讯管理机的研制[D]. 河海大学，2005.

[55] 周中孝，周永福，陈赵云，等. 嵌入式 ARM 系统开发与实践[M]，北京：电子工业出版社，2014。

[56] 王田苗，魏洪兴. 嵌入式系统设计与实例开发：基于 ARM 微处理器与μC/OS–Ⅱ实时操作系统[M]. 北京：清华大学出版社，2008.

[57] 葛超. ARM 体系结构与编程[M]. 北京：清华大学出版社，2012.

[58] 徐志辉. 基于 ARM 微处理器的嵌入式以太网接口的研究[D]. 哈尔滨理工大学，2005.

[59] 李驹光. ARM 应用系统开发详解：基于 S3C4510B 的系统设计[M]. 北京：清华大学出版社，2004.

[60] 罗俊，阎连龙. 基于 ARM 的嵌入式网关的研究[J]. 工矿自动化，2008（5）：144-146.

[61] 黄孝平，牛秦洲，文芳. 基于 S3C451OB 的嵌入式家庭网关[J]. 微计算机信息，2007，23（5）：151-153.

[62] 王晓薇. 嵌入式操作系统µC/OS-II 及应用开发[M]. 北京：清华大学出版社，2012.

[63] 张继珂. 嵌入式操作系统µC/OS-II 的移植及文件系统设计[D]. 南京航空航天大学，2011.

[64] 尹江会. 嵌入式实时操作系统µC/OS-Ⅱ 在 ARM 中的应用研究[D]. 山东大学，2005.

[65] 吴侃. 基于 ARM 的嵌入式操作系统µC/OS-II 的移植和应用研究[D]. 电子科技大学，2009.

[66] 拉伯罗斯，邵贝贝. µC/ OS-II：源码公开的实时嵌入式操作系统[M]. 北京：中国电力出版社，2001.

[67] 贺艳松. 嵌入式操作系统µC/OS-II 研究[J]. 科技信息，2011（26）：222.

[68] 王铁勇，侯明善，吴盘龙. 嵌入式操作系统µC/OS-Ⅱ 的特点及应用[J]. 控制工程，2003，10（1）：74-75.

[69] 高磊，王洪滨. Windows CE 系统开发高级编程与典型实例[M]. 北京：中国电力出版社，2011.

[70] 何宗键. Windows CE 嵌入式系统[M]. 北京：北京航空航天大学出版社，2006.

[71] 李志刚，纪玉波. Win32 应用程序中进程间通信方法分析与比较[J]. 计算机应用研究，2000，17（2）：48-50.

[72] 张冬泉，谭南林，王雪梅，等. Windows CE 实用开发技术[M]. 北京：电子工业出版社，2006.

[73] 林涛. 嵌入式操作系统 Windows CE 的研究[J]. 微计算机信息，2006，22（17）：91-93.

[74] 蔡莉白. 嵌入式操作系统 Windows CE 的研究与应用[D]. 厦门大学，2006.

[75] 顾亭亭. Windows CE 中基于 TCP/IP 的网络通信研究[J]. 网络安全技术与应用，2012（11）：18-20.

[76] 任哲. 嵌入式操作系统基础µC/OS-Ⅱ 和 Linux[M]. 北京：北京航空航天大学出版社，2006.

[77] 陈胤. Linux 操作系统的应用现状与推广策略[J]. 计算机时代，2006（4）：42-44.

[78] 郭玉东. Linux 操作系统结构分析[M]. 西安：西安电子科技大学出版社，2002.

[79] 雷旭. 嵌入式 Linux 操作系统的研究与开发[D]. 长安大学，2005.

[80] 宋宝华. Linux 设备驱动开发详解[M]. 北京：人民邮电出版社，2008.

[81] 曹庆年，赵博，孟开元. 基于 ARM9 的嵌入式 Linux 网络通信系统设计与实现[J]. 西北大学学报：自然科学版，2009，39（1）：47-50.

[82] 白静慧. Linux 下基于 Socket 的网络通信[J]. 有线电视技术，2008，15（1）：31-34.

[83] MEIER R，佘建伟，赵凯. Android 4 高级编程[M]. 北京：清华大学出版社，2013.

[84] 张鑫. 基于 Android 平台的手机地图软件设计与实现[D]. 北京邮电大学，2015.

[85] 韩超. Android 系统原理及开发要点详解[M]. 北京：电子工业出版社，2010.

[86] 李宁. Android 开发权威指南[M]. 北京：人民邮电出版社，2013.

[87] 李兴华. Android 开发实战经典[M]. 北京：清华大学出版社，2012.

[88] 孟晓龙. Win7 系统下 Android 开发平台的搭建[J]. 科协论坛，2011（8）：72–73.

[89] 刘丽涛，潘艺. Android 开发技术的教学与研究[J]. 计算机光盘软件与应用，2013
（19）：280–281.

[90] 郭颖，张振东，王雪梅. 嵌入式工业以太网[C]，2006 中国控制与决策学术年会论文
集. 2006.

[91] 怯肇乾. 嵌入式网络通信开发应用[M]. 北京：北京航空航天大学出版社，2010.

[92] 张飞舟. 嵌入式工业以太网接口开发与应用[J]. 计算机工程，2003，29（16）：154–156.

[93] 许洪华. 现场总线与工业以太网技术[M]. 北京：电子工业出版社，2007.

[94] 邓尚伟. 工业以太网实时通信技术及进展[J]. 中国新通信，2015（3）：24–24.

[95] 李纪伟，张凯龙，张大方，等. 实时工业以太网无线通信结点的设计与实现[J]. 计
算机工程与应用，2015，51（15）：112–118.

[96] 王裕如. 工业以太网在嵌入式系统中的应用[D]. 大连铁道学院，2003.

[97] 李婷. CAN 总线综述及其应用实例[J]. 中国科技博览，2010（20）：316–317.

[98] 蒋建文，林勇，韩江洪. CAN 总线通信协议的分析和实现[J]. 计算机工程，2002，
28（2）：219–220.

[99] 张培仁. CAN 总线设计及分布式控制[M]. 北京：清华大学出版社，2012.

[100] 牛跃昕. CAN 总线嵌入式开发：从入门到实战[M]. 北京：北京航空航天大学出版
社，2012.

[101] 王黎明 夏立 邵英. CAN 现场总线系统的设计与应用[M]. 北京：电子工业出版社，
2008.

[102] 亢雪琳. 基于 STM32 的 CAN 总线通信设计[D]. 吉林大学，2013.

[103] 黄欢. 基于 CAN 总线网络监控系统研究与开发[D]. 成都理工大学，2009.

[104] 杨飞，郑贵林. 基于 CAN 总线的监控系统设计[J]. 微计算机信息，2005（7）：34–36.

[105] 许爱会. 基于蓝牙与 WLAN 的嵌入式系统无线通信研究[D]. 哈尔滨工程大学，2005.

[106] 马龙. 蓝牙无线通信技术的研究[D]. 哈尔滨理工大学，2003.

[107] 张健，林海. 基于嵌入式 Linux 的蓝牙通信的实现[J]. 消防技术与产品信息，2011
（2）：53–55.

[108] 于德鸿，张陆勇，郭甜甜，等. 应用蓝牙技术实现组内各种无线通信及网络融合
FMC[J]. 2007.

[109] 罗辑，高家利，秦正. 蓝牙技术的应用现状及发展趋势[J]. 四川兵工学报，2006，
27（3）：36–37.

[110] 钱志鸿，刘丹. 蓝牙技术数据传输综述[J]. 通信学报，2012，33（4）：143–151.

[111] 徐艳. 蓝牙开发平台的研究与实现[D]. 哈尔滨工程大学，2004.

[112] Malarić, Krešimir. Bluetooth Wireless Technology[C]. IEEE Emc Wireless Workshop.
2000.

[113] 青岛东合信息技术有限公司. Zigbee 开发技术及实践[M]. 西安：西安电子科技大学出版社，2014.

[114] QST 青软实训. ZigBee 技术开发：Z–Stack 协议栈原理及应用[M]. 北京：清华大学出版社，2016.

[115] 陈早维. 基于嵌入式 Web 的 ZigBee 网关的设计与实现[D]. 杭州电子科技大学，2014.

[116] 刘洪波. 基于 ARM9 和 Zigbee 网关的设计与实现[D]. 湖北大学，2013.

[117] 钟永锋. ZigBee 无线传感器网络[M]. 北京：北京邮电大学出版社，2011.

[118] 吕治安. ZigBee 网络原理与应用开发[M]. 北京：北京航空航天大学出版社，2008.

[119] 乔大雷，夏士雄，杨松，等. 基于 ARM9 的嵌入式 Zigbee 网关设计与实现[J]. 微计算机信息，2007，23（35）：156–158.

[120] 弓雷. ARM 嵌入式 Linux 系统开发详解[M]. 北京：清华大学出版社，2010.

[121] 高磊，王洪滨. Windows CE 系统开发高级编程与典型实例[M]. 北京：中国电力出版社，2011.

[122] 张欢. Windows CE 系统开发基础与实例[M]. 北京：中国电力出版社，2010.

[123] 彭飞，柳重堪，张其善. 嵌入式系统的开发利器–Windows CE 操作系统[J]. 电子技术应用，2000，26（9）：28–30.

[124] 王文青. 嵌入式 WEB 服务器及其在 Windows CE 上的设计与实现[D]. 西北大学，2008.

[125] 本瑟姆. 嵌入式系统 Web 服务器[M]. 北京：机械工业出版社，2003.

[126] 李真芳，王书茂，赵建军，等. 基于 WINDOWS CE&S3C2410 的多串口移植技术[J]. 微计算机信息，2008，24（11）.

[127] 周立功. ARM&Windows CE 实验与实践：基于 S3C2410[M]. 北京：北京航空航天大学出版社，2007.

[128] 李磊，杨柏林，胡维华. 嵌入式 Web 服务器软件的设计和实现[J]. 计算机工程与设计，2003，24（10）：100–102.

[129] 张敏捷. 基于 Windows CE 的智能家居嵌入式 WEB 服务系统研究[D]. 浙江工业大学，2007.

[130] 刘长征. 位置服务系统的研究与实现[D]. 清华大学，2004.

[131] 袁国泉. 基于 Android 平台的 LBS 应用开发框架设计及其实现[D]. 南京大学，2012.

[132] 姚佳健. 基于 Android 的 LBS 定位系统的设计[D]. 南京邮电大学，2013.

[133] KUMAR S, QADEER M A, GUPTA A. Location based services using android （LBSOID）[C]. IEEE International Conference on Internet Multimedia Services Architecture and Applications. IEEE, 2009: 1–5.

[134] 阎毅，贺鹏飞. 手机技术概论[M]. 北京：清华大学出版社，2015.

[135] 梁久祯. 无线定位系统[M]. 北京：电子工业出版社，2013.

[136] 柳婷. 基于 Android 手机地图服务系统的设计与实现[D]. 北京：北京邮电大学，2012.

[137] LI W, LU D. The Application of LBS Based on Android[M]. Network Computing and Information Security. 2012: 775–782.